과학교사를 위한

빛과 파동

Light and Wave

▶ 김중복 · 김현아 · 김수경 공저

홍릉과학출판사

머리말

물리를 전공하지 않은 과학 교사들과 심지어 물리를 전공한 교사들까지도 학생들에게 빛과 파동을 가르치는 데 어려움을 많이 호소하고 있어 하루라도 빨리 이 책을 완성하려고 했었다. 그러나 너무나 많은 면에서 부족함이 발견되어 보완을 한 후에 출판하기 위하여 여러 차례 보완을 하였지만 아직도 미흡하고 부족한 점이 많이 발견되고 있다. 그럼에도 불구하고 현장에 계신 선생님들에게 조금이나마 도움이 되어야 한다는 판단 아래 부족한 대로 일단 출간을 하기로 결심해 이제야 겨우 이 자리에 오게 된 것 같다.

파동과 광학은 정보화 시대에 너무나 중요한 분야임을 재차 강조하지 않아도 될 것이다. 우리가 책을 읽는 것도 전등에서 빛이 나와 책에서 산란되어 우리 눈에 들어온 정보를 읽는 것이고, 상대방과 대화하는 것도 음파를 통하여 이루어지고 있다. 오늘날 초고속 인터넷이나 위성 방송 등 실로 우리 생활과 관련하여 정보를 주고받기 위하여 사용되는 광학과 파동은 열거할 수 없을 정도로 많다. 그럼에도 불구하고 현직 교사들이 학창시절에 배운 과목에서 파동이나 광학 부분이 뒤쪽에 있어서 제대로 배운 적이 별로 없어 막상 제 7차 교육과정에 들어오니까 당황하시는 분들이 많은 것 같다.

이 책은 크게 3부분, 즉 기하 광학, 파동 광학 및 양자 광학으로 되어있다. 기하광학에서는 물체를 보는 원리에서부터 시작하여 반사법칙, 굴절법칙을 소개한 후에 이들이 어떻게 광학계에 적용되는지에 대해서 설명하였다. 특히 광학계에서 광선 추적을 눈의 망막까지 함으로써 어떻게 실상과 허상을 보는지에 대하여 설명하려고 노력하였다. 이 밖에도 무지개를 보게 되는 원리와 사람이 어떻게 물체를 입체적으로 보는지와 색 원리를 소개하였다. 색 원리

부분에서는 그 동안 생물과 미술 및 물리 시간에 따로따로 배움으로써 초래된 많은 어려움을 해소시키려고 노력하였다. 파동 광학 부분에서는 파동에 관한 개념을 1장에 걸쳐 소개하였고, 파동의 중첩 원리를 이용하여 설명할 수 있는 간섭, 회절, 정상파, 맥놀이 등에 대하여 쉽게 설명하려고 하였다. 회절은 현미경이나 망원경의 분해능과 관련하여 매우 중요한 것으로 생물이나 지구과학을 가르치는 데에도 도움을 받을 수 있을 것이다. 양자 광학 부분은 빛이 물질과 양자역학적으로 상호작용하는 방법들을 설명하고 이를 이용한 레이저의 발생 원리와 레이저의 응용에 대하여 설명하였다. 이밖에도 양자 현상에 기반을 둔 빛 검출기의 원리 및 전자 현미경에 대한 소개도 해놓았다. 뿐만 아니라 빛을 비롯한 많은 전자기파들이 일상에서 사용되기 때문에 따로 파장에 따른 전자기파의 응용을 다룸으로써 일상생활에서 많은 기기의 원리를 학생들에게 설명할 수 있도록 핵심적인 원리들을 쉽게 설명해 놓았다.

이 책은 가능한 한 수학을 사용하지 않고 학생들이 갖는 오개념들을 소개하고 이들을 해소시킬 수 있도록 선생님들을 도우려고 노력하였다. 부득이하게 수식이 들어간 부분이 있으나 수학에 자신이 없는 분들은 수식 부분을 뛰어넘고 읽어도 크게 무리가 없도록 구성하였다. 이 책은 비전공 과학 교사를 위하여 썼으나 초등 교사나 대학 입시 및 임용 고사를 준비하고 있는 수험생들에게도 유익할 것으로 생각한다. 또한 대학에서는 한 학기 분량으로 수학적인 배경이 깊지 않은 학생들을 대상으로 한 수업에서 교재로 활용할 수 있을 것이다. 이 책을 공부하는 사람은 이 책의 모든 부분을 상세하게 처음부터 끝까지 읽을 필요는 없고 필요한 부분을 선택하여 읽을 수 있을 것이다. 그러나 가능한 한 처음부터 끝까지 읽기를 권장한다.

이 책을 출간하는 데 많은 수고를 하신 홍릉과학 출판사의 이연우, 우명찬 사장님, 박성률 과장님께 감사를 드립니다. 끝으로 많은 교사들이 이 책을 만드는 데 좋은 조언들을 하여 주셨습니다. 이 자리를 빌어 감사드립니다.

저자 일동

목차

1장 서 론

2장 광선으로 취급되는 빛

4장 파동으로 취급되는 빛

Chapter 01

서론

사람이 태어나 가장 먼저 알게 되는 것이 세상은 참 아름다운 색들로 가득 채워졌다는 사실일지도 모르겠다. 콤팩트디스크(CD) 표면이나 비누 방울에서 아름다운 무지개 색을 보게 되지만 그것이 어떤 원리로 발생되는지? 하늘은 왜 파란지? 핸드폰을 들고 있는 여러 사람에게 전자기파가 가지만 어떻게 나의 것만 벨이 울리게 되는지? 우리의 생활과 함께 하는 이루 말할 수 없을 정도로 많은 것들이 빛과 전자기파에 관련이 되어있다.

이렇게 친숙한 빛(또는 전자기파)을 광선, 전자기파, 때로는 광자로 취급해야 일상에서 관찰되는 현상들을 설명할 수 있기 때문에 마치 빛은 가면을 쓰고 있는 미지의 대상인 것 같다. 20세기 초반까지만 해도 빛에 대한 연구가 과학의 주류를 이루고 있음을 알 수 있다. 많은 비밀이 벗겨져 실생활의 여러 분야에서 빛을 이용하고 있는 오늘날에도 많은 과학자들이 빛에 대한 연구를 하고 있다. 최근의 연구 결과로 빛을 정지시켰다거나 진공 중에서의 빛의 속도보다 더 빠르게 전파하는 신호를 관측했다는 기사를 신문에서 보았을 것이다. 얼마 전까지만 해도 정지한 빛은 도저히 생각할 수 없었는데 이와 같이 오늘날에도 많은 과학자들은 빛을 연구하고 있다. 그 만큼 빛은 신비로운 존재이다. 혹자는 빛에 대한 연구가 끝나기 전에 종말이 임할 것이라고 말하기도 한다. 빛은 물질과 상호작용할 때 그 가면의 일부를 벗는데, 현재까지 알려진 빛의 정체를 간략하게 살펴보자.

(1) 광선(ray)으로 취급되는 빛 - 기하 광학

빛이[1] 직진하여 간다는 생각에서 출발하여 빛을 하나의 직선(즉 광선)으로 표현하는 것이다. 문틈을 통하여 거의 직진하여 들어오는 빛이나, 무대 조명을 위하여 비추어진 레이저 빛이 직진하여 가는 것을 많이 보았을 것이다. 빛이 광선으로 취급되는 경우는 빛의 파장이 상호작용하는 물체의 크기보다 매우 작은 경우이다. 따라서 허공에서 빛이 전파하는 것은 엄밀한 의미에서 광선이나 파동, 어느 쪽으로 생각하여도 아무 문제가 되지 않는다. 앞서 기술한 것처럼 빛이 일부 가면을 벗기 위해서는 물질과 상호작용할 때이다.

빛을 광선으로 취급하는 대표적인 예가 빛이 렌즈에 입사되는 경우이다. 렌즈의 크기는 보통 수 cm인 데 반하여 가시광의 파장은 1 micrometer(10^{-6} m)보다 작다. 따라서 렌즈에 가시광이 들어가면 빛을 광선으로 취급하게 된다. 이와 같이 빛을 광선으로 취급하여 다루는 경우를 '기하 광학(geometrical optics)' 이라고 한다. 빛이 전파하다가 다른 매질을 만나면 단지 방향만 바뀌도록 직선을 이용하여 빛이 어디로 가는지 추적할 수 있다.

(2) 전자기파로 취급되는 빛 - 파동 광학

빛의 파장이 상호작용하는 물질의 크기보다 크거나 유사한 경우에 빛은 파동의 특성을 나타낸다. 빛을 포함한 전자기파, 음파, 수면파 등 모든 파동의 파장이 상호작용하는 물체의 크기와 유사할 때, 나타내는 공통적인 특성이 회절(diffraction)이다. 파장이 때로는 산보다 큰 라디오파 회절에 의해 산을 잘 넘어가게 된다. 물론 가시광선은 당연히 산에 의해 차단되어 그림자가 만들어질 것이다. 파장이 상호작용하는 물체의 크기에 비하여 매우 큰 전자기파들의 경우에는 빛을 파동으로 다루어야 하는 이유를 알 수 있을 것이다. 간섭과 회절 현상을 이해하기 위해서는 빛을 전자기파 즉, 파동으로 취급하여야 가능하다. 따라서 빛을 파동으로 다루는 영역을 '파동 광학(wave optics)' 이라 한다.

---

1) 일반적으로 빛은 가시광선을 말한다. 이 책에서도 가시광을 주로 빛이라 하겠지만 때로 가시광 영역을 벗어난 전자기파도 빛이라는 용어를 혼용하여 사용할 예정이다.

(3) 광자로 취급되는 빛 - 양자 광학

광자로 취급되는 빛은 에너지, 운동량, 각운동량을 가진 작은 알갱이와 같은 역할을 한다. 현대 물리 또는 양자 역학을 이해하기 위해서는 빛의 양자적 성질을 잘 이해하여야 한다. 이와 같이 빛을 광자로 취급하는 영역을 '양자 광학(quantum optics)'이라고 한다. 양자 전송(quantum teleportation), 양자 전산(quantum computer), 양자 암호학(quantum cryptography) 등 실로 많은 새로운 양자 광학 관련 기술들이 개발되고 있지만 이 책에서는 주로 레이저 동작 원리 및 응용에 대하여 살펴보고, 야시경 등 일부 양자 광학을 이용한 분야와 관련하여 간단하게 다룰 예정이다.

Chapter 02

광선으로 취급되는 빛

이 책을 읽고 있는 사람 중에 상당히 많은 사람이 안경을 쓰고 있을지도 모르겠다. 안경은 선명하게 글씨를 읽도록 도와주는 매우 중요한 광학기기이다. 어떻게 안경이 그와 같은 역할을 할까? 안경 이외에도 디지털 카메라, 빔프로젝터, 복사기, 스캐너, 현미경, 망원경 등 이루 헤아릴 수 없을 만큼 많은 광학기기들이 우리 주변에서 사용되고 있다. 이러한 광학기기의 동작 원리를 잘 이해하기 위해서는 기하 광학을 잘 알아야 한다. 제1장에서 언급한 바와 같이 전자기파의 파장이 상호작용하는 물체의 크기보다 매우 작을 때, 우리는 전자기파를 광선으로 취급할 수 있다. 이와 같이 빛을 광선(ray)으로 취급하는 영역을 기하 광학이라고 한다. 이 장에서는 빛의 반사와 굴절에 대하여 알아보고 이들을 응용한 광학기기의 동작 원리에 대하여 알아보자.

2-1 물체와 상

기하 광학에서 알아 두어야 할 가장 중요한 개념 중의 하나가 '물체와 상'일 것이다. [그림 2-1]은 광학기기로 렌즈를 사용한 경우에 물체와 상 사이의 관계를 나타낸 것이다.

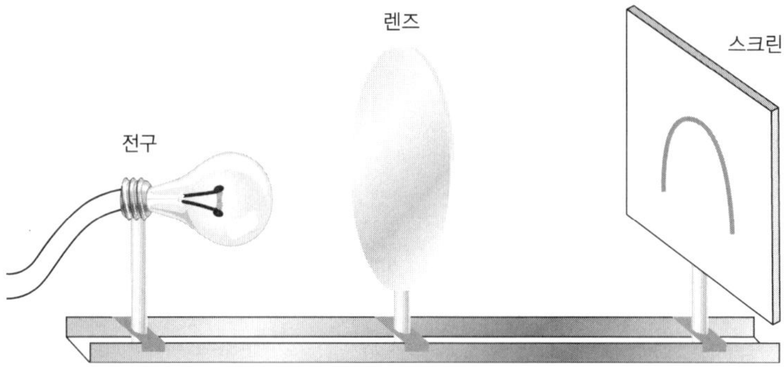

[그림 2-1] 물체인 전구의 필라멘트 모양이 렌즈에 의해 스크린에 상이 만들어진 모습

전구의 필라멘트에서 나온 빛들이 렌즈를 거쳐 스크린에 상을 형성하는 과정이다. [그림 2-1]의 렌즈와 같이 광학기기는 물체에서 나온 빛들을 모아 상을 형성하는 역할을 하는 것을 말하는데, 현미경처럼 아주 작은 물체를 키워 보이게 하거나, 망원경처럼 아주 멀리 있어 육안으로는 보이지 않을 만큼 아주 작은 물체를 확대하여 보여주는 역할을 한다.

[그림 2-2]
스스로 빛을 발하는 물체

(1) 물체

광학에서 말하는 물체는 [그림 2-2]와 같이 스스로 빛을 발생하거나 [그림 2-3]과 같이 광원에서 나온 빛을 반사시켜 사방으로 산란(또는 난반사)시키는 것을 말한다. 스스로 빛을 방출하든지, 빛을 산란시키든지 물체 S는 점파원들이 모여 이루어진 것이고, 각 점파원에서는 무수히 많은 광선들이 사방으로 고르게 퍼져 나오는 것으로 고려하여야 한다. 한 점파원에서 방출(또는 산란)되는 광선들이 렌즈 안으로 들어가는 것을 마치 아이스크림 콘 내부를 가득 메운 광선다발을 머리에 생각하는 것이 좋겠다. 많은 학생들이 렌즈에 대하여 배운 후에 물체에서 나오는 광선은 3개밖에 없는 것으로 생각하는데 이는 크게 잘못된 생각이다. 무수히 많은 광선들 중에 3개의 광선을 선택한 것은 광선 추적을 통하여 상의 위치를 결정하는 데 용이하기 때문이라는 사실을 확실하게 설명하여 주어야 한다.

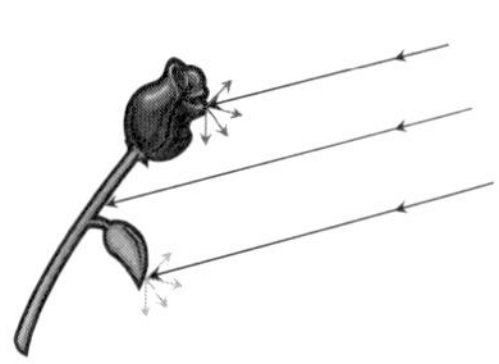

[그림 2-3]
빛을 산란(또는 난반사)시키는 물체

(2) 물체를 보기 위해서는?

광학 관련 내용을 초등학교부터 대학까지 수차례에 걸쳐 배웠음에도 불구하고 물체를 보는 원리를 정확하게 설명하지 못하는 학생들을 많이 접하게 된다. 기하 광학을 본격적으로 논의하기에 앞서 먼저 물체를 보는 과정을 정확하게 이해함으로써 학생들이 가지는 어려움들을 확인하고 그것을 해결해 주는 과학 교사들이 되었으면 한다.

[그림 2-4]는 장미꽃이라는 물체를 보는 과정을 광선 추적을 통하여 보여주고 있다. 그림에서 알 수 있는 것과 같이 물체를 인식하기 위해서는 물체, 빛, 눈이 있어야 한다. 3개의 요소 중 어느 하나라도 없으면 사람이 물체를 볼 수 없을 것이다.

태양이나 전등과 같은 광원에서 발생된 빛은 물체에서 부딪치고 물체의 각 지점은 이 빛들을 사방으로 산란(또는 난반사)시킨다. 사방으로 산란되는 이유는 물체의 표면이 거울 면과 다르게 거칠기 때문이다. 여기서 중요한 점은 물체는 빛을 산란시키기 때문에 점파원들의 집합체와 같은 역할을 한다는 것이다. 즉 물체는 점파원들의 집합체로 볼 수 있다. 따라서 물체의 한 점을 물체점이라고 할 수 있을 것이다. 물체에서 산란된 빛은 사방으로 퍼져 가다가 물체를 바라보고 있는 사람 눈에 일부의 빛이 들어가게 될 것이다. 물체의 한

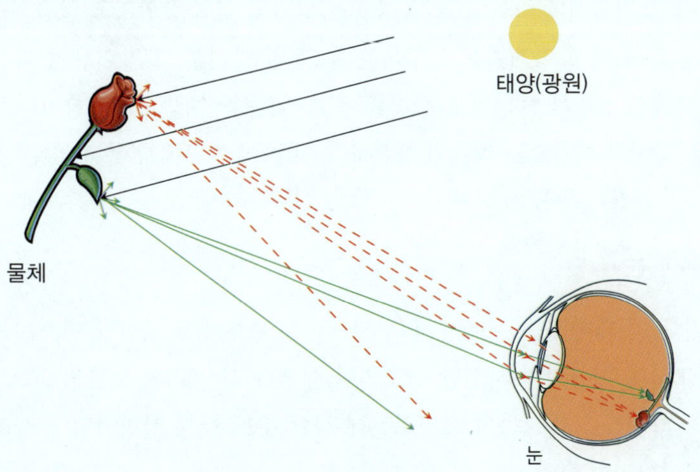

[그림 2-4] 물체를 보는 원리

점에서 산란되어 사람 눈으로 들어온 광선들은 각막과 수정체를 거치면서 망막의 한 점(이를 상점이라고 하자)에 모이게 된다. 따라서 물체를 이루는 각점들에 대응되는 상점들이 있게 되고 망막에는 장미꽃의 형상이 뚜렷하게 만들어지게 된다. 망막에 있는 시세포는 상의 모양과 색을 측정하여 전기 신호로 만들고 이 전기 신호를 뇌가 인식하여 물체의 형상을 인식하게 되는 것이다.

너무나 당연한 이야기이지만 광원이 없으면 우리 눈으로 빛이 들어오지 않기 때문에 장미를 볼 수 없을 것이다. 또한 광원과 눈은 있으나 장미가 없다면 당연히 장미가 보이지 않을 것이다. 광원도 있고 장미도 있는데 우리 눈을 감으면 또한 장미를 볼 수 없을 것이다. 그 이유는 장미에서 산란되어 우리 눈쪽으로 오는 광선들이 눈꺼풀에 의해 차단되어 시세포에 도달하지 못했기 때문이다. 광원도 있고 장미도 있는데 수정체가 없이 망막만 있다면 어떻게 보이겠는가? 물론 장미 형태가 보이지 않을 것이다. 그 이유는 장미의 한 점에서 출발한 광선들이 망막에 전 영역에 도달할 것이기 때문이다. 즉 어떠한 형태도 망막에는 만들어지지 않는다. 책상 위에 놓인 종이를 보면 형광등이 보이지 않는데 형광등을 직접 보면 형광등의 형태가 보인다. 형광등의 한 점에서 출발한 광선들이 종이 면에 골고루 도달하기 때문이다. 이것은 마치 수정체가 없이 망막만으로 물체를 보는 것과 동일한 현상이다. 종이 위쪽에 볼록 렌즈를 놓게 되면 종이 면에 형광등의 형체가 깨끗하게 보이는 지점을 찾을 수 있을 것이다. 여기서 렌즈는 수정체, 종이는 망막의 역할을 한다고 말할 수 있다.

[그림 2-4]에서 아래쪽으로 향하는 두 개의 광선을 그린 이유는 다른 사람이 그곳에서 장미를 보더라도 장미를 볼 수 있음을 설명하고자 함이다. 따라서 산란된 광선이 사방으로 퍼지기 때문에 장미를 여러 곳에서 볼 수 있는 것이다.

(3) 사람 눈과 렌즈

사람의 눈에 대해서는 뒤에서 좀더 자세하게 다루게 되겠지만 여기서는 렌즈와 비교하여 핵심적인 사실만 강조하여 설명하고자 한다. 보통의 교과서에는 렌즈와 카메라를 비교하여 설명하는데 사람 눈도 함께 설명하면 좋겠다는 생각에서이다.

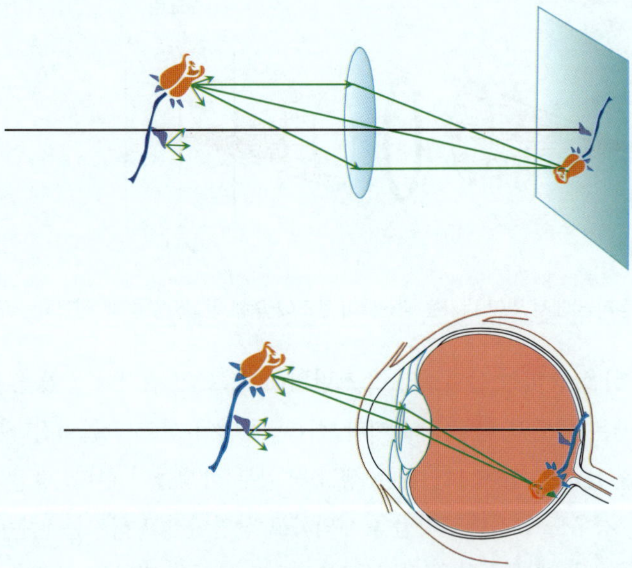

[그림 2-5] 볼록 렌즈에 상이 만들어지는 과정과 눈이 물체를 보는 모습의 비교

[그림 2-5]는 광선 추적을 통하여 볼록 렌즈에 의해서 만들어진 상이 스크린에 만들어지는 과정과 사람의 눈의 수정체에 의해 망막에 상이 만들어진 과정을 보여주는 것이다. 망막이 스크린 역할을 하고 수정체는 렌즈의 역할을 하게 된다. 사람이 물체를 인식하기 위해서는 망막에 분명하게 깨끗한 상이 만들어져야 한다는 것은 그림으로부터 알 수 있다. 망막에 만들어진 상은 물론 실상이다. 즉 실제로 빛이 망막에 도달하여 시세포에 의하여 측정되는 것이다. 우리가 다른 광학계에 의하여 만들어진 실상 또는 허상을 볼 수 있는 과정을 앞으로 보게 될 것인데 허상이든 실상이든 우리 눈의 망막에는 반드시 빛이 들어와 실상이 만들어져야 볼 수 있다는 점을 잊지 말자.

(4) 실상, 허상 그리고 스크린의 역할

물체 점 하나에서 출발된 광선들 중에 광학기기 안으로 들어간 모든 광선들은 하나의 상점에 대응시킬 수 있다. 이와 같이 물체점과 상점은 일대일로 대응됨을 알 수 있다. 점물체(광원)에서 나간 광선들이 렌즈에 입사되어 어떻게 가

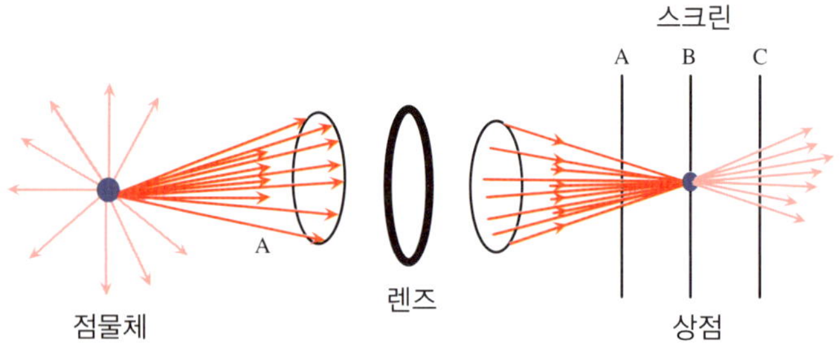

[그림 2-6] 점물체(점파원)에서 빛이 나가는 광선들이 렌즈에 의해 굴절되었을 때 진행하는 모습

는지 [그림 2-6]을 통하여 살펴보자. 스크린의 A, B, C의 위치에 놓았을 때 점으로 보이는 곳은 오로지 한 지점 B이다. 즉 한 곳만이 상이 만들어진다는 점이다. 스크린을 옮겨도 상이 보인다는 생각을 일부 학생들이 한다. 형상이 흐릿하게 보이는 경우도 있지만 B지점을 제외하고 상면이라고 하지는 않는다.

[그림 2-6]처럼 물체에서 나온 광선들이 실제로 상점을 지나는 경우를 실상(real image)이 형성된다고 말하고 상점을 포함한 상면(image plane)에 스크린을 놓으면 물체의 형상을 볼 수 있다. 그 이유는 스크린에 도달한 빛이 스크린 앞쪽으로 산란되기 때문이다. 이 경우에 스크린에 만들어진 상은 관찰자의 입장에서 보면 다시 물체와 같은 역할을 한다.

평면 거울과 같은 경우에는 물체에서 나온 광선들이 상점을 통과하지 않고 광학계를 통과한 광선들을 연장시켰을 때 만나는 경우가 있는데 이를 허상(virtual image)이라고 한다. 허상의 위치에 스크린을 놓아 보았자 어떠한 형상도 없는 것은 당연하다. 왜냐하면 허상의 위치를 실제 빛이 지나지 않기 때문이다.

광학기기에 의해 허상이 만들어진 경우에도 우리는 눈을 사용하여 볼 수 있다. 광학기기에 의해 형성된 허상이나 실상을 우리가 보게 되면, 이 광학기기에 의해 만들어진 허상이나 실상 자체가 우리 눈이라는 광학기기 입장에서 보면 또 다른 물체가 된다. 거울 앞에서 자신을 보는 것은 거울에 의해 형성된 허상을 보는 것이며, 카메라로 거울 앞에서 자신을 촬영하면 거울에 의해 형성된 허상을 카메라 렌즈가 필름에 실상을 만들고 이를 촬영한 것이다.

렌즈에 의해 만들어진 실상을 직접 눈으로 보기 위해서는 꼭 스크린이 필요하다고 생각하는 학생들이 많다. [그림 2-7]과 같이 스크린을 사용하지 않고 렌즈

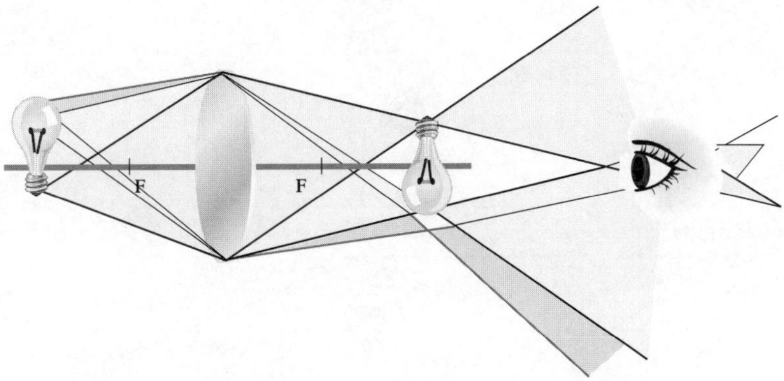

[그림 2-7] 렌즈에 의해 형성된 사상을 스크린을 사용하지 않고 보는 모습

에 의하여 형성된 실상을 볼 수 있다. 스크린을 없애고 그 뒤쪽에 서서 보면, 렌즈에 의해 만들어진 상이 물체와 같은 역할을 하여 우리 수정체(광학계)를 통과하고 망막에는 실상을 형성한다. 망막의 시세포는 이들을 측정하게 되어 어떠한 물체 또는 상이 형성되었는지를 뇌에서 판단하게 된다. 스크린을 설치하지 않고도 실상을 볼 수 있음을 알았다. 학생들에게 꼬마 전구나 촛불을 켜 놓고 그림과 같이 렌즈에 의해 형성된 거꾸로 서 있는 실상을 관찰하게 하는 것은 큰 의미가 있다. 더 쉬운 방법은 볼록 렌즈를 들고 창밖을 보면 거꾸로 된 멋진 경관이 눈에 보일 것이다. 이것은 렌즈에 의해 형성된 실상을 보는 것이다.

(5) 광학기기와 광선들

[그림 2-8]과 같이 물체의 각 점파원들에서 반사(혹은 발생)된 광선들 중 일부가 렌즈나 거울로 이루어진 광학계 안으로 들어가게 된다. 광학계로 들어가지 않은 광선들 1과 2는 상점에 도달하지 않고 그대로 직진하여 간다. 따라서 관찰자 1과 3은 점파원에서 나온 어떤 광도 볼 수 없다. 그 이유는 광선이 관찰자 1과 3의 눈 속으로 들어오지 않기 때문이다. 스크린 없이 관찰자 3의 위치에서 실상을 볼 수 있다고 생각하는 것은 금물이다. 빛은 직진하기 때문에 관찰자 3으로 빛이 오지 않고 그대로 직진하여 간다. 그림에서는 관찰자 2만이 빛을 볼 수 있다. 따라서 관찰자 2만이 렌즈에 의해 형성된 실상을 볼 수 있다.

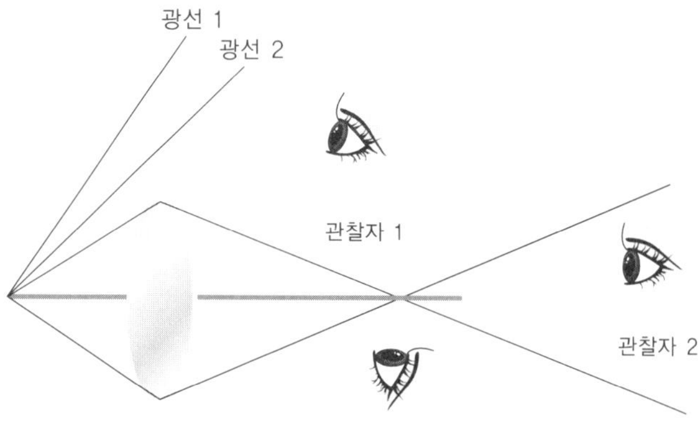

[그림 2-8] 눈으로 빛이 들어와야만 볼 수 있음

(6) 빛(광선)의 직진

"빛이 직진한다"는 개념은 초등학교에서 배울 만큼 매우 중요하다. 그럼에도 불구하고 이 부분에 대한 정확한 개념이 서 있지 않음을 볼 수 있다. 일례로 [그림 2-9]와 같이 아주 작은 광원과 삼각형 구멍이 뚫린 면을 놓고 전구를 켰을 때 스크린에 보이는 형태를 그리라고 하면 대부분의 학생들은 잘 그린다. 그러나 [그림 2-10]과 같이 두 개의 꼬마전구를 공간적으로 떨어뜨려 놓았을 때 스크린에 보이는 형태를 그리라고 하면 대부분의 학생들이 틀리는 것

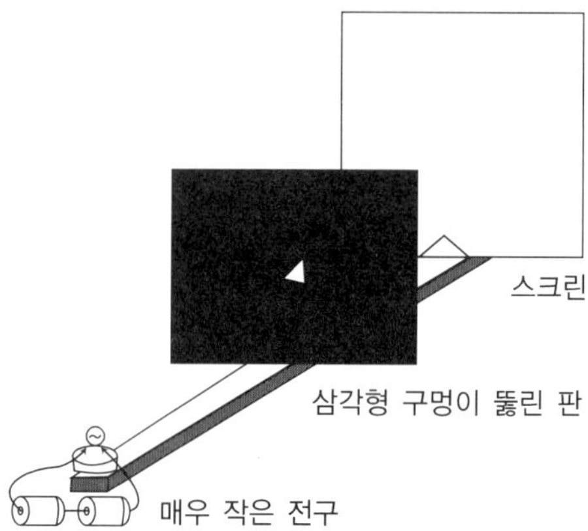

[그림 2-9] 빛의 직진을 설명하기 위한 삼각형 구멍에 의한 그림자 문제

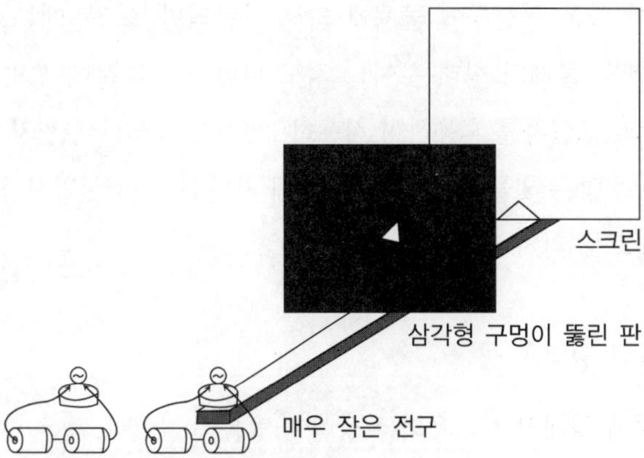

[그림 2-10] 두 개의 전구를 사용했을 때 삼각형 구멍의 그림자 문제

을 발견할 수 있다. 빛이 직진하는 성질을 이용하면 쉽게 그릴 것 같으나 거의 모든 학생들이 하나의 삼각형만 그리는 경우를 볼 수 있다. 그 이유는 아직도 빛의 직진성에 대한 개념이 정확하지 않기 때문이라고 생각한다. 아마도 학생들은 스크린을 설치하지 않고 직접 눈으로 스크린의 위치에서 삼각형이 뚫린 판을 보는 것을 머리 속으로 생각하고 있는지도 모르겠다. 물론 정답은 좌우로 떨어진 삼각형이 보일 것이다. 왼쪽 전구에 의해서는 스크린의 오른쪽에 삼각형 모양의 영역에 빛이 갈 것이고 오른쪽 전구의 빛은 스크린의 왼쪽 삼각형 영역 내로 빛이 갈 것이기 때문이다. 우리가 스크린의 위치에서 직접 눈을 이용하여 삼각형이 뚫린 판을 보면 물론 하나의 삼각형이 보일 것이다. 이는 삼각형이 물체와 같은 역할을 한 것이기 때문이며, 스크린을 이용하여 보는 것과는 큰 차이가 있다.

(7) 그림자와 상

우리는 물체의 형태만 보이면 상이라는 표현을 사용한다. 그래서 아마도 그림자와 광학계에 의해 만들어진 상을 잘 구별하지 못하는지도 모르겠다. 물체의 한 점에서 사방으로 산란된 빛이 광학계 안으로 들어와 한 점에 모이는 점을 상점이라고 정의하였다. 물체는 점들의 집합이므로 대응되는 상점들의 집합이 물체의 상이 된다. 한편, 그림자는 광선이 도달하지 못하는 영역이다. 광원의 한 점에서 나온 광선들이 물체에 의해 차단되면 스크린에 도달하지 못한다. 이 경우에도 물체의 형태는 어느 정도 나타나기 때문에 모양이 보인다는 측면에서 상과 그림자를 혼용하여 사용하고 있다. 그러나 그림자인 경우는 한 점에서 나온 수많은 빛들 중에 물체에 의해 차단되지 않는 광선들은 스크린의 모든 곳에 골고루 퍼져 도달한다.

(8) 기하 광학 영역과 광선

물체 점 하나에 일대일로 대응되는 상점이 있음을 알았다. 점은 수학적으로 크기를 갖지 않아야 하지만 광학기기가 완전하지 않아 일반적으로 어느 정도의 크기를 갖게 된다. 수차가 없는 이상적인 광학계인 경우에도 하나의 점이 되지 않는데 그 이유는 회절 때문이다. 회절은 이 책의 뒤에서 배우게 되겠지만 파면의 일부만 광학계 안으로 들어가기 때문에 생기는 피할 수 없는 현상이다. 회절 효과 없이 이상적으로 하나의 상점에 모든 광선이 모이기 위해서는 무한대 크기의 광학계를 사용하여 모든 광선들이 상점에 모이도록 하여야 한다. 이는 현실적으로 불가능하지만 대부분의 경우에 파장보다 매우 큰 광학계를 사용하기 때문에, 즉 기하 광학 범주에서는 이러한 회절 효과에 의한 유한한 크기의 상점은 생각하지 않는다. 기하 광학에서는 하나의 물체점에 대응되는 하나의 상점이 있는 것으로 간주한다. 이러한 의미에서 빛의 전파를 광선(ray)으로 취급하는 것이 합당하다. 만약에 파동적인 성질을 고려해야 하는 경우에 광선을 이용하여 빛을 나타내는 것은 불가능하다. 그 이유는 공간적인 크기를 갖지 않는 선으로 광을 만드는 것이 불가능하기 때문인데, 이 역시 회절 때문이다. 따라서 광선으로 파동을 표현하는 것은 불가능하다는 것을 확인할 수 있을 것이다. 결론적으로 단지 기하 광학의 범주에서만 빛을 광선으로 취급하는 것이다.

2-2 반사(Reflection)

모든 물체가 빛을 반사시키지 않고 완전히 흡수한다면 물체를 볼 수 있을까? 우리가 물체를 볼 수 있는 것은 물체에서 반사(또는 산란)된 빛이 우리 눈으로 들어오기 때문이다. 우리 일상생활에서 빛의 반사를 의도적으로 이용한 가장 대표적인 광학기기로 거울을 꼽을 수 있다.

이 절에서는 빛이 반사될 때의 일반적인 반사 법칙에 대해 알아보고, 이로부터 우리 일상생활에서 여러 용도로 사용되는 평면 거울, 볼록 거울, 오목 거울에 대해 살펴보기로 한다.

(1) 반사 법칙

빛이 [그림 2-11]과 같이 거울 표면에서 반사된다고 할 때, 어떤 경로로 반사가 일어날까? 이 의문에 대한 해답은 빛의 진행에 대한 페르마(Fermat)의 최소 시간의 원리나 호이겐스의 원리, 또는 맥스웰 방정식으로부터 유도되는 매질의 경계 조건 등을 이용해 여러 가지 방법으로 구할 수 있다. 이 절에서는 '빛은 가장 시간이 적게 드는 경로로 진행한다' 라는 페르마의 최소 시간의 원리를 이용해서 반사광의 진행 경로를 알아보고자 한다. 호이겐스의 원리는 일반 물리학 책을 참고하기 바란다. 또한 맥스웰 방정식을 이용한 방법은 전자기학 책이나 광학 책을 참고하기 바란다.

[그림 2-12]는 거울 표면 c에서 반사된 광이 입사각과 다른 반사각을 갖고 a를 통과하는 경우와 입사각 θ_i와 같은 반사각을 갖고 b를 통과하는 경우를 나타낸 것이다. 먼저 거울 아래쪽으로 거울 면에서 a까지의 거리와 같은 거리만큼 떨어진 곳에 가상적인 점 a'를 설정하고, b에 대해서도 마찬가지 방법으로 b'를 설정한다. 즉 c점에서 반사되어 a를 통과하는 광은 sca'의 경로로 진행하는 것과

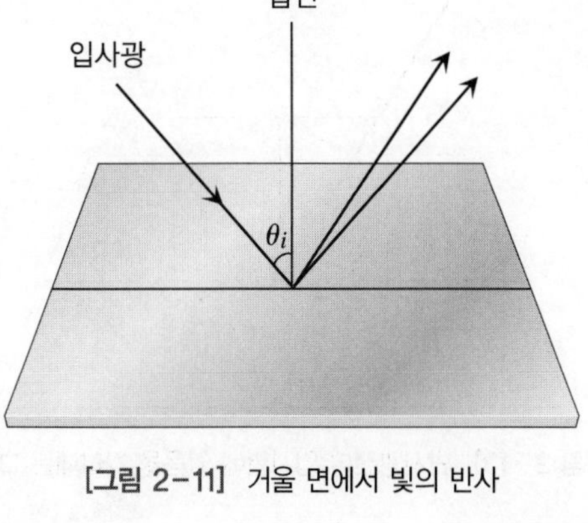

[그림 2-11] 거울 면에서 빛의 반사

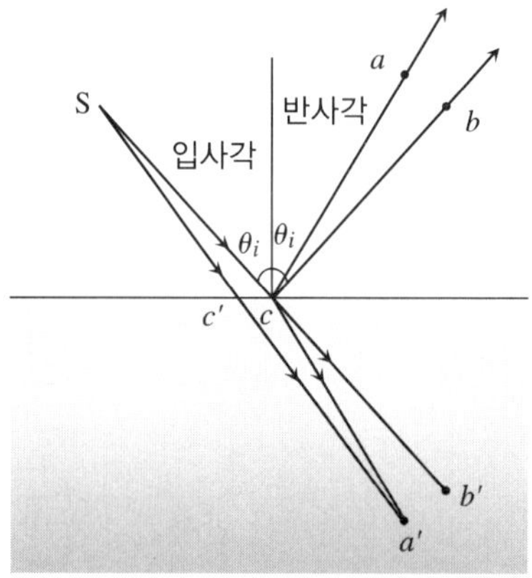

[그림 2-12] 페르마의 원리를 이용한 반사 법칙 유도

똑같은 거리를 이동하게 되고, b를 통과하는 광은 scb'의 경로로 진행하는 것과 똑같은 거리를 이동하게 된다. 그림으로부터 a'를 통과하는 데 가장 시간이 적게 드는 경로는 c를 통과하면서 꺾여 진행하는 것이 아니라, c'를 통과하면서 직선으로 진행하는 경로임을 알 수 있다. 즉 a를 통과하는 데 가장 시간이 적게 드는 경로는 c에서 반사되는 것이 아니라 c'에서 반사되는 것이다. 또한 c를 통과해서는 b'를 지나는 것이 가장 시간이 작게 드는 경로임을 알 수 있다. 즉 거울에서 반사되는 광은 입사각과 같은 각도로 반사된다는 것을 알 수 있다.

이제 반사광이 어떤 면상에 존재하는가 하는 점을 생각해 보자. 거울 표면에서 반사되는 광이 입사각과 같은 각도로 반사된다는 것은 알게 되었지만, 이 조건을 만족시킬 수 있는 면은 [그림 2-13]과 같이 무수히 많이 존재한다.

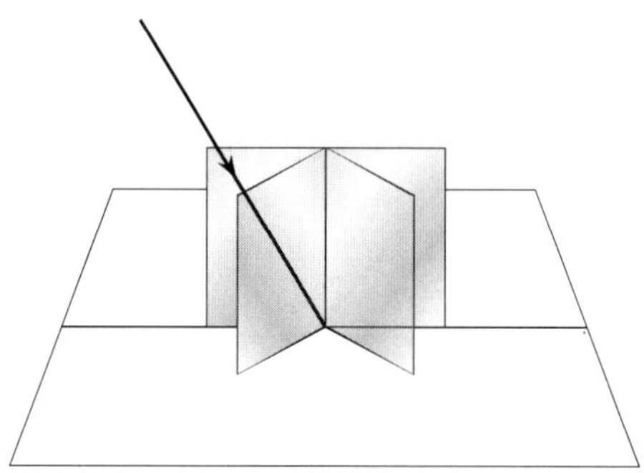

[그림 2-13] 반사광선이 입사면에 있음을 나타내는 그림

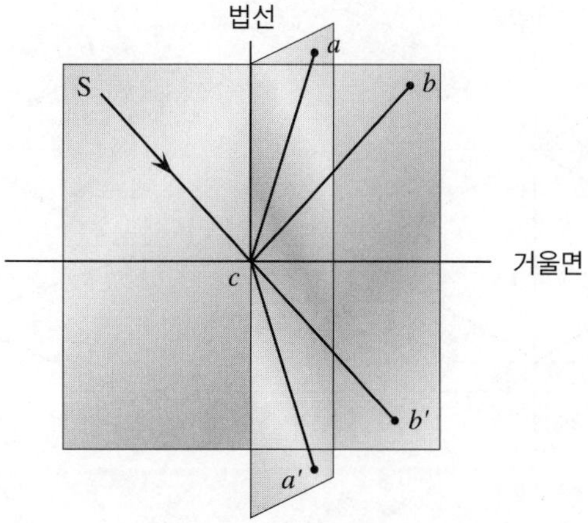

[그림 2-14] 반사 법칙

[그림 2-14]에서 b는 입사광과 법선으로 이루어진 평면상에 존재하는 지점이고, a는 다른 평면상에 존재하는 지점이다. 물론 반사각은 두 경우 모두 입사각과 같다. [그림 2-12]에서와 마찬가지로 거울로부터 같은 거리 떨어진 곳에 가상적인 a', b'점을 설정하게 되면, 일직선 경로인 scb'가 가장 시간이 적게 드는 경로임을 알 수 있다. 즉 c에서 반사된 광은 입사광과 법선으로 이루어진 평면상에 존재함을 알 수 있다.

이상에서 우리는 '반사광은 입사광과 같은 각도로 반사되고, 입사광과 법선이 만드는 평면상에 존재한다'라고 하는 일반적인 빛의 반사 법칙에 대해 알아보았다. 따라서 반사 법칙은 다음과 같이 요약할 수 있다.

- 입사각과 반사각은 같다.
- 반사광은 입사광선과 법선으로 이루어진 평면상에 있게 된다(이를 입사면이라 함).

(2) 평면 거울

실생활에서 빛의 반사를 이용한 가장 흔한 예는 평면 거울이다. 지금 평면 거울 앞에 한 번 서 보라. 거울로부터 똑같은 거리만큼 떨어진 곳에 또 다른 자신이 서 있을 것이다. 이와 같은 상은 어떻게 생기는 것일까? 빛의 반사 법칙을

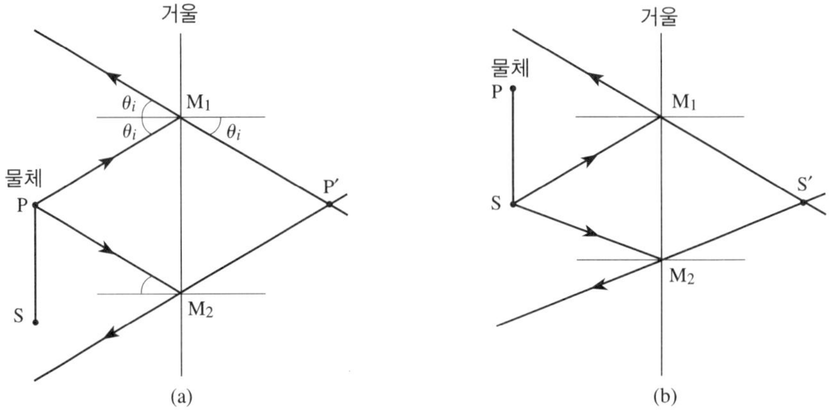

[그림 2-15] 평면 거울에서 빈사 법칙을 이용힌 광선 추적에 의힌 상 찾기

이용하여 평면 거울에 의한 상의 위치와 크기에 대해 알아보도록 하자.

[그림 2-15]는 물체 PS가 평면 거울 앞에 놓여 있는 것을 나타낸다. 물체의 P지점에서 출발하여 거울을 향해 진행하는 무수한 광선 중, (a)와 같이 두 개의 광선에 대해 그 경로를 살펴보기로 하자. 두 개의 광선은 빛의 반사 법칙에 의해 입사각과 같은 각도로 반사되므로, 간단한 기하학을 이용하면 $\triangle PM_1M_2$과 $\triangle P'M_1M_2$이 합동임을 알 수 있다. 따라서 물체의 P지점에서 출발한 빛은 거울로부터 똑같은 거리만큼 떨어져 있는 P′에서 출발해 진행하는 것처럼 보인다. (b)의 S지점에서 나오는 빛 역시 마찬가지 방법으로 S′에서 출발해 진행하는 것처럼 보인다. 이와 같은 과정을 통해 물체와 같은 크기의 상이 거울로부터 똑같은 거리만큼 떨어져 있는 위치에서 형성되게 된다. 이 때의 상은 실제로 빛이 모여서 생긴 상이 아니므로 허상이다.

평면 거울에 대한 다음과 같은 문제를 생각해 보자. 평면 거울을 통해 자신의 전체 모습을 보고자 할 때, 어느 정도 크기의 거울이 필요할까? 자신의 키와 같은 크기의 거울이 필요할까? [그림 2-16]과 같이 머리끝에서 거울로 입사하는 광선과 발끝에서 거울로 입사하는 광선만 반사 법칙에 따라 작도해 보면, 자신 키의 반만큼의 거울 크기로 자신의 상하 전신을 볼 수 있음을 알 수 있다. 예를 들어 키 180 cm인 사람은 90 cm 크기의 거울로 자신의 전신을

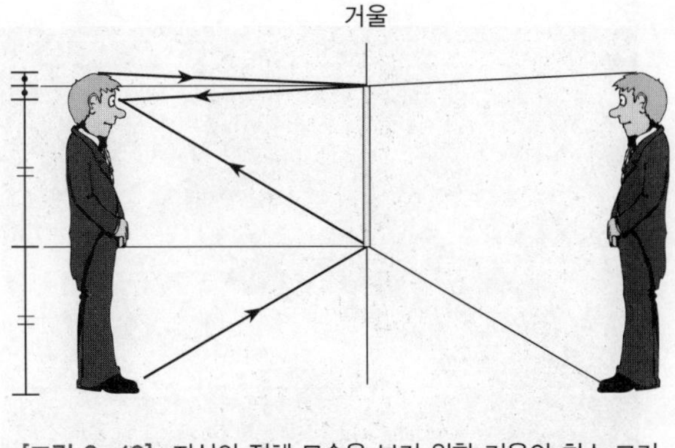

[그림 2-16] 자신의 전체 모습을 보기 위한 거울의 최소 크기

비춰볼 수 있다. 단 이때 거울은 머리끝과 눈 사이의 중간 지점에서부터 놓여 있어야 한다.

그렇다면 자신의 좌우 전체 모습을 보자면 거울의 폭이 얼마나 되어야 할까? 이것 역시 [그림 2-17]과 같이 자신의 좌우끝에서 거울로 입사하는 광선을 반사 법칙에 따라 작도해 보면 쉽게 알 수 있다. 이때 거울의 폭은 자신의 좌우 폭의 크기뿐만 아니라 눈과 눈 사이의 거리에 따라서도 달라지게 된다. 예를 들어 눈과 눈 사이의 거리가 6 cm이고 자신의 좌우 폭이 54 cm라면 24 cm의 폭을 가진 거울이 필요하지만, 눈과 눈 사이의 거리가 6 cm가 아니라 10 cm라면 22 cm의 폭을 가진 거울이 필요하게 된다.

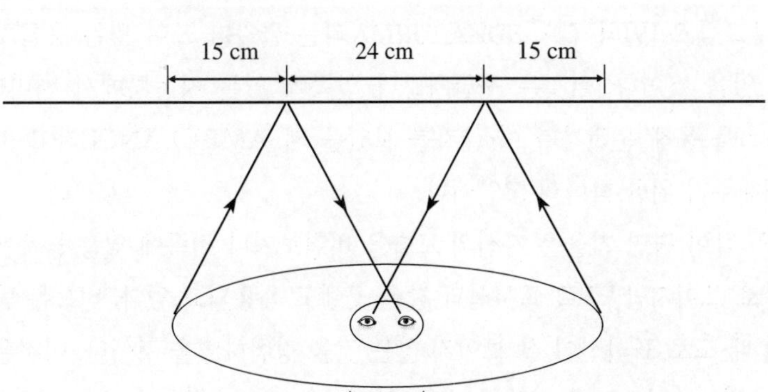

[그림 2-17] 자신의 좌우 전체 모습을 보기 위한 거울의 최소 폭

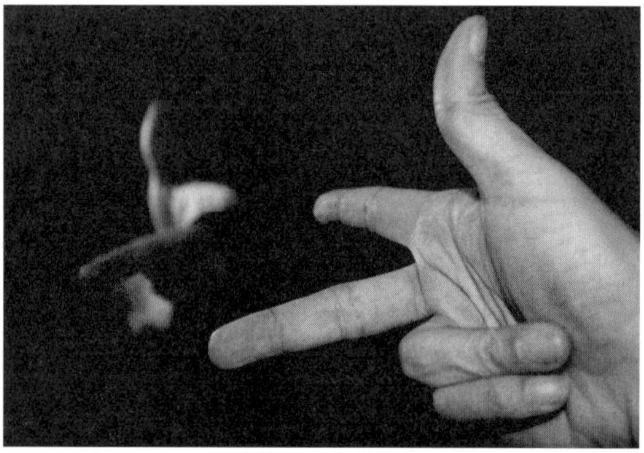

[그림 2-18] 평면 거울에서 상

한편 거울을 통해 자신의 모습을 보면 좌우가 바뀐 것처럼 보인다. 실제로 초등학교 때에는 그렇게 배우기도 한다. 그러나 이것은 앞뒤가 바뀐다고 말하는 것이 맞다.

[그림 2-18]과 같이 거울앞에서 세 개의 손가락을 서로 직각이 되도록 하면 상은 좌우나 위아래는 변화가 없는데 앞뒤가 바뀌는 것을 알 수 있다. 이와 같은 현상을 거울 대칭이라는 용어를 사용한다. 대부분의 물체는 어느 정도 좌우 대칭성을 갖고 있기 때문에 거울을 통해 물체를 보아도 그 물체를 인식하는 데 어려움이 없지만, 거울을 통해 글자를 읽고자 할 때는 쉽지 않다. 도로에서 [그림 2-19]와 같이 ƎƆNA⅃UBMA라는 글자가 쓰여 있는 응급차를 본 적이 있을 것이다. 이것은 구급차보다 앞쪽에 있는 자동차에서 백미러(rear mirror)를 통해 운전자가 이 글자를 보았을 때, AMBULANCE라고 바로 읽고 피해주기 위한 하나의 고안이다.

이와 같이 평면 거울은 자신의 모습을 비춰보거나 뒤쪽에 있는 물체를 보는 데 주로 쓰이지만, 도로 표시선과 같은 곳에도 응용되고 있다. 비오는 밤 운전을 할 때 도로 표시선이 잘 보이지 않는 것을 경험하였을 것이다. 이것은 비로 인해 지면이 매끄럽게 되었기 때문이다. 비가 오지 않는 밤 헤드라이트 불빛을 비추게 되면 거친 지면에 의해 [그림 2-20]과 같이 여러 방향으로 빛이 반사되고, 그 중 일부가 우리 눈에 들어와 도로 표시를 볼 수 있게 된다. 이러한

[그림 2-19] 구급차의 글씨를 거울을 통해 읽기 위한 글씨 형태

반사를 난반사라고 한다. 여러 방향으로 빛이 반사되므로 반사 법칙을 따르지 않는 것처럼 생각될 수도 있으나, 이것은 거친 면에 의해 입사각이 다양하게 존재하기 때문이고 각각의 광선들은 입사각과 같은 반사각으로 반사된다.

한편, 비로 인해 거친 지면이 매끄럽게 되면 [그림 2-21]과 같이 우리 눈으로 반사되어 오는 빛은 거의 없게 된다. 이와 같은 문제점을 해결하기 위해 [그림 2-22]와 같이 평면 거울 세 개를 수직하게 붙여놓은 일명 코너 반사경(corner reflector)이 도로 표시선에 많이 이용되고 있다. 코너 반사경은 어떤 방향에서 광이 입사하더라도 [그림 2-22]와 같이 입사광과 같은 방향으로 광을 반사시키므로, 비가 오는 날에도 도로 표시선을 잘 볼 수 있게 된다.

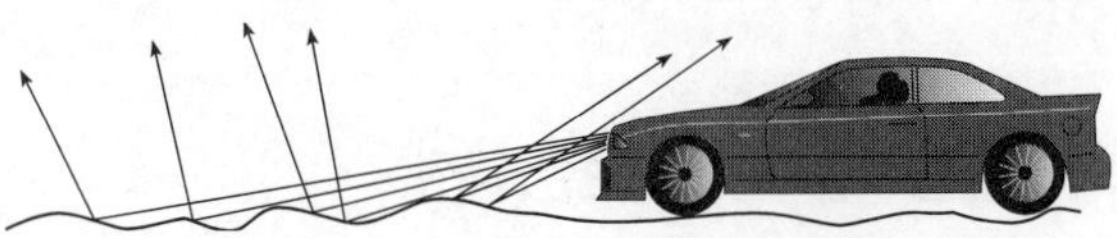

[그림 2-20] 일반도로에서 빛의 반사

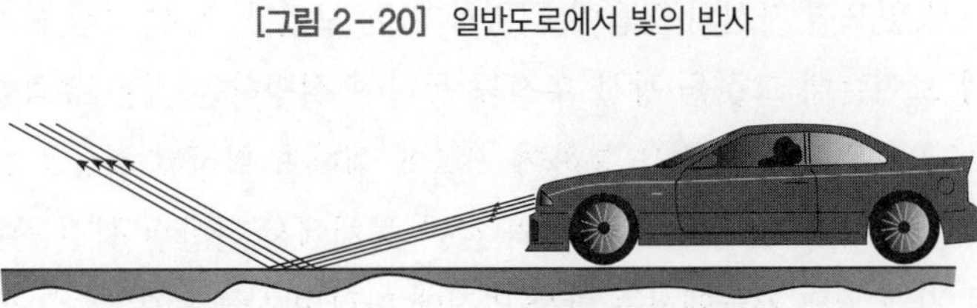

[그림 2-21] 빗물이 있는 도로에서 빛의 반사

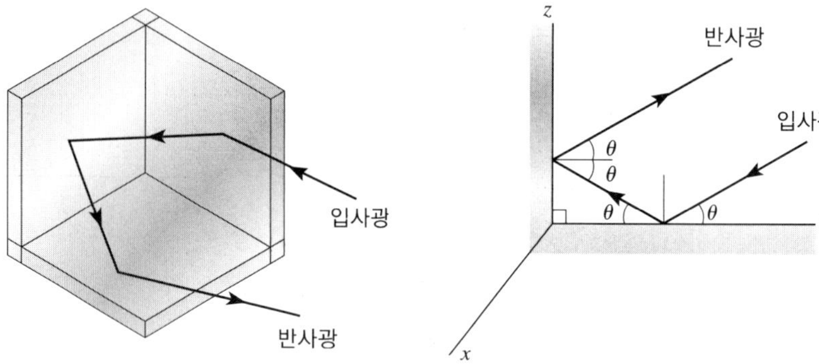

[그림 2-22] 코너 반사경

[그림 2-22]는 코너 반사경에 입사한 광이 반사 법칙에 의해, 입사광과 같은 방향으로 반사되는 것을 나타낸 것이다. 편의상 *yz* 평면에 수평하고 *xy* 평면과 θ의 각도를 이루며 입사했다고 하자. *xy* 평면에서 반사된 광은 *xz* 평면에 θ의 입사각으로 입사하게 되고 다시 θ의 각도로 반사되므로, 최종적으로 입사광과 같은 방향으로 되돌아 나가게 된다.

코너 반사경은 지구, 달과 같이 멀리 떨어진 물체의 거리를 측정하는 데도 사용된다. 달표면에 코너 반사경을 설치하고 레이저 광선을 쏘아 광선이 지구로 되돌아오는 데 걸리는 시간을 측정하면, 지구와 달 사이의 거리를 구할 수 있다. 코너 반사경 대신 평면 거울을 이용한다면 레이저 광선이 거울에 수직하게 입사하지 않는 이상, 입사광의 방향과 같은 방향으로 반사되지 않기 때문에 측정이 용이하지 않다.

(3) 거울에 의해 만들어진 허상을 보는 과정

거울 앞에서 있으면 자신의 모습이 선명하게 잘 보인다. 마치 직접 물체를 보는 것처럼 보이는데 그것을 광선 추적을 통하여 설명하는 것은 유익한 일이다. [그림 2-23]은 광선 추적을 통하여 거울에 의하여 형성된 허상을 보는 과정을 나타낸 것이다. 앞서 살펴본 바와 같이 물체에서 산란된 광선들이 거울면 쪽으로 가게 되면 거울에서는 반사 법칙에 따라 반사될 것이다.

물체의 한 점에서 반사된 빛들 중 일부가 거울에 반사된 후에 사람 눈에 들

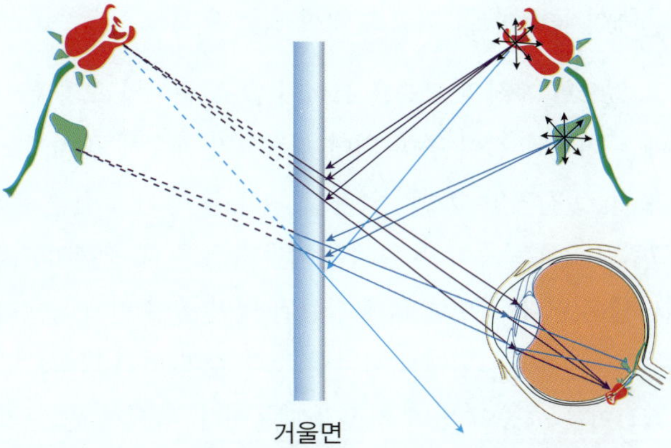

[그림 2-23] 거울과 같은 매끈한 면에서 허상을 보는 원리

어가게 되면 다시 수정체에 의해 망막의 한 점에 모이게 되며 따라서 물체의 형상이 망막에 만들어지게 된다. 거울에 반사된 광선들을 연장시켜 보면 거울 뒤쪽에 하나의 점에서 만나게 되고 물체점들에 대응되는 상점을 그려볼 수 있을 것이다. 재미있는 것은 각 상점에서 마치 [그림 2-23]의 물체와 같이 사방으로 빛을 산란시키는 역할을 한다. 따라서 [그림 2-23]의 과정을 거쳐 사람 눈에는 그곳에 물체가 있는 것처럼 인식하게 된다. 사람은 그곳에 물체가 있는지 거울에 의해 만들어진 상인지를 구별하지 못할 것이다. 분명한 것은 그곳에 실제로 물체가 있지도 않고 그곳에서 빛이 직접 나오지도 않는다는 점이다. 물체에서 산란되어 거울쪽으로 온 모든 빛은 반사 법칙을 만족시키면서 반사된다는 사실이다. 거울 뒤쪽으로는 빛이 갈 수가 없다. 그럼에도 불구하고 마치 거울 뒤쪽에 물체가 있는 것처럼 사람은 인식을 하게 된다. 이와 같이 직접 빛이 지나가지 않고 형성된 상을 허상이라고 한다. 따라서 사람은 허상을 잘 볼 수 있을 뿐만 아니라 눈의 구조와 정확하게 같은 원리로 동작하는 카메라를 이용하여 허상을 찍을 수도 있는 것이다. 사람 눈의 망막이나 카메라 필름에는 반드시 빛이 도달하여야 한다는 점을 다시 한 번 강조한다. 그림에서 실선으로 나타낸 경로를 따라서만 빛이 실제로 존재한다는 것을 명심하자. 거울 면과 같이 반사의 법칙을 잘 만족시키는 매끈한 면에서는 물체가 잘 비춰 보이는 것을 잘 설명할 수 있을 것이다.

(4) 거친 면에서 물체가 잘 비춰 보이지 않는 이유

종이를 보고 있으면 자신의 모습은 보이지 않고 종이의 모양만 보일 것이다. 얼른 보기에는 거울과 같이 종이 면이 평평하기 때문에 종이에도 물체가 잘 비춰 보여야 할 것 같지만 그렇지 않다. 그 이유를 광선 추적을 통하여 설명하여 보자. [그림 2-24]는 종이 면 앞에 장미를 놓았을 때 광선이 어떻게 진행하는 지를 나타낸 것이다. 장미에 의해 산란된 빛이 종이 면에 도달하면 종이 면에서는 왼쪽의 원 안의 그림에서 나타낸 것과 같이 여러 방향으로 빛이 반사될 것이다. 그 이유는 종이 면이 거칠기 때문이다. 자세히 원 안의 그림을 보면 각 광선은 여전히 반사 법칙을 만족시킴을 알 수 있다. 그런데 종이 면이 거칠기 때문에 사방으로 빛이 난반사됨을 알 수 있다. 이는 앞서 [그림 2-5]의 장미꽃에서 일어난 일과 동일하다. 즉 장미꽃의 표면들이 거칠기 때문에 입사된 빛들이 사방으로 산란된 것이다. 장미꽃의 한 점에서 산란된 빛이 종이 면에서 다시 산란되어 사람 눈으로 들어오게 되면 망막의 한 점에 도달하는 것이 아니라 여러 곳으로 흩어지는 것을 볼 수 있다. 따라서 장미꽃을 보는 것을 기대하는 것은 무리라는 것을 알 수 있다. 한편 종이 면은 [그림 2-5]의 장미꽃과 정확하게 같은 역할을 한다는 점을 이해하여야 한다. 즉 종이 면의 각 점

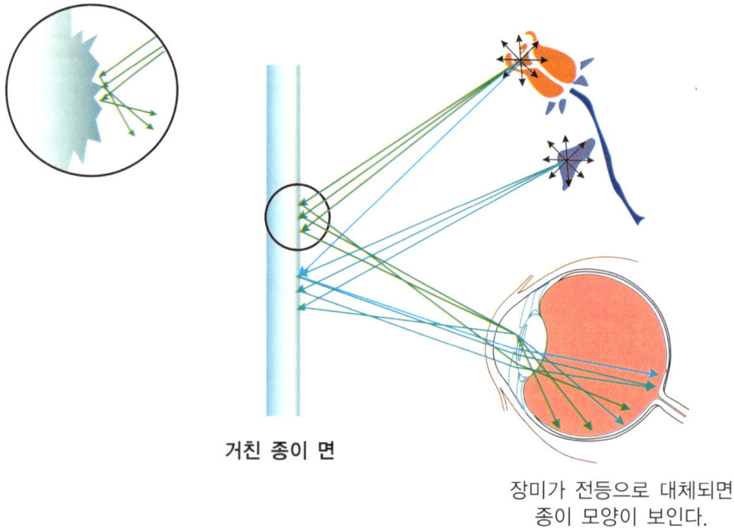

[그림 2-24] 거친 종이 면에서 상이 보이지 않는 이유

은 사람 눈의 입장에서 보면 물체점과 같은 역할을 한다. 종이의 한 지점에서 산란된 빛들은 망막의 한 점에 정확하게 도달하게 된다. 따라서 우리는 종이에 비춰진 물체의 모습을 보는 것이 아니라 종이의 모습을 보게 된다. 이제 손거울을 이용하여 자신의 모습을 보면 거울에 비춰진 자신의 모습과 거울 테두리의 모습이 동시에 보이는 것을 설명할 수 있을 것이다. 즉 거울 면에서는 빛이 정반사하기 때문에 거울에 의해 만들어진 허상을 볼 수 있고, 거울 테두리는 산란시키는 역할을 하기 때문에 물체의 역할을 하여 사람 눈의 망막에는 거울 테두리에 의한 상과 거울에 의해 만들어진 허상에 의한 상이 동시에 만들어지기 때문에 거울과 거울 속에 자신의 모습을 동시에 볼 수 있는 것이다.

(5) 구면 거울

평면 거울과 함께 볼록 거울, 오목 거울과 같은 구면 거울도 일상생활에 많이 사용되고 있다. 여기서는 구면 거울이 사용되는 예를 살펴보고, 반사 법칙으로부터 몇 개의 광선 경로를 추적하여 구면 거울에 의한 물체의 상을 작도해 보도록 한다.

우리는 굽어진 길 모퉁이나 자동차의 백미러(rear mirror) 혹은 사이드 미러(side mirror)에 평면 거울 대신 볼록 거울이 많이 부착되어 있는 것을 보게 된다. 이와 같은 곳에 볼록 거울을 사용하면 어떤 점이 유리할까? [그림 2-25]는 길 모퉁이에 평면 거울이 설치되어 있는 경우이다. 거울에 대해 대칭인 지

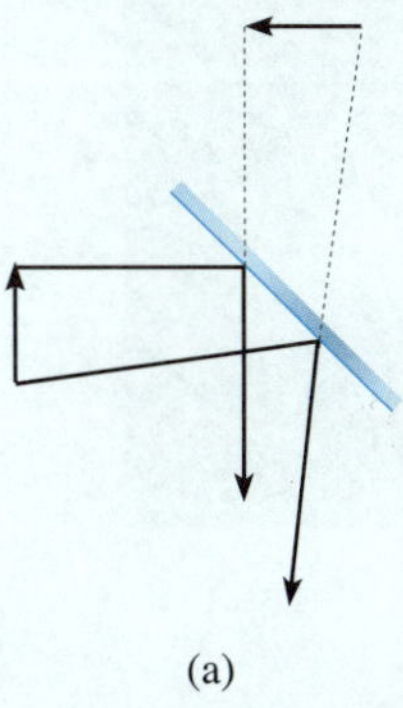

(a)

[그림 2-25] 모퉁이 길에 평면 거울이 설치된 경우

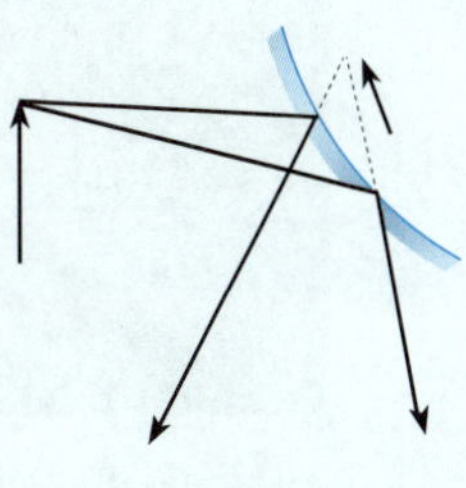

(b)

[그림 2-26] 모퉁이 길에 구면 거울이 설치된 경우

점에 물체와 같은 크기의 허상이 생김을 볼 수 있다. [그림 2-26]은 볼록 거울이 설치되어 있는 경우이다. 평면 거울에 비해 상의 크기가 작아진 것을 알 수 있다. 따라서 볼록 거울을 사용하였을 때는 물체의 크기가 작아 보이는 대신 평면 거울보다 더 넓은 범위의 모습을 볼 수 있다.

[그림 2-27](a)와 같이 잘 닦여진 숟가락을 들고 숟가락 뒤쪽 면을 통해 연필의 모습을 비춰 보자. 항상 축소된 연필의 모습을 볼 수 있을 것이다. 따라서 숟가락 뒤쪽 면을 볼록 거울과 같은 역할을 한다. 이번에는 [그림 2-27](b)와

(a) 뒤쪽 면은 항상 축소된 정립 상

(b) 앞쪽 면에서는 초점거리보다 먼 물체에 대해 도립 실상이 나타남

[그림 2-27] 숟가락 앞면과 뒷면에 의해 형성된 상

[그림 2-28] 오목 거울의 예인 위성 안테나

같이 숟가락 앞면을 통해 연필의 모습을 비춰보자. 연필의 모습이 거꾸로 보인다. 숟가락의 앞쪽 면은 오목 거울로 볼 수 있는데 이와 같은 현상을 통해 오목 거울은 길모퉁이나 자동차의 백미러에는 부적합하다는 것을 알 수 있다.

그렇다면 오목 거울은 어떤 곳에 사용될까? 일상에서 쉽게 찾아볼 수 있는 예는 [그림 2-28]과 같이 위성 방송을 보기 위한 위성 안테나이다. 또한 올림픽이나 전국 체전에서 성화를 채화할 때도 사용되곤 한다. 즉 오목 거울은 빛이나 전자기파를 한 점에 모으는 데 주로 이용된다.

위에서 살펴본 바와 같이 구면 거울은 평면 거울과 달리 상의 크기도 물체와 같지 않고, 상의 위치도 거울면에 대해 대칭인 곳에 생기지 않는다. 하지만 구면 거울에서도 평면 거울과 마찬가지로 반사 법칙은 여전히 성립한다. 반사 법칙으로부터 다음과 같이 거울에 입사하는 광선의 경로를 추적하여 구면 거울에 의한 물체의 상을 작도해 보도록 하자.

첫째, 구면 거울의 구심을 지나거나(오목 거울) 향하여(볼록 거울) 입사한 광선

둘째, 거울 중심으로 입사한 광선

셋째, 거울 축에 평행하게 입사한 광선

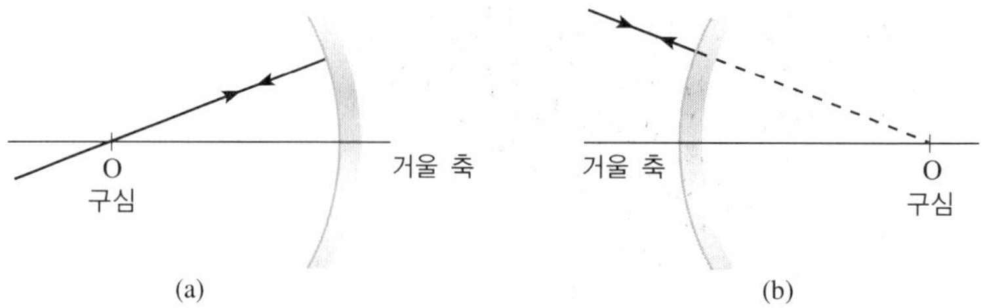

[그림 2-29] 구심으로 입사한 광선의 반사

[그림 2-29]와 같이 구심을 지나거나(a), 또는 구심을 향하여(b) 입사한 광선은 법선과 일치하므로 오던 길로 되돌아 나가게 된다. [그림 2-30]과 같이 거울 중심으로 입사한 광선은 입사각 θ에 대해 반사각 θ를 갖고 거울 축에 대칭인 방향으로 나아가게 된다.

마지막으로 거울 축에 평행하게 입사한 광선은 약간의 기하학이 필요하므로 위의 두 경우보다 조금 어렵다고 볼 수 있다. [그림 2-31]은 오목 거울에 평행광이 입사한 경우이다. (a)는 거울 축에 평행하게 입사하지만 거울 면이 휘어져 있기 때문에 구심 O와 A를 이은 법선에 대해 θ의 입사각을 갖게 된다. 반사 법칙에 의해 반사광도 법선에 대해 θ의 반사각을 갖고 F지점을 통과하게 된다. (b)에서 입사 광선과 거울 축이 평행하므로 $\angle AOB = \theta$이고, $\angle AFB = 2\theta$이다. 곡률 반경 r에 대해 호 $AB = r\theta$이고, 입사광이 거울 축에 가깝게 입사하였다고 가정하면 θ가 작아지므로 호 $AB \simeq FB \times 2\theta$로 근사할 수 있다. 따라서 $r = 2 \times \overline{FB}$ 되고, 거울 축에 평행하게 입사한 광은 곡률 반경의 1/2이 되는 지점($r/2$)을 통과한다는 것을 알 수 있다. 즉 오목 거울에 평행하게

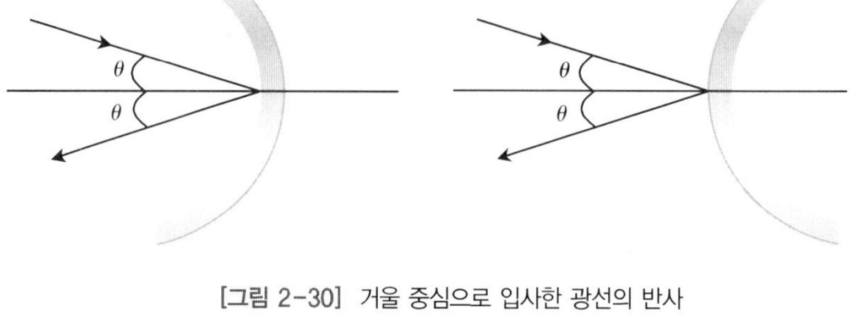

[그림 2-30] 거울 중심으로 입사한 광선의 반사

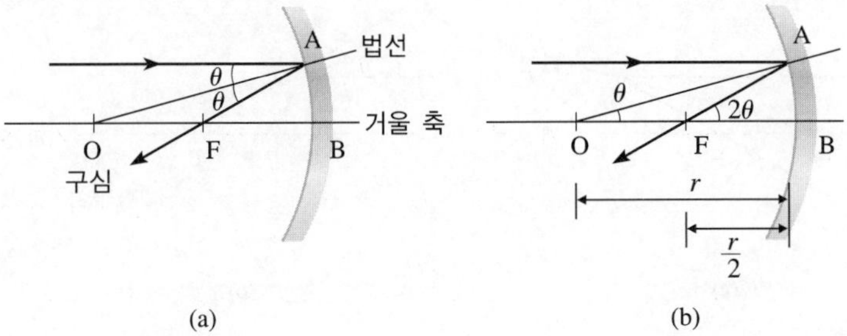

[그림 2-31] 오목 거울 축에 나란하게 입사한 광선의 반사

입사한 광은 반사 지점의 위치에 관계없이 한 지점 F에 모이게 된다는 것을 알 수 있다. 이 지점을 초점이라 한다. 따라서 오목 거울의 경우 초점에 발화 물질이나 측정장치 등을 설치하면 광을 효율적으로 이용할 수 있다.

[그림 2-32](a)는 볼록 거울에 광이 입사한 경우이다. 거울 축에 평행하게 입사하지만 오목 거울과 마찬가지로 거울면이 휘어져 있기 때문에 구심 O와 A를 이은 법선에 대해 θ의 입사각을 갖게 된다. 반사 법칙에 의해 반사광도 법선에 대해 θ의 반사각을 갖고 반사되는데 오목 거울과 같이 거울 축 상의 한 지점을 직접 통과하는 것이 아니고 거울 축 상의 한 지점 F에서 광이 나오는 것처럼 진행하게 된다. (b)에서 F의 위치를 구하게 되면 앞의 오목 거울과 마찬가지로 곡률 반경의 1/2이 되는 지점이라는 것을 알 수 있다. 즉 볼록 거울에 평행하게 입사한 광은 거울 내의 한 지점 F에서 광이 퍼져 나오는 것처럼 반사하게 된다. 이 지점은 광이 실제로 통과하는 지점이 아니기 때문에 허

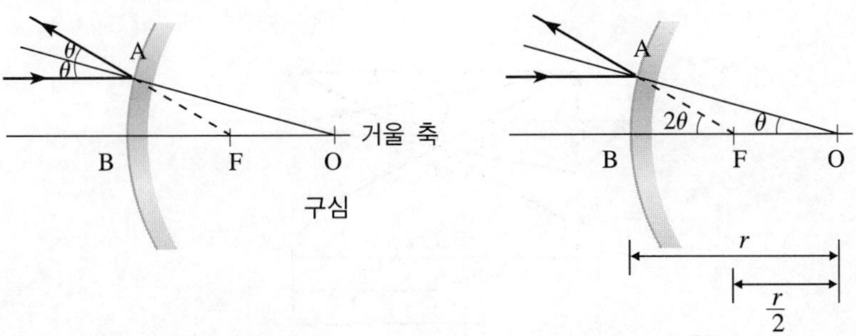

[그림 2-32] 볼록 거울 축에 나란하게 입사한 광선의 반사

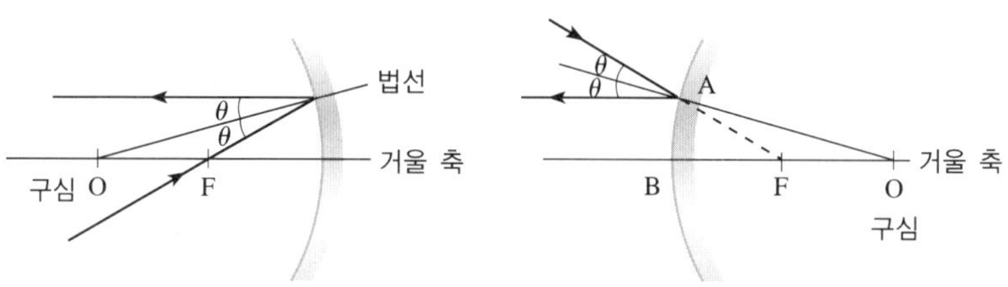

(a) (b)

[그림 2-33] 거울의 초점을 지나 입사한 광선의 반사

초점이라 한다. 이와 같이 볼록 거울의 경우는 초점에 실제로 광이 모여지는 것이 아니기 때문에 오목 거울처럼 빛을 모으거나 하는 데는 사용할 수 없다.

거울 축에 평행하게 입사하는 광선에 대한 역과정으로 초점을 통과(오목 거울)하거나 초점을 향하여 진행하는 광(볼록 거울)의 경로는 어떻게 될까? [그림 2-33]과 같이 거울 축에 평행하게 반사됨을 쉽게 짐작할 수 있다.

위에서 구한 몇 개의 광선 추적을 이용하여, 구면 거울에 의해 생기는 물체의 상을 구해 보도록 하자. [그림 2-34]는 오목 거울에 의해 생기는 물체의 상을 작도한 것이다. 물체의 H 부분으로 나온 광선 중 거울의 구심을 지나는 광선은 같은 경로를 따라 반사되고, 거울 중심으로 입사한 광선은 거울 축에 대칭인 방향으로 반사된다. 거울 축에 평행하게 진행하는 광선은 초점을 지나게 되고, 세 반사광은 H′에서 교차하게 된다. 물체의 다른 부분에서 나오는 광선들도 이와 동일한 과정으로 반사되므로 결국 Q′H′의 거꾸로 된 도립 실상이 형성되게 된다. 다시 한 번 강조하는데 점 H에서 나온 무수히 많은 광선들 모

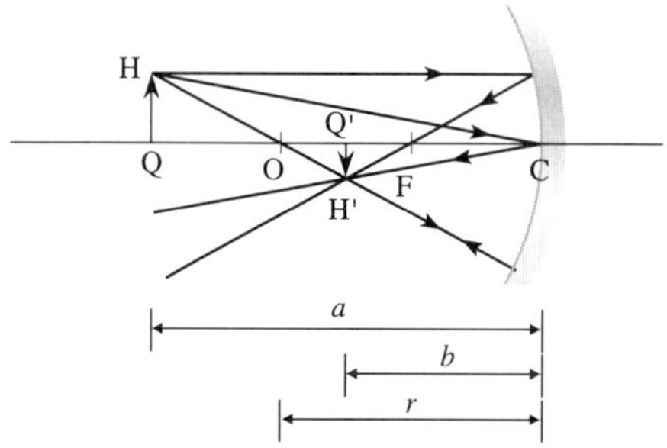

[그림 2-34] 오목 거울에서 상의 위치를 찾기 위한 광선 추적

두가 거울에 반사되어 점 H′ 점으로 모아졌다가 다시 퍼져 간다. 이때 모든 광선들은 반사 법칙, 즉 입사각과 반사각이 같도록 반사되기 때문이다. 이 점은 학생들에게 꼭 강조하기 바란다. 학생들은 마치 세 개의 광선만이 마술처럼 동작하는 것으로 생각하고 있다. 우리 눈으로 거울에 인해 만들어진 실상을 직접보면 Q′H′가 물체 역할을 하기 때문에 거꾸로 서 있는 모습이 보일 것이다. [그림 2-27]은 숫가락에 의해 만들어진 거꾸로 된 실상을 찍은 것이다.

거울에 의한 상의 위치나 크기는 물체와 거울 사이의 거리와 거울의 곡률 반경에 따라 달라지게 되는데, 간단한 기하학을 이용해 이들 사이의 관계를 구해 보도록 하자. [그림 2-34]에서 △QOH와 △Q′OH′이 닮음 삼각형이므로

$$\frac{\mathrm{QH}}{\mathrm{Q'H'}} = \frac{\mathrm{OQ}}{\mathrm{OQ'}} = \frac{a-r}{r-b}$$

이고, △QCH와 △Q′CH′이 닮음 삼각형이므로

$$\frac{\mathrm{QH}}{\mathrm{Q'H'}} = \frac{\mathrm{CQ}}{\mathrm{CQ'}} = \frac{a}{b}$$

이다. 위 두 식으로부터 오목 거울의 곡률 반경과 물체의 위치, 상의 위치 사이에는

$$\frac{1}{a} + \frac{1}{b} = \frac{2}{r} = \frac{1}{f}$$

의 관계가 성립함을 알 수 있다. 이 식을 거울 공식이라 한다. 또한, 물체의 크기와 상의 크기의 비, 즉 배율이

$$\frac{\mathrm{Q'H'}}{\mathrm{QH}} = \frac{b}{a}$$

가 됨을 알 수 있다.

위의 관계식들을 이용하여 오목 거울에 의한 상의 위치와 크기를 계산해 보자. 초점 거리가 5 cm인 오목 거울 앞 30 cm 되는 곳에 물체가 놓여 있을 때, 상은 거울 앞쪽으로 6 cm 떨어진 지점($b = 6$ cm)에, 물체의 1/5배의 축소된 크기로 형성된다. 물체가 거울 앞 2.5 cm되는 곳에 위치하여 거울의 초점 거리

안쪽에 있게 된다면, 상은 거울 뒤쪽으로 5 cm 떨어진 지점($b = -5$ cm)에, 물체의 2배의 확대된 크기로 형성된다. 상이 거울 뒤쪽에 생긴다는 것은 거울에서 반사된 광이 실제로 모여서 상을 형성한 것이 아니므로 허상에 해당한다.

[그림 2-35]는 볼록 거울 앞에 물체가 놓여있는 경우이다. H 부분에서 나오는 광선 중 구심을 향하여 입사하는 광선은 같은 경로를 따라 반사되고, 거울 중심으로 입사한 광선은 거울 축에 대칭인 방향으로 반사된다. 거울 축에 평행하게 진행하는 광선은 초점에서 광선이 나오는 것처럼 반사하게 되고, 세 반사광의 연장선은 거울 뒤쪽 H′지점에서 교차하게 된다. 즉 평면 거울과 같이 물체의 상 Q′H′이 거울 뒤쪽에 허상으로 생기게 된다.

물체와 거울, 상 사이의 관계는 오목 거울에서와 똑같은 과정을 통해 구할 수 있다. [그림 2-34]에서 $\triangle$QOH와 $\triangle$Q′OH′이 닮음 삼각형이므로

$$\frac{\mathrm{QH}}{\mathrm{Q'H'}} = \frac{\mathrm{OQ}}{\mathrm{OQ'}} = \frac{a+r}{r-b}$$

이고, $\triangle$QCH와 $\triangle$Q′CH′이 닮음 삼각형이므로

$$\frac{\mathrm{QH}}{\mathrm{Q'H'}} = \frac{\mathrm{CQ}}{\mathrm{CQ'}} = \frac{a}{b}$$

이다. 위 두 식으로부터 볼록 거울의 곡률 반경과 물체의 위치, 상의 위치 사이에는

$$\frac{1}{a} - \frac{1}{b} = -\frac{2}{r} = -\frac{1}{f}$$

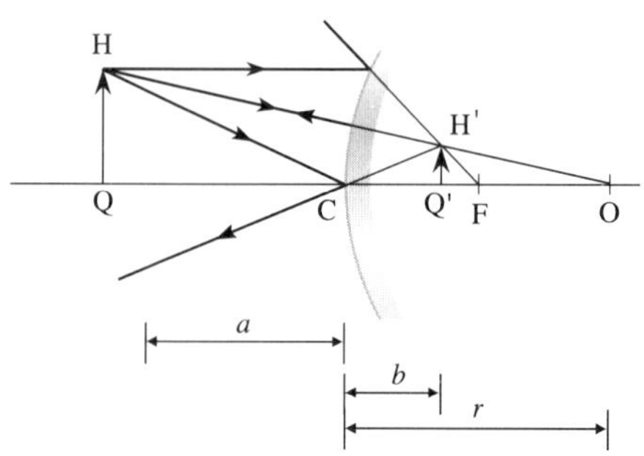

[그림 2-35] 볼록 거울에서 상의 위치를 찾기 위한 광선 추적

의 관계가 성립함을 알 수 있다. 또한 물체의 크기와 상의 크기의 비, 즉 배율이

$$\frac{\text{Q}'\text{H}'}{\text{QH}} = \frac{b}{a}$$

가 됨을 알 수 있다.

위의 관계식들을 그대로 사용하여 볼록 거울에 의한 상의 위치와 크기를 계산해 보자. 초점 거리가 5 cm인 볼록 거울 앞 20 cm가 되는 곳에 물체가 놓여 있을 때, 상은 거울 뒤쪽으로 4 cm 떨어진 지점(b = 4 cm)에, 물체의 1/5배의 축소된 크기로 형성된다. 이와 같이 a, b, r과 f를 모두 양수로 취하면

$$\frac{1}{a} - \frac{1}{b} = -\frac{2}{r} = -\frac{1}{f}$$

식을 그대로 사용하여도 물체의 위치나 크기를 계산하는 데 아무 문제가 없다. 오목 거울과 동일하게 거울 공식을

$$\frac{1}{a} + \frac{1}{b} = \frac{1}{f}$$

로 통일하고 볼록 거울인 경우에 대해 f의 값을 음의 부호를 붙이는 것이 편리하다. 통일된 거울 공식을 사용하여 앞의 예를 다시 살펴보면, 초점 거리 5 cm인 볼록 거울의 경우 f = 5 cm가 아니라 f = −5 cm를 대입하는 것이다. 이렇게 통일된 거울 공식을 사용하면 상의 위치 b가 음의 값을 갖는다는 것이 거울 뒤쪽에 형성되는 허상임을 의미한다. 거울이나 앞으로 다룰 렌즈에서 부호에 대해 혼란스러워 하는 경우가 많은데, 위에서 살펴본 바와 같이 부호에 대한 약속은 편의를 위한 것일 뿐 절대적인 것은 아니다.

2-3 굴절(Refraction)

우리는 물에 넣은 젓가락이 꺾여 보이거나 물속의 물고기가 실제의 위치보다 떠올라 보이는 현상을 쉽게 접하게 된다. 이러한 현상들은 빛이 한 매질에서 다른 매질로 진행할 때 매질의 경계면에서 진행 방향을 바꾸는 빛의 굴절에 의해 나타

나는 현상이다. 위의 두 가지 예 외에도 실제로 빛의 굴절로 인해 우리 주변에는 수많은 현상이 나타나고 있고, 우리는 또 실생활에 빛의 굴절을 응용하고 있다.

빛의 굴절은 매질에 따라 빛의 진행 속도가 다르기 때문에 일어난다. 물질 내에서의 빛의 속력(v)과 진공 중에서의 빛의 속력(c)의 비를 그 물질의 굴절률($n=c/v$)로 정의한다. 매질에 따라 빛의 진행 속도가 달라지는 메커니즘은 파동 광학에서 다루기로 하고, 이 장에서는 빛이 굴절될 때의 일반적인 방법 즉 굴절 법칙에 대해 알아보고 굴절로 인해 나타나는 몇 가지 자연 현상과 실생활에서 굴절을 이용한 예를 살펴보기로 한다. 또한 돋보기, 현미경, 망원경과 같은 광학기기들에 필수적으로 이용되는 렌즈에서 일어나는 굴절 현상에 대해 다루기로 한다.

(1) 굴절 법칙

빛이 [그림 2-36]과 같이 매질 1의 A지점에서 매질 2의 B지점으로 진행할 때, 어떤 경로를 취하겠는가? 페르마의 최소 시간의 원리에 의하면 빛은 가장 시간이 작게 드는 경로를 택하여 진행한다. 따라서 매질 1과 매질 2가 같은 매질이라면 최단 거리, 즉 직선 경로를 택하여 진행할 때 가장 적은 시간이 걸릴 것이다. 하지만 매질이 달라질 경우 매질 내에서 빛의 진행 속도가 달라지므로 최단 거리가 최소 시간을 의미하지는 않는다. 예를 들어 매질 1에서의 빛의 진행 속도가 매질 2보다 빠르다면 진행 속도가 빠른 매질 1에서 좀 더 진

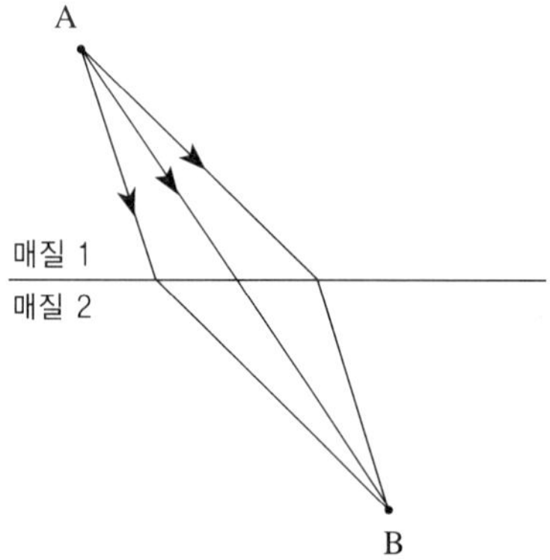

[그림 2-36] 굴절에서 페르마의 원리 적용

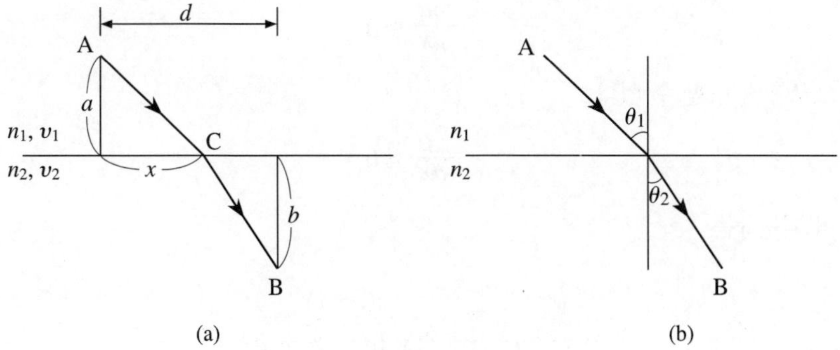

[그림 2-37] 굴절 법칙의 유도

행한 후 매질 2를 진행하는 것이, 즉 경계면에서 굴절되어 진행하는 것이 시간을 단축할 것이라는 것을 예상할 수 있다.

이 절에서는 매질의 경계에서 빛의 진행 경로를 나타내는 빛의 굴절 법칙을 페르마의 최소 시간의 원리를 이용하여 유도하고자 한다. [그림 2-37](a)와 같이 굴절률이 n_1인 매질 1에서 굴절률이 n_2인 매질 2로 빛이 진행한다고 하자. 매질 1에서의 빛의 진행 속도는 $v_1(=c/n_1)$이고 매질 2에서의 진행 속도는 $v_2(=c/n_2)$이다. A지점에서 출발한 광이 매질 경계의 C지점에서 굴절되어 B지점에 도달한다고 할 때, 매질 1에서의 광의 진행한 시간은

$$\frac{\sqrt{x^2+a^2}}{v_1}$$

이고, 매질 2에서의 광의 진행한 시간은

$$\frac{\sqrt{(d-x)^2+b^2}}{v_2}$$

이다. 따라서 A지점에서 출발한 광이 B지점에 도달되는 데 총 걸린 시간은

$$t=\frac{\sqrt{x^2+a^2}}{v_1}+\frac{\sqrt{(d-x)^2+b^2}}{v_2}$$

이다. 시간 t는 굴절되는 위치 즉 C지점의 위치에 따라 달라지게 되므로 x의 함수이다. 이 식에서 시간 t가 최소가 되는 x는

$$\frac{dt}{dx}=0$$

으로부터 구할 수 있다.

$$\frac{dt}{dx}=0$$

이 되는 x는

$$\frac{x}{v_1\sqrt{x^2+a^2}} = \frac{(d-x)}{v_2\sqrt{(d-x)^2+b^2}}$$ 는

식을 만족시키고,

$$\frac{x}{\sqrt{x^2+a^2}} \text{ 과 } \frac{(d-x)}{\sqrt{(d-x)^2+b^2}}$$

는 [그림 2-37](b)에서 입사각과 굴절각에 대한 sin값 $\sin\theta_1$, $\sin\theta_2$를 나타낸다. 따라서 위의 식은

$$\frac{\sin\theta_1}{v_1} = \frac{\sin\theta_2}{v_2}$$

로 쓸 수 있고, 여기에 빛의 속도와 굴절률 사이의 관계식 $v=c/n$을 대입하면

$$n_1\sin\theta_1 = n_2\sin\theta_2$$

의 최종적인 식을 얻게 된다. 이 식은 매질의 경계에서 빛의 진행 경로를 나타내는 것으로 굴절 법칙 또는 스넬(Snell)의 법칙이라고 한다. 예를 들어 빛이 공기($n_1=1$)에서 유리($n_2=1.5$)로 30°의 입사각으로 입사할 때, 빛은 19°의 굴절각으로 유리 속을 진행하게 된다.

(2) 전반사

전반사는 굴절률이 큰 매질에서 작은 매질로 빛이 진행할 때 나타나는 신기한 현상 중의 하나이다. [그림 2-38]과 같이 여러 개의 입사각으로 물에서 공기로 빛이 진행한다고 하자. 물의 굴절률이 공기보다 크므로 빛은 입사각보다는 항

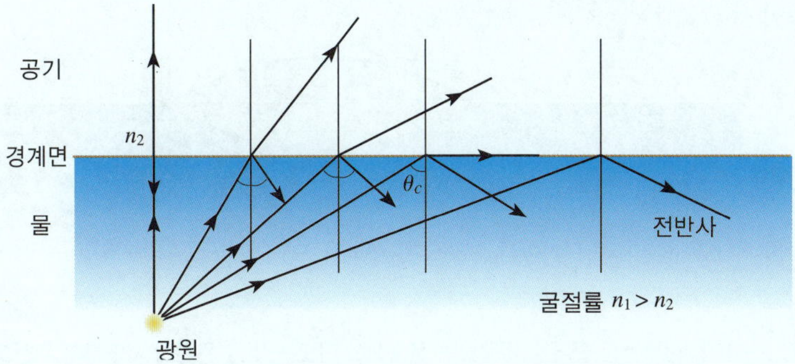

[그림 2-38] 물속에서 공기 중으로 빛이 굴절할 때의 모습(전반사)

상 더 큰 각으로 굴절되고, 입사각이 θ_c가 되었을 때 굴절각은 90°가 됨을 볼 수 있다. 굴절각이 90°가 되는 입사각 θ_c를 임계각이라고 한다. 물($n_1 = 1.33$)에서 공기($n_2 = 1$)로 빛이 진행하는 경우 임계각은 스넬의 법칙으로부터 약 48°이다. 입사각이 임계각보다 더 커지게 되면 스넬의 법칙을 만족하는 굴절각이 존재하지 않게 되고, 공기 중으로 입사하는 모든 빛은 물속으로 전반사하게 된다. 사실 임계각 이전에도 반사 법칙을 만족하며 빛이 반사되는데, 입사각이 커질수록 반사되는 양이 커지다가 임계각 후부터는 전반사가 일어난다. 임계각에서 굴절광이 있다고 생각하는 것은 잘못이다. 또한, 대부분의 책이 반사광은 그려놓지 않아 이 부분에서 많은 오개념이 있다.

위와 같은 경우 공기 중에서 물을 내려다보면 물속이 어떻게 보일까? [그림 2-39]와 같이 광원을 꼭지점으로 하여 원뿔 내부만이 밝아 보이고 나머지 부

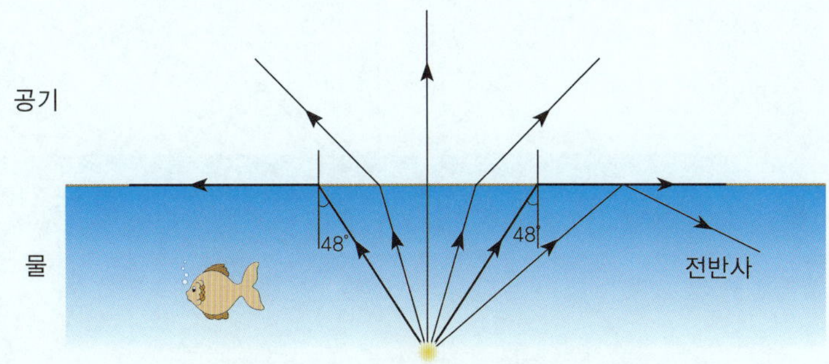

[그림 2-39] 물 위에서 광원을 보았을 때의 모습

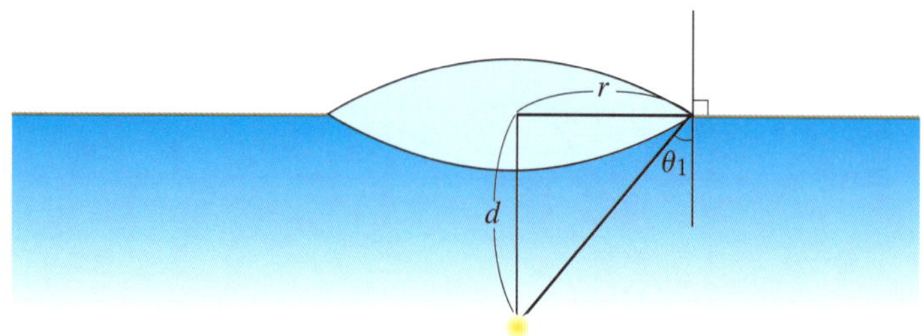

[그림 2-40] 불투명한 물체를 이용하여 물속에서 나오는 빛을 완전히 차단하기 위한 조건

분은 어둡게 보인다. 따라서 광원 가까이에 물고기가 있다고 하더라도 물 위에서는 이 물고기를 볼 수 없다. 이것의 응용으로 [그림 2-40]과 같이 원판 모양의 불투명 물체를 물 위에 띄우게 되면 물 밖으로 나오는 빛을 완전히 차단시킬 수 있다. 만약 광원이 수면으로부터 1 m 아래에 있다고 하면, 얼마만한 크기의 원판이 필요할까? 그림에서

$$\sin\theta_1 = \frac{r}{\sqrt{r^2+d^2}}$$

이므로, 스넬의 법칙으로부터 원판의 반지름은

$$r = \frac{d}{\sqrt{n_1^2-1}}$$

가 된다. 여기서, n_1은 물의 굴절률이다. 이제 역으로 수면 위를 쳐다보는 물고기의 입장이 되어 보자. [그림 2-41]과 같이 물고기는 96°의 각도만 가지고도

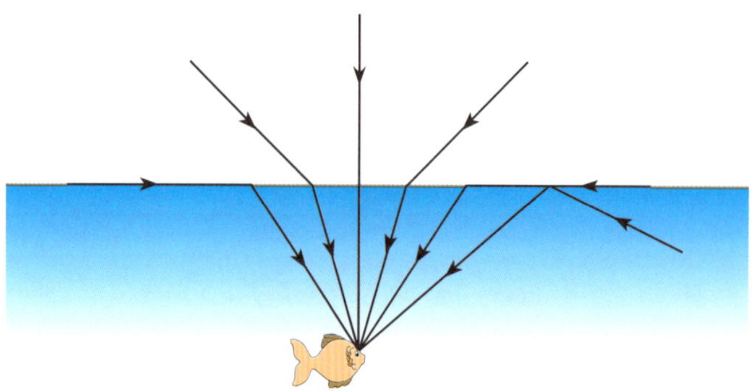

[그림 2-41] 물고기가 밖의 세상을 보는 과정(어안 렌즈)

물 위의 180° 풍경을 모두 볼 수 있다. 기상학 분야에서 180°의 전체 시야를 사진으로 찍기 위해 어안 렌즈(fish eye lens)라는 특수 렌즈를 사용하는데, 바로 이러한 점에서 렌즈의 이름이 유래되었다고 한다.

(3) 굴절에 의한 자연 현상

1) 꺾여 보이는 젓가락과 수면에 가까워 보이는 물고기

우리가 쉽게 접할 수 있는 굴절에 의한 자연 현상으로 [그림 2-42]와 같이 물에 반쯤 잠겨 있는 젓가락이 꺾여 보이거나, 물 속의 물체가 실제 깊이보다 수면에 가까워 보이는 현상을 들 수 있다. [그림 2-42]에서 잠겨 있는 젓가락이 바깥쪽으로 꺾이는 모습을 보고, 빛이 공기 중에서 물속으로 진행할 때 바깥쪽으로 꺾인다고 생각하기 쉽다. 그러나 물의 굴절률은 공기보다 크기 때문에, 스넬의 법칙에 의하면 빛은 공기 중에서 물 속으로 들어갈 때 바깥쪽이 아니라 안쪽으로 꺾이게 된다. 그렇다면 왜 젓가락이 안쪽이 아니라 바깥쪽으로 꺾여 보일까? 우리 눈에 들어오는 광선은 공기 중에서 물속으로 진행하는 광선이 아니라, [그림 2-42]와 같이 물속에서 공기 중으로 진행하는 광선이다. 젓가락 끝에서 출발한 광선은 공기 중으로 나올 때 바깥쪽으로 꺾이게 되고, 우리 눈에는 점선의 끝지점에 젓가락 끝이 있는 것처럼 보이게 된다. 따라서 물속에 잠겨 있는 젓가락은 바깥으로 꺾여진 파란색 부분으로 보이게 된다.

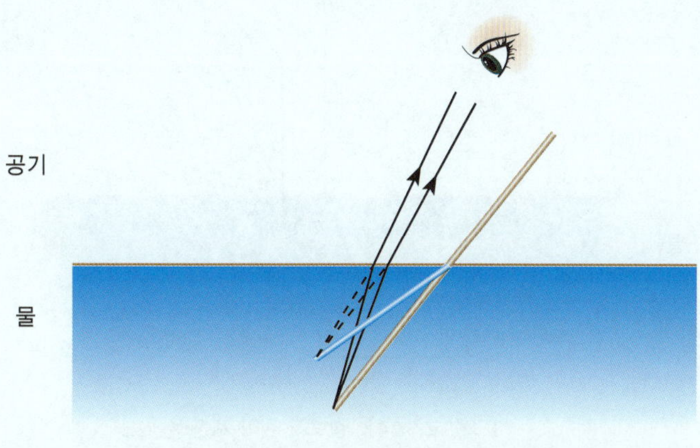

[그림 2-42] 꺾여 보이는 젓가락

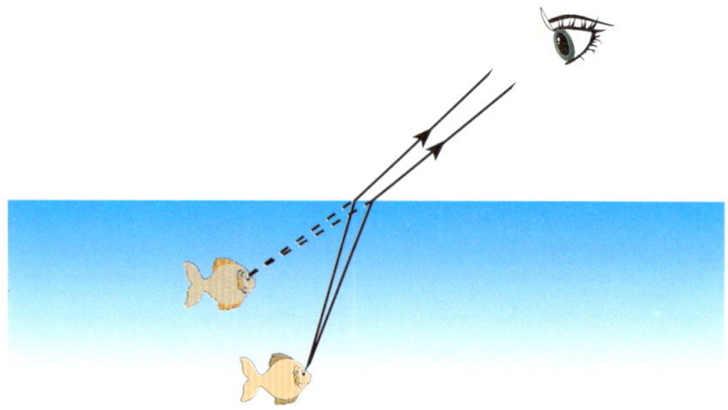

[그림 2-43] 가까이 보이는 물고기

[그림 2-43]은 물속의 물고기가 실제 깊이보다 수면에 가까워 보이는 현상을 나타낸 것이다. 이때 물고기의 겉보기 깊이는 물고기를 보는 사람의 위치에 따라 달라지고, 물고기를 비스듬하게 볼수록 물고기는 더욱더 수면에 가까워져 보인다. 물고기를 거의 정면으로 내려다보았을 때 물고기의 겉보기 깊이를 구해 보도록 하자. [그림 2-44]에서 실제 물고기의 깊이가 h이고 이때 겉보기 깊이는 h'이라고 하자. 수면에 수직으로 진행하는 광선은 굴절 없이 A지점을 통해 공기 중으로 빠져나가게 되고, 수면에 대해 θ_1의 입사각으로 진행하는 광선은 B지점을 통해 굴절각 θ_2를 갖고 공기 중으로 빠져나가게 된다. 약간의 기하학을 이용하면 $\angle AOB = \theta_1$, $\angle AO'B = \theta_2$이고 따라서

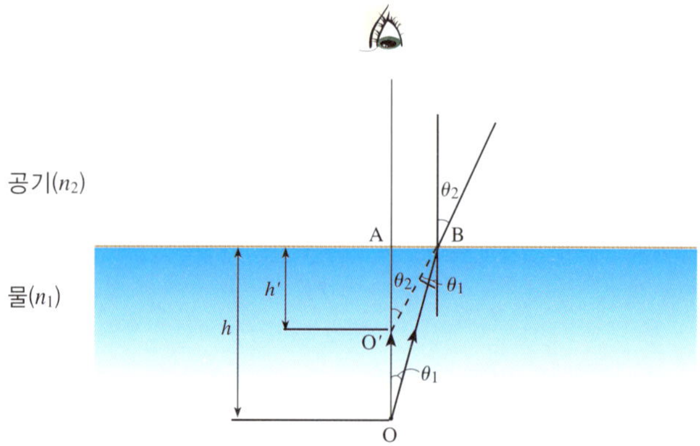

[그림 2-44] 겉보기 깊이 계산

$$\tan\theta_1 = \frac{AB}{h}, \tan\theta_2 = \frac{AB}{h'}$$

이다. 물고기를 정면에서 내려다 볼 경우 광선은 거의 수직에 가깝게 입사하게 되므로 $\tan\theta \simeq \sin\theta$로 근사할 수 있고, 따라서

$$\sin\theta_1 \simeq \frac{AB}{h}, \sin\theta_2 = \simeq \frac{AB}{h'}$$

이다. 이 식들을 스넬의 법칙 $n_1 \sin\theta_1 = n_2 \sin\theta_2$에 대입하게 되면 물고기의 겉보기 깊이는

$$h' = \frac{n_2}{n_1} h$$

이 된다.

2) 신기루

사막이나 뜨거운 여름날 도로 위에 물이 고여 있거나 나무가 서 있는 것처럼 보이는 신기루를 볼 때가 있다. 이러한 신기루 현상도 빛의 굴절로 인해 나타나는 현상 중의 하나이다.

굴절이란 매질이 달라질 때의 빛의 진행 방법인데, 공기라는 하나의 매질을 통과하는 경우에도 굴절 현상이 일어날까? [그림 2-45]는 신기루 현상이 나타나지

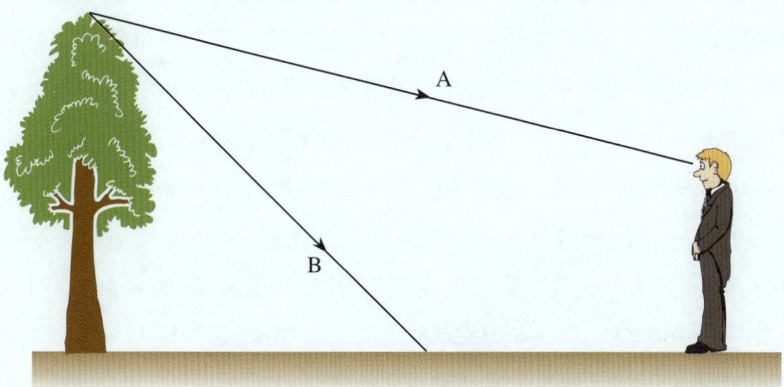

[그림 2-45] 일반적인 상황에서 나무의 관찰

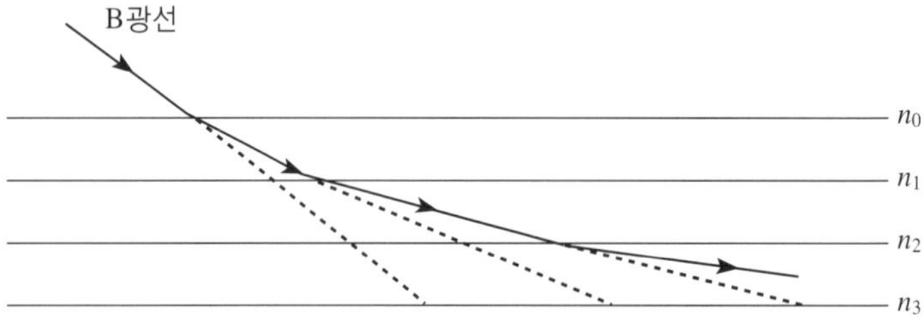

[그림 2-46] 굴절률이 점점 변하는 매질을 진행하는 빛

않을 때의 일반적인 상황과 그때의 빛의 진행을 나타내고 있다. B광선은 지면을 향해 직진하므로 사람은 A광선을 통해서만 나무를 보게 된다.

그러나 사막이나 무더운 여름날 지면 위의 공기와 같이 지면으로부터의 높이에 따라 온도가 크게 변하게 되면, 공기의 밀도 차이에 의해 공기의 굴절률이 달라지게 된다. 즉 지면에 가까운 공기일수록, 공기 분자들의 활발한 운동으로 인해 공기 밀도가 낮아지게 되고 굴절률도 작아지게 된다. 따라서 [그림 2-45]의 B광선은 굴절률이 일정한 매질을 통과하는 것이 아니라, 굴절률이 연속적으로 작아지는 매질을 통과해 나가게 된다. [그림 2-46]은 굴절률이 점점 작아지는 매질을 통과해 가는 B광선의 경로를 나타낸 것이다. 굴절률이 균일할 경우 광은 점선과 같은 경로로 직진하지만, 굴절률이 아래로 내려갈수록 작아지는 경우에는 실선과 같이 곡선으로 휘어져 진행하게 된다.

[그림 2-47]은 빛의 굴절로 인해 신기루가 보여질 때의 상황과 그때의 빛의 진행을 나타내고 있다. 지면을 향하던 B광선은 곡선을 그리며 진행하여 사람 눈에 들어오게 되고, 사람은 빛이 점선의 경로를 따라 진행해 온 것처럼 보게 된다. 그림에서 알 수 있는 바와 같이 신기루는 도립상이 보인다.

우리가 보통 보게 되는 신기루는 위와 같이 지면 근처에서 보여지지만, 북극해와 같은 추운 곳에서는 공중에서 신기루를 볼 수 있다고 한다. 북극해와 같은 추운 곳에서는 지표에 접한 공기가 몹시 차갑고 높이가 높아짐에 따라 공기가 따뜻해진다. 즉 지면으로부터 높아짐에 따라 공기의 밀도가 낮아지게 되고 따라서 공기의 굴절률이 연속적으로 작아지게 된다. [그림 2-48]은 공중에 생긴 신기루와 그때의 빛의 진행을 나타내고 있다. 공중을 향하던 광선은 굴절각이 점점 커짐에 따라 실선과 같이 휘어지게 되고, 사람은 점선의 경로

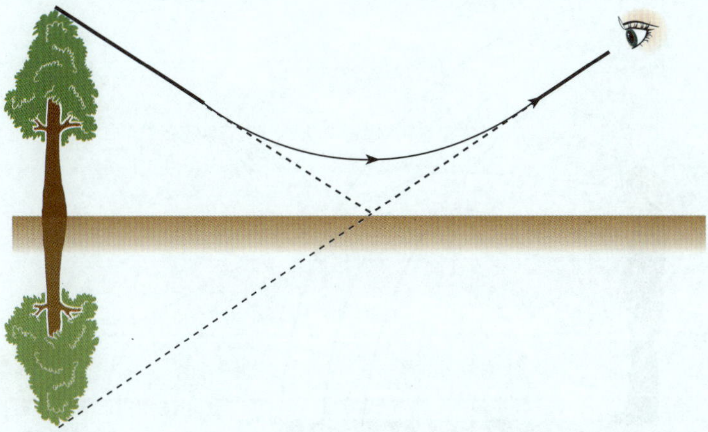

[그림 2-47] 신기루

상에 신기루를 보게 된다.

실제 공중에서 신기루를 보고 싶은가? 우리도 거의 매일 공중에서 신기루를 보고 있다. 그 주인공은 바로 태양이다. 해가 지고 난 후 즉 태양이 지평선 아래로 내려간 후에도 몇 분 동안은 태양을 볼 수 있다. 이때 보여지는 태양은 신기루이지만, 태양은 다른 물체와 달리 항상 공중에 떠 있는 물체이기 때문에 그것을 신기루라고 알아차리기가 힘들 뿐이다. 지구 중력에 의해 지구에 속박되어 있는 대기는 지구 중력이 약해짐에 따라 상층부로 올라갈수록 그 밀도가 희박해진다. 즉 대기의 하층부로 내려갈수록 밀도가 높아져 굴절률이 연

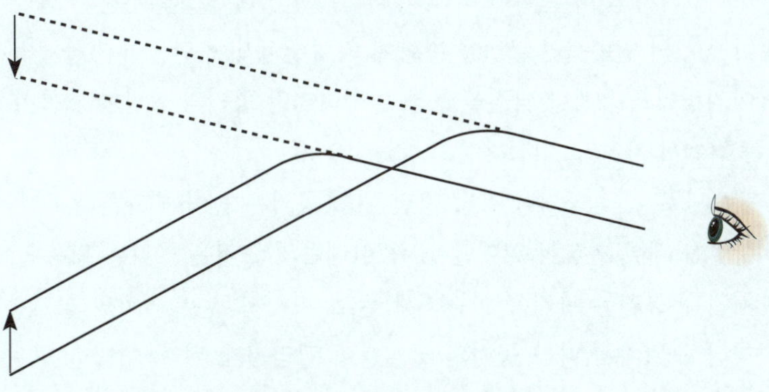

[그림 2-48] 공중에서 생긴 신기루

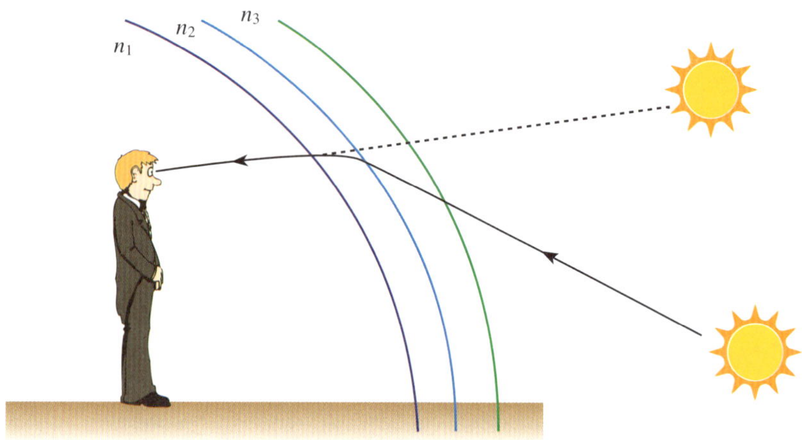

[그림 2-49] 태양의 신기루

속적으로 커지게 된다. 따라서 [그림 2-49]와 같이 태양이 지평선 아래로 내려간 다음에도 태양에서 나오는 광선은 연속적으로 굴절되어 우리 눈에 도달하게 되고, 우리는 아직 태양이 지평선 위에 있는 것처럼 보게 된다.

3) 아지랑이, 반짝이는 별빛

뜨거운 난로 위의 공기나 따뜻해지는 봄날 불안정한 대기를 통하여 물체를 볼 때 물체가 전후 좌우로 조금씩 흔들려 보이는 경우가 있다. 이러한 현상을 우리는 아지랑이라고 부른다.

아지랑이 역시 빛의 굴절에 의해 나타나는 현상이다. 신기루는 지면을 향하던 빛이 공기의 연속적인 굴절률 변화에 의해 굴절되어 만들어진 물체의 허상이다. 아지랑이도 유사한 과정을 통해 발생하지만, 공기의 활발한 흐름이 필요하다는 점에서 차이가 있다.

뜨거운 난로 위의 공기나 봄날 지면 위의 공기는 높이에 따른 온도 차이에 의해 활발한 대류 현상이 일어난다. 즉 아래쪽의 뜨거운 공기는 위쪽으로, 위쪽의 차가운 공기는 아래쪽 이동하게 된다. 따라서 같은 높이의 공기층이라고 하더라도 위치에 따라 공기의 굴절률이 달라지게 된다. 이러한 공기층을 물체로부터 나오는 빛이 통과한다고 하자. 빛은 어떻게 진행할까? 공기의 굴

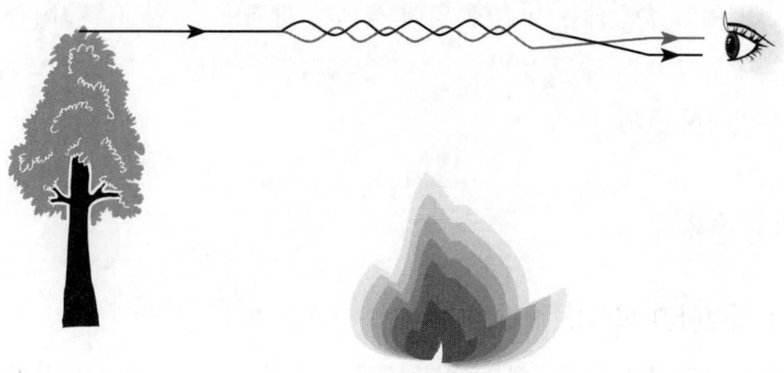

[그림 2-50] 아지랑이 현상

절률이 위치에 따라 불규칙적으로 변함에 따라 빛은 상하 좌우 지그재그 모양으로 굴절되어 진행해 갈 것이다. 따라서 [그림 2-50]과 같이 물체의 한 지점에서 같은 방향으로 빛이 출발했다고 하더라도 우리 눈에 도착하는 광은 시간에 따라 도달 위치가 조금씩 틀려지게 되고, 우리는 물체가 흔들리는 것으로 보게 된다.

극단적으로 물체가 별과 같이 굉장히 먼 거리에 있다면 어떻게 보일까? 지구로부터 멀리 떨어진 별에서 출발한 별빛이 불안정한 대기층을 통과하면서 그 진행 경로가 순간적으로 바뀔 수 있다. 즉 [그림 2-51](a)와 같이 눈에 들어

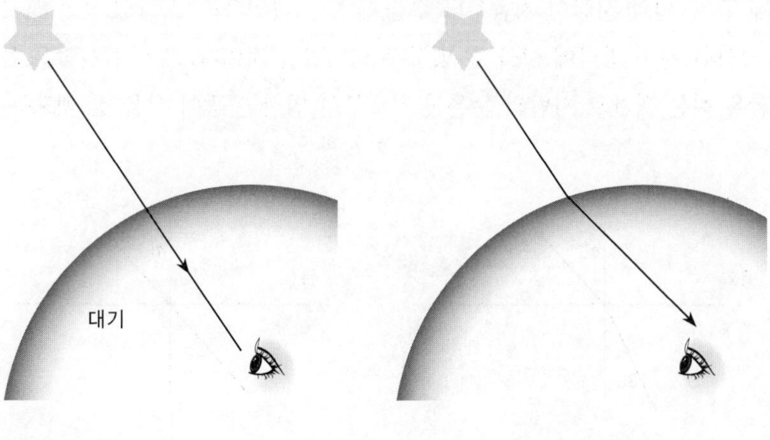

[그림 2-51] 별이 깜빡거리는 이유

오던 별빛이 어떤 순간에는 굴절에 의해 경로가 바뀌어 [그림 2-51](b)와 같이 눈에 들어오지 않을 수도 있다. 이것이 반복되면 우리는 별 빛이 깜빡거리는 것으로 인식하게 된다.

(4) 굴절의 응용

1) 물속이 선명하게 보이는 물안경

공기 중에서는 물체가 선명하게 보이는 반면 물속에서는 물체가 희미하게 보이는 것을 경험하였을 것이다. 이때 물안경을 쓰고 물체를 보게 되면 물체가 비교적 선명하게 보이게 된다. 어떻게 단순히 한 장의 평면 유리나 플라스틱으로 만들어진 물안경으로 인해 물속의 풍경이 선명하게 보일까?

빛이 한 매질에서 다른 매질로 입사할 때, 매질의 경계에서 빛의 굴절 정도는 두 매질의 굴절률 차이에 따라 달라진다. 눈의 굴절률은 약 1.4정도로 물의 굴절률 1.33에 가깝다. 따라서 스넬의 법칙에 의하면 물에서 눈으로 입사한 광선은 공기에서 눈으로 입사한 광보다 굴절되는 정도가 작다. [그림 2-52](a), (b)와 같이 빛이 45°입사각으로 공기에서 눈으로, 물에서 눈으로 입사한다고 할 때, 굴절각은 각각 30°와 42°이다. 따라서 [그림 2-53](a)와 같이 물에서 눈으로 입사한 광선은 굴절이 적게 일어나 망막 뒤에 물체의 상이 맺히게 된다. 만약 사람이 처음부터 수중 생활을 하였다면, 사람의 눈은 물로부터 입사한 광이 망막에 상을 잘 맺도록 되어있을 것이다. 그러나 사람은 육상 생활을 하는 관계로 사람의 눈은 공기로부터 입사한 광이 상을 잘 맺도록 되

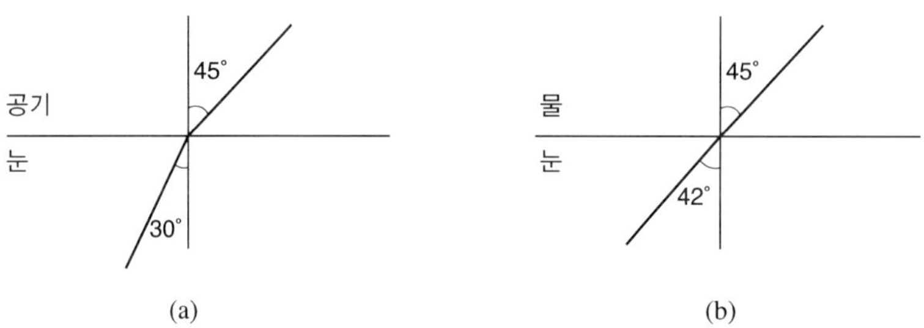

[그림 2-52] 매질에 따라 달라지는 굴절각

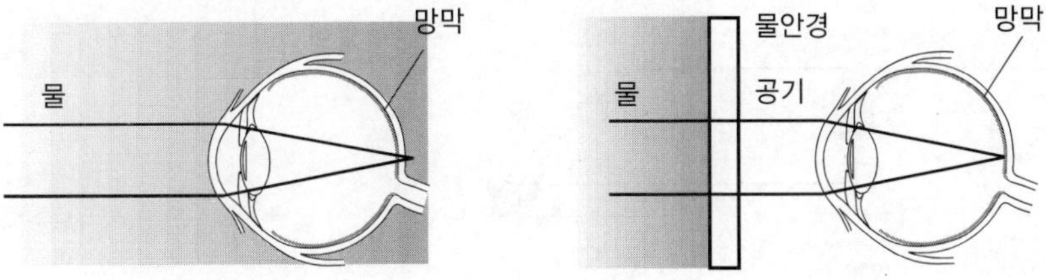

(a) (b)

[그림 2-53] 물안경을 쓰면 물속에서 물체가 선명하게 보이는 이유

어있다. 따라서 물안경을 이용해 물속에서도 눈을 공기와 직접 접하게 만들면 [그림 2-53](b)와 같이 물체를 선명하게 볼 수 있게 된다.

2) 잠망경

빛이 굴절률이 큰 매질에서 작은 매질로 진행할 때, 매질의 경계에서 전반사가 일어나는 현상은 프리즘에 빛이 입사하는 경우 쉽게 관찰할 수 있다. 공기에 대한 프리즘(굴절률)의 임계각은 스넬의 법칙으로부터 약 $\theta_c = 41.8°$이다. 따라서 [그림 2-54]와 같이 45°의 꼭지각을 가진 프리즘에 빛을 수직하게 입사시키면 빛의 방향을 90°(a) 또는 180°(b)만큼 변하게 할 수 있다. 물론 거울을 사용해도 빛의 방향을 쉽게 바꿀 수 있지만, 프리즘을 이용해 빛을 전반사시키면 거울에 비해 빛의 손실이 거의 없다는 장점이 있다.

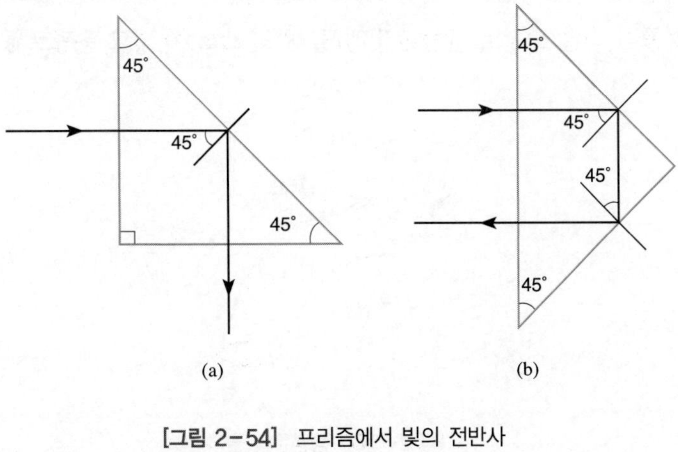

(a) (b)

[그림 2-54] 프리즘에서 빛의 전반사

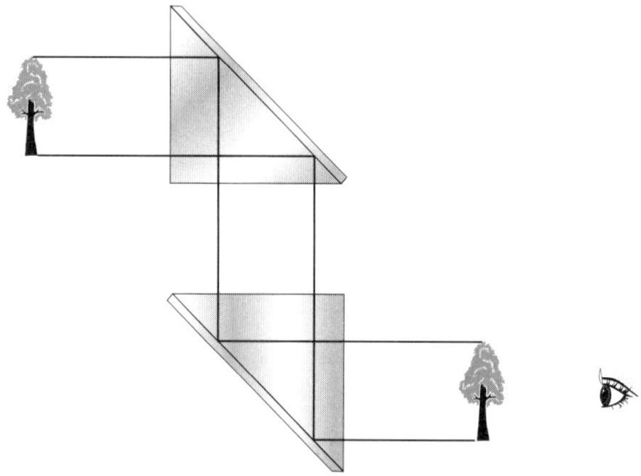

[그림 2-55] 잠망경의 원리

프리즘의 전반사를 이용한 것으로 잠수함 등에서 사용되는 잠망경을 예로 들 수 있다. [그림 2-55]와 같이 프리즘 2개를 배열하여 만든 잠망경을 통해 우리는 물 밖의 물체를 정립된 상으로 관찰할 수 있다.

3) 광섬유

빛의 전반사를 이용한 또 다른 예로는 의학과 정보 통신 분야에서 광범위하게 사용되고 있는 광섬유(optical fiber)를 들 수 있다. 광섬유는 유리 또는 합성 수지(메틸메타아크릴레이트)로 만들어진 직경이 수십 μm ~ 수백 μm 정도인 아주 가는 줄이다. 광섬유를 만들기 위해 굴절률이 큰 유리 막대(코어, core)를 굴절률이 작은 물질로 만들어진 관(클래드, clad)에 넣고 용광로에서 가는

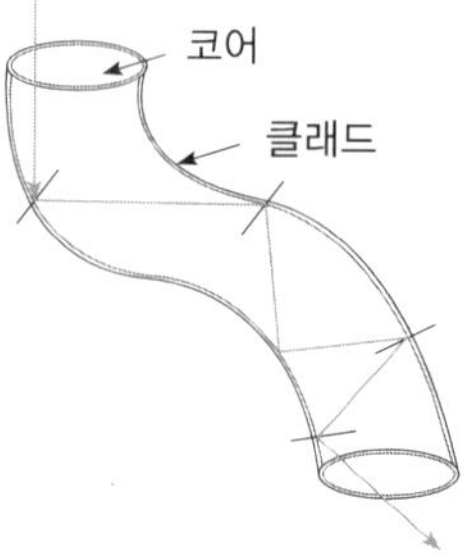

[그림 2-56] 광섬유의 원리

(a) 장식용

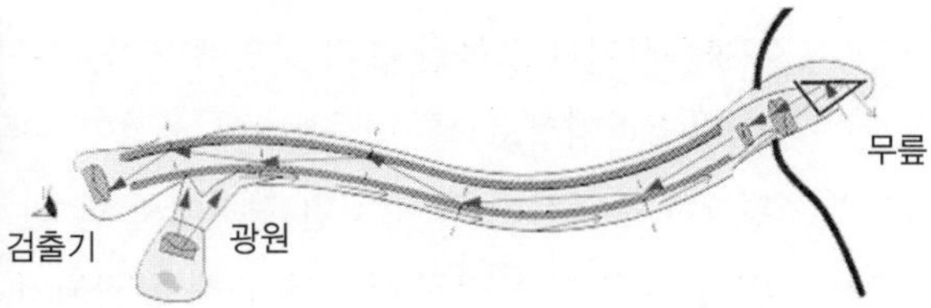

(b) 의료용

[그림 2-57] 광섬유의 이용

선으로 뽑아낸다. 코어의 굴절률이 클래드의 굴절률보다 크기 때문에 광섬유의 한쪽 끝을 통해 입사한 광은 [그림 2-56]과 같이 광섬유 내부에서 전반사하여 반대쪽까지 진행하게 된다.

광섬유는 [그림 2-57](a)와 같은 장식용이나 (b)와 같은 내시경 검사를 비롯하여, 광통신과 같은 정보 통신 분야에 광범위하게 사용되고 있다. 지금 우리가 학교나 가정에서 인터넷을 빠른 속도로 즐길 수 있게 된 것도 이 광섬유를 이용한 광통신 기술의 발전에 힘입은 바가 크다. 광섬유가 전달하는 광신호는 구리선에 의한 전기적 신호에 비해 많은 음성 신호, 영상 신호를 전달할 수 있고, 온도나 주위 자기장 변화에 민감하지 않기 때문에 전기적 신호보다 훨씬 잡음이 적고 전송 손실이 작다. 또한 광섬유의 주요 구성 원소는 규소와 산소로서 구리선에 비해 가볍고 지구상에 대량으로 존재하기 때문에 재료 공급에 걱정이 없다. 이러한 장점들로 인해 앞으로 수년 내로 모든 통신에 전국적으로 사용될 전망이다.

(5) 렌즈에서의 굴절

자연을 탐구하는 도구로서 널리 사용되고 있는 돋보기, 현미경, 망원경과 같은 광학기기들은 렌즈와 거울의 조합으로 구성되어있다. 따라서 이들의 작동 원리를 이해하기 위해선 렌즈와 거울에 의해 물체의 상이 형성되는 원리를 파악하고 있어야 한다. 거울에 대한 것은 앞의 반사 단원에서 다루었고, 이 절에서는 렌즈에서 일어나는 굴절 현상에 대해 다루기로 한다.

볼록하거나 오목한 유리 구면에 빛을 비추면 구면에 닿는 위치에 따라 입사각이 달라지므로 특이한 형태의 굴절이 이루어진다. 이 절에서는 렌즈 축에 평행하게 입사한 광이 구면 경계에서 한 번 굴절되어 진행하는 경우와 두 개의 구면 경계를 가진 렌즈에 의해 굴절되어 진행하는 경우에 대해 살펴보고, 실제적인 얇은 렌즈에 의해 상이 형성되는 원리에 대해 알아보기로 한다.

1) 구면 경계에서 평행광의 굴절

[그림 2-58]은 곡률 반경이 R_1인 볼록 구면에 평행광이 입사하였을 때, 굴절되는 광의 경로를 나타낸 것이다. 입사광이 렌즈 축에 가깝게 입사하는 근축광선이라 가정하면, 입사각과 굴절각 θ_1, θ_2가 매우 작게 되고 스넬의 법칙 $n_1 \sin\theta_1 = n_2 \sin\theta_2$은 $n_1\theta_1 \simeq n_2\theta_2$로 근사할 수 있다. θ_2는 삼각형의 내 · 외각 공식에 의해 $\theta_2 = \theta_1 - \gamma$이고, 각들이 모두 작다고 가정하면

$$\theta_1 \simeq \frac{d_1}{R_1}, \ \gamma \simeq \frac{d_1}{k}$$

로 근사할 수 있다. 이 각들을 스넬의 법칙에 대입하면

$$k \simeq \frac{n_2 R_1}{n_2 - n_1}$$

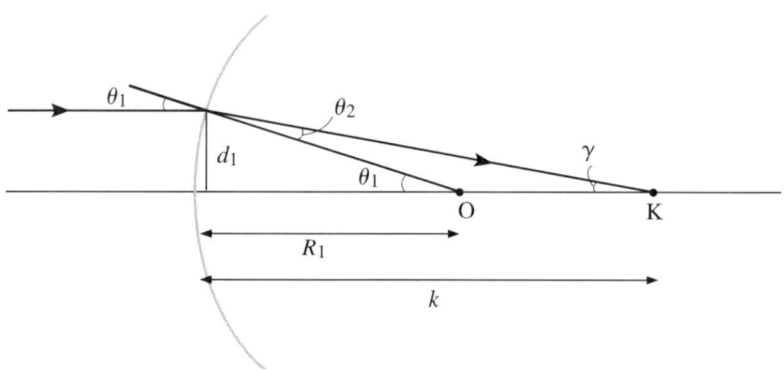

[그림 2-58] 볼록 곡면 경계에서 렌즈 축에 나란하게 입사한 광선의 굴절

의 식을 얻을 수 있고, 이 식은 렌즈 축에 평행하게 입사하는 모든 근축 광선은 입사 지점의 위치에 관계없이 렌즈 축 상의 한 지점 K에 모인다는 것을 의미한다.

[그림 2-59]는 곡률 반경이 R_1인 오목 구면에 평행광이 입사하였을 때, 굴절되는 광의 경로를 나타낸 것이다. 입사각, 굴절각이 매우 작다고 할 때, 볼록 구면에서와 마찬가지로 각들은

$$\theta_1 \simeq \frac{d_1}{R_1}, \gamma \simeq \frac{d_1}{k}$$

로 근사할 수 있고, 스넬의 법칙 $n_1\theta_1 \simeq n_2\theta_2$으로부터

$$k \simeq \frac{n_2 R_1}{n_2 - n_1}$$

식을 얻을 수 있다. 이 식은 렌즈 축에 평행하게 입사하는 모든 근축 광선은 입사 지점의 위치에 관계없이 렌즈 축 상의 한 지점 K에서 퍼져나가는 것처럼 진행하는 것을 의미한다.

2) 렌즈에 의한 평행광의 굴절

앞에서는 하나의 구면 경계를 갖는 매질에 평행광이 입사하였을 때 빛의 진행 경로를 살펴보았다. 그러나 실제의 광학기기에 있어서는 구면 경계가 두 개인 렌즈가 널리 이용된다. 즉 실제의 렌즈의 경우 앞면으로 굴절되어 들어간 빛이 뒷면에서 다시 한 번 굴절되어 나오게 된다.

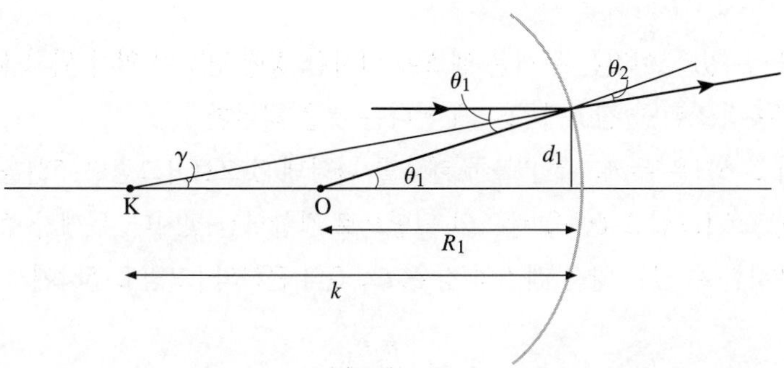

[그림 2-59] 오목 곡면 경계에서 렌즈 축에 나란하게 입사한 광선의 굴절

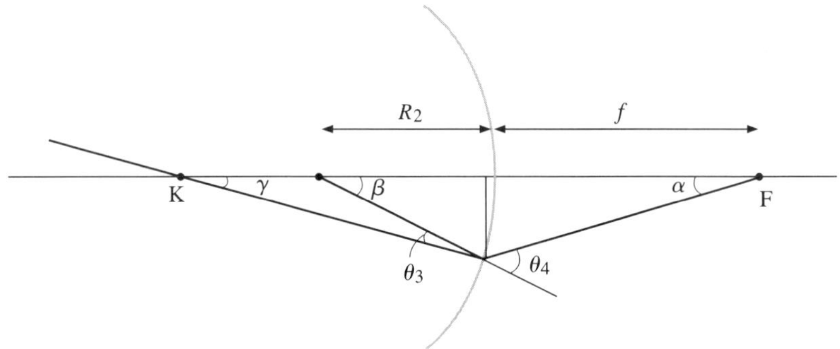

[그림 2-60] 렌즈의 뒷면에서 굴절

[그림 2-60]은 렌즈의 또 다른 한 쪽 면을 나타낸 것으로, [그림 2-58]이 볼록 렌즈의 앞면이라고 할 때, [그림 2-60]은 이 볼록 렌즈의 뒷면에 해당한다. 빛이 렌즈에서 공기 중으로 진행하므로 입사각 θ_3과 굴절각 θ_4 사이에는 $n_2 \sin\theta_3 = n_1 \sin\theta_4$의 스넬의 법칙이 성립하고, 근축 광선이라는 가정 하에서 스넬의 법칙은 $n_2\theta_3 \simeq n_1\theta_4$로 근사할 수 있다. θ_3, θ_4는 삼각형의 내 · 외각 공식에 의해 각각 $\theta_3 = \beta - \gamma$, $\theta_4 = \alpha + \beta$이고, 각들이 모두 작다고 가정하면

$$\beta \simeq \frac{d_2}{R_2},\ \gamma \simeq \frac{d_2}{(t-k)},\ \alpha \simeq \frac{d_2}{f}$$

이다. 이 식들을 스넬의 법칙에 대입하면

$$\frac{n_1}{f} + \frac{n_2}{t-k} = \frac{n_2 - n_1}{R_2}$$

을 얻을 수 있고, 이것은 두꺼운 렌즈에 입사한 평행 광선이 입사 위치에 상관없이 최종적으로 한 점 F에 모이게 된다는 것을 의미한다.

[그림 2-61]은 두께가 t인 볼록 렌즈를 나타낸 것으로, [그림 2-58]을 렌즈의 앞면으로 [그림 2-60]을 렌즈의 뒷면으로 결합시킨 것이다. 두께가 주는 효과를 무시할 수 있는 얇은 렌즈의 경우, $t \simeq 0$의 근사와 [그림 2-58]에서 구한

$$k \simeq \frac{n_2 R_1}{n_2 - n_1}$$

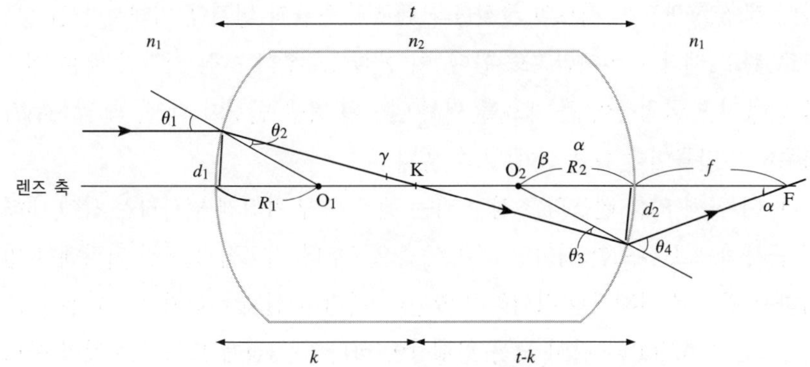

[그림 2-61] 두꺼운 렌즈에서 렌즈 축에 평행하게 입사한 광선의 추적

을 이용하면 f는

$$\frac{1}{f} = \frac{n_2 - n_1}{n_1}\left(\frac{1}{R_1} + \frac{1}{R_2}\right)$$

로 나타낼 수 있다. 이를 렌즈 제작자 공식이라 한다. 즉 렌즈 축에 평행하게 입사한 근축 광선은 렌즈의 굴절률 n_2와 렌즈의 곡률 반경 R_1, R_2에 의해서만 위치가 결정되는 한 지점에 모이게 된다는 것을 알 수 있다. 공기의 굴절률을 1, 렌즈의 굴절률을 n이라 할 때, 렌즈 중심으로부터 f 까지의 거리는

$$\frac{1}{f} = (n-1)\left(\frac{1}{R_1} + \frac{1}{R_2}\right)$$

이 되고 우리는 f 를 렌즈의 초점 거리라고 부른다. 렌즈의 초점 거리는 이와

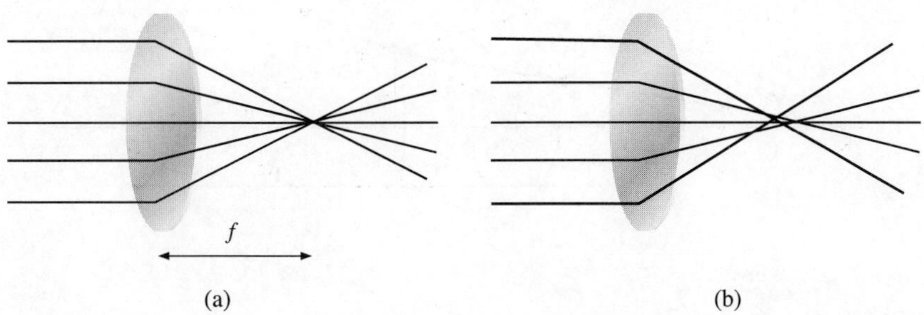

[그림 2-62] 구면 수차

같이 렌즈를 만드는 재료의 굴절률과 렌즈의 곡률과 반경에 의해서만 결정되므로 렌즈 제작 공식이라고도 한다. 이 공식으로부터 초점 거리가 짧은 렌즈를 만들려면 굴절률이 큰 재료를 써서 앞 · 뒤 곡률 반경이 작게, 즉 앞 · 뒤가 볼록하게 만들어야 함을 쉽게 알 수 있다.

단, 이 식에 의한 렌즈의 초점 거리는 렌즈 축에 가깝게 입사하는 광에 대해서 근사적으로 유도한 식이므로 렌즈 축으로부터 비교적 떨어진 거리에서 입사하는 광선에 대해서는 성립하지 않는다. 따라서 실제 우리가 사용하는 렌즈는 [그림 2-62](a)와 같이 모든 평행광이 하나의 초점에 모여지는 것이 아니라, (b)와 같이 렌즈를 통과하는 광의 위치에 따라 조금씩 다른 초점을 갖게 된다. 이러한 현상을 구면 수차라고 하는데 앞으로의 논의에서 구면 수차 현상은 무시하기로 한다.

[그림 2-63]은 [그림 2-59]와 쌍을 이루는 오목 렌즈의 뒷쪽 면을 나타낸 것이다. 즉 새로운 구면 경계를 향해 [그림 2-59]의 K위치로부터 광이 입사하게 된다. 볼록 렌즈에서와 마찬가지로 근축 근사를 한 스넬의 법칙 $n_2\theta_3 \simeq n_1\theta_4$에 $\theta_3 = \beta + \gamma$와 $\theta_4 = \alpha + \beta$를 이용하여

$$\beta \simeq \frac{d_2}{R_2}, \gamma \simeq \frac{d_2}{(t+k)}, \alpha \simeq \frac{d_2}{f}$$

를 대입하면

$$\frac{n_1}{f} - \frac{n_2}{t+k} = \frac{n_2 - n_1}{R_2}$$

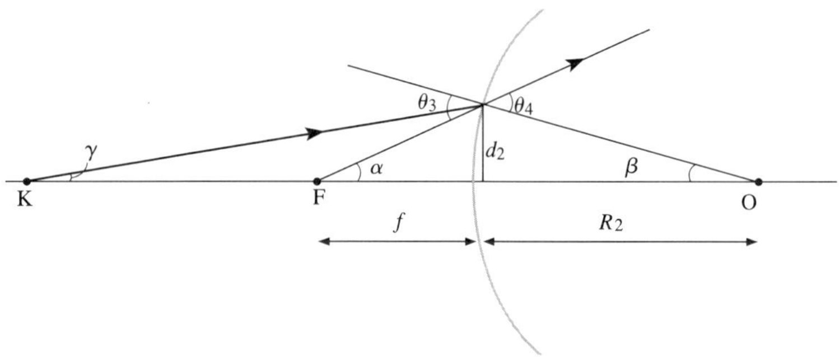

[그림 2-63] 오목 렌즈 뒷면에서 굴절

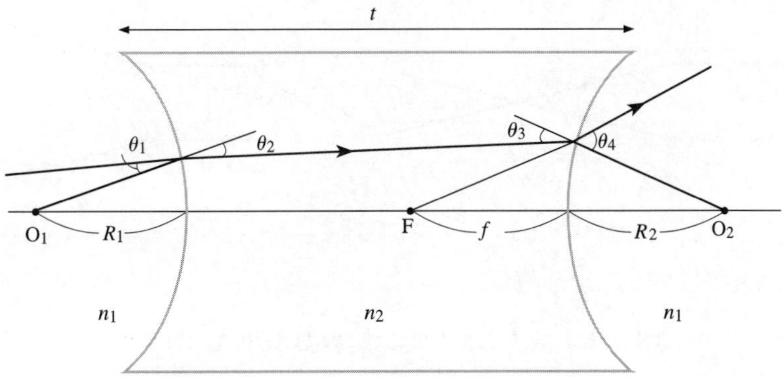

[그림 2-64] 두꺼운 오목 렌즈에서의 광선 추적

을 얻을 수 있다. 이것은 두꺼운 오목 렌즈에 입사한 평행 광선이 오목 렌즈를 통과한 후, 한 점 F에서 퍼져 나오는 것처럼 진행한다는 것을 의미한다.

[그림 2-64]는 두께가 t인 오목 렌즈를 나타낸 것으로, [그림 2-59]를 렌즈의 앞면으로 [그림 2-63]을 렌즈의 뒷면으로 결합시킨 것이다. [그림 2-59]에서 구한

$$k \simeq \frac{n_2 R_1}{n_2 - n_1}$$

과 얇은 렌즈의 경우 $t \simeq 0$의 근사를 이용하게 되면, 빛이 퍼져나가는 F의 위치는

$$\frac{1}{f} = \frac{n_2 - n_1}{n_1}\left(\frac{1}{R_1} + \frac{1}{R_2}\right) = (n-1)\left(\frac{1}{R_1} + \frac{1}{R_2}\right)$$

로 볼록 렌즈와 완전히 동일한 표현식을 갖게 된다. 단, 볼록 렌즈와 달리 실제로 광이 F지점을 통과하는 것이 아니므로 F를 허초점이라 부른다.

3) 렌즈에 의한 상

앞에서 우리는 평행광이 렌즈에 입사하였을 때, 광은 [그림 2-65](a)와 같이 렌즈 축 상의 한 점 F에 모이거나, (b)와 같이 F에서 퍼져 나오는 것처럼 진행함을 알 수 있었다. 또한 이때 렌즈의 초점 거리는 얇은 렌즈의 경우 볼록, 오

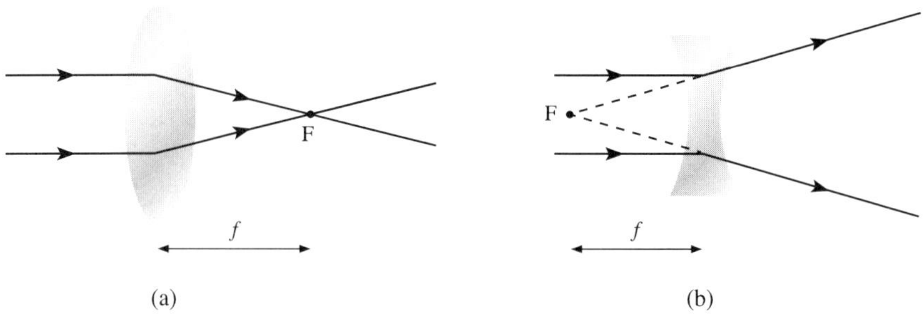

[그림 2-65] 볼록 렌즈와 오목 렌즈에 평행광이 입사할 때의 굴절

목 렌즈 모두

$$\frac{1}{f} = (n-1)\left(\frac{1}{R_1} + \frac{1}{R_2}\right)$$

이 됨을 알 수 있었다.

그렇다면 이것의 역과정으로 [그림 2-66](a)와 같이 초점을 지나거나, (b)와 같이 초점을 향하여 입사하는 광은 다시 평행광이 되어 진행한다는 것을 쉽게 알 수 있다. 이 현상으로부터 한 가지 재미있는 응용을 생각할 수 있다. 실험실에서 사용하는 상용의 레이저 광은 광폭이 좁으면서 퍼짐이 없는데, 경우에 따라서는 광폭이 넓으면서 퍼져 나가지 않는 레이저 광이 필요한 경우가 있다. 레이저 광 앞에 오목 렌즈나 볼록 렌즈 하나를 설치하게 되면 광폭이 넓어지는 대신 퍼짐이 아주 커지게 되지만, 위의 현상을 이용하면 광의 퍼짐 없이 광폭만 넓게 할 수 있다.

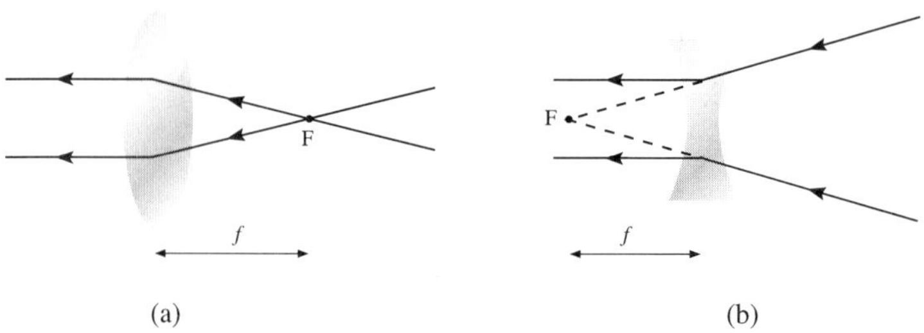

[그림 2-66] 볼록 렌즈와 오목 렌즈에 역방향으로 진행하는 평행광의 모습

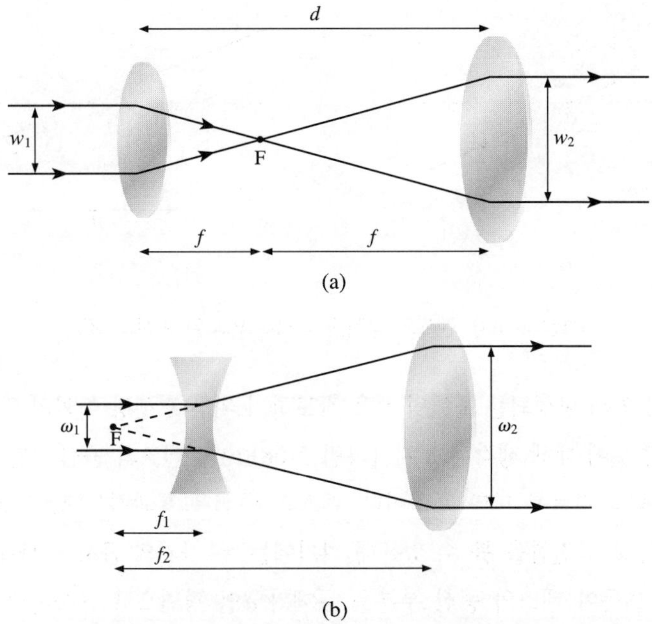

[그림 2-67] 두 개의 렌즈를 이용한 광폭의 확대

[그림 2-67](a)는 두 개의 볼록 렌즈를 사용하여 광폭을 넓힌 경우이다. 두 볼록 렌즈 사이의 거리 d가 볼록 렌즈의 초점 거리의 합 $f_1 + f_2$과 같도록 하면 F지점은 두 렌즈의 공통 초점이 된다. 따라서 앞쪽 볼록 렌즈를 통과한 광폭이 w_1인 평행광은 초점인 F에 모이게 되고, F는 뒤쪽 볼록 렌즈의 초점이기도 하므로 광들은 뒤쪽 볼록 렌즈를 통과한 후 광폭이

$$w_2 = \frac{f_2}{f_1} w_1$$

인 평행광이 된다. (b)는 오목 렌즈와 볼록 렌즈를 이용하여 광폭을 확대시키는 경우이다. 두 렌즈 사이의 거리 d가 $f_2 - f_1$과 같도록 하면 (a)와 마찬가지로 광폭이

$$w_2 = \frac{f_2}{f_1} w_1$$

인 평행광으로 얻을 수 있다.

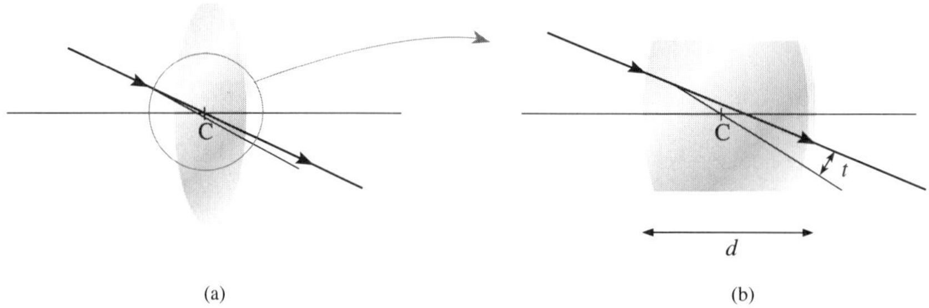

[그림 2-68] 렌즈의 중심을 향하여 입사된 광선의 굴절

렌즈에 의해 형성되는 물체의 상을 작도하기 위해 평행광 이외의 또 하나의 광선의 경로에 대해 생각해 보자. [그림 2-68](a)는 렌즈의 중심 C를 향해 입사하는 광의 경로를 나타낸 것이다. 렌즈의 중심을 통과하는 광이 굴절되지 않고 그대로 직진함을 볼 수 있는데 여기에는 두 가지의 근사가 사용되었다. (b)에서 보듯이 렌즈의 중심 부분을 두께가 d인 평면으로 근사하였고, 또한 이 경우 실제 굴절광은 직진할 때에 비해 t만큼 어긋나게 되지만 이를 $t \simeq 0$으로 근사하였다. 이와 같은 근사는 곡률 반경이 큰 얇은 렌즈의 경우에는 타당하다고 볼 수 있다.

위의 두 가지 광선의 경로를 이용하여 렌즈에 의해 생기는 물체의 상을 구해 보도록 하자. [그림 2-69]는 초점이 F인 볼록 렌즈 앞에 물체가 놓여 있는

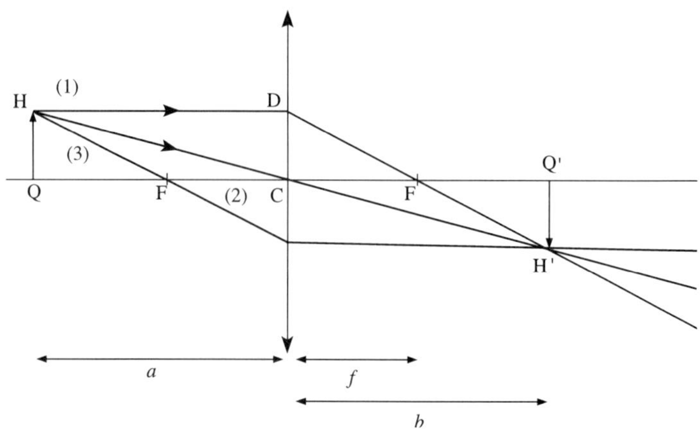

[그림 2-69] 볼록 렌즈에서 상의 위치를 찾기 위한 광선 추적

경우이다. 물체의 한 점(H)로부터 렌즈를 향해 진행하는 무수히 많은 광선 중 렌즈의 중심을 향해 입사하는 광선은 굴절 없이 그대로 직진하고, 렌즈 축에 평행하게 입사하는 광선은 초점을 통과하여 두 광은 H′에서 교차하게 된다. 물체의 다른 점에서 나오는 광선들도 이와 마찬가지 과정을 통해 진행하게 되므로 결국 렌즈에 의해 Q′H′의 도립 실상이 형성되게 된다.

렌즈에 의한 상의 위치나 크기는 물체와 렌즈 사이의 거리에 의해 결정된다. 예를 들어 [그림 2-69]와 같이 물체와 렌즈 사이의 거리 a가 렌즈의 초점 거리 f보다 큰 경우에는 축소된 도립 실상이 만들어지지만, 짧을 경우에는 확대된 정립 허상이 만들어진다. 물체와 렌즈의 위치 그리고 여기에 따른 상의 위치나 크기는 간단한 기하학을 이용해 구할 수 있다. [그림 2-69]에서 △QCH와 △Q′CH′는 닮음 삼각형이므로

$$\frac{\mathrm{QH}}{\mathrm{Q'H'}} = \frac{\mathrm{CQ}}{\mathrm{CQ'}} = \frac{a}{b}$$

이고, △CFD와 △Q′FH′이 닮음 삼각형이므로

$$\frac{\mathrm{CD}}{\mathrm{Q'H'}} = \frac{\mathrm{FC}}{\mathrm{FQ'}} = \frac{f}{b-f}$$

이다. 이 식으로부터 물체와 렌즈, 상의 위치 사이에 다음과 같은 렌즈공식

$$\frac{1}{a} + \frac{1}{b} = \frac{1}{f}$$

의 관계가 성립하고, 물체의 크기와 상의 크기 사이에는 배율

$$\frac{\mathrm{Q'H'}}{\mathrm{QH}} = \frac{b}{a}$$

가 성립함을 알 수 있다.

$$\frac{1}{a} + \frac{1}{b} = \frac{1}{f}$$

식은 앞에서 유도한 거울 공식과 동일하지만, 거울에서는 초점 거리가 곡률 반경의 1/2였음에 반해 렌즈에서는

$$\frac{1}{f} = (n-1)\left(\frac{1}{R_1} + \frac{1}{R_2}\right)$$

이다.

위의 관계식들을 이용하여 볼록 렌즈에 의한 상의 위치와 크기를 계산해 보자. 초점 거리 f가 2 cm인 볼록 렌즈 앞 10 cm되는 곳에 물체가 놓여 있을 때, 상은 렌즈 뒤쪽으로 2.5 cm 떨어진 지점(b = 2.5 cm)에, 물체의 1/4배의 축소된 크기로 형성된다. 물체가 렌즈 앞 1 cm되는 곳에 위치하여 렌즈의 초점 거리 안쪽에 있게 된다면, 상은 렌즈 앞쪽으로 2 cm 떨어진 지점(b = −2 cm)에, 물체의 2배의 확대된 크기로 형성된다. 상이 렌즈 앞쪽에 생긴다는 것은 렌즈를 통과한 광이 실제로 모여서 상을 형성한 것이 아니므로 허상에 해당한다.

[그림 2-70] 오목 렌즈 앞에 물체가 놓여 있는 경우이다. H지점으로부터 나오는 광선 중 렌즈 중심을 향해 입사하는 광선은 그대로 직진하고, 렌즈 축에 평행히 입사하는 광선은 굴절된 후 점선로 표시된 연장선 즉 허초점에서 광선이 나오는 것처럼 진행한다. 평면 거울이나 볼록 거울과 마찬가지로 오목 렌즈에 의한 굴절광은 렌즈 뒤쪽에서 실제로 교차하지 않고 그 연장선이 렌즈 앞쪽에서 교차하므로 항상 허상이 형성된다.

물체와 렌즈, 상 사이의 관계는 볼록 렌즈에서와 똑같은 과정을 통해 구할

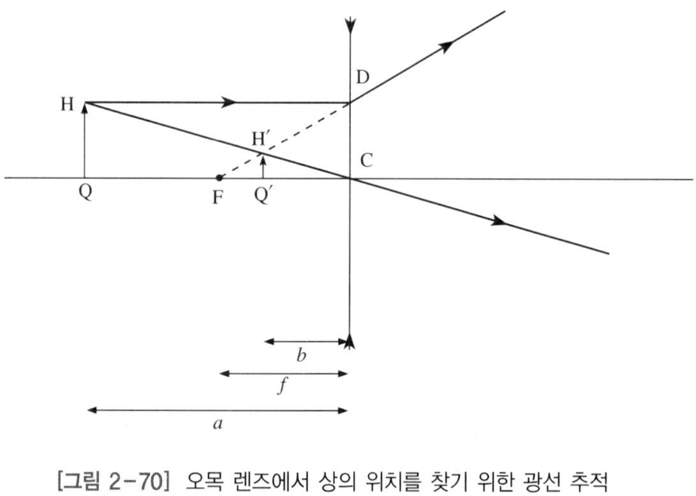

[그림 2-70] 오목 렌즈에서 상의 위치를 찾기 위한 광선 추적

수 있다. [그림 2-69]에서

$$\frac{\mathrm{QH}}{\mathrm{Q'H'}} = \frac{\mathrm{CQ}}{\mathrm{CQ'}} = \frac{a}{b} \text{ 이고, } \quad \frac{\mathrm{CD}}{\mathrm{Q'H'}} = \frac{\mathrm{QH}}{\mathrm{Q'H'}} = \frac{\mathrm{FC}}{\mathrm{FQ'}} = \frac{f}{f-b}$$

이므로 물체와 렌즈, 상의 위치 사이에

$$\frac{1}{a} - \frac{1}{b} = -\frac{1}{f}$$

의 관계가 성립함을 알 수 있다. 이 식을 그대로 사용하여 오목 렌즈에 의한 상의 위치와 크기를 계산해 보자. 초점 거리가 2 cm인 오목 렌즈(f = 2 cm) 앞 10 cm되는 곳에 물체가 놓여 있을 때, 상은 렌즈 앞쪽으로부터 5/3 cm 떨어진 지점(b = 5/3 cm)에 물체의 1/6배의 축소된 크기로 형성된다. 이와 같이

$$\frac{1}{a} - \frac{1}{b} = -\frac{1}{f}$$

식을 그대로 사용하여 물체의 위치나 크기를 계산할 수 있지만, 거울과 마찬가지로 렌즈 공식을

$$\frac{1}{a} + \frac{1}{b} = \frac{1}{f}$$

로 통일하고 오목 렌즈의 허초점에 대해 음의 부호를 붙이는 것이 편리하다. 즉 앞의 예에서 초점 거리 2 cm인 오목 렌즈의 경우 f = 2 cm가 아니라 f = −2cm를 대입하는 것이다. 이렇게 통일된 렌즈 공식을 사용하면 상의 위치 b가 음의 값을 갖는다는 것이 렌즈 앞쪽에 형성되는 허상임을 의미한다.

(6) 광선 추적

하나의 렌즈가 사용되었을 때 상의 위치를 구하기 위한 광선 추적과 관련하여 몇 가지 주의 사항을 설명하고자 한다. 앞서 지적한 것과 같이 물체들은 무수히 많은 점광원들로 이루어져 있다는 것을 강조하는 것이 좋다.

학생들에게 다시 강조해야 할 점은 한 점에서 나간 광선들 중에 렌즈에 입사된 모든 광선들은 하나의 상점에 도달한다는 것을 반드시 강조하여야 한다.

이러한 사실을 확인한 후에 왜 3개의 광선만을 선택하여 광선 추적에 사용하는지에 대하여 설명하여야 한다. 그 이유는 이들 광선 추적이 용이하기 때문이다. 즉 우리는 앞서 렌즈 공식과 거울 공식이

$$\frac{1}{a}+\frac{1}{b}=\frac{1}{f}$$

이라는 사실을 확인하였다. 광선 추적에도 이 식을 적용할 수 있기 때문이다.

① **광축에 나란하게 입사하는 광선은 초점을 지난다.**

첫 번째 광선으로 렌즈 축에 나란하게 진행하는 광선이다. 광축에 나란하게 가는 광선은 마치 점 물체가 렌즈로부터 무한이 멀리 떨어진 광축 상의 지점에 있는 것으로 생각할 수 있다. 이것은 다음과 같이 상상해 보면 된다. 광축 상에 무한히 멀리 떨어진 지점에 놓인 점광원에서는 구면파가 발생되나 렌즈에 도달할 때는 평면파가 되어 입사되는 것으로 생각할 수 있다. 즉 평면파는 광축에 나란한 광선들이 입사되는 것으로 생각할 수 있기 때문에 그 중의 하나가 [그림 2-69]의 (1)번 광선으로 생각할 수 있는 것이다. 이제 점 물체가 무한히 멀리 떨어진 경우에 렌즈 공식으로부터 $a=\infty$이므로 $b=f$ 임을 알 수 있다.

여기서 하나 꼭 알아두어야 할 사항 한 가지가 있다. 만약에 점 물체가 광축 상에서 벗어나 무한히 멀리 떨어져 있다면 어떻게 되겠는가? 이 경우에도 렌즈에는 평면파가 입사될 것이다. 그러나 이 경우에는 광선들이 광축에 나란하지 않고 어느 정도의 각도를 가지고 들어오게 될 것이다. 이때 이들은 어느 곳을 지나가겠는가? 답은 [그림 2-71]과 같이 렌즈에 입사된 모든 광선들은 초점을

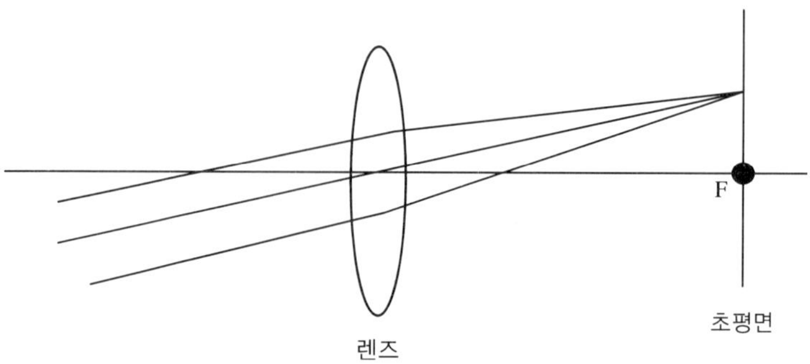

[그림 2-71] 렌즈에 비스듬하게 입사된 평행광의 추적

포함한 평면(초평면이라 함) 상의 한 점을 지난다. 이 역시 렌즈 공식에서 $a=\infty$이므로 $b=f$ 이기 때문이다. 그런데 초평면 상의 어느 점을 통과할지를 결정하는 방법은 렌즈의 중심을 지나는 광선은 굴절하지 않는다는 사실을 이용하여 구한다. [그림 2-71]과 같이 렌즈의 중심을 지나는 광선은 굴절하지 않기 때문에 이 광선을 그리고 나머지 모든 광선들이 이 점을 지나도록 그리면 된다.

자주 부딪히게 되는 문제 중의 하나가 [그림 2-72]와 같이 예를 들어, 슬릿 뒤쪽에 렌즈를 설치한 경우에 슬릿으로부터 회절되어 나란하게 전파하는 광선들이 어느 곳에 만나는지에 대하여 광선 추적을 할 필요가 발생하는 경우이다. 이 경우에는 앞서 기술한 방법을 이용하는데, 불행하게도 렌즈의 중심을 지나는 광선이 없기 때문에 임의로 다른 광선들과 나란하게 하나의 보조 광선을 렌즈의 중심을 지나도록 하고 초평면 상의 한 점까지 연결하여 그린다. 이제 실제 광선들은 렌즈에서 초평면 상의 한 점으로 굴절되도록 그리면 끝이다. 이와 같이 보조 광선을 잘 이용할 수 있으면 여러 개의 렌즈로 된 계에서도 쉽게 광선 추적을 할 수 있다.

② 초점을 지나는 광선은 렌즈에 의해 굴절 된 후에 광축에 나란하게 그린다.
두 번째 광선은 [그림 2-69]의 (2)번 광선으로 초점을 지나는 광선이다. 초점을 지나는 광선은 마치 초점의 위치에 점파원이 있는 것으로 생각할 수 있다. 이 경우에 다시 렌즈 공식

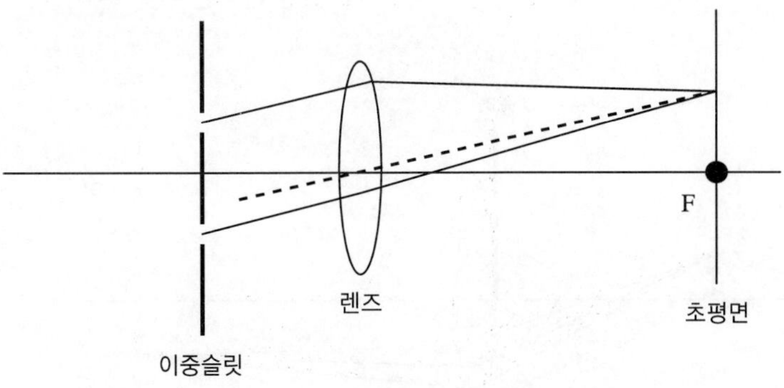

[그림 2-72] 보조 광선을 이용한 광선 추적

$$\frac{1}{a}+\frac{1}{b}=\frac{1}{f}$$

에 적용하여 보면, $a=f$ 이므로 $b=\infty$가 됨을 알 수 있다. 즉 초점에 점 물체가 놓이면 무한히 멀리 떨어진 지점에서 만난다. 다시 말하면 만나지 않는다는 것이다. 따라서 초점에 놓인 점파원 렌즈를 통과하고 나면 평행 광선이 되는 것이다.

③ 렌즈의 중심을 지나는 광선은 굴절되지 않기 때문에 그대로 직진하여 그린다.

세 번째 광선은 잘 알고 있는 것과 같이 [그림 2-72]에서 렌즈의 중심을 지나는 광신이다. 이 광신은 굴절하지 않기 때문에 물체점에서 렌즈의 중심을 연결하여 그대로 그리면 된다.

렌즈의 중심을 지나는 광선을 보면 굴절을 하지 않는 것이 아니고 [그림 2-68]에서 설명한 것 같이 두 번의 굴절을 경험한다. 일반적으로 렌즈가 얇은 경우를 생각하기 때문에 굴절 효과를 무시하는 것이다.

렌즈의 절반을 종이로 가리면 상이 만들어지지 않거나 상이 절반만 보인다고 생각하는 학생들이 많은 것은 물체점에서 앞서 말한 3개의 광선만 나오기 때문이라고 생각하기 때문이다. [그림 2-73]과 같이 렌즈의 절반을 가려도 물체 점에서 무수히 많은 광선들을 그릴 수 있기 때문에 상의 밝기만 어둡게 보일 뿐이지 상을 보는 데는 아무 지장이 없다. 렌즈를 절반 가리는 것은 눈꺼풀을 반쯤

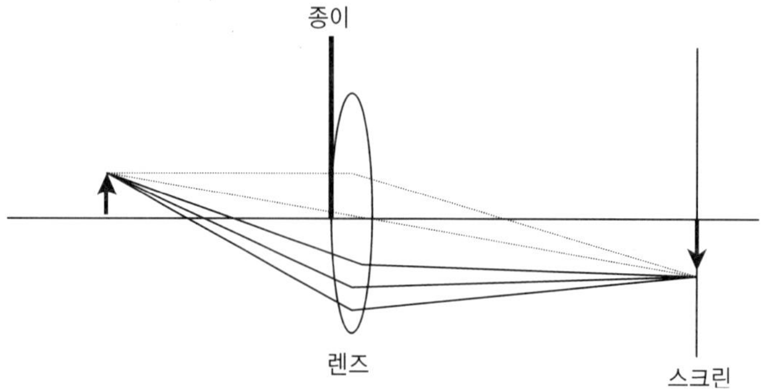

[그림 2-73] 렌즈의 절반을 가려도 상이 보임

가리고 바라보는 것과 같다. 우리는 정면의 물체를 잘 볼 수 있다. 물론 광축에서 많이 벗어난 지점의 점 물체에서 나온 경우는 렌즈에 입사되는 빛이 없기 때문에 보이지를 않을 것이다. 즉 보이는 영역이 줄어든다는 의미이다.

이상과 같이 정리하여 학생들에게 알려주고 나면, 3개의 광선만 기억하여 마치 렌즈가 요술 방망이인 것처럼 생각한다. 분명하게 다시 한 번 강조해야 될 것은 빛이 직진을 하다가 다른 매질을 만나면 굴절 법칙을 만족시키면서 굴절한다는 점이다. 따라서 렌즈 안을 자세히 보면 [그림 2-74]와 같이 2번의 굴절을 한다는 점을 꼭 강조했으면 한다. 그럼, 왜 광선 추적에서는 한 번 굴

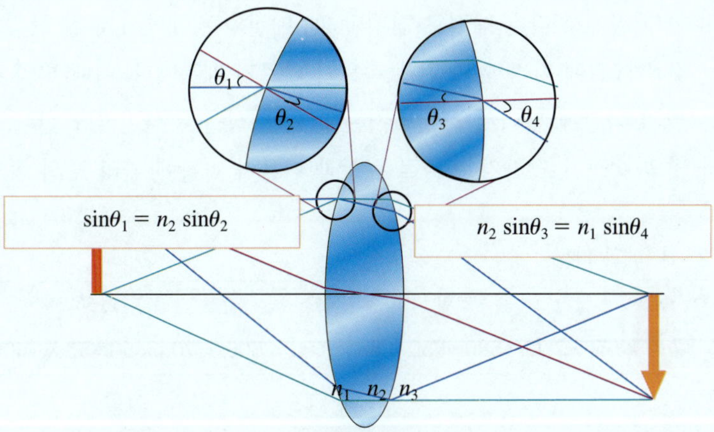

[그림 2-74] 얇은 렌즈 경계면들에서 두 번 굴절

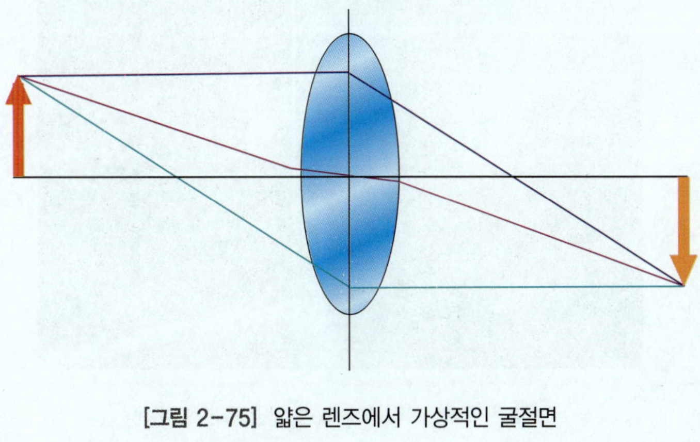

[그림 2-75] 얇은 렌즈에서 가상적인 굴절면

절하는 것으로 그리는가? 그 이유는 사용되는 렌즈가 얇기 때문이다.

[그림 2-75]와 같이 입사되는 광선의 연장선과 두 번 굴절된 후의 광선을 연장하여 보면 렌즈의 중심에서 만나는 것을 볼 수 있다. 얇은 렌즈에서는 근사적으로 렌즈 안에서 연장선들을 따라 실제로 빛이 가는 것처럼 여길 수 있기 때문에 렌즈 안쪽의 가상적인 굴절면에서 한 번만 꺾이는 것처럼 그린다. 왜 굴절 법칙을 배운 후에 렌즈에 대하여 수업하는지를 알 수 있을 것이다.

(7) 분산

빛이 한 매질에서 다른 매질로 진행할 때, 매질의 경계에서 굴절 현상이 나타나는 것은 매질에 따라 빛의 진행 속도가 다르기 때문이다. 이때 빛의 진행 속도는 빛의 파장에 따라서도 달라지는데 이 현상을 분산이라고 한다. 매질에 따라 빛의 속도가 달라지는 굴절 현상과 더불어 파장에 따라 빛의 속도가 달

[표 2-1] 색과 파장

색깔	빨강	주황	노랑	초록	파랑	보라
파장(nm)	650~750	580~650	570~580	500~570	450~500	400~450

[그림 2-76] 프리즘에 의한 태양광의 색 분해

라지는 분산 현상에 대한 메커니즘은 파동 광학에서 취급하기로 하고, 이 장에서는 분산으로 인해 나타나는 몇 가지 현상에 대해 알아보고자 한다.

1) 프리즘

백색광은 여러 색깔의 빛의 혼합으로 이루어져 있음을 [그림 2-76]과 같은 프리즘을 통하여 볼 수 있다. 여러 색깔의 빛은 [표 2-1]과 같이 서로 다른 길이의 파장을 갖는다. 모든 파장에 대해 진공에서의 빛의 속도는 3×10^8 m/s로 동일하지만, 유리나 물과 같은 매질 내에서는 파장에 따라 빛의 속도가 달라지게 된다. 이러한 현상을 분산이라고 하는데 일반적으로 파장이 짧을수록 매질 내에서의 빛의 진행 속도는 느려지게 된다. 따라서 매질의 굴절률도 파장에 따라 달라지게 되는데, [표 2-2]는 대부분의 렌즈에 사용되는 크라운 유리의 파장에 따른 굴절률을 나타낸 것이다. 파장이 짧은 보라색 빛은 파장이 긴 빨간색 빛보다 속도가 느리기 때문에 굴절률은 더 커지게 된다.

이와 같은 빛의 분산 현상을 이용해 백색광을 파장별로 공간적으로 분리해 내는 방법을 생각해 보자. [그림 2-77]과 같이 두께가 일정한 유리판에 백색

[표 2-2] 크라운 유리의 굴절률

색깔	빨강	주황	노랑	초록	파랑	보라
굴절률	1.513	1.514	1.517	1.519	1.528	1.532

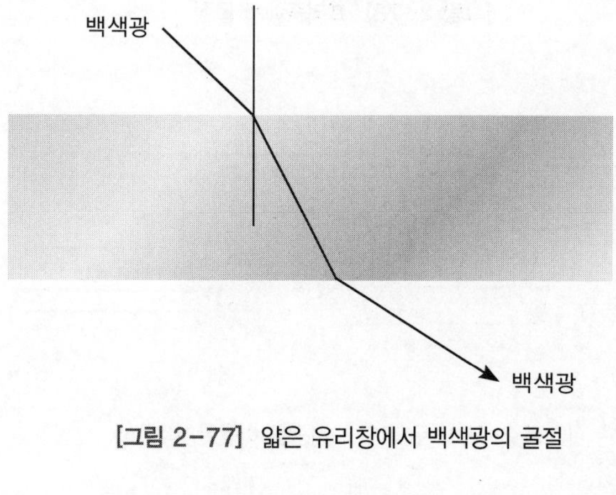

[그림 2-77] 얇은 유리창에서 백색광의 굴절

광을 비스듬하게 입사시키면, 스넬의 법칙에 의해 파장에 따라 굴절각이 달라지므로 이론적으로는 각 파장의 빛을 공간적으로 분리해 낼 수 있다. 그러나 [표 2-2]에서 볼 수 있는 바와 같이 보라와 빨간색 굴절률의 차이는 겨우 0.019로서 평균 굴절률 1.52의 1%보다 조금 큰 정도이다.

따라서 파장에 따른 굴절각의 차이가 매우 작으므로 사실상 빛을 공간적으로 분리가 거의 일어나지 않는다. 또한 중요한 점은 혹시 분리되었더라도 인접한 또 다른 광선들이 있어 이들의 분리에 의해 결국 다시 여러 파장의 빛들이 중첩되어 버린다. 유리창에서 무지개색을 볼 수 없는 이유는 이 때문이다.

한편 [그림 2-78]과 같이 평면 유리 대신 프리즘에 백색광을 입사시키게 되면, 평행하지 않는 두 표면에 의한 굴절각의 차이가 커지기 때문에 파장이 긴 빨간색 빛부터 파장이 짧은 보라색 빛까지 효과적으로 분리할 수 있다. 여기에 프리즘 하나를 더 추가하여 [그림 2-79]와 같이 서로 역으로 놓게 되면, 백색광이 분산에 의해 무지개색으로 나뉘어지는 현상과 무지개색의 빛이 합쳐져 다시 백색광이 되는 현상을 동시에 관찰할 수 있다.

사실 거의 모든 교과서가 [그림 2-78]처럼 프리즘을 그리고 있으나 프리즘

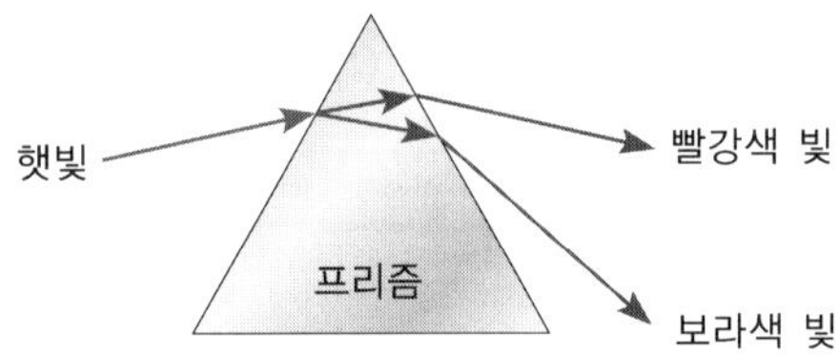

[그림 2-78] 프리즘에서 굴절

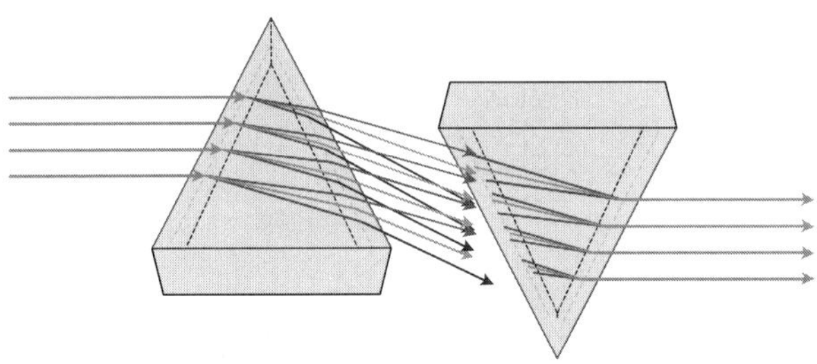

[그림 2-79] 두 개의 프리즘을 이용한 빛 합성

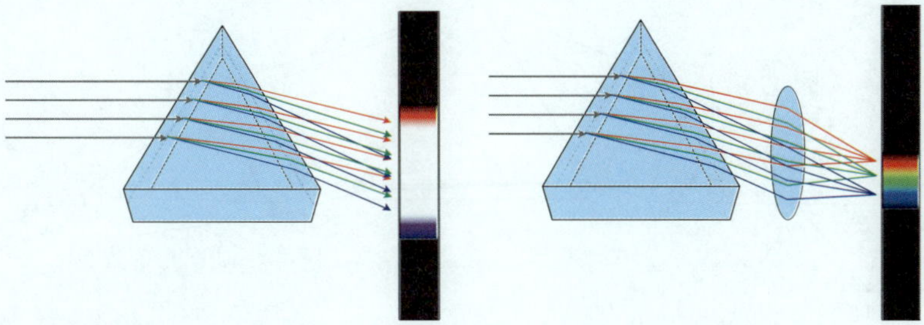

(a) (b)

[그림 2-80] 프리즘에서 렌즈가 사용되어야 하는 이유

에 입사되는 쪽을 보면 하나의 선으로 그려져 있음을 볼 수 있다. 어느 정도의 굵기를 고려하여야 하고 그 결과 [그림 2-80](a)와 같이 평행하게 입사된 광선 다발들은 각기 파장별로 나누어지지만 스크린의 위치에서 다시 중첩되는 현상이 발생한다. 즉 가운데 부분은 다시 백색이 되어 버린다. 이것을 해결하는 방법으로는 가능한 입사되는 광선 다발의 굵기를 줄이고 스크린은 프리즘에서 멀리 놓아 겹치지 않도록 한다. 또 다른 한 가지 방법은 프리즘 뒤에 볼록 렌즈를 [그림 2-80](b)와 같이 설치하면 초점 위치에서 선명하게 나누어지는 것을 볼 수 있을 것이다. 이는 파장별로 나란하게 가는 각도가 달라 렌즈에 의해 다른 지점에 파장별로 모이기 때문이다.

이와 같이 파장에 따라 매질 내에서의 빛의 속도가 달라지는 분산 현상으로 인해 우리는 프리즘에서 아름다운 무지개색 스펙트럼을 관찰할 수 있지만, 빛의 분산이 단점으로 작용하는 경우도 많다. 예를 들어 백색광이 볼록 렌즈에 입사한다고 하자. 파장에 따라 굴절률이 다르므로 렌즈를 통과한 후 빛이 모여지는 지점, 즉 초점의 위치도 파장에 따라 조금씩 달라지게 된다. 이러한 현상을 색수차라고 한다. 렌즈에 백색광을 이용하였을 때는 이와 같은 색수차에 의해 상의 가장자리에 무지개색깔을 띠는 경우가 생기게 된다.

2) 프리즘 분광기

프리즘 분광기는 분산 현상을 이용하여 광원의 파장별 빛의 세기, 즉 스펙트

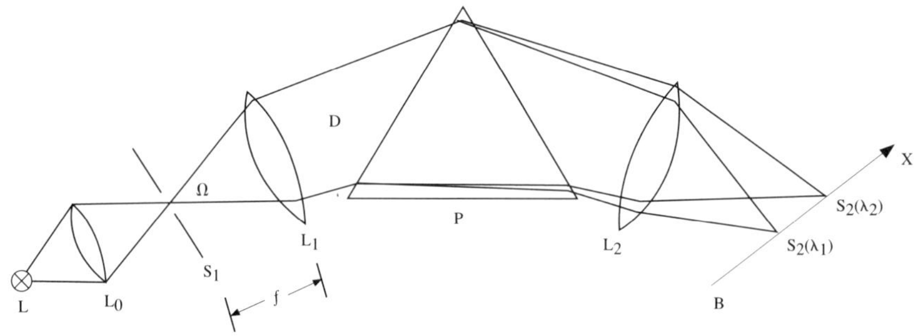

[그림 2-81] 프리즘 분광기

럼을 측정하는 장치이다. [그림 2-81]은 프리즘 분광기에서 광학 부품이 정렬된 모습을 간단히 보여주고 있다. 광원에서 나온 빛을 분광기 안에 가능한 한 강한 빛이 입사되도록 렌즈 L_0를 이용하여 슬릿 S_1에 모은다. 슬릿을 통과한 빛은 마치 점(선)광원에서 나온 빛과 같이 되어 초점 거리만큼 떨어뜨린 렌즈 L_1에 의해 평행광이 된다. 평행광은 프리즘에 입사되어 파장별로 굴절각이 다르기 때문에 파장에 따라 각 $\theta(\lambda)$로 분산된다. 이때 주의를 기울여야 되는 것은 파장별로 빛은 다른 각도로 프리즘을 통과한 후에 모두 평행하게 프리즘을 떠난다. 평행하게 진행하는 광선들은 렌즈 L_2에 의해서 하나의 점(선)에 모이기 때문에 결국은 파장에 따라 공간적으로 나뉘어지게 되는 것이다. 렌즈 L_2가 없다면 어떻게 될까? 흔히, L_2 없이도 무지개색을 볼 수 있을 것으로 착각한다. 그러나 [그림 2-80](a)와 같이 중간 지역을 보면 모든 색이 겹쳐지기 때문에 다시 흰색이 된다. 이와 같은 문제를 해결하기 위하여 설치한 것이 렌즈 L_2이다. 평행하게 가는 광선들은 렌즈에 의해 한 점에 모이는 성질을 이용한 것이다. 이때 S_2의 위치는 파장의 함수 $x(\lambda)$가 된다.

렌즈 L_2 없이도 색이 겹치는 현상 없이 스펙트럼을 구할 수 있다. 한 가지 방법은 입사되는 쪽의 광의 직경을 대략 1 mm 정도로 줄이면 된다. 이러면 웬만한 프리즘으로 무지개색 모두를 볼 수 있다. 또 하나의 방법은 스크린을 프리즘으로부터 매우 멀리 떨어뜨려 놓으면 된다. 그러면 겹치는 부분들이 없어지기 때문에 무지개색 전부를 볼 수 있다. 그러나 이러한 방법으로는 색 분해능이 떨어지는데 여기서는 깊이 있게 논하지 않기로 하자.

3) 무지개

무지개는 빛의 분산으로 인하여 나타나는 가장 대표적인 현상 중의 하나이다. 무지개는 공중에 떠 있는 작은 물방울이 태양 광선을 분산시키는 프리즘 역할을 한다. 이 절에서는 물방울 내에서 빛이 분산되는 과정과 색깔에 따른 분산 각도를 구하고, [그림 2-82]와 같은 무지개의 형태와 색의 배치가 나타나는 이유에 대해 살펴보고자 한다. 그리고 마지막으로 쌍무지개의 특징 및 그 이유에 대해 알아보기로 한다.

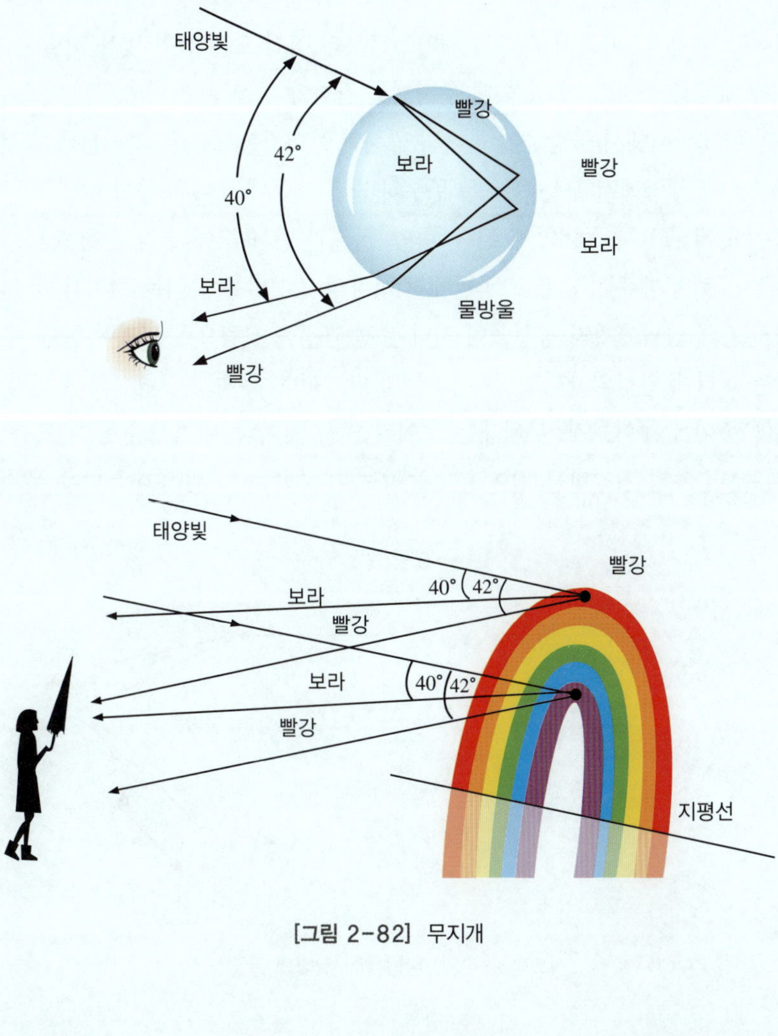

[그림 2-82] 무지개

① 물방울에서의 빛의 분산과 색깔에 따른 분산 각도

[그림 2-83](a)는 백색광인 태양 빛이 구형의 물방울에 입사하여 보통의 일차 무지개가 형성되는 빛의 경로를 나타낸 것이다. [그림 2-83](b)에서 보라색 빛은 빨간색 빛에 비해 굴절률이 크므로, 같은 입사각에 대해 더 큰 각으로 물방울 속으로 굴절하게 된다. 물방울 속으로 굴절된 광은 물방울과 공기의 경계에서 반사광과 굴절광으로 나누어지게 된다. 이때 무지개를 형성하는 데 기여하는 광은 반사광으로 물방울 경계에서 다시 한 번 굴절되어 A 눈으로 들어오게 된다. 물방울에서 공기로의 1차 굴절광도 공간적으로 색이 나누어지지만, 태양 광선과 같은 방향으로 진행하므로 B 눈은 그 작은 양의 무지개 빛을 인식할 수 없다. 따라서 우리는 태양으로부터 직접 오는 강한 빛을 피할 수 있도록 태양을 등지고 서 있을 때 무지개를 관찰할 수 있는 것이다.

많은 교과서에서 물방울에 하나의 광선만 들어가는 것으로 그리는데 그것은 잘못이다. 태양에서 오는 광선은 무수히 많기 때문에 하나의 물방울 반쪽 구의 모든 곳에 골고루 들어가게 된다. 다만, 굴절과 반사 후에 우리 눈에 도달하는 광량이 적기 때문에 많은 교과서에서 하나의 광선만을 그리는 것이다. 무지개 역시 눈의 망막에까지 광선들이 지나는 전 과정을 그림으로 그려야 한다. 무지개는 어디에 형성되나? 그 답은 내 눈의 망막이다. 무지개가 형성되는 눈의 위치에 종이를 놓아보자. 무지개는 보이지 않을 것이다. 여기서 볼록 렌즈를 종이로부터 초점 거리만큼 떨어뜨려 놓아보자. 하얀 종이 위에 아름다운 무지개

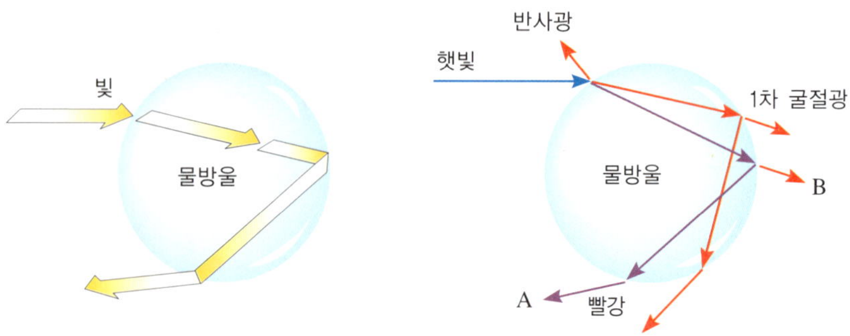

(a) (b)

[그림 2-83] 물방울에서 빛의 굴절

가 형성될 것이다. 프리즘 분광기의 원리와 같다. 공중에 떠 있는 무수히 많은 물방울들에서 파장별로 다른 각도를 가지고 평행하게 우리를 향하여 오기 때문에 우리 눈의 렌즈는 이들을 파장별로 망막의 다른 위치에 모은다. 따라서 엄밀히 말해서 무지개는 사람의 눈 속, 즉 망막에 만들어 진다고 말하는 것이 정확하다. 그래서 사람마다 고유의 무지개를 가지고 있다는 말이 있는 듯하다.

우리가 흔히 보게 되는 무지개는 물방울 내에서 한 번의 반사와 두 번의 굴절로 인해 만들어지게 되지만, 이러한 상황은 하나의 입사각에 대해서만 만족되는 것은 아니다. 즉 물방울의 여러 부분에 균등하게 입사한 빛은 서로 평행하게 입사하였다고 하더라도 곡면에 닿는 것이므로 입사각은 넓은 범위에 걸쳐 있게 된다. 그러므로 서로 다른 각도로 굴절과 내부반사를 일으키게 되고, 스넬의 법칙에 따라 상당히 넓은 범위에 걸친 각으로 물방울을 빠져 나오게 된다. 한 색깔에 빛에 대하여 넓은 각도로 균등하게 빛이 퍼진다면 무지개처럼 선명하게 원호를 그리는 모습을 볼 수 없을 것이다. 그러나 스넬의 법칙을 이용해 물방울에서 분산되어 나오는 광선을 추적해 보면, [그림 2-84]와 같이 입사 광선에 대해 최소 편위각 D의 방향으로 가장 많은 빛이 나온다는 것을 알 수 있다. 따라서 물방울로부터 분산되어 나오는 빛은 물방울의 구대칭성까지 고려하게 되면, [그림 2-85]와 같이 스크린상에 균일하게 퍼지는 것이 아니라 특정 각도(이 각을 무지개각이라고 한다)로 많은 양의 빛이 퍼져 나가게 된다. 빨간색 빛의 경우 이 무지개각은 약 42° 이고, 보라색 빛은 약 41° 이다.

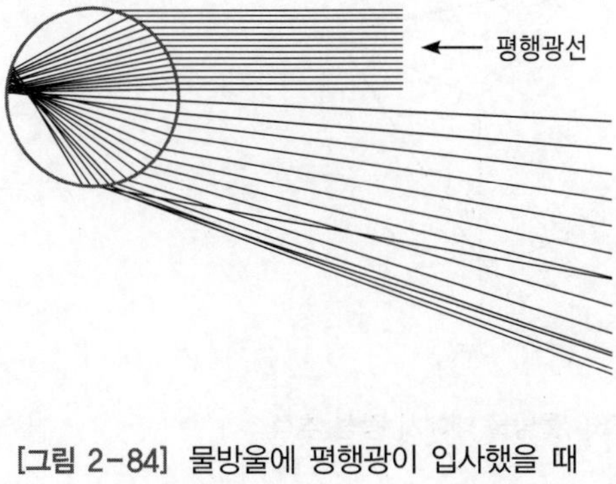

[그림 2-84] 물방울에 평행광이 입사했을 때

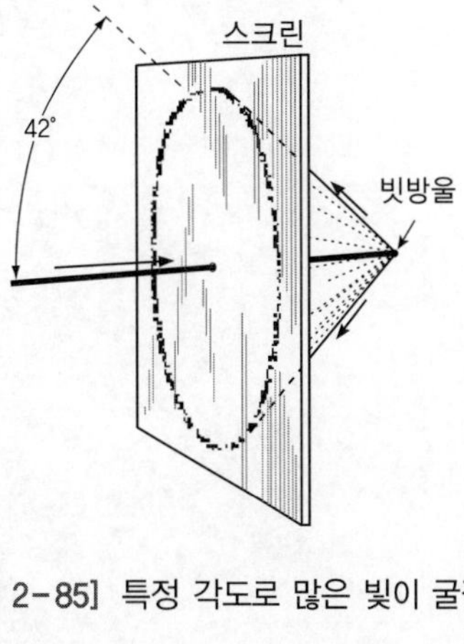

[그림 2-85] 특정 각도로 많은 빛이 굴절됨

즉 백색광이 물방울에 입사하였을 때, 42°와 41° 각도 사이로 모든 무지개색 빛이 퍼져 나가게 된다.

이제 물방울에서 가장 많은 빛이 분산되어 나오는 최소 편위각(혹은 무지개각)을 구해 보도록 하자. [그림 2-86]에서 처음의 굴절각 θ_r는 마지막 단계의 입사각이 되고, 이 때의 굴절각은 바로 처음의 입사각 θ_i와 같음을 알 수 있다. 따라서 물방울에 입사하는 광선과 마지막 굴절광이 이루는 편위각은

$$D = (\theta_i - \theta_r) + (\pi - 2\theta_r) + (\theta_i - \theta_r) = \pi + 2\theta_i - 4\theta_r$$

이다.

이때 최소 편위각은 $\frac{dD}{d\theta_i} = 0$을 만족시키는 편위각이다.

$$\frac{dD}{d\theta_i} = 2 - 4\frac{d\theta_r}{d\theta_i} \text{에서 } \frac{d\theta_r}{d\theta_i}$$

은 스넬 법칙의 미분형 $\cos\theta_i = n\cos\theta_r \frac{d\theta_r}{d\theta_i}$ 으로부터 구할 수 있고, 따라서 $\frac{dD}{d\theta_i} = 0$이 만족되는 입사각은

$$\cos\theta_i = \frac{n\cos\theta_r}{2}$$

의 관계를 갖는다. 여기서 n은 공기에 대한 물의 상대 굴절률이다. $\cos\theta_r$에 대해 삼각 함수 공식과 스넬의 법칙을 이용하면

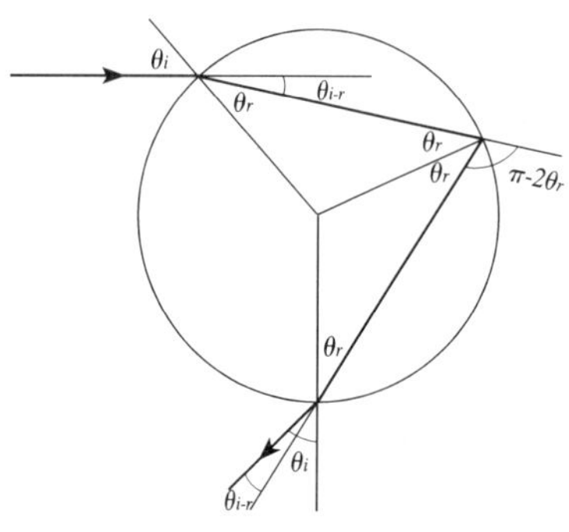

[그림 2-86] 물방울 내에서 광선 추적

$$\cos\theta_r = (1 - \sin^2\theta_r)^{1/2} = (1 - \frac{1}{n^2}\sin^2\theta_i)^{1/2} = (1 - \frac{1}{n^2} + \frac{1}{n^2}\cos^2\theta_i)^{1/2}$$

이고, 이것을 $\cos\theta_i = \frac{n\cos\theta_r}{2}$ 식에 대입하면, $\cos^2\theta_i = \frac{n^2-1}{3}$ 식을 최종적으로 구할 수 있다. 즉

$$\cos^2\theta_i = \frac{n^2-1}{3}$$

을 만족시키는 입사각 θ_i로 입사하는 빛은 최소 편위각을 갖고 물방울로부터 빠져 나오게 된다.

따라서 무지개의 경계가 되는 빨간색 빛과 보라색 빛에 대한 최소 편위각

$$D = \pi + 2\theta_i - 4\theta_r$$

는,

$$\cos^2\theta_i = \frac{n^2-1}{3}$$

으로부터 입사각 θ_i를 계산하고, 스넬의 법칙 $\sin\theta_i = n\sin\theta_r$를 이용해 굴절각 θ_r를 계산함으로써 구할 수 있다. [표 2-3]은 이러한 각들을 정리해 놓은 것이다. 여기서 무지개각은 $\pi - D$로부터 구하였다.

② 무지개의 형태와 색깔 배치

무지개는 왜 삼각형이나 사각형이 아닌 원모양일까? 무지개는 왜 바깥쪽이 빨간색이고 안쪽이 보라색일까? 이와 같은 무지개의 형태와 색 배치에 대한 이해는 공간적인 사고가 요구되므로 상당히 어려운 부분이라고 볼 수 있다. 여기서는 무지개의 형태나 색에 대한 공간적인 이해를 돕기 위해 우산 모형을 사용하고자 한다.

[표 2-3] 파장에 따른 무지개 각

색깔	굴절률	입사각(θ_i)	굴절각(θ_r)	최소편위각(D)	무지개각
빨강	1.331	59.53°	40.35°	137.63°	42.37°
보라	1.343	58.83°	39.58°	139.35°	40.65°

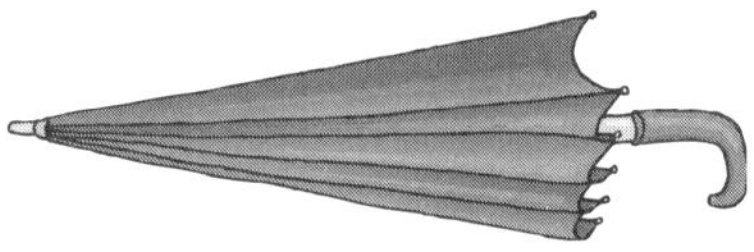

[그림 2-87] 우산 모형

[그림 2-87]과 같이 우산 꼭지에 물방울이 위치한다고 가정하고 우산축으로 백색광이 입사한다고 하자. 앞 절에서 살펴보았듯이 물방울에서 분산된 빛은 빨간색 빛의 경우 42°의 각도로, 보라색 빛의 경우 41°의 각도로 퍼져 나온다. 따라서 [그림 2-88](a)와 같이 우산을 42°만큼 폈을 때 우산 표면을 따라 빨간색이 퍼져 나가고, (b)와 같이 41°만큼 폈을 때는 표면을 따라 보라색이 퍼져 나간다.

이제 역으로 [그림 2-89]와 같이 우산 표면에 수많은 물방울이 붙어 있고 백색광이 반대로 진행하는 상황을 가정해 보자. (a)는 우산이 42°만큼 펴져 있는 상태이다. 우산에 붙어 있는 모든 물방울들로부터 42°의 각도로 빨간색 빛이 퍼져 나가고, 41°의 각도로 보라색 빛이 퍼져 나간다. 이때 우산 꼭지에 눈을 가져 간다면 무엇을 볼 수 있을까? 42°의 각도로 퍼져 나가는 빨간색 빛만이 우산 꼭지를 통과하게 되므로 사람은 동그란 빨간색 원을 볼 수 있을 것이다.

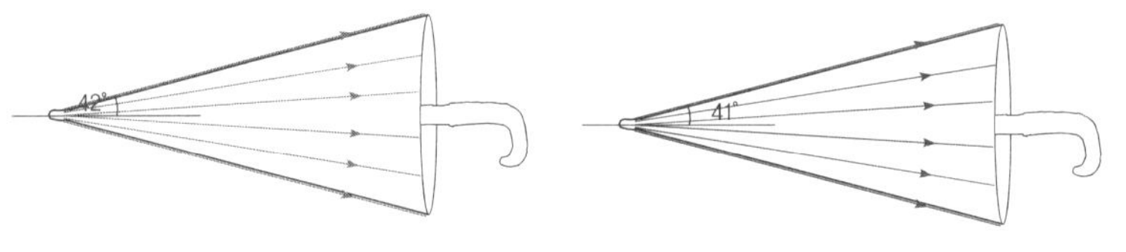

[그림 2-88] (a) 42°인 경우로 빨간색이 우산의 표면을 따라 퍼져감 (b) 41°인 경우로 파란색이 우산의 표면을 따라 퍼져감

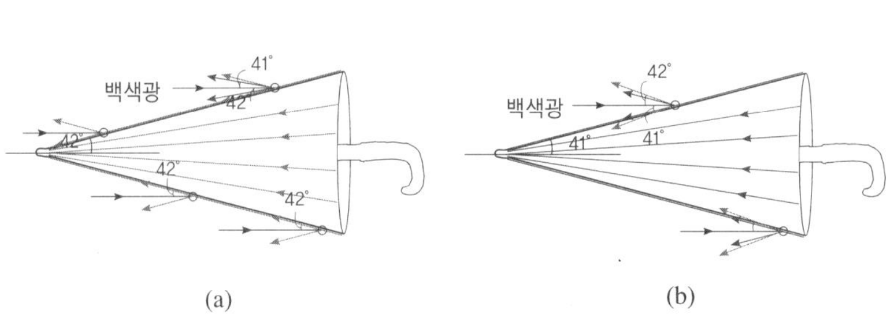

[그림 2-89] 우산 표면에 물방울이 있을 때 우산의 각도에 따라 꼭지에 오는 빛이 다름

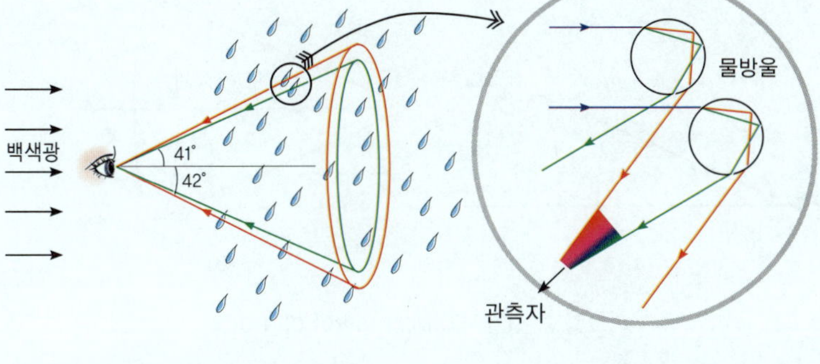

[그림 2-90] 우산의 꼭지에서 바라보았을 때 무지개가 관찰됨

[그림 2-89](b)는 우산이 41° 만큼 펴져 있는 상태이다. (a)에서와 마찬가지로 우산에 붙어 있는 물방울들로부터 42°의 각도로 빨간색 빛이 퍼져 나가고, 41°의 각도로 보라색 빛이 퍼져 나간다. 이때 우산 꼭지에 눈을 가져 간다면 무엇을 볼 수 있을까? 41°의 각도로 퍼져 나가는 보라색 빛만이 우산 꼭지를 통과하게 되므로 사람은 동그란 보라색 원을 볼 수 있을 것이다. 즉 [그림 2-90]과 같이 42° 각도에 있는 모든 물방울로부터는 빨간색 빛만이 눈으로 들어가게 되고, 41° 각도에 있는 물방울들로부터는 보라색 빛만이 눈으로 들어가게 된다. 따라서 무지개는 바깥쪽이 빨간색이고 안쪽이 보라색인 원형을 띠게 된다.

여기서 알 수 있는 바와 같이 똑같은 색을 주게 되는 물방울은 눈 바로 앞에서부터 아주 멀리까지 상당한 깊이를 가지고 있으나 눈을 향해 같은 방향으로 입사하기 때문에 그저 멀리 있는 평면상의 원으로 보여지게 된다. 따라서 [그림 2-91]과 같이 A 위치에서 B 위치로 무지개에 가까이 다가간다고 하더라

[그림 2-91] 눈의 위치에 따라 보게 되는 무지개가 다름

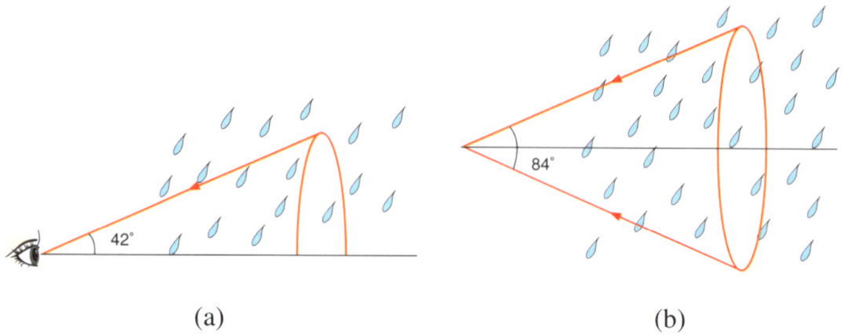

[그림 2-92] 무지개가 원형이 아닌 이유

도 우리는 무지개에 가까와질 수 있는 것이 아니라 B 위치에서 또 다른 무지개를 보게 될 뿐이다.

앞에서 살펴본 바와 같이 무지개의 원래 모양은 동그란 원인데 비해 우리가 흔히 보는 무지개는 반원이다. 이것은 우리가 [그림 2-92](a)와 같이 무지개를 가로막고 있는 땅 위에서 무지개를 관찰하기 때문이다. 따라서 우리가 비행기를 타고 (b)와 같이 원뿔의 각도가 84° 가 되는 높이까지 올라간다면 완전한 원 모양의 무지개를 볼 수 있을 것이다.

③ **쌍무지개**

우리는 가끔 일차 무지개 주위로 희미한 이차 무지개가 나타나는 것을 볼 수 있다. 이때 이차 무지개는 [그림 2-93]과 같이 일차 무지개에 비해 색이 흐릴 뿐만 아니라 색 배치도 일차 무지개와 반대로 바깥쪽이 보라색이고 안쪽이 빨

[그림 2-93] 이차 무지개

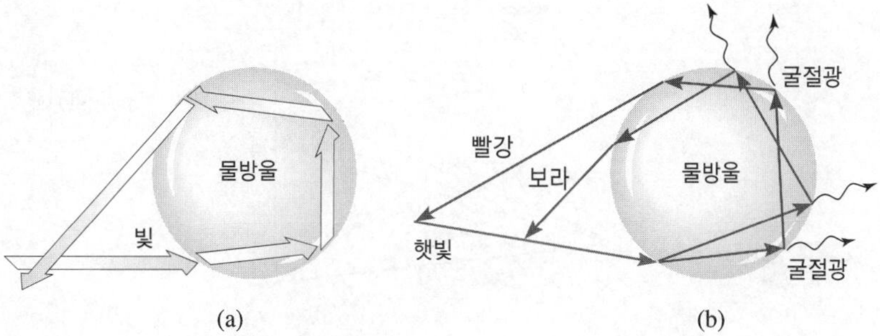

[그림 2-94] 이차 무지개의 원리

간색이다. 이러한 이차 무지개는 [그림 2-94](a)와 같이 물방울에 입사한 백색광이 물방울 내에서 두 번 반사하여 만들어진다. 이차 무지개가 희미하게 보이는 것은 이 두 번의 반사가 일어날 때 공기 중으로 굴절되어 나가는 광의 양이 일차 무지개에 비해 크기 때문이다.

[그림 2-94](b)에서 보라색 빛은 빨간색 빛보다 굴절률이 크므로 더 큰 각으로 물방울 안으로 굴절하게 되고, 두 번의 내부 반사를 거친 후 최종적으로 물방울을 빠져 나올 때는 일차 무지개와 반대의 색 배치를 갖게 된다. 이때 가장 많은 빛이 나오게 되는 무지개각(혹은 최소 편위각)을 앞의 일차 무지개와 같은 방법으로 구하게 되면, [그림 2-95]와 같이 빨간색 빛의 경우는 약 50°이고, 보라색 빛은 약 54°이다.

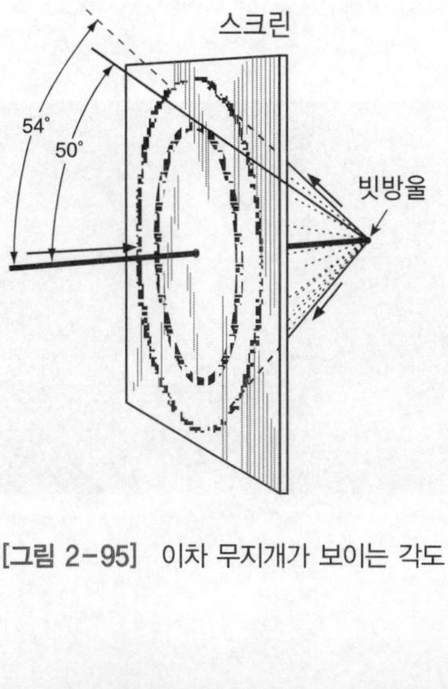

[그림 2-95] 이차 무지개가 보이는 각도

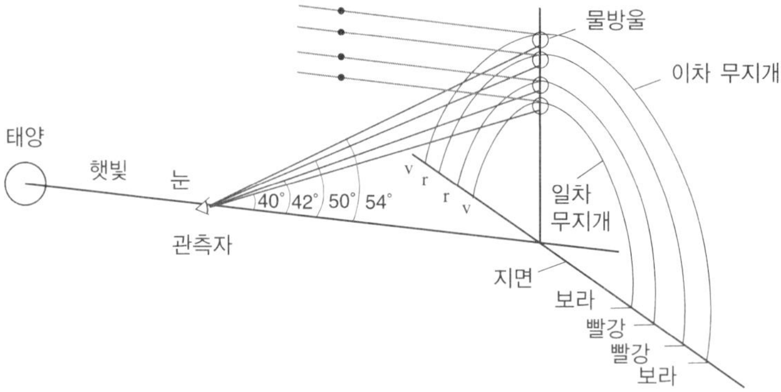

[그림 2-96] 사람이 보는 이차 무지개의 각도

따라서 [그림 2-96]과 같이 사람의 눈과 50°의 각을 이루는 곳에 위치한 물방울로부터는 빨간색 빛이, 54°의 각을 이루는 물방울들로부터는 보라색 빛이 눈에 들어오기 때문에 이차 무지개는 일차 무지개에 비해 원호가 클 뿐만 아니라 색의 배치도 거꾸로 바뀌게 된다.

④ 달무리

해무리나 달무리에서 무리란 흔히 동그란 띠처럼 나타나지만 호(弧) · 기둥 · 점 등의 모양을 의미한다. 얼음 결정으로 이루어진 엷은 권층운이 끼어 있을 때 나타난다. 달무리가 나타나는 이유는 [그림 2-98]과 같이 대기 중에 떠 있는 얼음 결정에 의해서 빛이 두 번 굴절되기 때문에 발생한다. 결정에 입사된 빛이 결정

[그림 2-97] 달무리

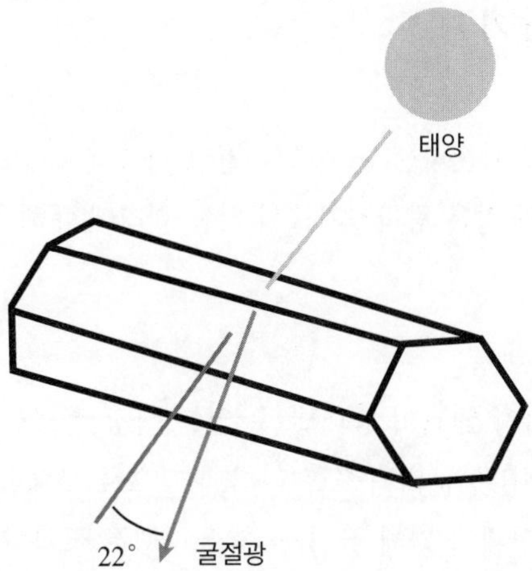

[그림 2-98] 해무리가 보이는 원리

면에서 한 번 굴절되고 결정을 나가면서 또 한 번 굴절한다. 이 과정에서 결정이 없이 직진하는 것에 비하여 [그림 2-98]과 같이 22°의 굴절각을 가지게 된다.

22°의 원형으로 보이는 이유는 [그림 2-99]와 같이 평행하게 오는 광선들 중에 중앙으로 오는 광선은 직진하고 중앙 광선과 22°를 이루는 광선으로 굴절되어 관찰자의 눈에 들어오게 되기 때문이다. 따라서 태양이나 달을 중심으로 22°의 원형으로 보이게 된다.

달무리가 넓을 때는 색이 희게 보이지만 짙을 때는 안쪽은 붉은색, 바깥쪽은 노란색을 띤다. 이것은 굴절할 때, 파장에 따라 굴절각이 다른 즉 분산이 일어나기 때문이다.

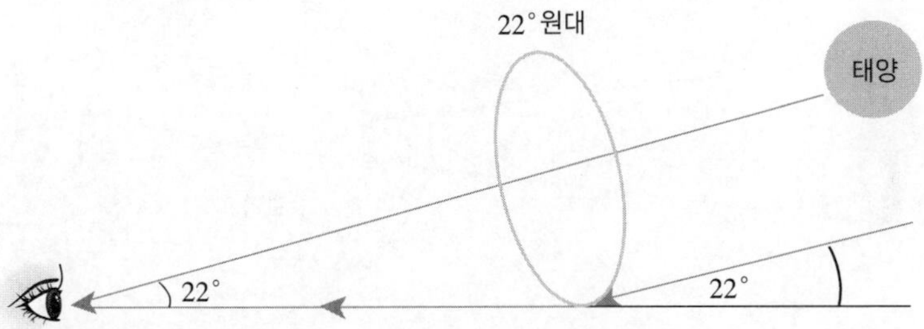

[그림 2-99] 해무리가 보이는 각도

2-4 광학기기

이 장에서는 자연을 탐구하는 도구로서 널리 사용되고 있는 눈, 돋보기, 현미경, 망원경, 사진기와 같은 광학기기들의 작동 원리에 대해 살펴보기로 한다.

(1) 눈

사람의 눈은 아직까지 인간이 흉내낼 수 없는 가장 정교한 광학기기 중의 하나이다. [그림 2-100]은 눈의 구조를 나타낸 것으로 물체를 떠나 눈에 입사하는 빛은 각막과 수정체에 의해 굴절된 후 유리체를 통과하여 망막에 상을 맺게 된다. 맺혀진 상은 시신경을 통해 전기적 신호로써 뇌에 전달된다. 여기서 한 가지 재미있는 사실은 망막에 맺히는 상은 항상 거꾸로 된 도립상인데, 사람은 물체를 거꾸로 인식하지 않는다는 점이다. 이것 역시 인간 뇌의 미묘한 점 중의 하나일 것이다.

이 절에서는 정상적인 눈의 작동 원리에 대해 살펴보고, 망막에 물체의 상이 또렷히 맺히지 않는 원시, 근시안의 문제점과 이를 보정할 수 있는 방법에 대해 알아보도록 한다.

1) 정상적인 눈의 작동 원리

눈에 입사하는 빛은 공기와 접하고 있는 각막에서 가장 많이 굴절되지만, [그

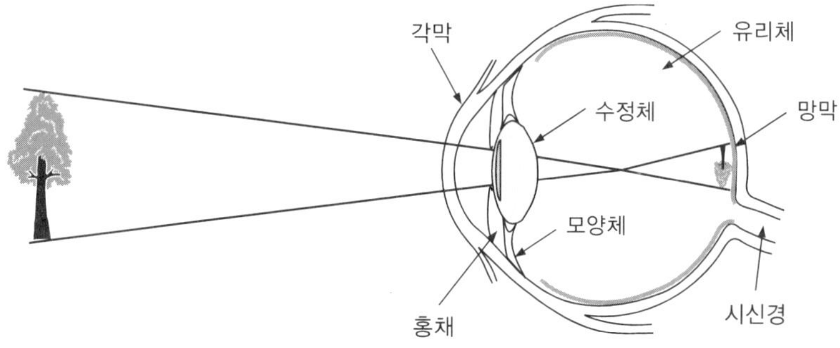

[그림 2-100] 물체를 볼 때 눈의 기능

림 2-101]과 같이 단순화시켜 수정체에서의 굴절만을 생각한다면, 눈은 볼록 렌즈와 스크린(망막)으로 이루어진 간단한 광학기기로 취급할 수 있다.

앞의 굴절 단원에서 렌즈에 의한 물체의 상은 렌즈와 물체 사이의 거리, 렌즈의 초점 거리에 따라 그 위치가 달라지게 되고, 이들 사이에는

$$\frac{1}{a}+\frac{1}{b}=\frac{1}{f}$$

이라는 관계가 성립함을 유도하였다.

여기서 a는 물체와 렌즈 사이의 거리이고, b는 렌즈와 상 사이의 거리, f는 렌즈의 초점 거리이다. 즉 물체가 렌즈로부터 멀어지게 되면 상은 렌즈의 초점 근처에 맺히게 되고, 렌즈로부터 가까워지게 되면 상은 렌즈로부터 멀어지게 된다. 그러나 사람의 눈은 물체의 원근에 따라 망막을 움직여 갈 수는 없다. 그렇다면 어떻게 정확한 상을 망막에 맺을 수 있을까?

눈은 수정체와 망막 사이의 거리 b가 고정되어 있으므로 물체의 위치 a에 따라 수정체의 초점 거리 f를 변화시켜 망막에 또렷한 상이 맺히도록 한다. 렌즈의 초점 거리는 앞에서 유도한 바와 같이

$$\frac{1}{f}=(n-1)\left(\frac{1}{R_1}+\frac{1}{R_2}\right)$$

로 렌즈의 앞면, 뒷면 곡률과 렌즈 굴절률의 함수로서, 렌즈의 곡률이 클수록 초점 거리가 길어지게 되고 곡률이 작을수록 초점 거리가 짧아지게 된다. 눈에 있어서 수정체의 곡률은 수정체 가장자리에 연결되어 있는 모양체근에 의

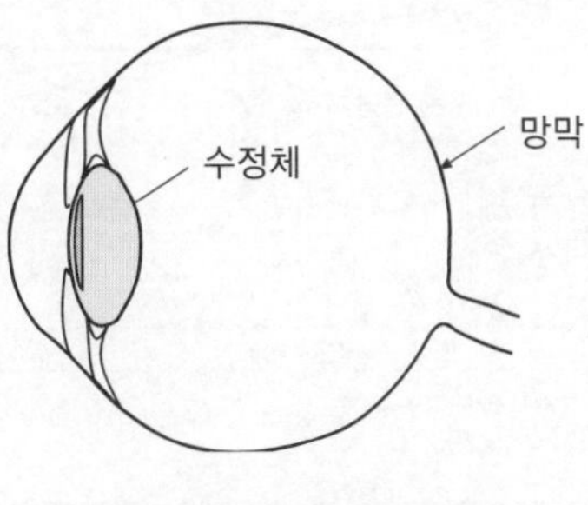

[그림 2-101] 눈의 구조

해 조절되는데, 가까이에 있는 물체를 볼 때는 모양체근이 수축되어 수정체의 곡률이 작아지고 멀리 있는 물체를 볼 때는 모양체근이 이완되어 수정체의 곡률이 커지게 된다.

[그림 2-102]는 물체의 원근에 따라 수정체의 곡률이 변화되는 과정을 나타낸 것이다. 물체가 d_1 위치에 있을 때는 수정체의 초점 거리가 f_1이지만, 물체의 위치가 d_2로 가까워지게 되면 수정체가 두꺼워지면서 초점 거리가 f_2로 짧아지게 된다.

이와 같이 물체의 원근에 따라 수정체의 초점 거리가 조절된다면, 물체가 어떤 위치에 있든지 망막에 또렷한 상을 맺을 수 있을 것으로 생각할 수 있다. 하지만 눈 바로 앞에 물체를 대고 보라. 물체가 크게는 보여도 또렷히 보이지는 않을 것이다. 물체가 눈에 가까워짐에 따라 수정체가 두꺼워져 초점 거리가 짧아지지만, 수정체가 두꺼워질 수 있는 정도에는 한계가 있다. 수정체가 가장 두꺼워졌을 때의 물체의 위치를 근점이라고 하는데, 따라서 근점보다 가까운 곳에 있는 물체에 대해서는 또렷한 상을 맺을 수 없다. 근점은 연령이 높아질수록 멀어지는데, 이것은 모양체근의 수축 활동이 원활히 이루어지지 않기 때문이다. 나이를 먹어감에 따라 책이나 신문을 멀리 놓고 보게 되는 것은 바로 근점이 멀어졌다는 증거이다. 사람에 따라 차이는 있지만 어린이의 근점은 10 cm이하이고 노인이 되면 1 m 이상으로 멀어지게 된다. 정상적인 성인

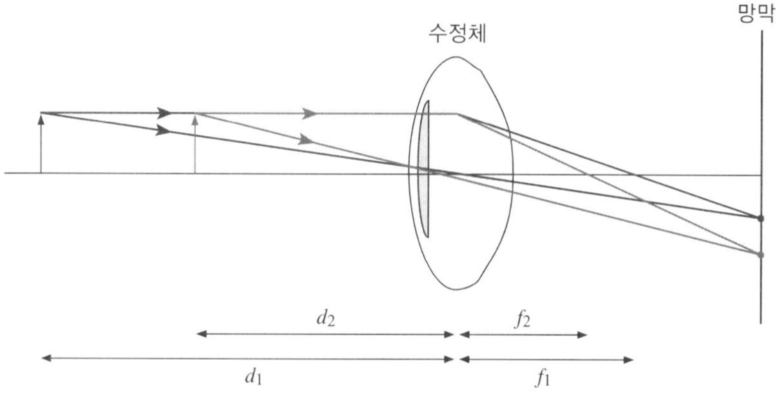

[그림 2-102] 물체의 원근에 따라 수정체의 곡률 변화(초점 거리 변화)

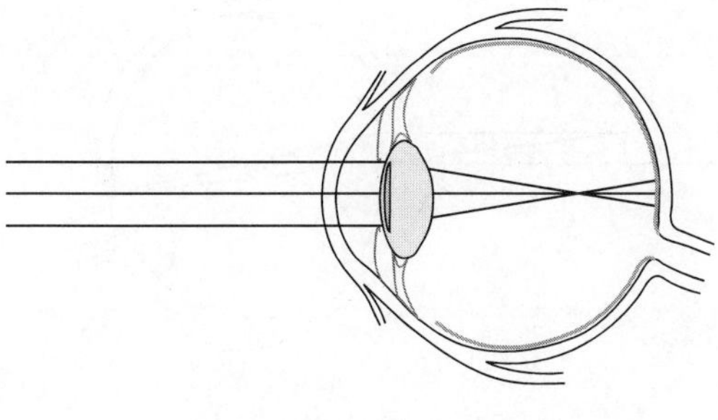

[그림 2-103] 근시인 눈

의 근점은 약 25 cm이고 이 근점을 명시거리라고도 한다.

그렇다면 물체가 또렷히 보이는 가장 먼 지점, 즉 원점은 얼마일까? 렌즈 공식

$$\frac{1}{a}+\frac{1}{b}=\frac{1}{f}$$

에 의하면, 수정체의 초점 거리 f가 수정체와 망막 사이의 거리 b와 같아질 때 물체의 위치 a는 무한대이다. 즉 정상적인 눈의 원점은 무한대이고 이때 수정체의 초점 거리는 수정체와 망막 사이의 거리와 같다. 그러나 실제적으로 멀리 떨어져 있는 물체는 잘 볼 수 없는데, 이것은 물체로부터 눈으로 들어오는 빛의 양이 극히 작기 때문이다.

2) 근시, 원시

정상적인 눈의 경우 원점은 무한대이고 근점은 약 25 cm인데, 이러한 원점과 근점을 갖지 못하는 눈을 각각 근시, 원시라고 한다. 근시(nearsightedness)는 정상적인 눈에 비해 수정체가 볼록하거나 수정체에서 망막까지의 거리가 길어 원점이 무한대보다 훨씬 짧은 눈이다. 따라서 근시인 경우 [그림 2-103]과 같이 무한대에 있는 물체로부터 평행하게 입사하는 광은 망막 앞쪽에 상을 맺게 된다.

한편 원시(farsightedness)는 안구가 짧거나 모양체근의 탄력 저하에 의해 수정체가 정상인보다 얇아 근점이 25 cm보다 긴 눈이다. 따라서 원시인 경우 [그림 2-104]와 같이 정상인의 근점 25 cm에 놓여 있는 물체의 상은 망막 뒤

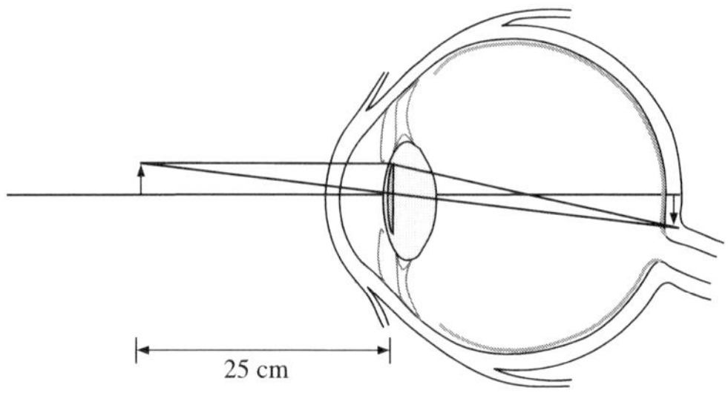

[그림 2-104] 원시인 눈

쪽에 맺히게 된다.

이제 이러한 근시와 원시를 어떻게 교정할 수 있는지 생각해 보자. 근시는 정상적인 눈에 비해 수정체가 두꺼운 상태이므로 근점과 원점 모두 정상적인 눈에 비해 짧아지게 된다. 근점이 짧아진다는 것은 물체를 또렷이 볼 수 있는 최소 거리가 짧아지는 것이므로 장애라고 볼 수 없지만, 원점이 짧아지는 것은 물체를 또렷이 볼 수 있는 최대 거리가 짧아지는 것이므로 교정되어야 할 장애이다. 예를 들어 [그림 2-105](a)와 같이 근시안인 어떤 사람이 물체를 선명하게 볼 수 있는 최대 거리가 2 m라고 하자. 이 근시안인 사람이 무한대에 있는 물체를 볼 수 있게 하기 위해선 렌즈를 이용해 물체의 상을 눈앞 2 m 되는 곳에 생기도록 하면 된다. [그림 2-105](b)와 같이 무한대에 있는 물체의 상을 눈앞 2 m 앞에 생기게 하는 렌즈는

$$\frac{1}{\infty} - \frac{1}{2} = \frac{1}{f_{lens}}$$

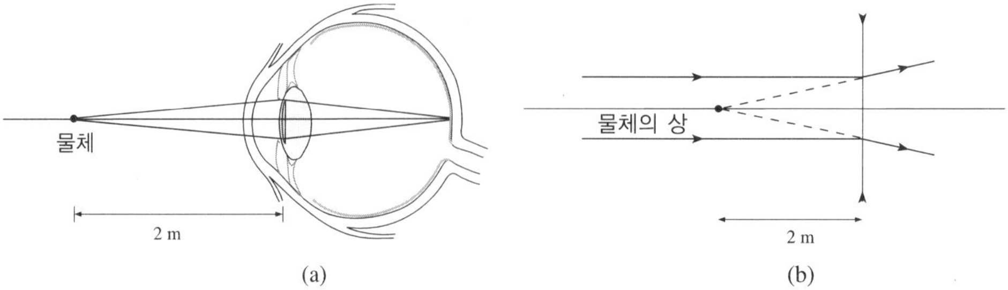

[그림 2-105] 근시안의 보정

에 의해

$$f_{lens} = -2\ \mathrm{m}$$

이다. 여기서 음의 부호는 허초점을 갖는 오목 렌즈임을 의미한다. 즉 근시인 사람은 자신의 원점 거리에 해당하는 초점 거리를 갖는 오목 렌즈를 착용함으로써, 정상적인 눈과 마찬가지로 원점이 무한대로 멀어지게 된다.

원시는 정상적인 눈에 비해 전반적으로 수정체가 얇기 때문에 먼 곳의 물체를 볼 때는 별 어려움이 없다. 그 예로 최대로 멀리 볼 수 있는 지점, 즉 원점은 정상인과 같이 무한대이다. 단, 이때 정상인과 같이 수정체가 최대한 얇아질 필요는 없다. 한편 원시는 수정체가 두꺼워지는 데 어려움이 있으므로 근점은 정상적인 눈에 비해 아주 멀다. 예를 들어 [그림 2-106](a)와 같이 어떤 원시안인 사람의 근점이 1 m라고 하자. 이 사람이 정상적인 눈의 근점인 25 cm에 놓여진 물체를 볼 수 있게 하기 위해선, 물체의 상을 자신의 근점에 생기도록 하면 된다. [그림 2-106](b)와 같이 25 cm에 앞에 놓여진 물체의 상을 눈 앞 1 m 앞에 생기게 하는 렌즈는

$$\frac{1}{25} - \frac{1}{100} = \frac{1}{f_{lens}}$$

에 의해

$$f_{lens} = 33\ \mathrm{cm}$$

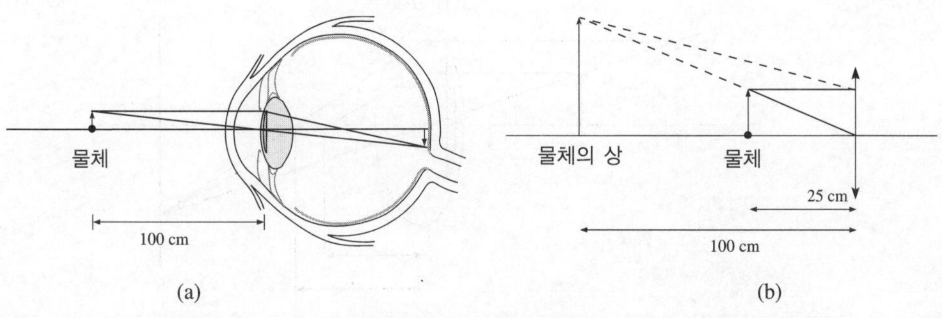

[그림 2-106] 원시안의 보정

이다. 즉 근점이 1 m인 사람은 원시안은 초점 거리 33 cm인 볼록 렌즈를 착용함으로써 정상적인 눈과 마찬가지로 근점이 25 cm로 가까워지게 된다.

(2) 확대경

[그림 2-107]은 초점 거리가 f인 볼록 렌즈에 의해 두 물체 ①, ②의 상이 형성되는 것을 나타낸 것이다. 렌즈의 초점 거리 f는 정해져 있는 값이므로 두 물체의 위치에 따라 물체의 상은 각각 다른 위치에 다른 크기 ①′, ②′로 맺히게 된다.

[그림 2-108]은 [그림 2-107]의 볼록 렌즈 대신에 눈의 수정체가 위치한 것이다. 물체의 위치에 따라 수정체의 초점 거리가 f_1, f_2로 조절되므로 물체의 상 ①′, ②′는 같은 위치(망막)에서 같은 크기로 맺히게 됨을 알 수 있다. 즉

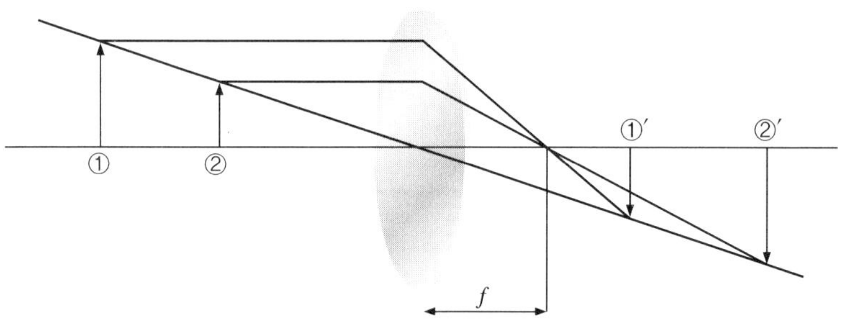

[그림 2-107] 돋보기

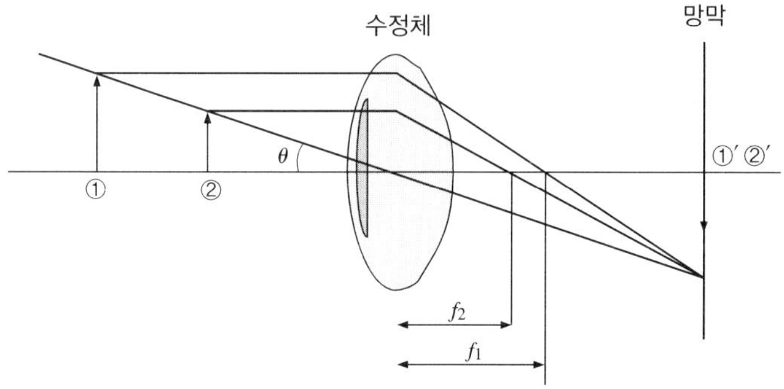

[그림 2-108] 수정체에 의한 상

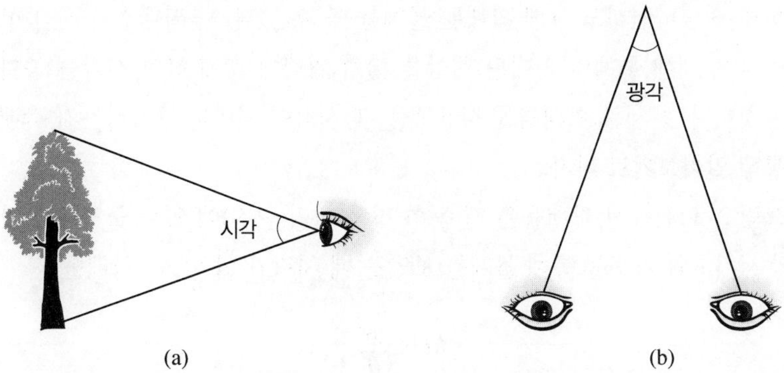

[그림 2-109] 시각과 광각

물체의 크기와 위치가 다르더라도 θ가 같으면 사람은 같은 크기의 물체로 인식하게 된다. 여기서 θ는 [그림 2-109](a)와 같이 물체의 양끝과 눈이 이루는 각도(시각)로 이 시각이 클수록 물체의 크기는 확대되어 보인다. 물체를 자세히 관찰하고자 할 때 물체를 눈 가까이에 가져가는 것은 바로 이 시각을 증가시키기 위해서이다. [그림 2-109](b)는 두 눈과 물체가 이루는 각도인 광각을 나타낸다. 이 광각에 의해 우리는 물체의 원근을 판단할 수 있다. 따라서 한쪽 눈만 가지고는 물체의 크기는 알 수 있어도 원근은 판단할 수는 없다.

우리가 어떤 작은 물체를 본다고 가정하자. 물체를 눈앞에 가까이 가져감으로써 시각이 증가하여 물체를 더 크게 확대해 볼 수 있지만, 물체가 근점보다 더 가까워지면 물체의 또렷한 상은 맺을 수 없다. 이때 [그림 2-110]과 같이 물체와 눈 사이에 볼록 렌즈(확대경)를 놓아 물체의 허상이 근점(D)에 생기도

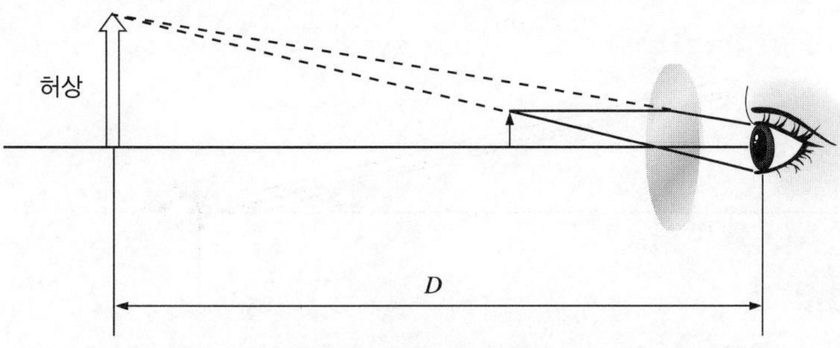

[그림 2-110] 확대경의 원리

록 하면 선명하면서도 크게 확대된 물체를 볼 수 있다. 즉 확대경은 시각이 작은 물체에 대해 물체의 확대된 허상을 명시 거리에 맺게 하여 시각을 증가시키는 것이다. 실제로 확대경을 사용했을 때 시각이 얼마나 증가하는지 각배율을 통해 알아보기로 하자.

[그림 2-111]에서 각배율은 맨 눈이 명시 거리(근점)에 있는 물체를 보았을 때의 시각 θ와 기구를 통해 물체를 보았을 때 시각 θ'의 비, 즉 각배율

$$M = \frac{\theta'}{\theta}$$

로 정의된다.

(a)에서 물체 l을 명시 거리에 두었을 때 시각의 크기 θ는

$$\tan\theta = \frac{l}{D}$$

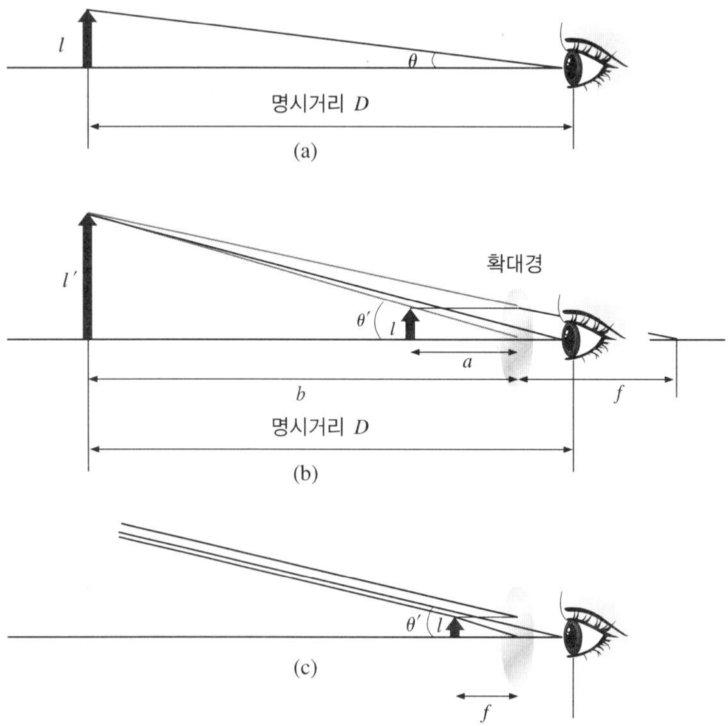

[그림 2-111] 각배율

이고, (b)에서 렌즈를 이용해 물체의 허상 l'을 명시거리에 두었을 때 시각의 크기 θ'은

$$\tan\theta' = \frac{l'}{D}$$

이다. 근축 광선인 경우 $\tan\theta \simeq \theta$와 같이 근사할 수 있으므로 각배율은

$$M = \frac{\tan\theta'}{\tan\theta} = \frac{\theta'}{\theta} = \frac{l'}{l}$$

이다. 이것은 물체의 크기와 상의 크기의 비인 배율

$$M = \frac{l'}{l}$$

과 일치함을 알 수 있다. 이 배율을 각배율과 구분하여 횡배율이라고도 한다. 볼록 렌즈의 초점 거리를 사용하여 각배율을 나타내면,

$$M = \frac{l'}{l} = \frac{b}{a}, \quad \frac{1}{a} - \frac{1}{b} = \frac{1}{f}$$

이므로

$$M = 1 + \frac{b}{f}$$

이다. 여기서 눈과 렌즈 사이의 거리가 아주 가깝다고 하면 $b \simeq D = 25$ cm이므로 각배율로

$$M = 1 + \frac{25}{f}$$

로 나타낼 수 있다. (c)와 같이 물체를 볼록 렌즈의 초점 거리에 두었을 때는 상이 무한대에 생기므로

$$\tan\theta' = \frac{l}{f}$$

이다. 따라서 각배율은

$$M = \frac{\tan\theta'}{\tan\theta} = \frac{D}{f} = \frac{25}{f}$$

이고, 이때 횡배율

$$M = \frac{l'}{l}$$

은 무한대가 된다.

(3) 현미경

현미경은 초점 거리가 짧은 두 개의 볼록 렌즈(대물 렌즈, 접안 렌즈)로 물체를 두 번 확대시키는 확대경이다. [그림 2-112]는 현미경의 원리를 나타낸 것이다. 대물 렌즈의 초점 밖에 작은 물체를 놓아두면 대물 렌즈에 의해 확대된 실상이 형성된다. 그리고 이 확대된 실상이 접안 렌즈에 있어서 물체의 역할을 하게 된다. 즉 실상이 접안 렌즈의 초점에 위치하도록 렌즈를 조절하면 확대경에서와 마찬가지로 확대된 허상이 무한대에 맺히게 된다. 따라서 최종적으로 확대된 시각은 θ이고, 현미경의 각배율은 $\frac{25}{f_e}$이다. 여기서 $\frac{L}{f_0}$을 대입하면 현미경의 각배율은 $\frac{L}{f_0} \cdot \frac{25}{f_e}$로 나타낼 수 있다.

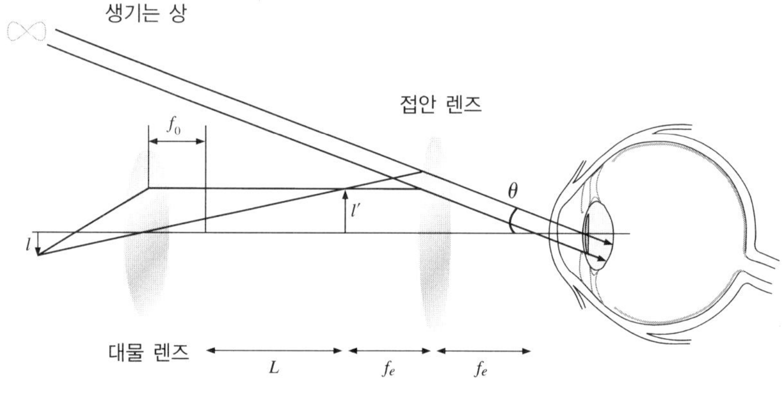

[그림 2-112] 현미경의 원리

(4) 망원경

망원경은 렌즈와 거울의 여러 조합에 의해 그 형태와 크기가 다양하지만 크게 굴절 망원경과 반사 망원경으로 나눌 수 있다. 여기서는 굴절 망원경 중에서도 두 개의 볼록 렌즈(대물 렌즈, 접안 렌즈)로 이루어진 케플러식 망원경에 대해 다루기로 한다.

[그림 2-113]은 케플러식 망원경의 원리를 나타낸 것이다. 먼 거리에 있는 물체로부터 거의 평행한 광이 광축과 θ_1의 각을 이루면서 대물 렌즈에 입사한다. 초점 거리가 긴 대물 렌즈에 의해 물체의 실상 l'은 대물 렌즈 초점에 맺히고 이 실상은 접안 렌즈의 물체로 작용한다. 현미경에서와 마찬가지로 접안 렌즈의 초점을 이 위치에 일치시키게 되면 θ_2의 시각을 가진 확대된 허상이 무한대에 맺히게 된다.

망원경은 확대경이나 현미경과는 달리 물체를 명시 거리에 가져올 수 없는 상황이므로, 망원경에서의 각배율은 맨 눈이 먼 위치에 있는 물체를 보았을 때의 시각과 망원경을 통해 물체를 보았을 때의 시각의 비로 정의한다. [그림 2-113]에서 맨 눈이 먼 위치에 있는 물체를 보았을 때의 시각이

$$\theta_1 \simeq \frac{l'}{f_0}$$

이고, 접안 렌즈를 통해 물체를 보았을 때의 시각이

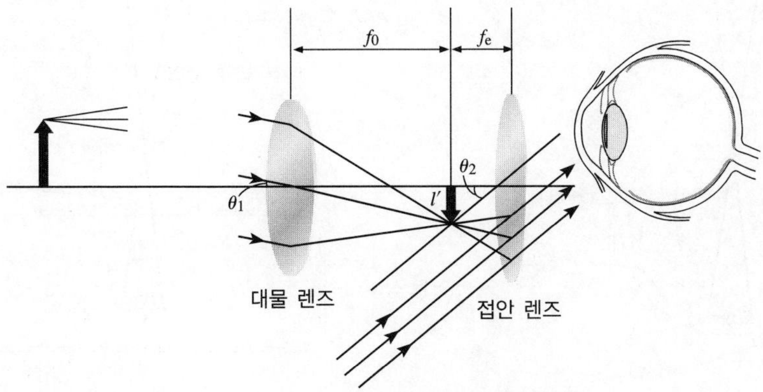

[그림 2-113] 망원경의 원리

$$\theta_2 \simeq \frac{l'}{f_e}$$

이므로 각배율은

$$M = \frac{\theta_2}{\theta_1} = \frac{f_0}{f_e}$$

로 나타낼 수 있다.

(5) 사진기

사진기는 사람들에 의해 가장 보편적으로 사용되는 광학기기 중의 하나로, [그림 2-114]와 같이 사람의 눈과 유사한 구조로 되어있다. 현대 사진기의 원형이 되는 것은 작은 구멍이 뚫려 있는 어둠 상자로서 일명 바늘 구멍 사진기라고 한다. [그림 2-115]를 바늘 구멍 사진기의 작동 원리를 나타낸 것이다. 물체의 한 지점으로부터 여러 방향으로 반사되는 광선 중에서 구멍을 통과하는 광선에 의해 어둠 상자 한 면에 물체의 상이 맺히게 된다. 이때 구멍의 크

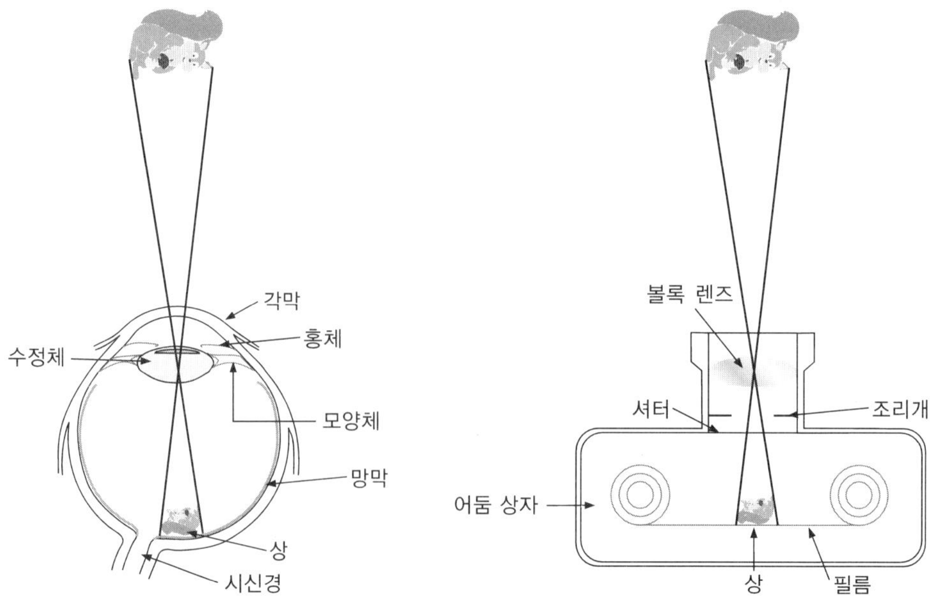

[그림 2-114] 눈과 사진기

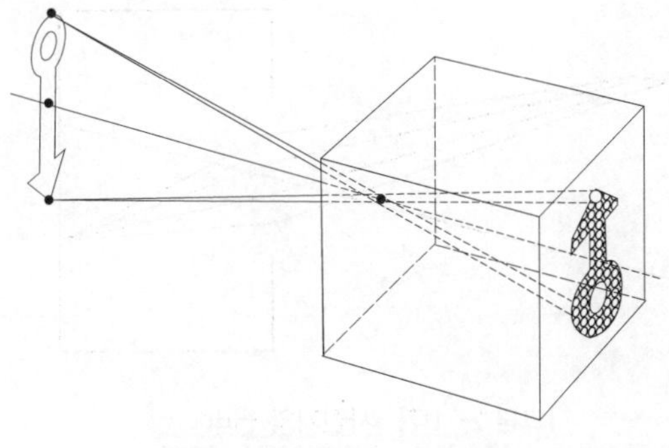

[그림 2-115] 바늘 구멍 사진기의 원리

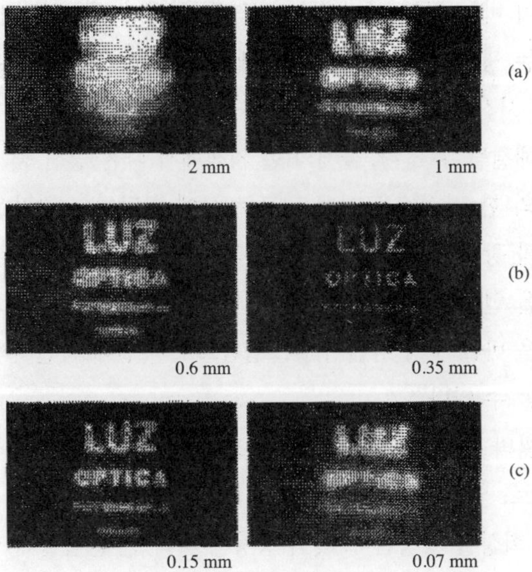

[그림 2-116] 바늘 구멍의 크기와 선명도

기와 상이 맺히는 면 사이의 거리는 선명한 상을 맺는 데 중요한 역할을 한다. [그림 2-116]은 구멍의 크기에 따른 상의 선명도를 비교한 것이다. (a)는 구멍이 비교적 큰 경우로 물체의 서로 다른 부분에서 나온 빛들이 한 지점에서 중첩되기 때문에 또렷한 상을 맺을 수 없다. 한편 (c)는 구멍이 비교적 작은 경우인데, 구멍이 너무 작을 경우에는 회절 현상(빛이 퍼져나가는 현상)에 의해 역시 상이 흐려지게 된다. 경험적으로 볼 때, 구멍과 상이 맺히는 면 사이의 거

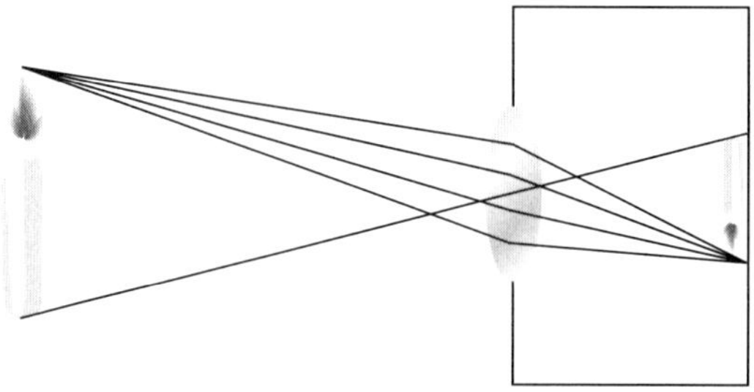

[그림 2-117] 사진기의 원리

리가 0.25 m인 경우 0.5 mm 직경의 구멍이 가장 선명한 상을 맺는다.

이와 같이 바늘 구멍 사진기는 그 작동 원리가 간단하지만 작은 구멍을 통해 입사하는 광량이 극히 작기 때문에 필름과 같은 감광판 위에 상이 형성되는 데 많은 시간이 걸리게 된다. 이러한 문제점은 [그림 2-117]과 같이 렌즈를 이용하여 해결될 수 있다. 물체의 한 지점에서 나온 광선 중 렌즈를 통과한 광선은 필름의 한 지점에 모이게 되므로 상에 도달하는 광량은 크게 증가된다. 뿐만 아니라 광선들이 한 지점에 모여지게 됨으로써 바늘 구멍 사진기에 비해 또렷한 상을 얻을 수 있다. 이와 같이 사람 눈의 수정체와 망막에 해당하는 렌즈와 필름을 바늘 구멍 사진기에 도입함으로써 현대 사진기의 기본 틀이 갖추어졌다고 볼 수 있다.

필름은 빛의 작용에 의해 화학적 변화를 일으키는 은 혼합물을 박막 형태로 입힌 것으로, 빛에 노출된 부분이 검정색 금속 은으로 환원되어 네거티브(negative) 화상을 형성한다. 빛의 광량에 따라 은 혼합물이 화학 변화를 일으키는 정도를 필름의 감도라고 하는데, 현재 시판되고 있는 필름에서는 [표 2-4]와 같이 ISO 100/21°, 200/24°, 400/27° 등으로 표기되어있다.

[표 2-4] 필름의 감도

감도	규격	적용 대상(셔터속도)	해상성	색 재현성
저감도	ISO 25, 50, 64	고정물체, 정물, 풍경	우수	우수
중감도	ISO 100, 200, 400	일반촬영	보통	보통
고감도	ISO 800, 1600, 3200	스포츠 사진, 실내, 빛 부족장소	다소 저하	다소 불안
초 고감도	ISO 6400	셔터의 빠른속도를 얻고자 할 때	불량	불량

ISO(International Standards Organization)는 국제 표준화 기구의 머리글자로서 ISO 100보다 200은 감도가 2배, 400은 감도가 4배이다. 참고로 21°, 24°, 27° 독일 표준 협약(Deutsche Industrie Norm: DIN)에 따른 표시이다. 디지털 카메라에서 필름 역할은 CCD(Charge Coupled Device)가 한다. CCD는 광신호를 전기적 신호로 바꾸어주는 화소(pixel)라 불리는 작은 소자들의 집합체이다.

특정한 필름을 선택하여 물체의 상이 형성되는 지점에 위치시킨다고 하더라도 렌즈를 통과하는 광량을 적절히 조절하지 않으면 선명한 사진을 얻을 수 없다. 즉 필름의 위치뿐만 아니라 필름에 도달되는 빛의 양도 사진의 선명도를 좌우하는 중요한 변수가 된다. 이것은 물체로부터 너무 많은 양의 빛이 눈으로 입사하거나 반대로 너무 작은 양의 빛이 입사할 때, 물체를 또렷이 볼 수 없는 것과 마찬가지 원리이다.

필름에 도달되는 광량은 사람의 눈에 있어서 눈꺼풀과 홍채에 해당하는 셔터와 조리개에 의해 조절된다. 렌즈가 열려 있는 시간을 조절하는 셔터는 [그림 2-118]과 같이 15, 30, 60, 125, 250 등의 수치가 적혀 있는 셔터 다이얼로 조절할 수 있으며, 수치의 역수에 해당되는 시간 예를 들어 250의 수치에 맞추게 되면 1/250초 동안만 셔터가 열리게 된다. 조리개는 [그림 2-119](a)와 같이 1, 1.4, 2, 2.8, 4, 5.6, 8, 11, 16, 22의 수치가 적혀 있는 링에 의해 조절할 수 있다. 이 수치는 우리가 사진기에서 흔히 말하는 f 수(number)이다. f 수는 렌즈의 초점 거리 f와 조리개의 직경 D의 비

[그림 2-118] 셔터 속도 다이얼

(a)

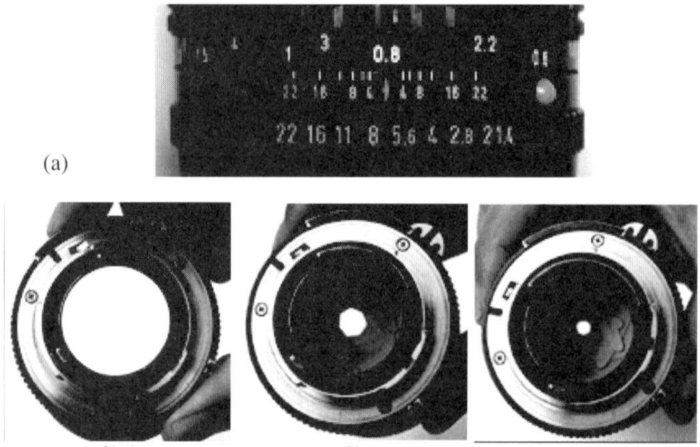

(b) f1.4 f8 f16

[그림 2-119] 조리개

$$\frac{f}{D}$$

로 정의된다.

따라서 [그림 2-119](b)와 같이 열려 있는 조리개의 직경에 따라 렌즈를 통과해 가는 광량이 적을 수록 f 수는 커지게 된다.

f 수와 필름에 도달되는 광량 사이의 관계를 좀 더 자세히 알아보도록 하자. 단위 시간당, 단위 면적당 필름에 도달되는 광량 E는 조리개의 면적을 상의 면적으로 나눈 값에 비례한다. 따라서 물체 상의 직경을 d로 표시하면 광량 E는

$$E \propto \frac{D^2}{d^2}$$

이다. 상의 크기 d는 렌즈로부터 상까지의 거리가 길수록 커지고, 이 거리는 렌즈 공식

$$\frac{1}{b} = \frac{1}{f} - \frac{1}{a}$$

로부터 물체의 위치 a가 고정되어 있을 때, 렌즈의 초점 거리 f에 비례한다. 즉 $a \propto b \propto f$이다. 결과적으로 단위 시간당, 단위 면적당 상에 도달되는 광량은

[표 2-5] f수와 광량

f수	$(f 수)^2$	E
1	1	E_0
$1.4(\sqrt{2})$	2	$E_0/2$
2	4	$E_0/4$
$2.8(\sqrt{2^3})$	8	$E_0/8$
4	16	$E_0/16$
$5.6(\sqrt{2^5})$	32	$E_0/32$
8	64	$E_0/64$
$11(\sqrt{2^7})$	128	$E_0/128$
16	256	$E_0/256$
$22(\sqrt{2^9})$	512	$E_0/512$

$$E \propto \left(\frac{D}{f}\right)^2$$

로, f수인

$$\left(\frac{f}{D}\right)^2$$

의 제곱에 역비례한다. [표 2-5]는 f 수에 따른 광량의 상대적인 크기를 나타낸 것이다.

필름에 도달되는 광량은 f 수의 제곱에 반비례하는 E와 셔터가 열려 있는 시간을 곱한 값이므로, 거의 같은 광량을 필름에 노출시키는 f 수와 셔터 속도 조합이 여러 개 가능하다는 것을 알 수 있다. 예를 들어, f 수 11과 셔터 속도 30의 조합과 f 수 4와 셔터 속도 250의 조합은 거의 같은 광량을 필름에 노출시킨다. 여기서 어떤 조합을 사용할 것인가 하는 것은 어떤 종류의 사진을 원하느냐에 따라 달라진다. 예를 들어 같은 자를 찍을 때 [그림 2-120](a)와 같이 자의 글자 4근처만 선명하게 보이는 경우가 심도가 얕다고 말하고 (b)와 같이 전체가 선명하게 보이게 하려면 조리개의 직경이 작은 즉, f 수가 큰 조합이 적당하다. (b)는 (a)에 비해 심도(depth of field)가 깊다고 표현하는데, 심도는

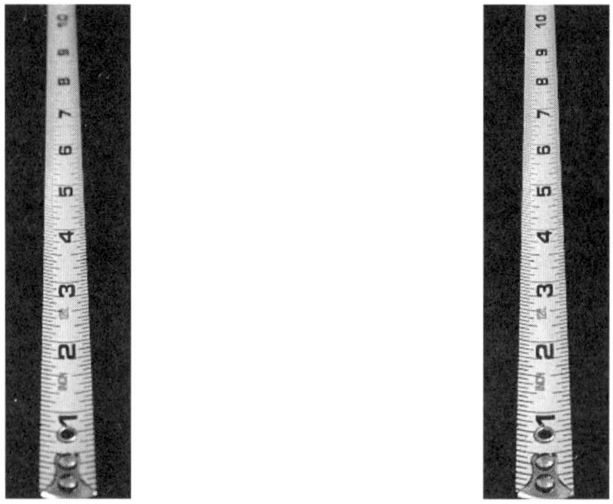

(a) (b)

[그림 2-120] 심도의 비교

물체(피사체) 앞뒤로 어느 정도 선명한 상을 맺을 수 있는 폭을 말한다. 즉 (a)는 글자 4를 중심으로 선명한 상을 맺을 수 있는 폭이 좁은 것이고 (b)는 폭이 넓은 것이다.

[그림 2-121]은 심도의 의미를 정성적으로 설명한 것이다. 필름은 ①번 물체(피사체)의 상이 맺히는 지점에 위치하고 있다. 따라서 ②번 물체의 상은 필름 위에서 어느 정도 퍼진 상태로 맺히게 된다. ①번 물체에 비해서 ②번 물체의 상은 선명하지 못하지만 눈으로 볼 때 이 정도의 상의 퍼짐까지는 물체가 선명하게 보인다고 가정하자. 이때 ①번 물체로부터 ②번 물체까지의 거리가

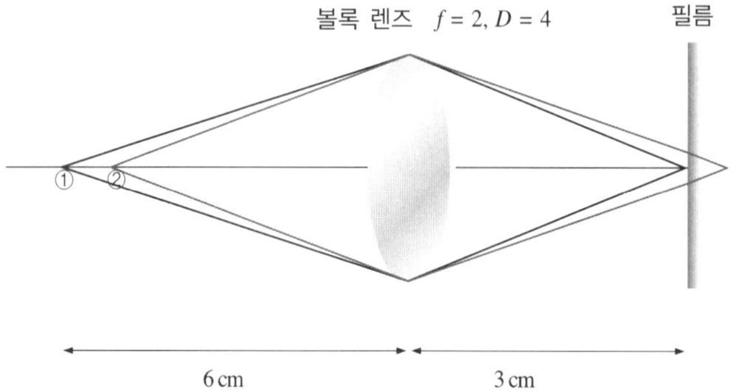

[그림 2-121] 심도의 범위

피사체 앞쪽의 심도에 해당된다. 물론 이와 같은 심도는 렌즈로부터 ①번 물체 뒤쪽에 위치해 있는 물체에 대해서도 성립하지만 복잡성을 피하기 위해 그림에서는 생략하였다.

심도는 조리개의 직경, 렌즈의 초점 거리, 물체의 위치에 따라 달라지는데, [그림 2-122]는 세 변인과 심도 사이의 관계를 정성적으로 나타낸 것이다. (a)는 [그림 2-121]과 똑같은 상황에서 조리개의 직경만 2배로 늘린 경우이다. 물체 ③의 상은 [그림 2-121]의 ②와 같은 정도의 퍼짐을 갖고 필름에 맺히지

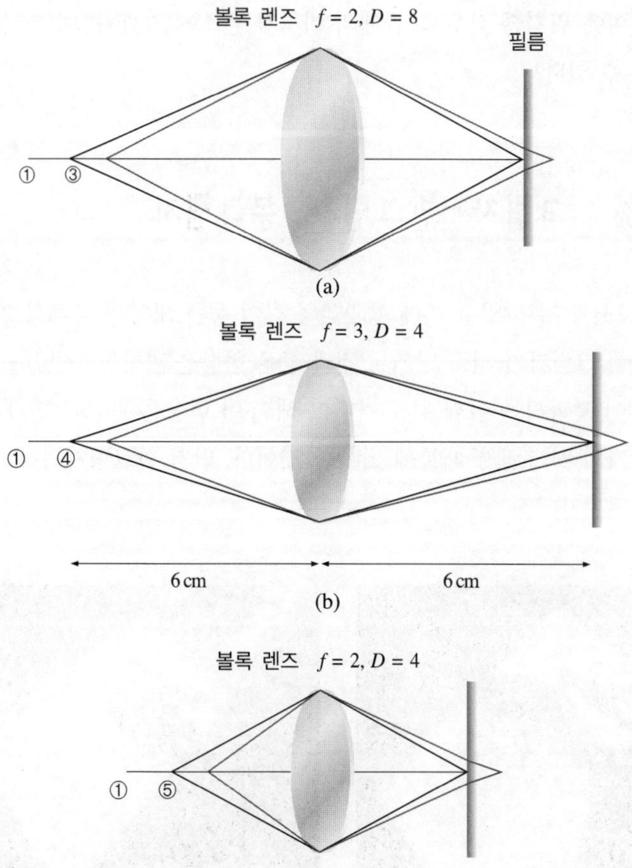

[그림 2-122] 심도의 변인

만, 물체 ①과 떨어져 있는 거리는 (a)에 비해 훨씬 짧다는 것을 알 수 있다. 즉 조리개의 직경이 커질수록 사진의 심도는 얕아지게 된다. (b)는 [그림 2-121]의 상황에서 렌즈의 초점 거리를 길게 한 경우이다. 물체 ①과 ④ 사이의 거리, 즉 심도는 초점 거리가 길수록 얕아진다는 것을 알 수 있다. 일반적으로 사진기에는 초점 거리가 약 50 mm인 표준 렌즈가 많이 사용되지만, 초점 거리가 긴 망원 렌즈를 사용하면 먼 곳에 있는 물체를 심도가 얕게 확대해 찍을 수 있다. 반대로 초점 거리가 짧은 광각 렌즈(wide angle lens)를 사용하면 넓은 시야의 물체를 심도 깊게 찍을 수 있다. (c)는 [그림 2-121]에 비해 물체가 렌즈 가까이에 위치한 경우로, 물체의 위치가 렌즈에 가까워질수록 심도가 얕아짐을 알 수 있다.

2-5 그림자-반그림자, 본그림자

[그림 2-123]과 같이 얼굴 쪽에 꽹과리와 같이 둥근 모양의 물체를 가까이 가져가면 마치 그림자가 서로 당기는 것과 같은 현상을 관찰할 수 있다. [그림 2-124]와 같이 꽹과리를 어깨 위로 가까이 해도 이 현상은 관찰이 된다. 이 현상은 반그림자와 본그림자 때문에 발생한 것이다. 먼저 반그림자와 본그림자에 대하여 살펴보자.

[그림 2-123] 꽹과리와 어깨의 그림자 붙은 모습

[그림 2-124] 꽹과리와 얼굴의 그림자 붙은 모습

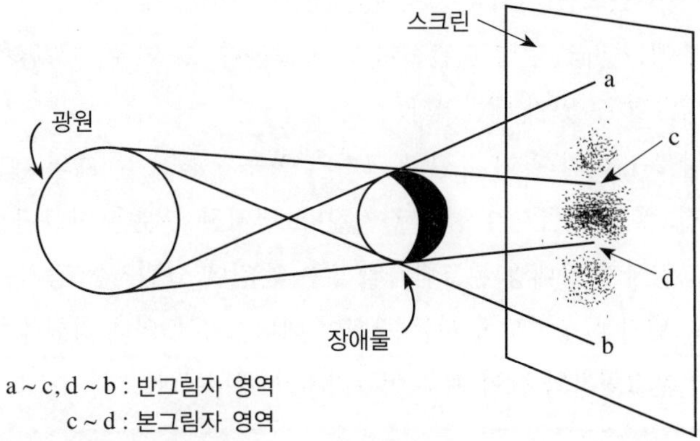

[그림 2-125] 반그림자와 본그림자

물체보다 큰 크기를 가지고 있는 광원과 물체가 [그림 2-125]와 같이 배치되었을 때 스크린 상에는 안쪽은 진하고 가장자리 부근은 조금 흐린 그림자가 생긴다. 완전히 어두운 부분을 본그림자라 하고, 비교적 덜 어두운 부분을 반그림자라 한다. 반그림자가 생기는 이유는 광원에서 물체 뒤쪽, 즉 사각으로 들어가는 광선들이 있기 때문이다. 따라서 광원의 크기가 물체보다 작고 물체

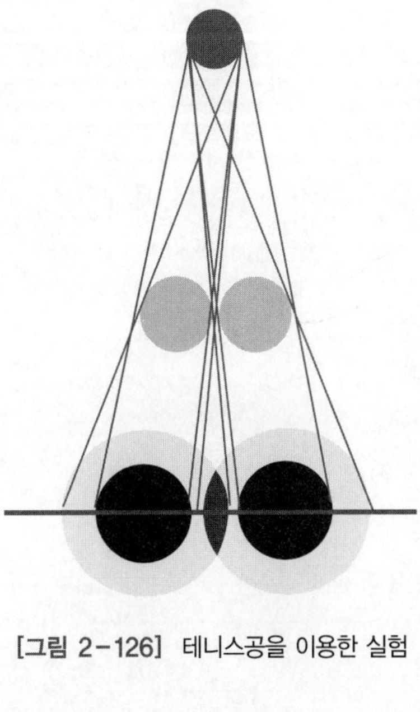

[그림 2-126] 테니스공을 이용한 실험

와 가까이 있으면 거의 본그림자만 생길 것이다. 레이저 광을 광원으로 이용한 경우에는 위의 현상은 관찰이 되지 않는다. 그 이유는 광원을 거의 점광원으로 생각할 수 있기 때문이다.

[그림 2-126]과 같이 유한한 크기의 전등을 놓고 두 개의 테니스공을 가까이 하면, 두 반그림자가 점점 겹쳐진다. 겹쳐진 부분은 반그림자보다 진하다. 한 반그림자가 상대방 본그림자와 닿는 순간에 그림자는 당기는 것처럼 보인다. 반그림자를 생기도록 하는 광선이 테니스공에 의해 막힘에 따라 반그림자 부분이 본그림자와 같이 매우 어두워지기 때문이다.

Chapter 03

색의 신비와 입체 영상

아래의 아름다운 사진을 보면서 무지개, 파란 하늘, 폭포의 흰색, 강물의 색 등 다양한 색의 원인을 다 설명할 수 있으면 아마도 광학에 대하여 상당한 수준으로 이해하고 있다고 할 수 있다. 색의 원인에 대하여 알아보기 이전에 사람이 어떻게 색을 인식하는지 그 원리에 대하여 먼저 살펴보고자 한다. 최근에 사람들은 컬러폰, 컬러영상 등 거의 모든 영역에서 컬러를 요구하고 있다. 동시에 영상을 2차원에서 3차원으로 요구하는 시대에 접어들고 있어 조만간 컬러 입체 영상의 시대가 도래할 것이다. 이 장에서는 색의 원리와 입체 영상의 원리에 대하여 알아보자.

[그림 3-1] 다양한 원인들에 의해 보이는 색

3-1 색 이론

물체의 색은 광원에서 나온 빛이 물체에 부딪힌 후에 산란되어 우리 눈에 들어오고, 들어온 전자기파의 파장에 따른 시각 세포의 흥분 및 뇌의 인식에 의하여 결정된다. 그만큼 색의 인식은 복잡한 과정을 거쳐 이루어진다. 우리 교육과정에서는 이 모든 내용을 함께 다루지 않고 따로 떼어서 물리, 생물, 미술 등의 과목에서 해당 영역만 다루기 때문에 학생들은 색에 관한 많은 오개념을 가지게 되었다.

(1) 색 이론

1) 빛의 삼원색

색의 결정은 눈에 들어온 전자기파가 어느 시세포를 흥분시키느냐에 따라 결정된다. [그림 3-2]와 같이 망막에는 빛이 들어오면 반응하게 되는 시세포들이 분포하여 있는데, 시세포는 전자기파의 파장에 따라 반응을 달리하는 원추세포와 전자기파의 세기, 즉 밝기에 따라 반응 정도가 다른 간상세포들로 이루어져 있다. 따라서 색의 결정은 원추세포에 의해서 이루어지고 물체의 명암은 간상세포에 의해서 이루어진다.

원추세포는 파장에 따라 반응을 달리하는 3종류가 있는데 파장에 따른 반응

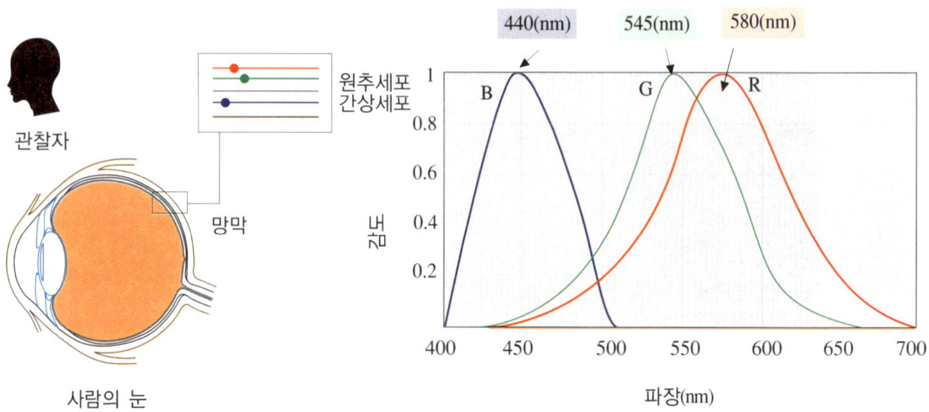

[그림 3-2] 원추세포와 세포에 따른 반응 감도

곡선을 보면 [그림 3-2]와 같다. 3종류의 원추세포는 각각 440 nm, 545 nm, 580 nm 근처에서 최대의 감도를 갖기 때문에 각각을 B(Blue), G(Green), R(Red) 원추세포라 한다. 왜 RGB를 빛의 삼원색이라고 하는지 짐작할 수 있을 것이다. 각 곡선을 보면 알 수 있는 것처럼 꽤 넓은 영역에 걸쳐 각 원추세포는 반응을 하고 있을 알 수 있다. 예를 들어 G 원추세포는 420 nm에서 650 nm까지의 빛이 들어오면 반응한다. 물론 545 nm의 파장의 빛에 대해서 감도가 가장 뛰어나다. RGB의 원추세포들의 반응을 모두 종합하여 보면 원추세포들이 반응하는 영역이 400 nm에서 700 nm까지임을 알 수 있고 따라서 이 영역을 가시광선 영역이라고 한다. 그렇다면 사람은 RGB, 즉 세 가지 색만 인식해야 되는 것 아닌가?

그렇지 않다. 색의 결정은 이제 세 가지 원추세포가 얼마나 흥분했느냐에 따라 전기 신호의 크기가 달라지고 뇌에서는 이들 전기 신호들을 종합하여 색을 판정하게 된다. 비록 세 종류의 원추세포만으로 신호를 측정하지만 뇌에서는 보다 다양하게 색을 결정하게 된다. 그 결과 [그림 3-3]과 같이 단색의 전자기파가 눈에 들어왔을 때 파장에 따라 다른 색을 인식하게 되는 것이다. 우리가 흔히 말하는 빨주노초파남보, 즉 무지개색이다.

따라서 재미있는 현상이 발생한다. 예를 들어 노란색은 어떻게 만들 수 있는가? 대표적으로 두 가지 방법을 들 수 있다. 하나는 파장이 570 nm인 단색광

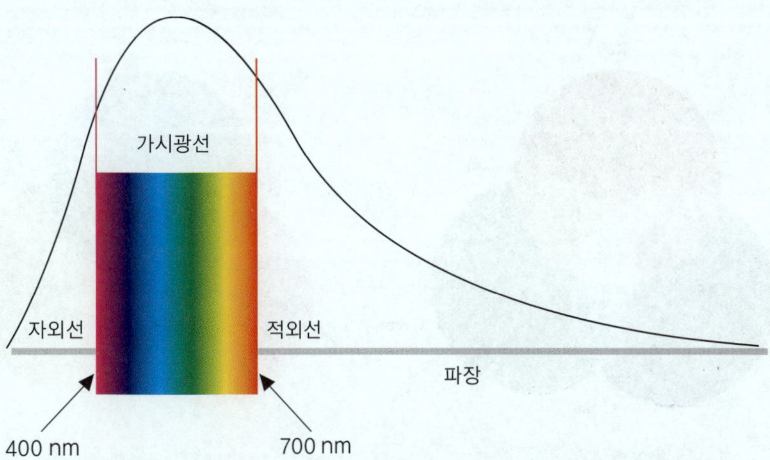

[그림 3-3] 파장에 따른 색 분류

을 만드는 것이다. 일상에서 이 파장에 가장 가까운 것이 가로등으로 사용되는 나트륨등에서 나오는 빛으로 파장이 약 589 nm이다. 파장이 570 nm인 단색광이 눈에 들어오게 되면 [그림 3-2]에서 R과 G 세포가 거의 같은 감도로 반응함을 알 수 있다. 이와 같이 R과 G에서 같은 세기의 전기 신호가 만들어지면 뇌는 노란색으로 판정하는 것이다. 두 번째 방법은 600 nm의 단색광과 530 nm의 단색광이 함께 우리 눈에 들어오는 경우이다. 이번에도 R과 G 세포는 거의 같은 크기의 전기 신호를 발생시킬 것이다. 따라서 우리 뇌는 노란색으로 인식하게 되는 것이다. 혹자는 순수한 노란색에 해당하는 단색광은 없다고 하는데 우리가 무지개를 보면 노란색이 엄연히 있는 것을 볼 때 이것은 오개념임을 알 수 있다. 이제 빛의 혼합에 대하여 말할 단계에 이른 것 같다.

학생들은 빛의 혼합 원리를 잘 이해하지 못하고 빛의 삼원색과 색의 삼원색을 거의 외우다시피 한다. 다음 [그림 3-4]는 빛의 삼원색과 색의 삼원색을 나타내는 잘 알려진 그림이다.

어떻게 해서 이와 같은 그림이 가능할까? 앞서 배운 눈과 뇌의 역할에 대한 이해를 했으니까 쉽게 이해할 수 있다. 기본적으로 빛의 삼원색은 우리 눈에 들어오는 파장에 의하여 결정된다. 원추세포가 RGB 세 종류로 되어 있으니까 빛의 삼원색도 RGB이다. 즉 빨간색의 단색광이 눈에 들어오면 주로 R 원추세포가 반응을 하고 뇌는 빨간색으로 인식하게 된다. 빨강과 파랑에 해당하

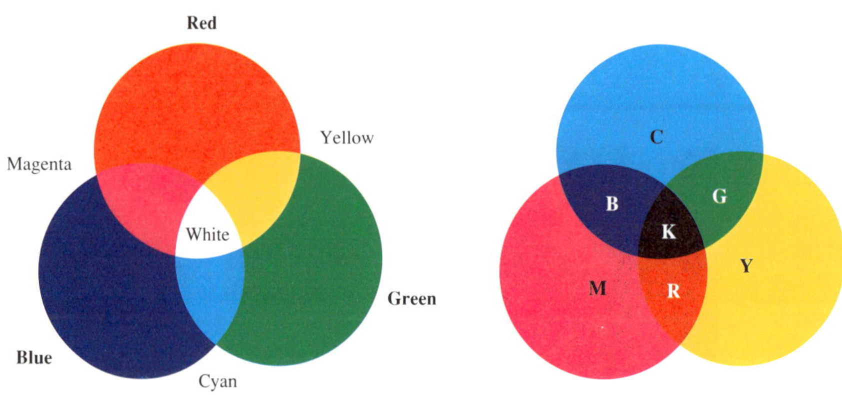

(a) 빛의 삼원색과 혼합 (b) 색의 삼원색과 혼합

[그림 3-4] 빛의 혼합과 물감의 혼합

는 단색광들이 함께 눈으로 들어오면 뇌는 마젠타색으로 인식하게 된다. 초록과 파란색의 빛이 들어오면 사이언색으로 인식하게 될 것이다. 마젠타(Magenta)와 사이언(Cyan)이라는 용어를 원어 그대로 사용하기를 권장한다. 한글로 번역하여 학생들에게 전하면 학생들은 교사가 의미하는 색을 생각하는 것이 아니라 다른 색을 머리에 떠올리기 때문이다. 빨강, 파랑, 초록 3가지 파장 영역의 빛이 함께 들어오면 3종류의 원추세포들이 모두 반응을 하기 때문에 우리 뇌는 흰색으로 인식하게 될 것이다. 물론 빨주노초파남보 모든 가시광선 영역의 파장을 갖는 단색광들이 합하여져도 흰색이 될 것이다. 우리가 밖에 나가 태양광을 흰 종이 위에 비추면 희게 보이는 것이 이 때문이다. 즉 태양은 무지개색에 해당하는 모든 종류의 파장의 빛을 다 발생시키기 때문이다. 그렇다면 노랑과 파랑에 해당하는 2개의 단색광들이 우리 눈에 들어오면 어떻게 뇌는 인식할 것인가에 대하여 생각해 보자. 물론 흰색으로 인식할 것이다. 그 이유는 노랑에 의해 R 세포와 G 세포가 흥분을 할 것이고 파랑에 대하여 B 세포가 반응을 할 것이기 때문에 3종류의 원추세포들이 다시 반응을 하게 된다. 결론적으로 빛의 혼합에 의한 색의 결정은 가법 혼합에 의하여 결정됨을 알 수 있다. 혼합될수록 반응하는 원추세포들이 증가하기 때문이다. 여기서 한 가지 주의해야 할 점은 마젠타와 사이언은 단일 파장으로 만들 수 없다는 것이다. 노랑은 단일 파장으로 가능하나 이들은 불가능하다.

[그림 3-5]는 빛의 혼합에 대하여 좀 더 이해를 깊게 하기 위한 것이다. 왼쪽

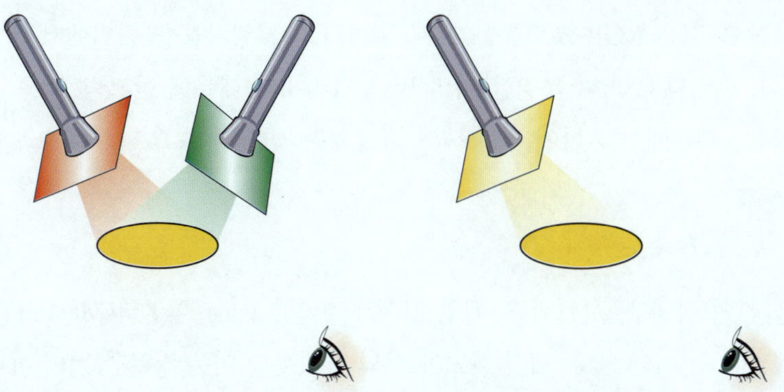

[그림 3-5] 혼합 노란색 빛과 순수 노란색 빛의 유사점

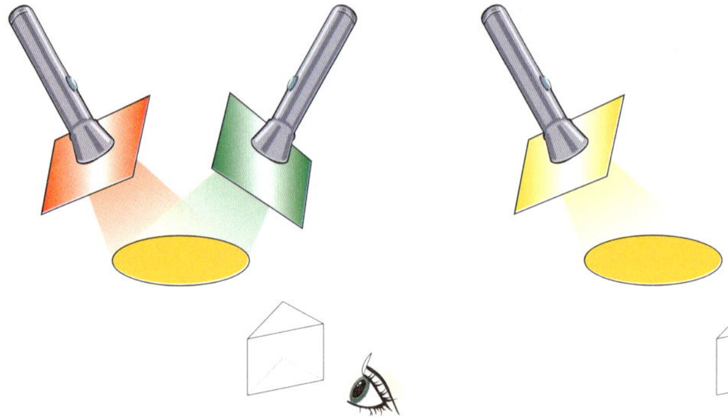

[그림 3-6] 혼합 노란색 빛과 순수 노란색 빛의 차이점

은 빨강과 초록 필터를 통과한 빛을 흰 종이에 비추었을 때 사람이 노란색으로 인식하는 과정을 보여주고 있고, 오른쪽은 노란색 필터를 통과한 빛을 흰 종이에 비추었을 때 역시 노란색으로 보이는 것을 나타낸다. 두 노란색은 아무런 차이가 없는가?

두 종이가 노란색으로 보이는 면에서는 같을지는 모르나, [그림 3-6]과 같이 종이에 의해 반사된 빛을 프리즘을 통하여 보면 왼쪽의 경우는 빨간색과 초록색 빛으로 나눠 보일 것이고, 오른쪽의 경우는 그대로 노란색 빛으로 보일 것이다. 전자기파가 종이에서 산란되면서 진동수, 즉 파장이 바뀌지 않기 때문에 이러한 결과가 발생한다. 두 차이를 잘 이해하면 빛의 혼합은 문제가 없을 것이다.

[그림 3-7]은 RGB 조명등을 켜서 손바닥의 그림자들을 벽면에서 살펴본 것이다. 손바닥에 의해 특별한 색의 빛이 가려지기 때문에 반그림자, 즉 빛이 혼합되는 부분에서 혼합에 의한 색이 결정되는 것을 볼 수 있다.

(2) 색(물감)의 삼원색

색(물감)의 삼원색은 [그림 3-4]와 같이 사이언(Cyan), 마젠타(Magenta), 옐로우(Yellow)이다. 많은 책이 빨노파로 되어 있는데 이는 정확한 것이 아니다. 색의 삼원색은 물감의 삼원색이라고 하는 것이 더 좋겠다. 우리는 물감을 섞

[그림 3-7] 빛의 혼합에 의하여 다양한 색이 결정되는 손 그림자

어 다양한 색을 나타내기 때문이다. 노란색 물감은 어떻게 해서 노랗게 보일까? 노란색 물감이 노랗게 보이기 위해서는 물론 백색광, 즉 빨주노초파남보의 모든 가시광선 파장의 빛이 비추어졌을 때 가능하다. 노란색 물감이 파랑색 영역의 빛들은 거의 흡수하고 빨간색과 초록색 영역의 빛을 반사하여 우리 눈에 들어오면 앞서 살펴본 것과 같이 우리 눈은 노란색으로 인식하게 된다. 노란색이 되기 위해서는 백색광에서 파란색 부분이 빠졌다고 말할 수 있는 것이다. 가끔은 노란색만 반사하는 물감도 있지만 생활에서 보는 대다수의 물감은 노랑을 포함하여 빨강과 초록 영역에 해당하는 파장의 빛을 반사시킨다.

사이언색의 물감과 노란색의 물감을 섞은 경우를 생각해 보자. 노란색 물감은 파랑색 영역의 빛을 흡수하고 사이언색 물감은 빨간색 영역의 빛을 흡수함을 [그림 3-4](a)에서 알 수 있다. 그렇다면 흡수되지 않고 남아 있는, 즉 반사되는 빛은 어느 영역인가? 초록색 영역의 빛이 반사됨을 알 수 있다. 따라서 노란색 물감과 사이언색 물감을 섞게 되면 초록색으로 보이는 것이다. 이는 [그림 3-4](b)에서 확인할 수 있다. 물감을 섞었을 때 색의 결정은 어느 영역의 색이 물감에 의해 흡수되어 빠져나가는가를 생각하기 때문에 색의 혼합을 감법 혼합이라고 한다. 물감은 정해진 파장대의 빛을 흡수하기 때문이다. 잉크젯 프린터용 컬러 잉크는 물감의 삼원색을 보여주기 위한 아주 좋은 보기이다. 잉크가 매우 진하기 때문에 물을 담은 비이커에서 희석하여 삼원색을 보여주고, 이들을 혼합하여 색이 달라지는 것을 학생들에게 꼭 보여 주기 바란다.

(3) 발광체를 이용하여 색을 표시하는 방법[1)]

앞에서 언급한 바와 같이 빛의 근본적인 컬러는 Red, Green, Blue 3가지 색상이다. 즉 가시광선 내의 수많은 컬러들은 이 3가지의 컬러의 조합에 의해 나타나는 색상의 조합이라 할 수 있다. 컴퓨터 모니터와 같이 방출하는 빛을 이용하여 색을 나타내고자 할 때는 RGB에 해당하는 빛의 세기를 적절하게 혼합함으로써 가능하다. 그러므로 모니터에서 이미지의 컬러를 조절한다는 것은 상기의 3가지 색상을 조절한다는 의미이다. [그림 3-8]은 LCD 모니터를 흰색이 나오도록 하여 확대하여 찍은 사진이다. 매우 작은 RGB 색들이 고루 섞여 있음을 볼 수 있다.

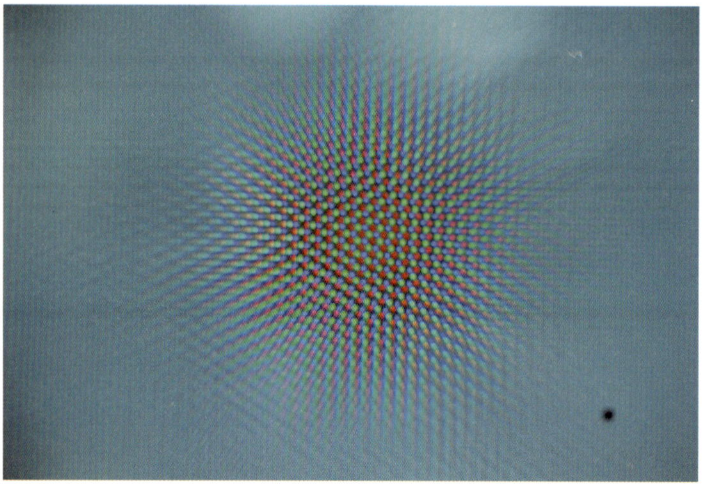

[그림 3-8] LCD 모니터가 흰색일 때 찍은 사진

1) 학자들에 따라 객관적인 현상에 대한 생각은 개념, 주관적인 현상에 대한 생각은 구성 개념(construct)이란 말로 구분하기도 한다.

(4) 컬러 프린팅

컬러로 인쇄된 사진이나 컬러 프린터로 인쇄된 용지는 스스로 빛을 방출하는 것이 아니라 조명, 즉 태양과 같은 백색 조명 아래에서 제대로 된 색을 볼 수 있다. 즉 빛의 삼원색에 의해 재현된 컬러를 옷감이나 어떤 출력물에 똑같이 컬러로 재현하려면, 채색이 가능한 물감이나 잉크가 필요하다. 이는 사이언(Cyan), 마젠타(Magenta), 옐로우(Yellow)의 3가지 컬러 염료(잉크)를 사용함으로써 가능하다.

[그림 3-9]는 세 가지 색의 염료를 이용하여 프린팅하였을 때의 결과이다. 염료가 겹치는 것에 따라 감법 혼합에 의해 색이 결정되는 것을 볼 수 있다. 이러한 염료를 이용한 색의 표현의 특성은 서로 혼합될수록 흡수가 증가하기 때문에 색상이 탁해지는 특성을 가지고 있다. 3가지의 염료를 모두 혼합할 경우 검정색(Black)이 된다. 그러나 이는 이론적일 뿐 실제 염료는 불순물로 인하여 순수한 검정색을 만들어 주지 못하므로 이미지를 재현하는 컬러 출력기들에서는 별도의 검정색(Black)을 준비하여 사용하고 있다. 컬러 잉크젯 프린터의 잉크를 보면 C, M, Y 3가지 색상이 들어 있는 컬러 잉크 외에 별도의 검정색 잉크가 따로 있는 이유가 이것 때문이다. 이러한 이유로 빛의 3원색은 RGB 컬러, 인쇄의 원색은 CMY에 검정색 K를 붙여 C, M, Y, K 컬러라고 부르고 있다.

[그림 3-9] 물감의 삼원색을 이용하여 인쇄하였을 때의 결과

(5) 컬러 필름의 구조

필름을 사용한 카메라는 디지털 카메라의 등장으로 말미암아 사양 사업이 되고있다. [그림 3-10]은 필름의 구조를 나타낸 것이다. 보호막층은 필름면을 손상으로부터 보호하기 위해 젤라틴으로 되어있다. 감광유제(Emulsion)층은 빛에 민감하게 하기 위하여 할로겐화은을 젤라틴과 혼합하여 감광성을 지니게 만든 것으로, 사용하는 할로겐화은의 함량과 제조 방법에 따라 필름의 성질이 달라진다. 필름에서 색의 결정은 바로 감광유제층에 의해서 결정된다.

[그림 3-11]과 같이 감광유제층은 다시 3층으로 나뉘어지는데 위에서부터 청감유제층(옐로우색 염료층)은 파란색 영역의 빛의 세기를 조절하고, 녹감유제층(마젠타 염료층)은 초록색 영역의 빛의 세기를 조절하며, 적감유제층(사이언 염료층)은 빨간색 영역의 빛의 세기를 조절한다. 따라서 다음 [그림 3-12]와 같은 색상을 갖는 물체가 있을 때 사진을 촬영하면 오른편과 같이 염료들이 반응한다. 이를 인화하면 아래와 같이 원래의 색으로 재현되는 것이다.

[그림 3-10] 컬러 필름의 구조

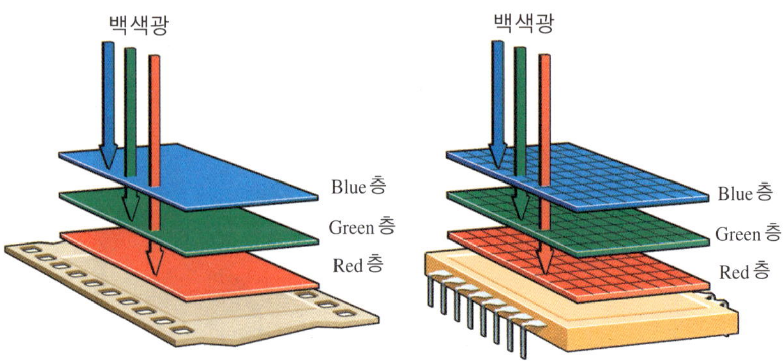

[그림 3-11] 필름에서 염료층의 구조

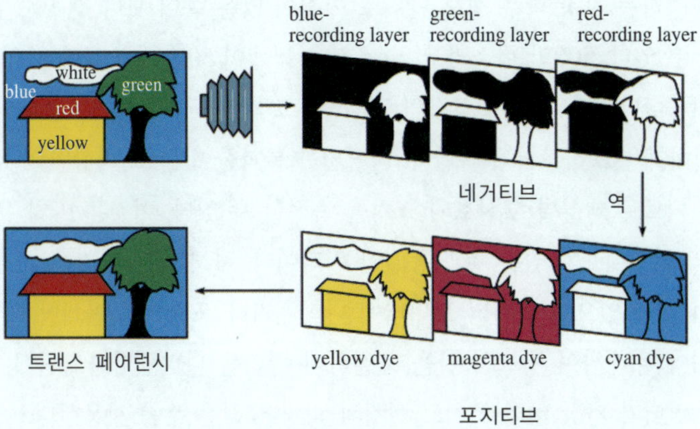

[그림 3-12] 사진 촬영시 필름에서 염료에 따른 반응

필름 베이스(Film Base)는 광학적으로 투명하고 무색이며 균일하고 화학적으로 안정되고 유제의 도포가 쉬워야 하며 물리적으로 장력이 강하고 온도나 습도의 변화에 따른 신축성이 없는 것을 사용한다. 필름 베이스의 특성을 가장 잘 유지하고 대부분의 필름에 사용되는 셀룰로이드나 폴리에스터 베이스와 용매를 사용하지 않고 열처리를 가해 제조하는 것으로 물리적 강도가 강해서 신축성이 적고 잘 찢어지지 않는 에스타(Estar) 베이스를 사용한다. 하도층은 필름에 유제를 칠하기 좋게 접착 코팅의 역할을 한다. 할레이션 방지층(Anti-Halation Backing Layer)은 필름 베이스 뒤쪽에 어두운 젤라틴 색소를 도포해서 빛을 흡수하도록 만든 것이다. 이 방지층은 현상처리 때 아황산소다에 의해 제거된다.

(6) 컬러 디지털카메라

디지털카메라는 보통의 카메라와 원리가 같은데 필름 대신에 빛의 세기를 디지털화하여 정량적으로 측정할 수 있는 CCD(Charge Coupled Device)라는 센서가 사용된다. CCD는 일반 카메라로 말하면 필름을 감광시키는 기능에 해당된다. CCD는 빛에 민감한 다이오드로 구성되어 있어 들어오는 빛의 세기가 셀수록 다이오드에 많은 전류가 흐름으로써 빛을 전기적인 디지털 신호로 바꿔준다. CCD의 성능을 가늠하기 위한 방법은 화소수이며, 화소가 종, 횡으로 얼마나 나열되어 있는지를 픽셀(pixel)이라는 단위로 표시하는데, 픽셀은 화상 데이터를 구성하는 가장 작은 정보 단위로 이것이 많은 쪽이 보다 선명하게 사진을 표현할 수 있다. 500만 화소라고 하는 것은 픽셀이 500만 개 있다는 의미이다.

컬러를 나타내기 위하여 각각의 픽셀에 [그림 3-13]과 같이 3종류의 색필터를 적절하게 분포하도록 부착한다. 색필터를 통과한 빛은 그 색상만의 세기를 측정하게 되므로 색상별로 신호의 크기를 측정할 수 있다. 이것은 마치 우리 눈이 3종류의 원추세포가 있는 것과 동일한 원리이다. 각 신호의 크기는 메모리에 기억을 시킬 수 있으며 컴퓨터 모니터에 나타내거나 프린터로 인쇄할 때 각 색상별 세기에 비례하여 잉크의 양을 조절하여 컬러를 나타낸다. [그림 3-13]처럼 초록색 필터가 가장 많이 쓰이고 빨강과 파랑은 같은 수를 사용한다. 이렇게 함으로써 자연광 아래에서 사람이 보는 색에 가장 가까운 색으로 나타낼 수 있다.

3-2 입체 영상

엑스포 과학 공원에서 편광안경을 쓰고 입체 영상물을 본 경험이 있을 것이

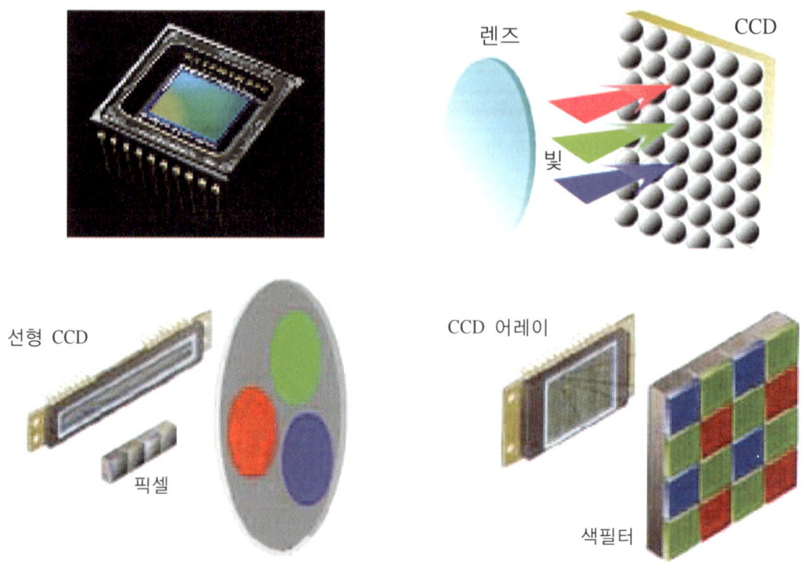

[그림 3-13] CCD 측정기와 색필터

다. 아니면, 매직 아이 책을 통하여 평면상에 기록된 정보를 통하여 입체적으로 상이 보이는 것을 경험하였을 것이다. 입체 영상은 TV, 예술, 극장, 게임, 가상 현실, 장식, 계측 장비 등의 영역에서 차세대 기술로 매우 기대가 된다. [그림 3-14]를 보고 입체적으로 보이는지 시도하여 보자. 입체적인 상을 보기 위해서는 두 눈의 초점을 책의 그림보다 뒤쪽에 놓이도록 하여야 한다.

입체감은 두 눈이 물체를 바라보는 각도차, 즉 양안시차(binocular disparity) 때문에 나타난다. 3차원 영상의 대부분은 이와 같은 양안시차를 이용하여 입체적으로 표시하고 있다. 양안시차는 우리들의 눈이 가로 방향으로 약 65 mm 떨어져 있기 때문이다. 즉 좌우의 눈은 각각 서로 다른 2차원 화상을 보게 되고, 이 두 화상이 망막을 통해 뇌로 전달되면, 뇌는 이를 서로 융합하여 입체적으로 재생하는 것이다.

입체 영상을 위하여 크게 3가지 종류의 방법이 사용되고있다. 편광, 색필터, 매직아이 방식이다. 편광안경은 [그림 3-15]와 같이 두 눈이 각각 한쪽 편광 성분만 측정하도록 편광안경을 쓰고 봄으로써 가능하고, 한편 색필터로 적

[그림 3-14] 3차원 입체 그림

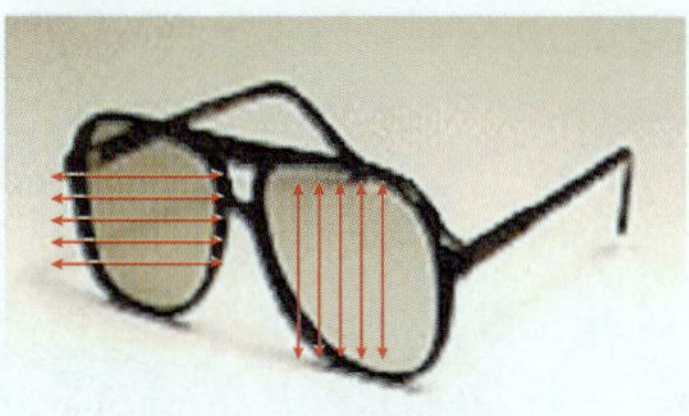

[그림 3-15] 편광안경을 이용한 입체 영상

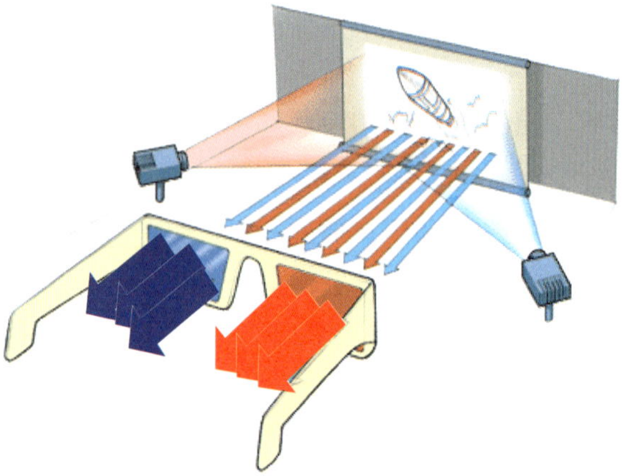

[그림 3-16] 색필터를 이용한 입체 영상

색과 청색 필터로 된 안경을 쓰고 봄으로써 [그림 3-16]과 같이 각각의 눈은 하나의 색에 의한 그림만 보게 된다.

인간의 눈을 해부학적으로 보면 이러한 양안 형태를 지니고 태어나는데 사람의 눈은 [그림 3-17]과 같이 동작한다. 한 쌍의 눈으로 구성된 사람의 시각 시스템은 좌 · 우 눈 안에는 검은색의 동공이 있고, 이들 통로를 통해 들어온 빛은 망막에 붙어 있는 시세포들에 의해 전기 신호로 바뀌어 측면 골절체(lateral geniculate body)라 불리는 곳까지 광 신경섬유를 통해 연결되어있다.

그런데 광 신경섬유들은 광 시신경 교차점(optic chiasma)에서 분리되고 반대편으로 교차된다. 따라서 오른쪽 동공에서 온 섬유들은 뇌 밑에 있는 왼쪽 측면 골절체를 지나가고, 반대로 왼쪽 동공에서 온 섬유들은 뇌 밑의 오른쪽 측면 골절체를 지나간다. 여기서 어느 정도의 정보처리가 이루어진다. 2개의 각 측면 골절체에서 발생한 시각 정보들은 시각 대뇌피질에 있는 시각 영역(visual cortex)에 도달되어 합해지면서 입체적인 상으로 인식하게 된다.

현재의 3D 입체 디스플레이는 사람의 눈과 뇌에서 일어나는 원리를 이용하는데 일부 과정을 무시하기 때문에 3D 시청의 불편함이나 위화감의 근본적인 요인이 되고있다. 최근 여러 노력에 의해 점차 해소되어 가고 있으나 자연스러운 3D 디스플레이를 실현하기 위해서는 좀 더 해결하여야 할 문제점이 있다. 3차원 입체 영상의 기술발전 추이를 살펴보면 1920년대에 편광 방식과 1948년

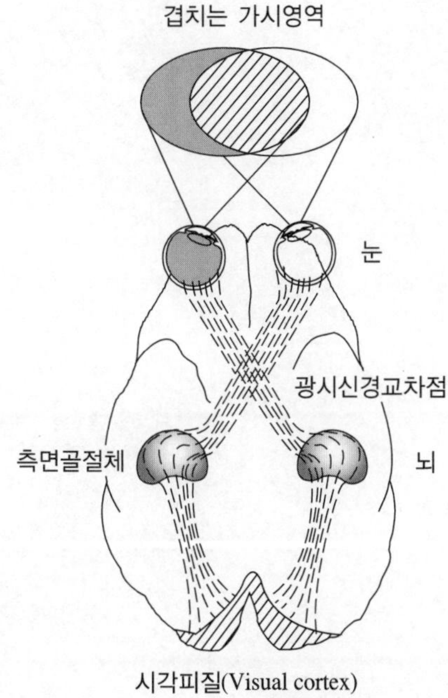

[그림 3-17] 사람 눈과 인식에서 뇌의 역할

에 광학 Hologram이 개발되었고, 1980년대에 편광 안경식과 1990년대에 Lenticular 방식의 입체영화가 실용화되기 시작하였으며, 현재는 3D 디스플레이가 특수 분야인 의료용, 게임기, CAD용 등에 제한적으로 응용되고 있으나, Electro-Holography 방식에 의한 3차원 입체 TV 기술도 개발되고있다.

파동으로 취급되는 빛

Chapter 04

1장에서 언급한 바와 같이 전자기파의 파장이 상호작용하는 물체의 크기보다 크거나 비슷할 때는 파동으로 취급하여야 한다. 먼저 파동 광학을 잘 이해하고 가르치기 위하여 필수적으로 알아야 할 진동과 파동 관련 기본 개념들에 대하여 살펴보자.

4-1 진동과 파동에 대한 기초 이해

(1) 진동과 파동의 차이는 무엇인가?

진동(vibration)은 제한된 공간 내에서 반복 운동하는 것을 말한다. 대표적인 예들로 용수철에 달려 있는 물체, 단진자 및 산소 분자 내의 2개의 산소 원자가 서로 왕복 운동하는 경우 등이 있다. 한편 전기회로에서 전하가 진동하는 경우도 있는데 이러한 경우에도 한글로는 진동이라고 하지만 영어로는 oscillation 이라고 하여 구별한다. 파동(wave)은 진동자들이 연속으로 연결되어 배열된 상태에서 한 지점에 있는 진동자에게 에너지가 투입되면 이 진동자는 진동을 하게 되고 진동이 옆의 진동자들에게 차례로 전달되어 에너지가 공간적으로 퍼져 가는 것을 말한다. 수면파, 소리, 전자기파 등이 대표적인 예이다.

진동과 파동을 손쉽게 구별하는 방법은 학생들(진동자들임)을 손을 잡지 않고 차려 자세로 횡으로 세워 놓고 눈을 감게 한 상태에서 선생님이 한 학생의 어깨를 만졌을 때 지적당한 학생이 일어났다 앉는 운동을 반복하게 함으로써 이 학생을 진동 운동시킬 수 있다. 이 학생의 에너지는 옆의 학생에게 전달되지 않는다. 그 이유는 학생들이 떨어져 있기 때문이다. 이제 학생들을 서로 어깨동무를 하게 하여 같은 방법으로 한 학생의 어깨를 건드리게 되면 이 학생이 전과 같이 앉았다 일어나는 왕복 운동을 하게 되면 자연스럽게 옆의 학생도 따라서 앉았다 일어나는 진동을 할 수 밖에 없게 된다. 그 이유는 학생들이 어깨 동무를 하고 있기 때문이다. 한 학생에서 시작된 진동은 옆의 학생 또 다른 학생으로 계속 이동할 것이다. 이와 같이 진동 에너지가 한 지점에서 다른 지점으로 전파하여 가는 것이 파동이다. 일반적으로 대부분의 파동들은 전파하기 위하여 진동자들이 연속으로 연결되어있는 매질이 필요하나 빛을 포함한 전자기파는 진공에서도 전파할 수 있는 매우 독특한 파동이다.

(2) 파동에서 진동하는 물리량?

중고등학교 교육과정에서는 줄 파동과 수면 파동을 이용하여 파동을 가르치기 때문에 학생들은 모든 파동을 줄 파동 또는 수면 파동과 연결시켜 생각하려는 경향이 매우 강하다. 먼저 강조할 것은 줄 파동이나 수면 파동을 그릴 때 실제 줄 입자의 위치나 수면 위 입자의 위치와 일치시켜 그리는 것에서 벗어나야 겠다. 비록 줄과 수면의 모양이 싸인 함수와 같은 모습을 가졌지만 그것과 정확하게 일치하도록 파동을 그리는 것을 피해야 겠다. 저자도 대학생을 가르치면서 이 부분을 이해시키는 데 상당한 시간을 할애하고 있다.

[그림 4-1]은 줄에 만들어진 파동의 어떤 순간에 카메라를 이용하여 찍은 모습이다. 이것을 파동으로 그리라고 하면 대부분의 학생들은 줄 위를 따라서 그릴 것이다. 아마 선생님들도 학생들과 별 차이는 없을 것이다. 그러나 이를 그래프 용지에 함수로 그리라고 하면 아마도 싸인 꼴은 같지만 학생마다 y축 스케일을 다르게 하여 표현할 것이다. 바로 이것이다. 줄에서 형성된 파동을

[그림 4-1] 줄이 진동하는 실제 모습

나타내기 위해서는 하나의 변수만 있으면 족하다. 파동 함수로 나타냈을 때 함수는 어떤 지점에서 함수 값을 의미하는 것이지 진동자의 위치를 표시하는 것이 아니다. 좀 어렵게 들릴지 모르겠다. 다른 말로 설명하면 줄 파동은 1차원 파동이라는 것이다. 대부분의 학생들은 줄에서 만들어진 파동이 2차원 파동이라고 생각하고 있다. 그 이유는 진동자가 진동하기 위해서는 적어도 2차원 공간이 필요하기 때문이다. 이러한 생각에서 벗어나야 겠다. 파동 함수는 줄 입자의 위치를 표시하는 것이 아니라 어떤 지점 x에 있는 진동자가 평형 상태로부터 얼마나 벗어났는지를 함수 값으로 나타낸 것이다. 따라서 파동 함수를 나타내는 변수는 x 하나면 족하다. 줄 입자의 위치를 나타내기 위해서는 x, y 두 공간 좌표가 필요하겠지만, x 지점에 있는 줄 입자가 평형 위치에서 벗어난 정도를 함수 값으로 하여 나타내면 두 개의 공간 좌표가 필요 없게 되는 것이다. 즉 $f(x)$로서 충분한 것이다. 물론 줄 입자의 위치를 나타내기 위해서는 두 개 또는 세 개의 공간 좌표가 필요하다.

이해의 편의를 위해서 다음과 같은 경우를 생각해 보자. 줄을 흔들어 파동을 발생시키는데 수직 방향으로 흔드는 경우와 수평 방향으로 흔들어 파동을 발생시킬 수 있을 것이다. 줄 입자의 위치를 나타내려면 3차원 좌표계가 필요할 것이다. 그러나 이 경우에도 파동 함수로 나타내려면 한 개의 변수이면 충분하다. 왜 그런가? 편광에 대해서 후에 다루겠지만, 파동 함수를 벡터적으로 취급하여야 하기 때문이다. 수직 방향으로 진동하는 성분은 수직 방향의 단위 벡터를 곱하고 수평 방향은 수평 방향의 단위 벡터를 곱하여 임의의 x 지점에 있는 입자가 수직 방향으로 얼마만큼, 수평 방향으로 얼마만큼 평형 위치로부터 벗어났는지를 나타내게 된다.

수면파를 예로 다시 한 번 생각해 보자. 잔잔한 수면에 수면파가 발생되었다. 임의의 지점에 물 입자의 평형 위치로부터 벗어난 정도를 나타내기 위해서는 몇 개의 변수가 필요한가? 그렇다. 2개이다. 따라서 수면파는 2차원 파동이라고 말하게 되는 것이다. 물론 물 입자의 위치를 나타내기 위해서는 3차원 공간 좌표계가 필요하다. 종합적으로 생각해 보면, 몇 차원 파동 함수인가를 고려할 때, 편리한 방법은 평형 상태 또는 파동이 없을 때 진동자의 위치를 나타내기 위하여 필요한 좌표수를 고려하면 될 것이다. 줄 파동은 평형 상태에서 1열, 즉 1차원으로 진동자들이 배열되어 있기 때문에 1차원, 수면파는 2차원일 것이다. 그러면 음파와 전자기파의 경우는 어떠한가? 그렇다. 3차원 파동이다. 공간상의 임의의 지점에서 압력이나 전기장 값을 나타내기 위해서는 3개의 좌표가 필요하다.

(3) 파동에서 시간과 공간에 따라 무엇이 진동하는가?

진동이나 파동에서 가장 중요한 개념 중의 하나가 어떠한 물리량이 진동하는가를 아는 것이다. 전자기파와 관련한 대부분의 오개념들이 이로부터 출발한다. [표 4-1]은 여러 가지 파동에서 진동하는 물리량을 나타낸 것이다. 진동하는 물리량이 바로 함수 값이다. 각각의 파동들에 대하여 좀 더 자세하게 살펴보자.

1) 줄 파동과 수면파

줄 파동과 수면파는 비교적 쉽게 파동 함수로 나타낼 수 있다. 앞 절에서 이야기한 것처럼 줄 파동이나 수면 파동은 평형 위치에서 벗어난 정도를 함수로

[표 4-1] 파동에서 진동하는 물리량

줄 파동의 종류	진동하는 물리량 => 함수 값
수면 파동	평형 위치로부터 높이
음파(소리)	대기압으로부터 압력 차이, 또는 평형 위치에서 벗어난 정도
전자기파(빛)	전기장과 자기장
물질파	발견 확률 분포

나타낸 것이다. [그림 4-2]와 같이 수면의 모양이 주어졌을 때, 각 지점에서 함수 값은 [그림 4-3]과 같이 그릴 수 있을 것이다. 수평 축은 수면상의 지점을 의미하며 수직 축은 평형 위치에서 벗어난 정도를 나타내는 것이다. 수직 축이 공간이 아니다라는 것을 다시 한 번 강조한다. 각 지점에서 파동 함수 값은 그 평형 위치에 있을 때를 기준으로 위쪽으로 벗어난 정도를 +값으로 하고 아래쪽으로 벗어난 정도를 −함수 값으로 하여 나타낸다. 물론 평형 위치에 있게 되면 함수 값은 0이다. 용수철에서의 종파, 음파 및 전자기파를 공부하고 나면 왜 이렇게 이 부분을 강조하는지 알 수 있을 것이다.

[그림 4-2] 수면이 진동하는 모습

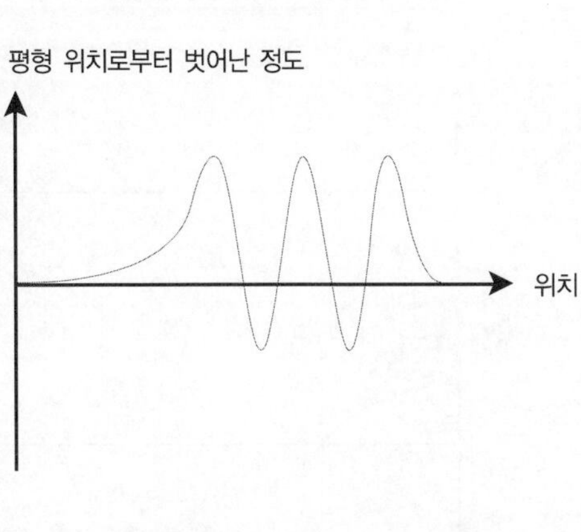

[그림 4-3] 그림 4-2를 수면 파동으로 표현

2) 용수철에서 종파

[그림 4-4]는 용수철을 앞뒤로 흔들었을 때 어떤 순간의 모습이다. 이 파동은 종파로 파동의 진행 방향과 진동자의 진동 방향이 나란한 경우이다. 용수철 파동 역시 1차원 파동이다. 평형 상태, 즉 자연스럽게 늘어뜨려 놓은 상태에서 용수철의 각 지점은 앞뒤로 진동을 할 것이다. 많은 교과서에서 '이 용수철 파동을 횡파로 표현하면' 이라는 설명이 있는데 이는 전적으로 잘못된 것이다. 엄연히 종파인데 왜 횡파로 바꾸라고 하여 학생들로 하여금 종파를 횡파로 착각하게 만드는지 이해할 수 없다. 정확한 표현은 '용수철에 형성된 종파를 파동 함수로 나타내면' 이라고 하여야 한다. 싸인 형태로 그려진 함수는 종파를 파동 함수로 나타낸 것이다. 이제 어떤 순간에 주어진 [그림 4-4]의 용수철의 모습을 파동 함수로 나타내 보자. 어떠한 물리량을 함수 값으로 할 것인가? 두 가지 방법을 생각해 보자. 첫째는 선밀도를 함수 값으로 나타내 보자. 선밀도라 함은 단위 길이당 용수철의 감긴 수이다. 학생들에게 각 위치에서 10 mm 길이 내에 있는 용수철의 감긴 수를 세어서 표로 만들어 보고 이를 함수로 그려 보도록

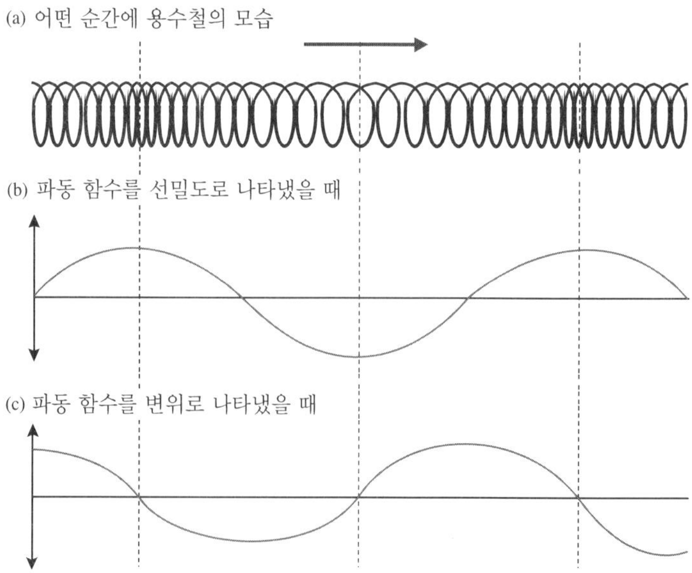

[그림 4-4] 용수철에서의 종파

하자. 그러면 [그림 4-4](b)와 같은 모양을 그릴 것이다. 여기서 잠깐 수직 축의 의미에 대해서 생각해 보자. 수직 축이 어떤 공간상의 위치인가? 아니다. 그러면 길이의 차원을 가지고 있는가? 아니다. 수직 축 값의 의미는 단위 길이당 용수철의 감긴 수를 나타낸 것이다. 두 번째 방법은 줄 파동에서처럼 평형 위치에서 벗어난 정도를 함수 값으로 나타낼 수 있을 것이다. 이때 벗어난 정도는 좌우로 벗어난 정도이지 위아래로 벗어난 정도가 아니다. [그림 4-4](c)를 보면 약간 어렵게 생각될지 모르겠다. 함수 값이 0인 지점을 보자. 함수 값이 0이기 때문에 그 지점은 그 순간에 용수철이 이동하지 않았음을 의미한다. 선밀도가 가장 큰 부분과 가장 작은 부분에 있는 용수철이 움직이지 않았음을 알 수 있다. 선밀도가 가장 크기 위해서는 좌우에서 그 쪽을 향하여 용수철들이 이동해 와야 할 것이며, 선밀도가 가장 작기 위해서는 그 지점을 중심으로 좌우로 멀어져야 할 것이기 때문이다. 선밀도가 가장 큰 부분을 살펴보자. 변위 그래프를 보면 왼쪽 부분의 함수 값은 양이고 오른쪽 부분에서는 음이다. 즉 왼쪽 부분의 용수철은 평형 위치에서 오른쪽으로 이동하였음을 나타내고 오른쪽 부분의 용수철은 평형 위치에서 왼쪽으로 이동하였음을 나타낸다. 한편 선밀도가 가장 작은 부분을 보면, 이 지점을 중심으로 왼쪽 부분의 용수철이 왼쪽으로 이동하였음을 함수 값이 음수인 것을 보고 알 수 있을 것이다. 오른쪽 부분은 오른쪽으로 이동한 것을 함수 값이 양인 것을 통하여 또한 확인할 수 있다.

동일한 용수철 파동을 나타냈는 데도 불구하고 함수 값을 선밀도를 이용하여 표현했을 때와 변위를 이용하여 표현했을 때 큰 차이가 있음을 알 수 있다. 두 함수 사이에는 90도의 위상차가 있다고 말할 수 있다. 물론 두 그래프의 진폭이 같은 것처럼 보이지만 함수 값을 직접 비교할 수 없는 것을 상기할 필요가 있다. 즉 선밀도와 변위는 비교할 수 없는 대상이다.

3) 음파

음파는 용수철 종파와 거의 같은 방법으로 기술된다. [그림 4-5]는 소리굽쇠를 진동시켰을 때 음파가 발생되어 대기를 통하여 전파되어 가는 과정이다. 그림에서 선밀도는 압력에 비례하는 양을 고려하여 나타낸 것이다. 아래쪽에 압력을 함수 값으로 하여 파동 함수를 나타낸 것이다. 에너지가 사방으로 퍼져 나가기

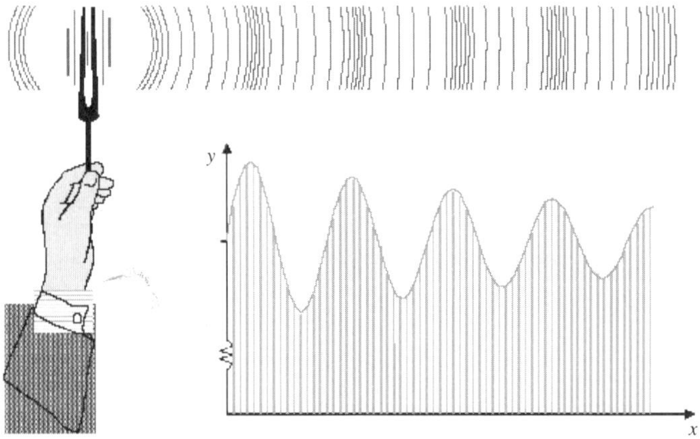

[그림 4-5] 소리굽쇠를 이용하여 발생시킨 음파

때문에 에너지가 점점 줄어들어 진폭이 줄어들게 된다. 대기압은 평형 상태, 즉 아무 소리가 없을 때일 것이기 때문에 이 때를 함수 값을 0으로 하여 나타내면 우리가 흔히 보는 싸인파가 될 것이다.

[그림 4-6]은 소리가 발생되었을 때 대기압을 중심으로 얼마나 작은 압력 변화가 일어나는가를 보이기 위한 그림이다. 뉴욕은 해발이 높은 멕시코 시티에 비하여 대기압이 상당히 크다는 것을 볼 수 있다. 소리에 의한 압력 변화는 이 대기압 차에 비하면 압력 변화가 무시할 만큼 작다는 것을 볼 수 있다. 우리의 귀는 이와 같이 작은 압력 변화를 감지할 만큼 민감하다.

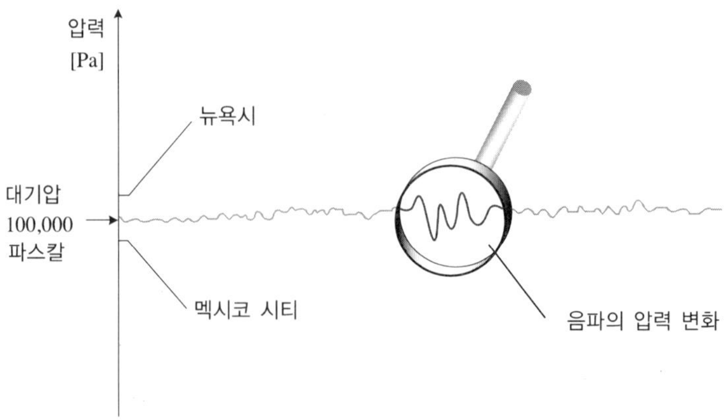

[그림 4-6] 대기압에 대한 음파의 상대적 크기 비교

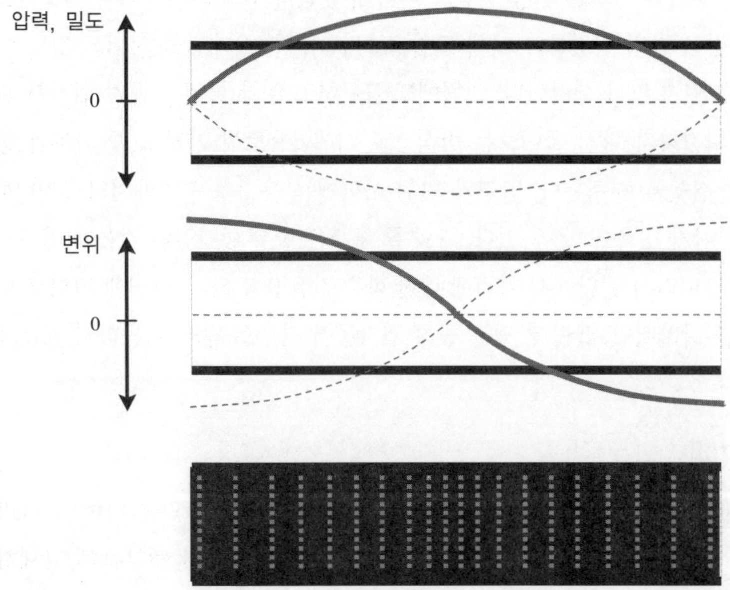

[그림 4-7] 양쪽 끝이 열린 개관에서 음파

[그림 4-7]은 양쪽이 열린 개관에서 만들어지는 음파의 모습을 그린 것이다. 소위 정상파라는 것이 만들어지는데 정상파에 대해서는 후에 자세히 다루기로 하고 여기서는 정상파를 나타내기 위한 파동 함수에 초점을 맞추기로 하자. 거의 모든 교과서에는 [그림 4-8]과 같이 배 부분이 관에 접하도록 그려져 있는데 이로부터 학생들이 많은 오개념을 가지게 됨을 알 수 있다. 즉 공기 입자가 기타 줄 파동과 같이 위아래로 진동하는 것으로 생각한다. 엄연히 음파는 종파라고 배웠는데 학생들은 음파를 횡파로 여기고 있음을 알 수 있다. 다시 한 번 공간, 즉 파이프 내의 공간과 함수 값은 비교할 수 있는 양이 아니다는 것을 강조하고 싶다. 용수철 종파의 경우와 같이 음파는 공기 입자의 밀도 또는 압력이나 평형

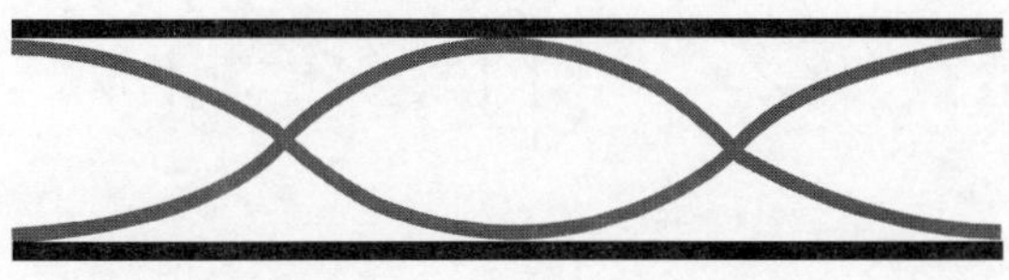

[그림 4-8] 일반적 교과서에 나타낸 그림

위치에서 벗어난 정도를 파동 함수로 나타내야 한다. [그림 4-7]에서 의도적으로 함수 값을 관의 직경보다 크게 그림으로써 이러한 오개념들을 어느 정도 해소시킬 수 있지 않나 생각한다. 그럼에도 불구하고 일부 학생은 공기 입자가 관을 뚫고 나갔다가 다시 들어오는 방식으로 이해함으로써 아직도 줄 파동과 동일시하는 잘못을 저지른다. 압력과 변위 사이에는 용수철 종파에서와 같이 90도의 위상차가 있음을 알 수 있다. 관의 끝 부분은 항상 대기압인 것을 알아두었으면 한다. 따라서 끝단에서 압력에 대한 함수 값은 0이 된다. 반면에 변위로 파동 함수를 나타내면, 끝단에 있는 공기 입자들이 좌우로 많이 진동하기 때문에 배가 된다.

4) 전자기파

전자기파는 우리 일상에서 응용되고 있는 대표적인 파동 중의 하나이다. 따라서 전자기파의 응용에 대해서는 따로 하나의 장을 마련하여 뒷부분에 상세하게 기술하였다. 여기서는 전자기파는 진동하는 물리량이 전기장 또는 자기장이라는 것에 초점을 맞추어 설명하고자 한다. [그림 4-9]는 전기장과 자기장이 진동하면서 전파해 가는 모습이다. 자기장은 항상 전기장과 함께 하기 때문에 일반적으로 전기장의 진동만으로 전자기파를 나타낸다. 빛을 광자라고도 하기 때문에 혹시 광자가 곡선을 따라서 진동하면서 전파한다고 생각하는 사람은 이러한 오개념을 깨끗이 지우기를 바란다.

[그림 4-10]은 상대적으로 넓은 틈(회절 효과를 무시하기 위하여)을 통하여 전파해 가는 전자기파의 모습을 그려놓고 틈을 통과한 후의 전자기파의 모습

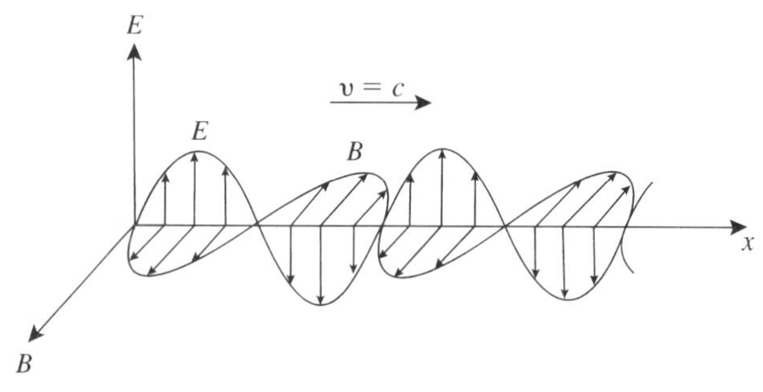

[그림 4-9] 전자기파의 전기장과 자기장

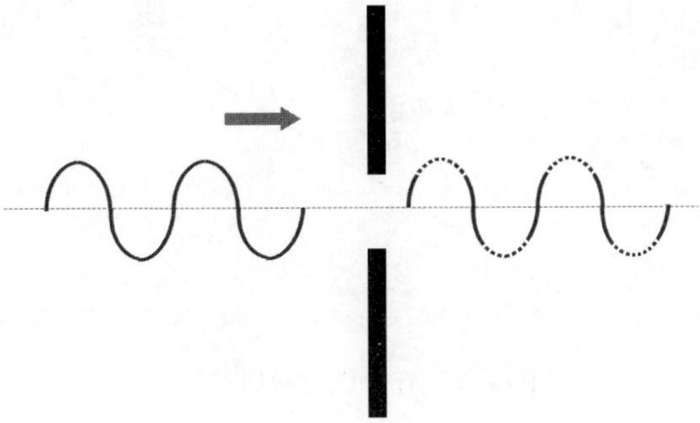

[그림 4-10] 전자기파의 대표적 오개념 유형

을 그리라고 질문하였을 때 나오는 대표적인 오답 유형 중 하나이다. 학생은 전자기파의 진폭이 틈의 폭보다 크기 때문에 틈을 통과하지 못할 것으로 생각하고 있는 것이다. 따라서 그림과 같이 틈의 폭을 벗어난 부분은 통과하지 못하고 폭 내의 진동 부분만 통과한다고 생각하고 있다. 전자기파의 전기장과 틈의 공간적 크기는 서로 비교할 수 없는 물리량임에도 불구하고 이를 비교하는 실수를 범한다. 이는 학생들이 전자기파를 수면 파동나 줄 파동으로 오인하여 이와 같이 답하고 있기 때문이다. 이와 같은 오개념들이 파동을 어렵게 하는데 결정적인 역할을 하고 있음을 저자는 여러 차례 확인한 바 있다. 다시 말하지만 전기장이 아무리 크더라도 틈을 통과하는 데는 아무 문제가 되지 않는다. 따라서 통과된 파동의 모양은 입력된 파동의 모양 그대로 그려야 한다.

학생들과 일부 교사들 중에서도 전기장이라는 것을 매우 추상적인 것으로 알고 있는데, 전기장은 정의로부터 알 수 있는 바와 같이 단위 전하가 받는 힘이라고 생각하면 매우 실제적인 양이라는 것을 알 수 있다. [그림 4-9]에 그려진 전자기파의 전기장 화살표는 단위 전하를 x 축 위에 놓았을 때 화살표의 방향으로 길이에 비례하는 힘을 받는다는 것을 의미한다.

전기장과 관련한 몇 가지 오개념을 여기서 간략하게 설명하고자 한다. 전기장은 벡터량이기 때문에 [그림 4-11]과 같이 화살표로 나타낸다. A지점에서 출발한 화살표가 의미하는 것은 ①지점에 단위 전하를 놓았을 때 화살표의 방향으로 길이에 비례하는 힘을 받는 것을 의미한다. 그렇다면 ②, ③지점에서는 어느 방향으로 얼마나 큰 힘을 받을까 라는 질문을 할 때 많은 학생

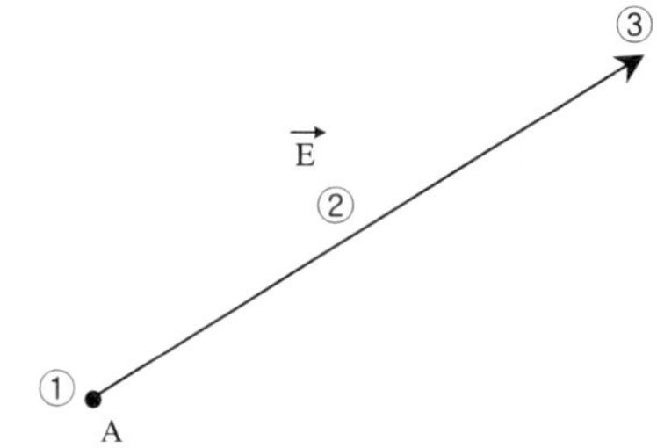

[그림 4-11] 전기장 벡터

들이 화살표 위의 모든 점에서 같은 크기의 힘을 받는다고 생각한다. 그 이유는 화살표를 보는 순간에 평행판 축전기와 같은 것을 생각하여 공간 전체가 그 방향으로 균일하게 전기장이 분포한다고 생각하기 때문이다. 답은 ②와 ③지점에서는 모른다는 것이다. 그 이유는 ②와 ③지점에서 전기장에 관한 정보가 주어져 있지 않기 때문이다. 한편 [그림 4-12]와 같이 그림을 그려주고 이러한 그림이 가능하냐고 물으면 대부분의 학생들은 불가능하다고 답한다. 그 이유를 물으면 전기장이 겹칠 수 없다고 배웠다고 할 것이다. 이것은 전기력선과 혼돈하는 오개념이다. 혹자는 전기력선이 전기장을 제대로 배우는 데 방해하는 역할을 한다고 주장한다. 저자도 수업을 하면서 자주 확인하고 있는 사실이다. 따라서 전기력선과 전기장 벡터를 잘 구별하여 가르쳐야 겠다. [그림 4-12]에서 A지점과 B지점에서의 정보만 알려준 것이지 그 외의 영역에서는 아무런 정보가 주어져 있지 않기 때문에 이 그림은 아무 이상이 없는 것이다.

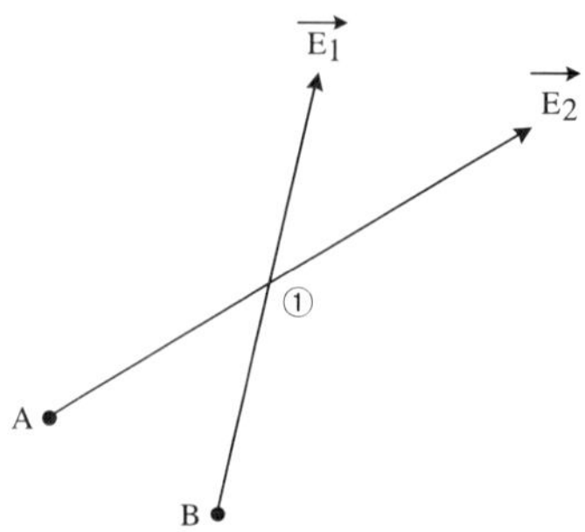

[그림 4-12] 두 개의 전기장 벡터가 있는 경우

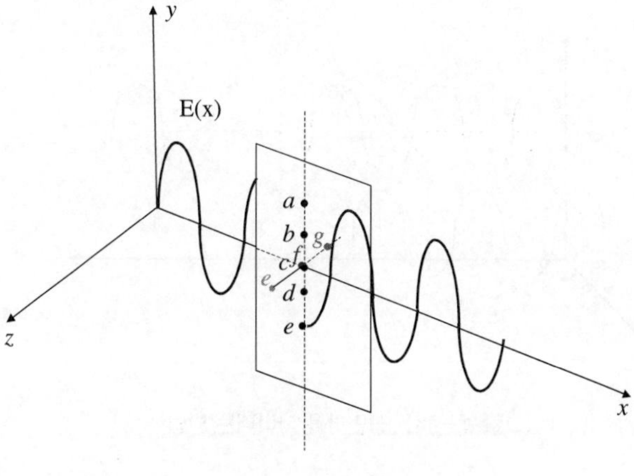

[그림 4-13] 평면파의 의미

음파나 전자기파와 같이 우리 일상생활에서 접하는 대부분의 파동은 3차원 파동이다. [그림 4-13]과 같이 한 방향으로 전파해가는 평면파가 있다고 하자. 하나의 싸인파로 그렸지만 1차원 파동과는 상당히 다르다. 1차원 파동이라면 하나의 공간 축에서만 파동이 존재한다. 그림에서 3차원 파동을 나타내기 위하여 3개의 축에 공간좌표를 나타내는 x, y, z를 설정하였다. 따라서 3개의 축은 공간을 의미한다. 즉 공간상의 임의의 점에서 파동이 존재한다는 의미이다. 그렇다면 싸인 함수로 그려진 파동 함수에서 함수 값은 무엇을 의미하는가? 공간에 평면파가 전파해 갈 때 어느 순간에 $x = x_0$인 지점에서의 함수 값을 의미할 뿐만 아니라 $x = x_0$을 포함한 yz 평면에 나란한 평면상 위의 모든 점에서 전기장의 크기를 나타낸 것이다. 그림에서 a, b, c, d, e, f, g를 포함한 평면상의 모든 점에서 함수 값을 대표적으로 나타낸 것이다. 즉 x 축으로부터 무한대만큼 멀리 떨어진 지점에서도 x 축 위에서의 값과 동일한 함수 값을 갖는다. 평면상의 모든 점은 동일 위상이기 때문이다. 이것이 평면파에 대한 올바른 이해이다.

학생들을 좀 더 쉽게 3차원 평면파를 이해시키기 위하여 [그림 4-14]와 같이 평면상의 여러 지점에서 싸인파가 동일 위상을 가지고 나오는 것으로 설명하면 좋을 듯하다. 보통 태양에서 온 빛이 근사적으로 지구상에서 평면파라고

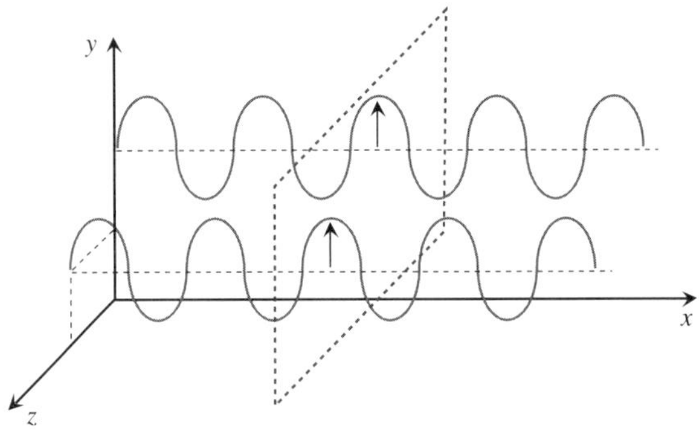

[그림 4 - 14] 평면파를 나타내는 방법

말하는데, 그 의미는 같은 평면상(서울과 부산이 같은 평면상에 있다고 가정하자)에 있는 서울과 부산에 같은 크기의 전기장이 존재한다는 것을 의미한다. 물론 이 전기장은 매우 큰 진동수를 가지고 진동한다.

(4) 파동은 어떻게 발생되고 전파하는가?

1) 역학적 파동의 발생

파동은 물리량들이 진동하면서 발생되는데, 파동이 발생되는 지점을 파원이라 한다. 파동의 종류에 따라 진동하는 물리량은 이미 살펴본 바 있다. 즉 수면파동는 잔잔한 수면의 한 부분을 돌을 떨어뜨리거나 막대기로 쳐서 진동시키면, 파원에서 발생된 진동이 사방으로 퍼져 나가는 파동을 말한다. 일단 한 부분이 진동하기 시작하면, 매질을 따라서 사방으로 에너지가 전달된다. 파동이 공간적으로 퍼져 나가는 이유는 인접한 매질(진동자)을 강제 진동시킬 수 있는 에너지가 파원에 제공되었기 때문이다. 진동자들 사이에 서로 연결시켜 주는 힘이 있기 때문에 한 지점에서 진동이 옆으로 퍼져 나갈 수 있는 것이다. 줄 파동의 경우에는 장력이며, 수면 파동의 경우에는 표면장력, 음파의 경우에는 압력차에 의한 힘에 의해 인접한 곳으로 진동 에너지가 전파된다.

파원을 일정한 주기로 진동시키면 어느 순간에 위치에 따라 [그림 4-15](a)와 같은 모양이 만들어진다. 이러한 모양은 줄 파동에서 어느 순간에 카메라로 촬영을 하게 되면 얻을 수 있을 것이다. 장소에 따라 함수 값은 [그림 4-

15](b)와 같이 표현된다. 한편 파동이 지나가는 한 지점을 관찰하면 시간이 흐름에 따라 [그림 4-15](c)와 같이 함수 값이 진동한다. 따라서 파동은 시간과 공간에 따라 진동하는 물리량(=함수 값)이 달라지기 때문에 시간과 공간 2개의 독립변수가 있다. 진동은 함수 값이 시간만의 함수이었음을 상기해 보면 파동과 진동의 큰 차이를 알 수 있다.

두 그림에서 x 축을 주의 깊게 살펴보자. [그림 4-15](b)는 어떤 순간에 위치에 따른 파동 함수이고, [그림 4-15](c)는 어떤 지점에서 파동이 전파하여

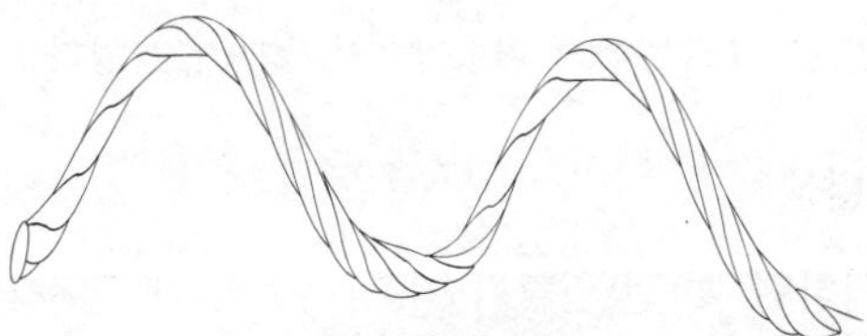

(a) 역학적 파동

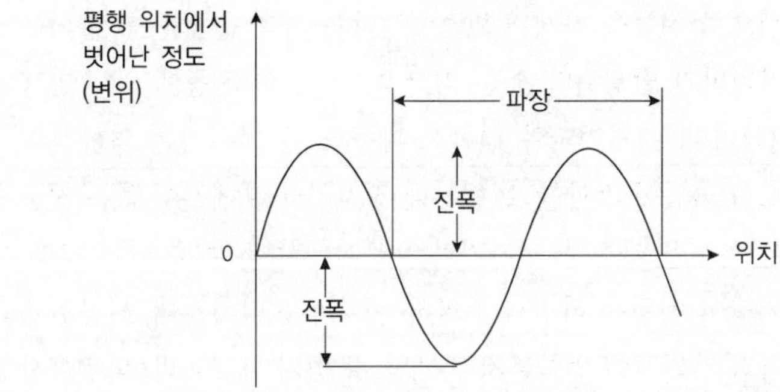

(b) 위치에 따른 파동 함수

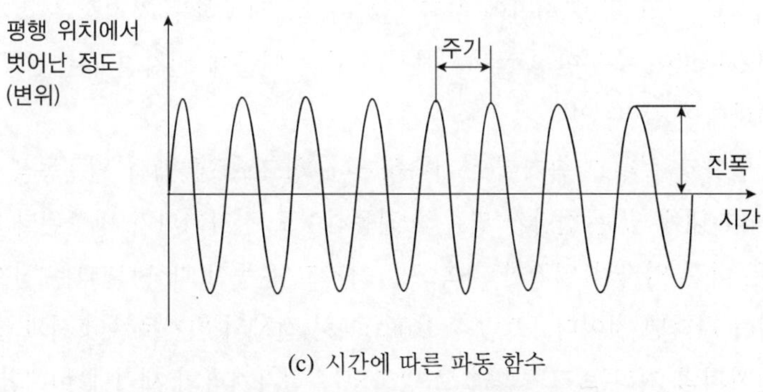

(c) 시간에 따른 파동 함수

[그림 4-15] 공간과 시간의 함수인 파동

옴에 따라 진동하는 모습을 보여주는 그림이다. [그림 4-15](b)에서 진동의 최대 높이에 해당하는 값을 진폭(amplitude)이라 하며, 인접한 최대 높이에 해당하는 지점 사이의 거리를 파장(wavelength)이라고 한다. [그림 4-15](c)에서 어떤 지점에서 최대 높이가 반복되는 시간 간격을 주기(period)라고 하며 그 역수를 진동수(frequency)라 하며 단위는 Hz(헤르츠)를 사용한다. 그 의미는 단위 시간에 몇 번을 진동하는가를 나타낸다. 두 그림의 x 축에 해당하는 위치와 시간은 전혀 비교가 안 되는 양임에도 불구하고 많은 사람이 파장과 주기를 구별하지 못하는 잘못을 범하고 있다. 많은 교과서에서도 파장과 주기를 같은 폭으로 그려놓아 혼란을 더 야기시키고 있다.

2) 전자기파의 발생

전자기이론에 의하면 "하전 입자가 가속 운동할 때 전자기파가 발생된다"고 한다. 대부분의 경우에 전자기파의 발생은 전자에 의해 이루어진다. 전자가 원자핵을 중심으로 진동을 하게 되면, 이 전자는 가속 운동을 하게 되는 것이고 따라서 전자기파가 발생된다. 이는 역학적 파동들이 진동에 의해 발생되는 것과 같은 원리이다. 전자기파와 역학적 파동의 큰 차이점은 역학적 파동들은 매질이 없으면 파동이 전파할 수 없는데 전자기파는 매질이 없는 진공 중에서도 전파하는 특성을 가진다. 전자기파는 용어에서도 알 수 있는 것과 같이 전기장과 자기장이 진동을 하면서 전파하는 파동을 말하는데, 진공임에도 불구하고 전기장과 자기장이 얼마든지 존재할 수 있기 때문이다. 파원에서 전자의 진동에 의해 수반되는 시간에 따라 변하는 전기장은 자기장을 발생(Faraday 유도 법칙)시키고 또한 시간에 따라 변하는, 즉 진동하는 자기장은 전기장을 발생(Maxwell이 수정한 Ampere 법칙)시키기 때문에 전자기파는 진공 중에서도 전파하여 갈 수 있다.

하전 입자가 선형 가속기에서 가속하거나, 싱크로트론에서 원운동을 할 때나, 안테나 내에 있는 전자가 단순히 진동하여도 전자기파가 방출된다. [그림 4-16]은 하전 입자가 일정한 가속도를 가지고 운동할 때 방출되는 전자기파의 세기를 나타낸 것이다. [그림 4-16](a)에서 전하의 위치로부터 사과 껍질과 같은 면까지의 거리는 그 방향으로 방출되는 전자기파의 세기에 비례함을 의

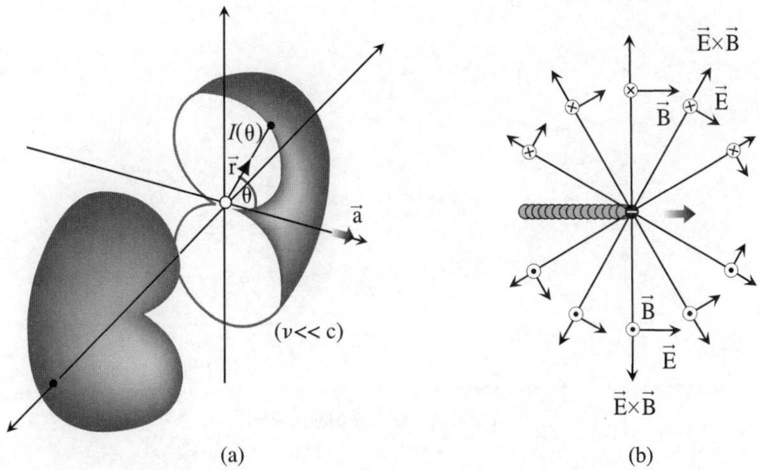

[그림 4-16] 하전 입자가 가속 운동할 때 발생되는 전자기파

미한다. 즉 가속도의 직각방향으로 전자기파가 가장 세게 방출되는 것을 알 수 있다. 그리고 가속도의 방향으로는 자기파가 전혀 방출이 되지 않음을 알 수 있다. 또한 서로 수직인 전기장과 자기장은 [그림 4-16](b)에서 볼 수 있다. 이것은 뒤에 다루게 될 편광현상을 이해하는 데 중요한 개념이다.

3) 호이겐스 원리

2 · 3차원 공간에서 파동이 전파하는 것은 어떠한 방법으로 전파하겠는가? 모든 파동은 호이겐스 원리에 따라 전파한다고 생각할 수 있다. 호이겐스 원리는 다음과 같다. "어떤 순간에 주어진 파면이 그림과 같다면, 파면상의 모든 점은 새로운 점파원이 되어 전파하여 가는데 시간이 Δt 만큼 경과한 후에 새롭게 결정된 파면은 점파원들에서 발생된 파동들의 접선에 의해서 결정된다." [그림 4-17]은 두 경우, 즉 평면파(a)와 점파원에서 발생된 파동(b)이 전파하는 모습을 호이겐스 원리를 이용하여 보인 것이다.

파동이 한 종류의 균일한 매질을 전파하다가 다른 매질을 만나게 되면 산란, 투과, 흡수, 굴절, 분산, 반사 등 실로 다양한 현상이 일어나게 된다. 파동이 다른 매질로 들어갈 때 전파 방향, 파장, 전파 속도 등 많은 양이 변할 수 있지만, 전파하면서 유일하게 변하지 않는 양이 있는데 주파수이다. 주파수(또는 진동

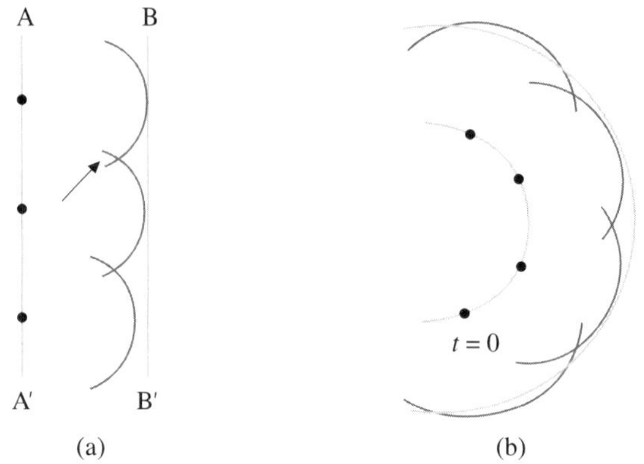

[그림 4-17] 호이겐스 원리

수)가 변하지 않는 이유는 진동자들이 강제 진동을 하기 때문이다. 이밖에도 빛이 매질과 상호작용할 때 일어나는 현상을 이해하기 위해서는 후에 기술될 강제 진동에 대한 이해로부터 알 수 있다.

4) 무한대와 연관된 현상

무한대라는 말은 참 이해하기 어렵다. 여러 가지 물리량에 대해서 무한대 값을 가정하지만, 파동에서는 시간과 공간에서 무한대라는 용어를 많이 사용한다. 그리고 기하광학의 렌즈 관련 내용에서는 거리의 개념으로 무한대가 많이 사용된다. 끝이 없는데 어떻게 물리적으로 도달할 수 있으며 이것을 자주 사용하는가? 평면파[1]는 수학적으로 무한대까지 펼쳐진 면에 파동이 존재하는 것을 말한다. 빛으로 말하면 무한대 지점에서도 축 상에서와 같은 밝기로 빛이 존재하여 전기장이 있다는 말이니까 실제로는 불가능하다. 공간적으로 유한한 크기의 빛임에도 불구하고 광학에서는 이 빛을 자주 평면파로 간주한다. 그 이유는 수학적으로 너무나 간단하고 실제로 평면파로 간주할 수 있는 경우가 많기 때문이다. 나중에 회절 부분에서 이해가 되겠지만 파장에 비하여 빛의 공간적 크기(보통은 빔의 직경)가 매우 크고 파면이 평면이면 평면파로 간주할 수 있다. 그

1) 평면파는 파면이 평면인 파를 말한다. 파면이라는 것은 동일 위상으로 이루어진 면을 말한다. 위상이 같다는 의미는 그 지점에서 진동 방향과 진동하는 물리량의 크기가 같다는 말이다.

이유는 거의 회절이 일어나지 않기 때문이다. 만일 빔의 직경이 매우 작으면 회절이 일어나 퍼지기 때문에 평면파가 아니라 구면파가 된다. 실제로 평면파에 슬릿을 설치하면 슬릿을 통과한 빛은 구면파가 되는 것을 알게 될 것이다.

촛불을 켜면 사방이 밝아지는 것처럼 하나의 점광원에서 방출된 전자기파는 3차원 공간으로 퍼져 나가게 된다. 점광원에서 구면파 형태로 퍼져나가는 전자기파는 아주 먼 곳에 가면 파면이 평면인 평면파가 된다.

4-2 파동 방정식과 해의 특성

(1) 파동 방정식

우리는 앞 절에서 파동의 함수 값이 시간과 공간의 함수가 된다는 것을 살펴보았다. 파동을 좀 더 자세히 이해하기 위하여 모델 시스템을 이용하여 파동 방정식을 소개하고 그 해의 의미에 대하여 살펴보기로 하자. 모델 시스템은 [그림 4-18]과 같이 x 축 상에 유연성과 탄성력이 큰 줄이 놓여 있는 경우이다. 줄의 조그만 각 부분은 진동자가 될 것이며 이러한 진동자들이 연속적으로 연결되어있는 것으로 간주할 수 있다. 줄의 왼쪽 끝을 진동시키면 횡파가 발생되어 오른쪽으로 전파하여 갈 것이다. 파동이 전파해 감에 따라 줄의 각 부분, 즉 각 진동자들은 위쪽 방향, 즉 횡방향으로만 진동하게 될 것이다.

[그림 4-18]은 파동이 지나갈 때 x 지점에 있는 진동자에 미치는 힘의 방향을 그린 것이다. 진동자에 작용하는 장력 T는 양쪽의 진동자에 의해 주어지는

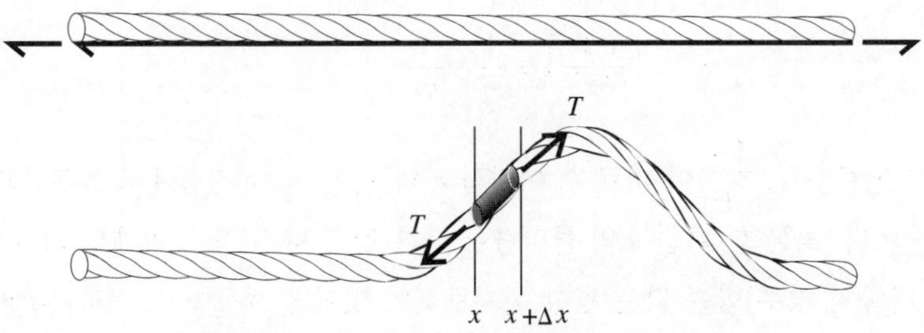

[그림 4-18] 파동 방정식 유도를 위한 줄 파동 모델

데 크기가 같고 방향은 각각 줄의 기울기 방향일 것이다. 단위 길이당 질량 μ인 진동자에 작용하는 횡방향, 즉 줄에 수직한 방향에 대한 알짜 힘은 양쪽에 작용하는 장력의 수직 성분의 합에 의하여 결정된다. 장력의 수직 성분은 줄의 기울기에 의하여 결정되기 때문에, 운동 방정식은 뉴턴의 제 2법칙으로부터

$$\mu \Delta x \left(\frac{\partial^2 \psi}{\partial t^2}\right) \approx -T\left(\frac{\partial \psi}{\partial x}\right)_x + T\left(\frac{\partial \psi}{\partial x}\right)_{x+\Delta x} \qquad (1)$$

이 된다. 그런데 도함수에 대한 정의식을 고려하여 오른쪽의 첫 번째 항은 진동자의 왼쪽 지점에서 아래 방향으로 담겨진 장력의 수직성분이고, 두 번째 항은 위쪽 방향으로 당겨진 장력의 수직성분이다.

$$T\left[\left(\frac{\partial \psi}{\partial x}\right)_{x+\Delta x} - \left(\frac{\partial \psi}{\partial x}\right)_x\right] = T\left(\frac{\partial^2 \psi}{\partial x^2}\right)\Delta x$$

와 같이 변형하여 쓸 수 있으므로, (1) 식은

$$T\left(\frac{\partial^2 \psi}{\partial x^2}\right)\Delta x = \mu \Delta x\left(\frac{\partial^2 \psi}{\partial t^2}\right)$$

이므로 최종적으로 다음과 같은 파동 방정식을 얻게 된다.

$$\left(\frac{\partial^2 \psi}{\partial x^2}\right) = \frac{\mu}{T}\frac{\partial^2 \psi}{\partial t^2} = \frac{1}{v^2}\frac{\partial^2 \psi}{\partial t^2}$$

여기서 $v = |(T/\mu)^{\frac{1}{2}}|$이라고 놓았다. 역학적 파동 방정식은 단지 뉴턴의 운동 법칙으로부터 유도되었다는 것을 상기하자.

한편 전자기파에 대한 파동 방정식은 맥스웰 방정식으로부터 유도할 수 있는데 그 결과는 다음과 같이 줄 파동과 동일한 형태이다.

$$\left(\frac{\partial^2 \psi}{\partial x^2}\right) = \frac{1}{c^2}\frac{\partial^2 \psi}{\partial t^2} \qquad (2)$$

다만, $C = \dfrac{1}{\sqrt{\varepsilon_0 \mu_0}}$ 이 다르다. 여기서 ε_0와 μ_0는 각각 진공에서 유전율과 투자율이다. 물론 함수 값 ψ의 물리량이 다른 것은 다시 강조 안해도 되겠지만, 줄 파동의 경우 함수 값은 평형 위치로부터 벗어난 정도이고, 전자기파의 경우는 전기장 값을 의미한다.

(2) 진행파

파동 방정식의 해 중의 하나인 싸인이나 코싸인 함수로 기술되는 조화 파동은

$$\psi = A\cos(\omega t - kx + \phi) \tag{3}$$

와 같다. 이 식이 파동 방정식의 해가 되는 것은 독자가 스스로 증명해 보기 바란다. 식에서 $\omega t - kx + \phi$를 위상이라고 하며, 이 위상은 시간과 공간의 함수로 주어진다. 위상이라는 용어를 학생들이 많이 어려워하는데, 파동의 함수 값 즉 진동하는 물리량을 결정하는 값이라고 설명해 주면 좋을 듯하다. 어떤 주어진 위치에서 시간이 흘러가면 위상이 계속 증가하는데 함수 값은 코싸인 때문에 일정한 주기로 진동한다. 또한 어떤 시간에 파동을 고정시켜 놓고 x 축을 따라 가면서 위상을 보면 역시 일정한 비율로 증가하거나 감소한다. 이는 다시 코싸인 때문에 일정한 거리, 즉 파장만큼 가면, 함수 값이 반복되는 현상이 다시 발생한다. 수식으로부터 $t = 0$으로 놓고 인접한 두 지점에서 같은 함수 값을 갖기 위한 거리를 구해 보면, 위상이 2π만큼 변해도 코싸인 값은 변하지 않기 때문에 파장은 $2\pi/|k|$임을 알 수 있다. 해를 통해서 알 수 있는 또 하나의 코싸인 사실은 "줄 위의 모든 점, 즉 진동자들은 같은 진동수와 같은 진폭으로 진동한다"는 점이다.

시간이 t에서 $t + \Delta t$만큼 변할 때, [그림 4-19]와 같이 어떤 점을 관찰하면, 평형 위치로부터의 변위는 $\psi(x, t)$로부터 $\psi(x, t + \Delta t)$로 변할 것이다. 옆의 지점도 동일한 방식으로 변할 것이기 때문에 $x + \Delta x$지점에서 $t + \Delta t$시간에 변위가 $\psi(x + \Delta x, t + \Delta t)$인 지점이 있을 것이다. 변위 값이 같은 것은 위상 값이 같음 을 의미한다. 따라서

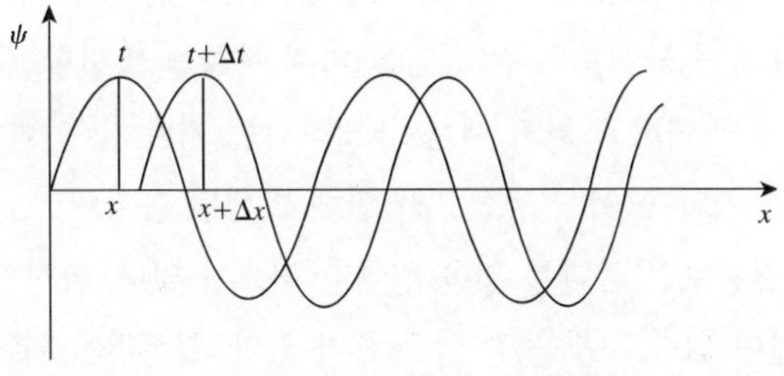

[그림 4-19] 진행파에서 속도

$$\omega t - kx = \omega(t + \Delta t) - k(x + \Delta x)$$

인 관계를 얻고, 이로부터

$$v_\phi \equiv \frac{dx}{dt} = \frac{\omega}{k}$$

를 얻을 수 있다. 이를 위상 속도라고 하는데 이는 위상이 같은 값이 전파하여 가는 속도이기 때문이다. 위상 속도는 ω와 k 사이의 관계에 의해서 결정된다. 앞서 말한 것처럼 파동의 진행에서 변하지 않는 것은 진동수이다.

진행파 해를 파동 방정식에 대입하여 보면,

$$\omega^2 = v^2 k^2 \rightarrow \omega = \pm vk \tag{4}$$

를 얻을 수 있다. 따라서 파동 방정식을 만족시키는 줄 파동의 위상 속도는

$$v_\phi = \pm v \tag{5}$$

이다. v의 값이 줄 파동의 경우에는 장력(T)과 단위 길이당 질량(μ)에 의존하기 때문에 파동의 전파 속도는 매질에 의해서만 결정된다. 아무리 큰 진동수로 흔들어도, 아무리 큰 진폭으로 흔들어도 전파 속도가 변하지 않음을 학생들에게 강조하여 설명할 필요가 있다. 물론 빛의 경우에는 식 (2)로부터 광속도가 나온다. 파장이 $\lambda = 2\pi/|k|$이므로, 파장과 진동수 사이에는

$$v = \nu\lambda \tag{6}$$

의 관계가 성립한다.

(3) 기타 줄이 발생시킨 음파

기타를 치면 아름다운 소리가 발생되는 것을 잘 알고 있다. 그러나 소리의 진동수와 파장에 대하여 물어보면 잘 대답을 하지 못함을 발견할 수 있다. 이유는 두 개의 파동이 관여하고 있기 때문이다. 하나는 기타 줄에 형성된 정상파이고 다른 하나는 기타 줄이 진동함으로 인해 발생된 음파이다. 음파의 진동수는 기타 줄의 진동수만 같다는 것을 명심할 필요가 있다. 파장이나 전파 속도는 아무런 관련이 없다는 것을 잘 알 필요가 있다. 정상파는 기타 줄을 튕길 때 좌우로 진행하던 파가 고정단 반사를 하고 다시 서로 반대 방향으로 전파

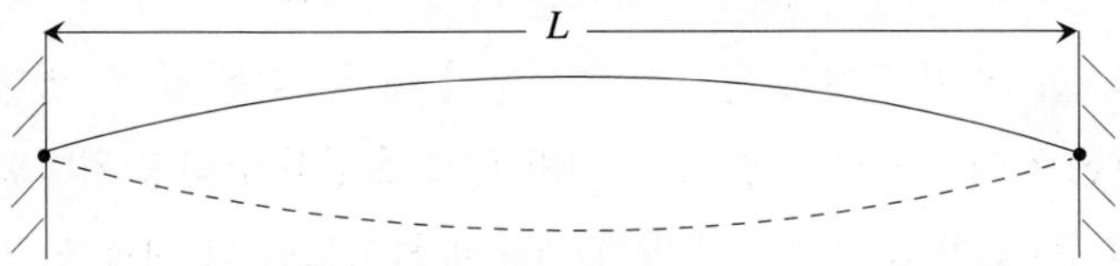

[그림 4-20] 기타 줄이 기본 진동으로 진동할 때

하면서 중첩되어 정상파 조건을 만족시키는 파동만이 살아남아 진동을 계속 한다. [그림 4-20]과 같이 만약 기타 줄의 길이가 L인 줄이 기본 진동으로 정상파를 이루며 진동한다면, 정상파의 파장은 $2L$이다. 따라서 줄에서 파동의 전파 속도를 v_0라 하면,

$$\text{줄의 진동수 } (\nu) = v_0 / 2L$$

이다. 한편 기타 줄의 진동에 의해 발생된 음파는 공기층을 기타 줄이 강제 진동시킨 것으로 이해하면 편리하다. 실제로는 기타 줄의 진동에 의해 통 전체가 진동하여 소리를 발생한다. 그렇게 되면 공기층은 기타 줄이 진동시키는 진동수로 진동하게 되어 발생된 음파의 진동수는 기타 줄의 진동수와 같게 된다. 따라서 주어진 매질에서 음파의 전파 속도는 온도에만 의존하고 상온에서 약 340 m/s이므로 음파의 파장은

$$\text{음파의 파장}(\lambda) = \frac{v}{\nu} = 340 / (v_0/2L) = 2L\,340 / v_0 = 680L / v_0$$

로 주어진다. 다시 말하지만 음파의 진동수는 줄의 진동수와 같다. 기타 줄의 진동수가 변함이 없다면 겨울철보다 여름철에 파장이 더 커짐을 예상할 수 있다. 그 이유는 여름철에는 온도가 올라가기 때문에 음파가 전파하는 속도가 더 커지기 때문이다. 그렇다고 해서 우리가 듣는 음이 달라지는 것은 아니다. 왜냐하면 우리의 귀는 파장을 측정하는 것이 아니라 진동수를 측정하여 듣기 때문이다.

(4) 파동의 전파 속도는 매질에 의하여 결정된다

일정한 간격이 떨어지게 한 후에 두 학생에게 어떻게 하면 더 빨리 소리를 상

대방에게 보낼 수 있는가 라고 물어보면 더 큰소리로 한다거나, 진동수가 더 높은 고음으로 하면 된다고 말하는 학생들이 대부분임을 볼 수 있다. 유사한 예로 일정한 길이의 줄에서 펄스(한 번만 위로 올렸다가 평형 위치로 오게 해서 만든 파동)를 빨리 보내는 방법에 대해서 물어보면 더 진폭을 크게(더 큰 소리와 동일) 하거나 더 빠른 속도(더 큰 진동수와 같은 의미)로 흔들면 된다고 생각하는 학생들이 무척 많음을 볼 수 있다. 파동의 전파 속도는 파원에서 어떤 방법으로도 조절할 수 없다는 것을 학생들에게 명심시킬 필요가 있다. 파동의 전파 속도는 매질의 성질에 의하여 결정된다. 소리를 더 빨리 보내기 위해서는 매질의 온도를 올리는 방법이 있을 것이다. 또 다른 방법은 밀도를 키우거나 아예 액체나 고체로 매질을 대체시키는 방법을 생각해 볼 수 있다. 줄 파동의 경우에는 줄을 강하게 당겨 장력을 키움으로써 가능하다. 또한 가벼운 줄일수록 더 큰 속도로 전파하기 때문에 가벼운 줄로 바꾸어 줌으로써 더 빨리 펄스를 보낼 수 있는 것이다. 파원에서 진폭이나 진동수를 변화시켜서는 파동의 속도를 변화시킬 수 없음을 명심하기 바란다.

한편 파동의 전파 속도는 매질의 상황에 의해서 결정되는 것이지, 진동수나 진폭에 영향을 받지 않는 것으로 중등교육과정에서는 다루는 것이 보통이다. 그러나 진동수가 달라지면 전파 속도가 변하는 경우가 보다 일반적이라고 할 수 있다. 예를 들어 빛이 유리와 같은 매질을 통과할 때 전파속도는 진동수에 따라 달라진다.

(5) 우리의 눈과 귀는 무엇을 보고 듣는가?

우리가 눈을 뜨고 있으면 햇빛을 반사시켜 다양한 물체마다 고유의 색을 볼 수 있다. 물리학과에서는 색을 파장과 대비시켜 교육을 하기 때문에 파장이 달라지면 색이 달라진다고 생각하는 경향이 있다. 그러나 이것은 맞기도 하고 틀리기도 한 개념이다. 진공(또는 대기)에서는 맞는 말이다. 만약에 굴절률이 매우 큰 매질 속에서 단색광을 보게 되면, 전파 속도는 늦어지고, 진동수는 변함이 없기 때문에 파장은 짧아진다. 그렇다면 파장에 의해 색이 결정된다면 다른 색으로 보여야 할 것이다. 그러나 물속에서도 동일한 색을 볼 수 있다. 왜일까? 그 이유는 색은 파장에 의해서 결정되는 것이 아니라 진동수에 의해서 결정되기 때문이다. 즉 우리 시세포는 망막에 정지해 있고 빛이 수정체를 거쳐 망막에 도달하는 것이고 진동수에 따라서 RGB 원추세포가 반응하는 정도가 달라 그것을 뇌에서 인식하게 되기 때문이다. 파장의 차원은 거리이기 때문에 우리 눈의 시세포가 거리를 측정할 수 없는 것을 상기하면 쉽게 이해할 수 있을 것이다. 물론 심해저와 같은 다른 조건에서는 다른 색이 나타나기도 하는데 이러한 상황은 배제하자. 파장을 가지고 색을 이야기한 이유는 역사적으로 프리즘 분광기와 같은 분광기를 가지고 색을 나눌 때 일반적으로 파장에 따라 나누었기 때문이다. 색의 표현을 파장보다 진동수를 가지고 나타내는 것이 오히려 정확하다고 생각한다.

소리의 경우도 마찬가지이다. 우리 귀에는 고막이 있다. 음파가 귀에 들어오면 진동수에 따라서 고막이 떨리도록 되어있다. 따라서 음파의 파장을 측정하는 것이 아니라 음파의 진동수를 측정하도록 되어있다. 다시 말하지만 파장은 거리의 차원을 가지기 때문에 서 있는 귀를 가지고 파장을 측정하는 것은 불가능하다.

4-3 파동 광학 입장에서 보는 반사, 굴절, 분산

전자기파가 전파하다가 특성이 다른 매질을 만나면 반사, 굴절, 분산이 발생하는 것을 제 2장에서 기하 광학적 입장에서 살펴보았다. 이 절에서는 파동 광학적 입장에서 이들에 대하여 살펴보기로 하자. 산란은 이들을 이해하기 위한 가장 중요한 기본 개념이 되는데 산란을 잘 이해하기 위해서는 강제 진동에 대한 이해가 필수적이다.

(1) 강제 진동과 공명

분자나 원자로 구성된 매질에 빛이 입사되면, 원자나 분자에 붙어 있는 전자들은 전자기파의 전기장[2]에 의하여 쿨롱의 힘을 받게 된다. 전자기파는 전기장이 진동하는 것이기 때문에 전자들도 진동을 하게 된다. 이와 같이 진동자

2) 빛의 세기 I는 전기장 진폭 E_0의 제곱에 비례한다. $I = \frac{1}{2}\varepsilon_0 E_0^2$

에 주기적인 외력이 가해져서 진동자가 진동하는 경우를 강제 진동이라고 한다. 원자 내의 전자를 고전적인 모형으로 생각하면, [그림 4-21]과 같이 용수철에 매달려 진동하는 물체와 유사하다. 벽은 원자핵이 되고 물체는 전자로서 역할을 한다. 원자핵과 전자가 붙어 있는 것은 둘 사이에 전기력, 즉 쿨롱 힘이 작용하고 있기 때문이다. 쿨롱 힘은 용수철과 같은 역할을 한다.

먼저 외력이 없는 경우에 진동자의 운동에 대하여 살펴보자. [그림 4-21]에 나타낸 바와 같이 스프링 상수 k로 지탱되고 있는 질량 m인 물체가 좌우로 왕복 운동하는 경우에, 마찰(또는 감쇠)이 없다고 하면, 물체의 변위를 구하면

$$\psi = A\sin(\omega_0 t + \phi) \tag{7}$$

이 된다. 여기서 A, ϕ는 초기 조건에 의하여 결정되는 상수이다. A를 진폭이라 하며 ϕ를 초기위상이라 한다. ω_0는 각주파수라 하며 진동수와 다음의 관계가 성립한다.

$$\omega_0 = 2\pi\nu_0 \tag{8}$$

물체에 약간 힘을 가한 후에 떼면 물체는 하나의 주파수로 진동을 계속한다. 이 때의 진동수는 고유 진동수 ν_0이며, 질량 m과 스프링 상수 k에 의하여

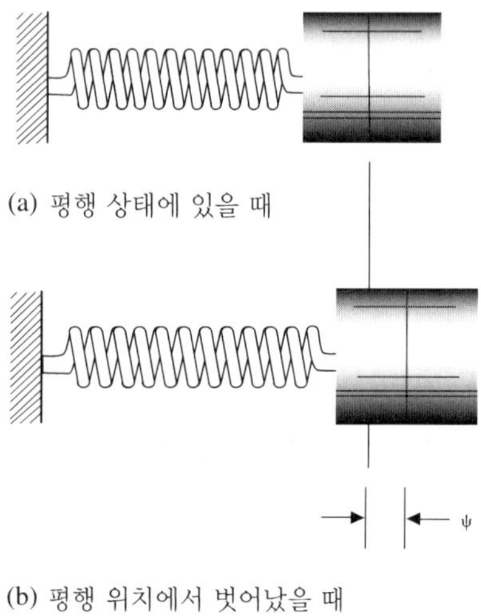

[그림 4-21] 강제 진동의 이해를 위한 용수철 진동자 모델

[그림 4-22] 용수철 진동자에 외부에서 주기적인 힘이 가해질 때

결정된다. 초기에 높은 진동 에너지 값을 갖는 원자에서 방출되는 빛의 진동수는 고유 진동수 값을 갖는다. 물론 양자역학적으로 방출되는 빛의 진동수를 구할 수 있는데 이에 대해서는 레이저 부분에서 알아보기로 하자.

실제 계에서의 진동은 [그림 4-22]와 같이 대부분 진동자에 외력(또는 구동력)이 작용하는 경우이다. 원자에 전자기파가 입사되는 상황도 이와 같이 볼 수 있다.

저항이 있는 계에 진동수 ω인 주기적인 외력 $F = F_0\cos\omega t$이 가해지는 경우에는 시간이 어느 정도 흐르면 진동자가 고유 진동수로 진동하지 않고 외력의 진동수와 정확히 같은 진동수를 가지고 진동한다. 위의 그림에서 물체를 강제 진동시키면 강제 진동시키는 진동수로 물체가 진동한다는 것은 자명할 것이다. 이와 같이 진동자가 외력의 진동수만으로 진동하는 상황을 정상상태(steady state)라 한다. 이 경우에 진동자의 변위는

$$\psi(t) = A\cos(\omega t + \phi) \tag{9}$$

로 주어진다. 여기서 ϕ는 외력과 진동자의 변위 사이의 위상차이다. 또한 A와 ϕ는 상수이고, 운동 방정식으로부터 다음과 같이 주어진다.[3)]

3) 강제 진동에 대한 운동 방정식은

$$\frac{d^2\psi}{dt^2} = -\frac{b}{m}\frac{d\psi}{dt} - \frac{k}{m}\psi + \frac{F_0}{m}\cos\omega t$$

이다. b는 속도에 비례하는 저항력 비례 상수이다. $\frac{b}{m} \equiv \gamma$, $\frac{k}{m} = \omega_0^2$라 놓으면, 물체의 운동 방정식은

$$\frac{d^2\psi}{dt^2} + \gamma\frac{d\psi}{dt} + \omega_0^2\psi = (F_0/m)\cos\omega t$$

이 된다. 식 (9)를 이 운동 방정식에 대입하면 식 (10)과 식 (11)이 얻어진다.

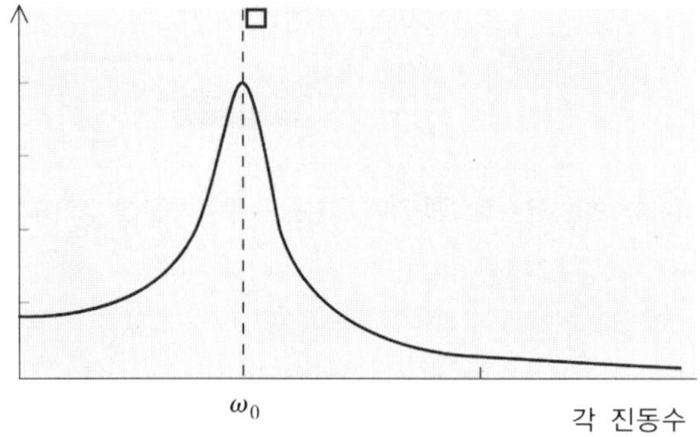

[그림 4-23] 안정 상태에서 일정한 크기를 갖는 외력의 진동수에 따른 진동자의 진폭

$$\psi(t) = \frac{F_0}{m}\left[\frac{1}{(\omega_0^2-\omega^2)^2+\gamma^2\omega^2}\right]^{1/2}\cos(\omega t + \phi) \qquad (10)$$

$$\tan\phi = -\gamma\omega/(\omega_0^2 - \omega^2) \qquad (11)$$

γ는 감쇠 계수로서 용수철 진동자에서는 마찰력과 관련이 있고, 원자의 경우에는 전자가 단위 시간당 흡수한 에너지에 의하여 결정된다. 진동자의 변위는 항상 외력의 위상보다 늦기 때문에 $-\pi < \phi < 0$ 의 범위 내에 있게 된다.

[그림 4-23]은 외력의 진동수에 따른 식 (10)에서 진폭을 그린 것이다. 같은 힘을 가지고 진동수만 달리했을 때 진동자의 진폭은 외력의 진동수의 함수임을 알 수 있다. 특히 외력의 진동수 ν가 진동자의 고유 진동수 ν_0가 되면 공명 현상 일어나 진폭이 매우 커짐을 알 수 있다. 이때 진동자는 진폭이 크기 때문에 큰 에너지를 저장하였다고 말할 수 있다. 그림을 좀 더 잘 이해하기 위하여 [그림 4-24]는 외력의 진동수가 다를 때 시간에 따른 진동자의 진동을 그린 것이다.

[그림 4-25]는 외력의 진동수에 따른 진동자의 반응 위상 관계이다. 공명 진동수일 때, 진동자는 외력의 위상에 대하여 90도의 위상차를 가지고 진동한다. 즉 외력이 0인 순간에 진동자의 변위는 가장 크고, 외력이 가장 큰 순간에는 진동자의 변위가 0이 된다. 공명 진동수로 그네를 민다고 했을 때 어떻게 하면 그네에게 가장 큰 에너지를 전달할 수 있을까를 생각해 보자. 얼른 생각

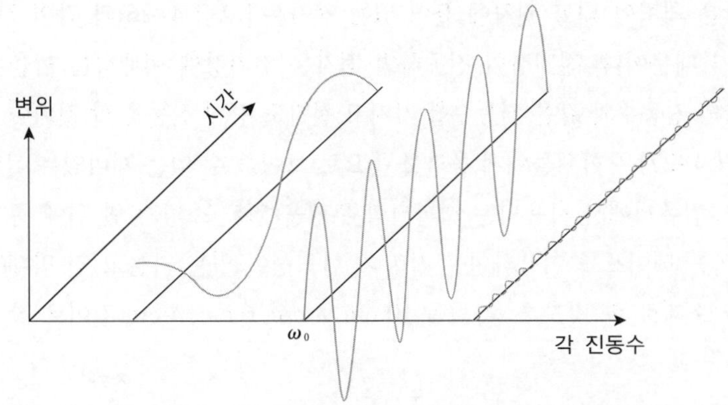

[그림 4-24] 외력의 진동수가 다른 몇 개의 진동수에서 진동자의 운동 모습

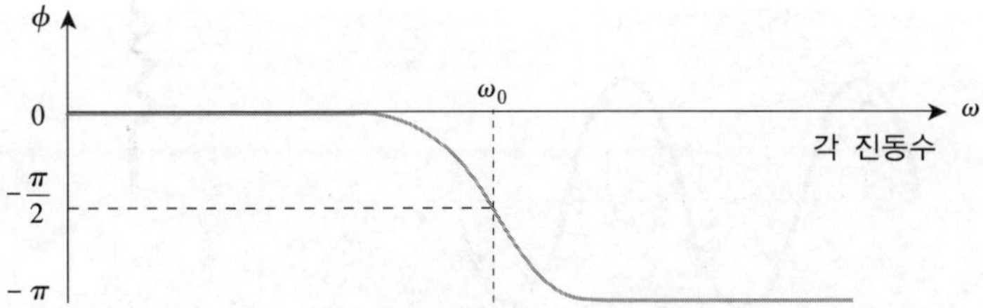

[그림 4-25] 외력의 진동수에 따른 진동자의 위상

하면 그네가 최대 지점에 왔을 때 강한 힘을 주면 될 것으로 생각하기 쉬운데 그렇지 않다. 오히려 그네가 중간 지점을 통과할 때 제일 큰 힘을 가하는 것이 그네와 잘 조화를 이루면서 진동시키는 결과가 된다. 다시 말하면 공명 진동수를 가진 외력이 진동자에 작용하면, 진동자의 속도와 외력이 같은 위상을 가지고 반응한다. 고유 진동수보다 작을 때는 외력의 위상과 같은 위상으로 반응한다. 그도 그럴 것이 아주 천천히 진동자를 흔들 때, 진동자는 외력과 같은 위상을 가지고 반응할 것이다. 반면에 공명 진동수보다 큰 진동수를 가진 외력으로 강제 진동시키면 외력과는 180°의 위상차를 가지고 진동자는 반응하게 된다. 위의 내용은 빛과 물질의 상호작용을 이해하는 데 매우 중요한 개념이다.

빛과 물질의 상호작용을 이해하는 데 있어 강제 진동에 따른 진동자의 반응은 너무나 중요하다. 전자기파가 원자에 도달하면 전기장이 진동하기 때문에 전기장은 외력이 되고 원자에 붙어 있는 전자는 [그림 4-26]과 같이 진동자가 되기 때문이다. 전기장이 진동하면 전자는 전기장에 비례하는 힘을 받아 전기장의 진동수와 같은 진동수를 가지고 전자도 강제 진동을 할 것이다.

[그림 4-27]은 학생들에게 음파를 눈으로 보여줄 수 있는 재미있는 실험 장치이다. 컴퓨터에서 사용되는 스피커의 뚜껑을 열고 스피커 면 위에 좀 두꺼운 종이를 테이프를 이용하여 부착한다. 탄력성이 있는 가늘고 긴 막대(폴리비닐을 소재로 한 빗자루 줄)들을 10 cm, 8 cm, 6 cm, 4 cm 길이로 잘라 한

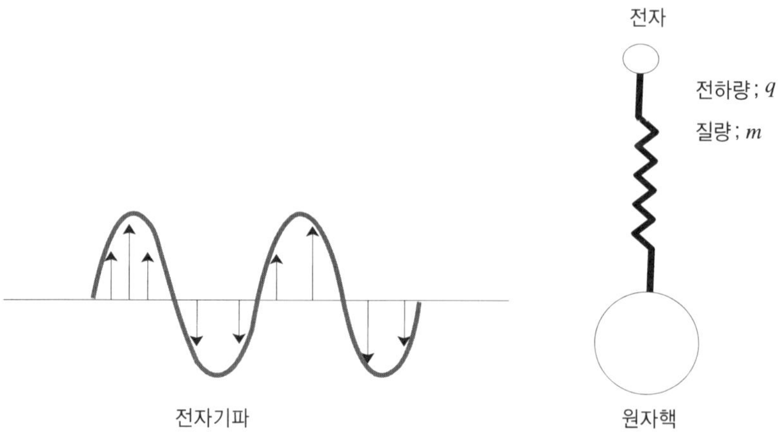

[그림 4-26] 전자기파가 외력으로 작용하는 고전적 원자모형

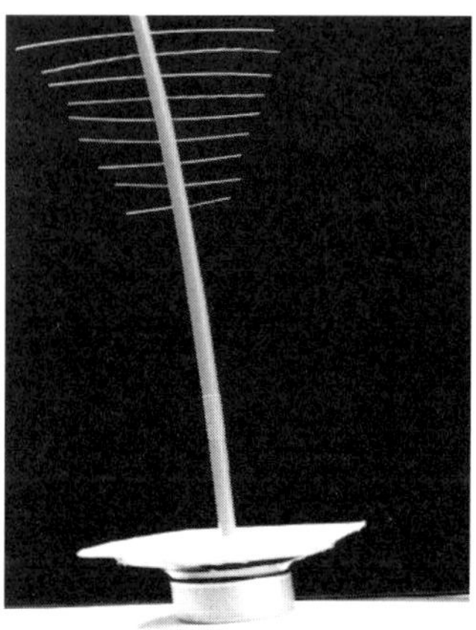

[그림 4-27] 스피커와 빨대를 이용한 눈으로 보는 음파 실험 장치

20 cm쯤 되는 빨대에 끼운다. 준비된 빨대를 스피커 종이 위에 세워 테이프로 고정시키고 좋아하는 음악을 컴퓨터나 MP3 등을 통하여 듣게 되면, 빨대에 연결된 작은 막대들이 음악에 맞추어 춤을 추는 것을 볼 수 있다. 한쪽이 고정된 작은 막대들은 진동자의 역할을 하고 스피커는 외력으로 작용하여 스피커가 막대의 고유 진동수로 흔들릴 때 막대는 공명이 일어나 큰 진폭으로 떨리게 된다. 음악의 진동수에 따라 공명을 일으키는 막대들이 다르기 때문에 막대들이 음악에 맞추어 춤을 추는 것처럼 보인다. [그림 4-28]과 같이 스피커 앞에 세워 놓은 유리잔과 음파를 공명시켜 깰 수도 있다.

(2) 쌍극자 복사

전기 쌍극자 복사는 광학에서 매우 중요한 개념이다. 왜냐하면 중성 원자 내의 전자가 진동하면 이것은 전기 쌍극자가 형성되는 것으로 볼 수 있기 때문이다. 전기 쌍극자 p는 [그림 4-29]와 같은 양의 전하량 q를 갖는 양전하와 음전하가 가까운 거리 d 만큼 떨어져 있을 때 다음과 같이 정의된다.

$$p \equiv qd \tag{12}$$

여기서 d가 $d_0 \cos \omega t$와 같이 음전하가 일정한 진동수를 가지고 단조화 진동을 하게 되면 쌍극자 모멘트 역시 진동하게 된다. 원자 내의 전자나 선형 안테나

[그림 4-28] 음파를 유리잔에 공명시켰을 때 유리잔이 깨짐

에서 진동하는 전자를 진동하는 쌍극자 모멘트로 간주할 수 있다.[4] [그림 4-29](a)와 같이 두 전하가 가장 멀리 떨어져 있을 때 전기장이 위쪽으로 향하다가 전자가 위쪽으로 움직여 [그림 4-29](b)와 같이 두 전하가 겹치면 전기장이 0이 되고 계속 운동하는 전자 때문에 [그림 4-29](c)와 같이 전기장의 부호가 바뀌는 과정을 반복하게 된다. 진동하는 전기장이 자기장을 유도하고 또한 자기장은 전기장을 유도하는 과정을 거치며 쌍극자로부터 떨어져 나오는 전자기파를 복사라 한다.

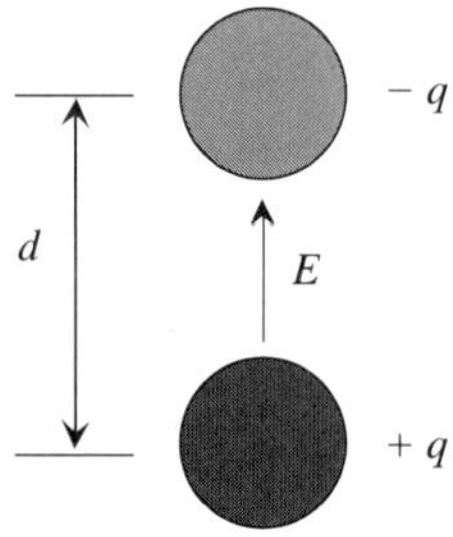

(a) 음전하가 위쪽에 있을 때는 전기장이 위방향

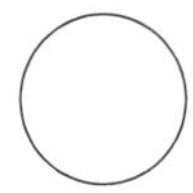

$E = 0$

(b) 음전하와 양전하가 겹쳐 알짜 전하가 없는 순간으로 전기장이 0임

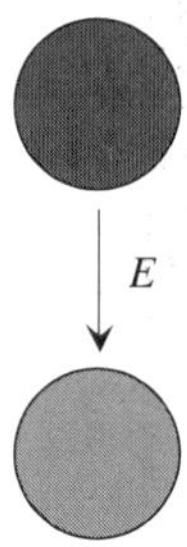

(c) 음전하가 아래쪽으로 이동하여 전기장이 아래 방향

[그림 4-29] 전기 쌍극자의 정의와 진동할 때 전기장의 방향

4) 안테나에서 전자기와 복사는 6장에서 자세히 다룬다. 궁금한 사람은 먼저 그곳을 읽어보아도 좋겠다.

방출되는 전자기파의 전기장 벡터의 크기는

$$E = \frac{p_0 k^2 \sin\theta \cos(kr - \omega t)}{4\pi\epsilon_0 \cdot r} \qquad (13)$$

θ는 쌍극자 축을 기준으로 하여 전자기파가 나가는 방향에 대한 각도이다. 자기장의 크기는 $B = E/c$에 의해서 주어지며 [그림 4-30]과 같이 방향을 가르킨다. 그림에서 실선은 전기력선을, '·'이나 'x'는 자기장의 방향을 나타낸다. 빛의 세기는 전기장의 진폭의 제곱에 비례하기 때문에

$$I(\theta) = \frac{P_0^2 \omega^4 \sin^2\theta}{32\pi^2 c^3 \epsilon_0 r^2} \qquad (14)$$

이다.

복사의 세기가 ω^4에 비례하므로 높은 진동수의 빛일수록 더 강한 빛을 방출

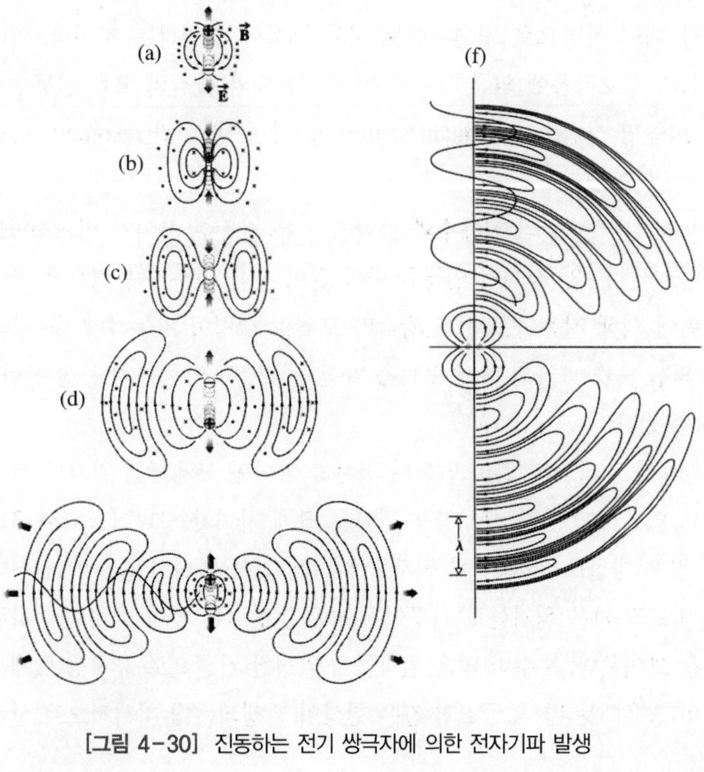

[그림 4-30] 진동하는 전기 쌍극자에 의한 전자기파 발생

함을 알 수 있다. 이것은 앞으로 살펴볼 예정인 파란 하늘과 저녁 노을과 같이 산란에 의해 색이 결정되는 현상에 대한 설명에서 매우 중요한 원인이 된다.

(3) 산란(Scattering)

빛이 매질과 상호작용하는 것은 강제진동으로 볼 수 있다는 사실을 살펴보았다. 매질의 크기가 빛의 파장보다 현저하게 작으면 매질(보통은 원자나 분자) 전체에 같은 크기의 전기장이 가해진 것으로 생각할 수 있다. 이러한 경우에 매질은 하나의 쌍극자로 근사시켜 볼 수 있다(Rayleigh 산란, 쌍극자 산란 영역이라 함). 한편, 매질의 크기가 파장보다 크면 매질의 위치마다 전기장이 다른 값을 가지기 때문에 복잡한 상호작용이 일어난다.

일반적으로 사방으로 빛을 퍼뜨리는 것을 산란이라고 한다. 산란이 일어나는 가장 근본적인 이유는 전자기파가 원자나 분자에 입사하게 되면 시간에 따라 변하는 전기장이 원자나 분자 내의 전자를 진동시키고 진동하는 전자는 쌍극자가 되어 사방으로 빛을 재방출하기 때문에 일어나는 것이다. 이때 빛과 물질과의 상호작용에 의한 산란은 빛의 진동수와 물질의 고유 진동수에 따라 크게 비공명 산란(nonresonant scattering)과 공명 산란(resonant scattering)으로 나눌 수 있다.

비공명 산란은 빛의 진동수와 물질의 고유 진동수 차이가 비교적 클 때 일어난다. 이것은 앞 절에서 언급한 바와 같이 빛을 외부 구동력으로 물질은 이 구동력에 의해 진동하는 전기 쌍극자 모델로 설명이 가능하다. 즉 쌍극자 진동에 의한 도넛 모양의 방사 출력을 가진 전자기파 방사를 비공명 산란이라고 말할 수 있다.

산란체가 원자들이 멀리 떨어져 있는가 아니면 고체처럼 원자나 분자가 밀접하게 있느냐에 따라 상호작용 결과는 크게 차이가 난다. [그림 4-31]은 희박한 원자 매질로 된 경우에 원자들에 의해 빛이 일회성 산란이 일어나는 경우와 비교적 많은 원자들로 이루어진 경우에 산란된 빛이 다시 산란하는 다중 산란을 보여준다. 무수히 많은 원자들이 일정한 간격으로 규칙성 있게 배열된 고체의 경우에는 반사, 굴절과 같은 현상이 발생되는데 미시적으로 산란의 관

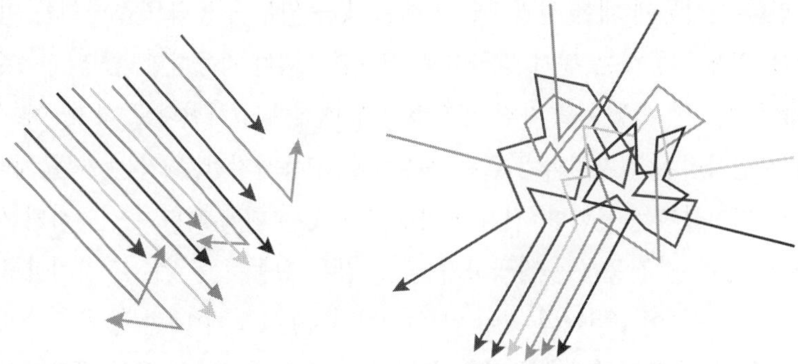

(a) 단일 산란 (b) 다중 산란

[그림 4-31] 단일 산란과 다중 산란

점을 적용할 수 있지만 거시적으로 호이겐스 원리를 적용하면 쉽게 설명이 된다. 이에 대해서는 추후에 살펴보자.

공명 산란은 빛의 진동수와 물질의 고유 진동수가 같아서 빛을 흡수해서 전자의 진폭이 엄청나게 커지는 경우이다. 이를 양자역학적으로는 낮은 에너지 상태에서 높은 에너지 상태로 양자 뜀을 하는 것으로 설명한다. 공명인 경우에 입사되는 빛 에너지를 매우 효과적으로 사방으로 퍼뜨리거나 열 에너지로 전환되기 때문에 원래 진행 방향으로 전파되는 에너지는 현저하게 떨어진다.

(4) 반사와 굴절(호이겐스 원리 사용 - 미시적 산란 관점)

산란체의 크기가 파랑에 비하여 매우 크고 표면이 매끄러우면, 산란보다는 정반사와 굴절이 일어난다. 이 경우에도 미시적 관점에서 보면 강제진동에 의한 복사 현상으로 반사와 굴절을 취급할 수 있다.

광이 유리창과 같은 밀한 물질에 입사할 때 빛의 일부는 물질의 표면에서 반사되고 일부는 굴절된다. 굴절률이 1보다 큰 대부분의 물질 내에서 광은 진공보다 느리게 진행하고 파장은 진공에서보다 짧아지게 된다. 또한 진공 중에서는 모든 진동수의 광이 c의 속력으로 진행하지만 물질 내에서는 진동수에 따라 진행하는 광의 속력이 달라지기 때문에 백색광이 물질 내를 진행하면 각 진동수의 광이 나뉘어지는 분산 현상이 나타나게 된다.

이러한 현상들에 대한 전반적인 이해는 빛을 외부 구동력으로 물질은 이 구동력에 의해 진동하는 전기 쌍극자로 취급함으로써 가능하다. 공명 진동수에서 많이 벗어난 진동수를 가진 전자기파가 매질에 입사한다고 하자. 이 경우 전자는 입사하는 전자기파와 같은 진동수로 진동하지만, 원자는 들뜬 에너지 상태로 전이하지는 못한다. 전자가 양전하를 갖는 핵에 대하여 진동하기 시작하면, 이것은 곧 진동하는 쌍극자가 되고, 같은 진동수를 갖는 전자기파를 방출한다. 예를 들어 10 Hz의 빛이 입사하면 전자는 1초에 10번 진동을 하게 되고 10 Hz의 이차 전자기파를 방출하게 된다. 즉 빛과 상호작용하는 각각의 원자, 분자들은 호이겐스 원리에서 도입된 점광원의 역할을 하게 되는 것이다.

광이 물질에 입사하면 [그림 4-32]와 같이 각각의 원자, 분자들은 위와 같은 쌍극자 진동을 하면서 이차 전자기파를 방출하게 되고, 특히 표면 원자들에 의해 방출된 것 중 물질 외부로 진행하는 이차 전자기파가 바로 반사광이 된다.

우리가 물체의 색, 형태를 인지하는 것은 여러 원자에 의해 사방으로 퍼져 나가는 쌍극자 복사에 의한 광이 눈에 들어오기 때문이다. 이때 표면의 여러 원자의 쌍극자 복사가 사방으로 퍼져 나가는 현상을 난반사라 한다. 물체에 입사하는 햇빛이나 형광등 등의 빛이 한 방향으로만 진행하는 것이 아니기 때문에 물체의 표면이 매끄럽다고 해도 사방으로 반사가 일어난다. 만약 [그림 4-32]와 같이 광이 한 방향으로만 진행하고 표면이 매우 매끄러운 통제된 상황속에서는 이웃한 쌍극자 복사 사이의 간섭으로 인해 다른 방향의 빛은 상쇄되고 반사 법칙에 따르는 반사각쪽에서만 광이 존재하게 된다.

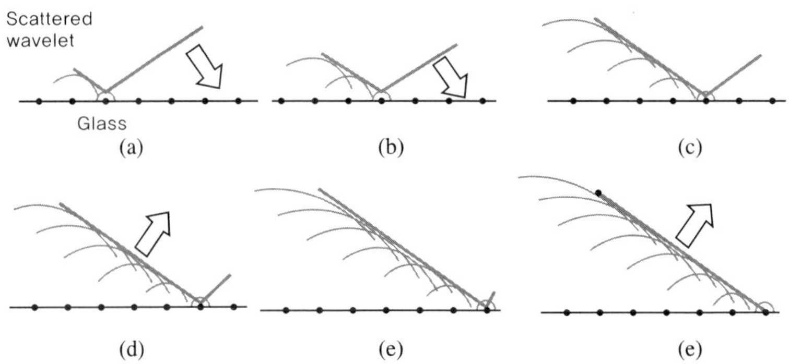

[그림 4-32] 표면에 있는 원자들이 강제 진동에 의해 발생된 반사파

반사되는 광의 세기는 쌍극자 복사의 방사 출력에 의해 결정되고 이것은 물질의 진동수와 입사각의 함수이다. 물질의 고유 진동수와 광의 진동수가 많이 차이가 나는 경우 입사광의 에너지 중 아주 작은 양만 쌍극자를 유도하는 데 쓰이고 나머지는 물질 내를 투과하게 된다. 따라서 극히 작은 에너지만 반사된다. 유리창에서는 수직으로 입사된 빛 에너지 중 약 4%만이 반사한다.

표면에서 방출된 쌍극자 복사광 중 물질 내부로 진행하는 광은 원래의 입사광과 합해져 굴절광(또는 투과광)이 된다. 이 굴절광이 다시 다음 원자를 구동시키고 이것에 의해 방출된 이차 전자기파는 처음의 굴절광과 합해지면서 다시 새로운 굴절광이 된다. 물질 내부에서 쌍극자 복사에 의한 반사광이 존재하지 않는 것은 호이겐스-프레넬 원리와 동일하게 이웃한 원자들에 의한 복사가 광의 진행 방향을 제외하고 나머지 방향에서는 모두 상쇄 간섭을 일으키기 때문이다.

이와 같은 과정을 반복하면서 진행하는 굴절광은 진동자의 감쇄항에 의해 입사광 에너지의 일부가 소모되는 것 이외에 입사광과 중요한 차이점을 갖게 된다. 이것은 물질 내에서 빛의 속도가 느려지는 현상으로 나타나게 된다. 속도가 느려지는 현상은 전자의 진동에 의해서 방출되는 이차 전자기파가 입사광과 동일한 위상을 갖지 않기 때문에 발생한다. 이차 전자기파와 입사광 사이의 위상차는 고전 역학적으로 외부 구동력과 이것에 대한 물체의 반응 사이의 위상차 [그림 4-25]와 같은 맥락으로 이해될 수 있다. [그림 4-33]은 물질의 고유 진동수와 외부 구동력의 진동수에 따른 외부 구동력과 원자의 반응 사이의 위상차를 나타낸 것이다.

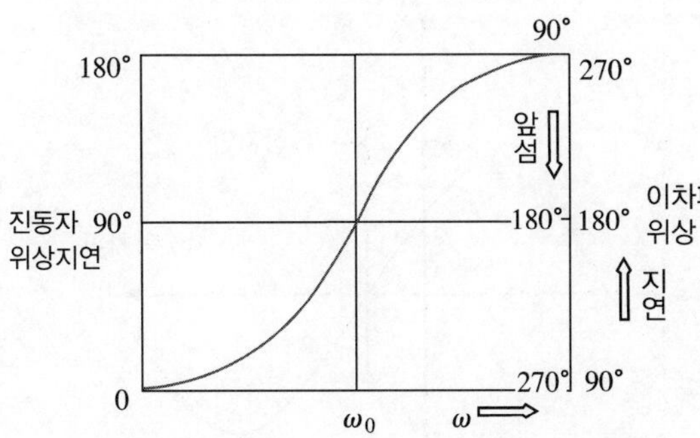

[그림 4-33] 외부 구동력에 따른 2차파의 위상

[그림 4-34]는 입사광과 이차 전자기파, 그리고 이들의 합성파인 굴절광을 나타낸 것이다. 입사광과 이차 전자기파가 합해져 굴절광이 형성될 때 이 둘의 진폭도 고려되기 때문에 그림에서 보듯이 입사광과 이차 전자기파 사이의 위상차가 입사광과 굴절광 사이의 위상차와 같지는 않다. 하지만 여기서 중요한 점은 물질을 통과하는 굴절광은 입사광과 위상차를 갖는다는 것이다. 따라서 굴절률이 1보다 큰 물질 내의 어떤 지점을 굴절광이 통과하기 위해선 입사광보다 시간 지연이 생기게 된다.

진공 중의 어떤 점 p에서의 전기장을 $E_p(t) = E_0\cos \omega t$라고 할 때, 점 p가 매질 내에 있다면 그 지점에서의 전기장은 $E_p(t) = E_0\cos(\omega t - \phi)$이다. 여기서 ϕ는 입사광과 굴절광 사이의 위상차로 여러 원자를 통과해 가면서 누적된 것이다. 진공 중에서 p점을 통과하는 전기장과 같은 위상의 전기장이 매질 내의 p점을 통과하기 위해선 $\dfrac{\phi}{\omega}$시간 만큼 더 기다려야 한다.

입사광과 굴절광 사이의 위상차는 이와 같이 물질 내에서 광의 속도가 진공에 비해 느려지는 것뿐만 아니라 물질 내에서 파장이 짧아지는 원인을 제공한다.

다음은 물질 내에서 광의 파장이 짧아지는 과정을 설명한 것이다. 입사광이 매질에 입사했을 때 광에 의해 진동을 시작하게 되는 최초의 원자는 이차 전자기파를 방출하고 이 둘의 합성(입사파 + 이차 전자기파)에 의해 입사광과 ϕ의

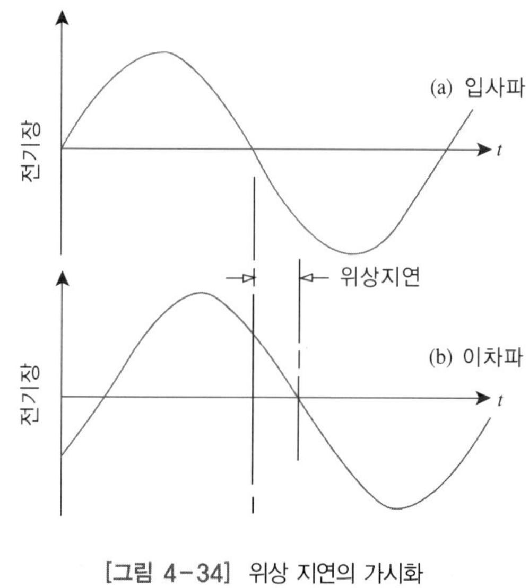

[그림 4-34] 위상 지연의 가시화

위상차를 갖는 굴절광 1이 형성된다. 굴절광 1은 다음 원자에 입사광으로 작용하고 이것에 의해 원자는 다시 이차 전자기파를 방출하고 굴절광 2가 형성된다. 굴절광와 입사광의 위상차는 입사광의 주파수와 원자의 고유 주파수의 함수이므로 굴절광 2는 입사광(굴절광 1)에 대해 역시 ϕ의 동일한 위상차를 갖게 되고 처음의 입사광에 대해 2ϕ의 위상차를 갖게 된다. 많은 원자들을 통과하면서 이러한 위상차는 점차로 누적되어 파장이 짧아지는 효과로 나타나게 된다.

[그림 4-35]는 이 과정을 좀 더 구체적으로 가시화하기 위하여 4개의 원자에 의해 입사광과 굴절광 사이에 $\pi/2$의 위상 지연이 생기는 경우를 나타낸 것이다. 각 원자에 의해 입사광과 굴절광 사이에는 $\pi/8$만큼의 위상차를 갖는다. 첫 번째 원자에 의한 굴절광 1은 입사파와 $\pi/8$만큼의 위상 지연을 갖고 두 번째 원자에 의한 굴절광 2는 입사광으로 작용하는 굴절광 1과 역시 $\pi/8$만큼의 위상 지연을 갖는다. 결과적으로 최초 입사파와 굴절광 2 사이에는 $2\pi/8$의 위상 지연이 생기게 된다. 이와 같은 과정을 통해 세 번째 원자에 의해 $3\pi/8$, 네 번째 원자에 의해 $4\pi/8$의 위상 지연을 입사파에 대해 가지게 되고 [그림 4-35]에서 보듯이 물질 내 에서 파장이 진공 중에서의 파장, 즉 입사파의 파장보다 짧아지는 것을 알 수 있다. 입사광은 매질이 없는 경우를 가정하여 그린 것이다. 매질을 통과한 후에 굴절광으로 표시된 광은 매질을 통과하고 나면 다시 원래의 파장으로 되고 매질이 없었을 때의 입사광과 비교하여 볼 때 위상차가 나는 것을 볼 수 있다.

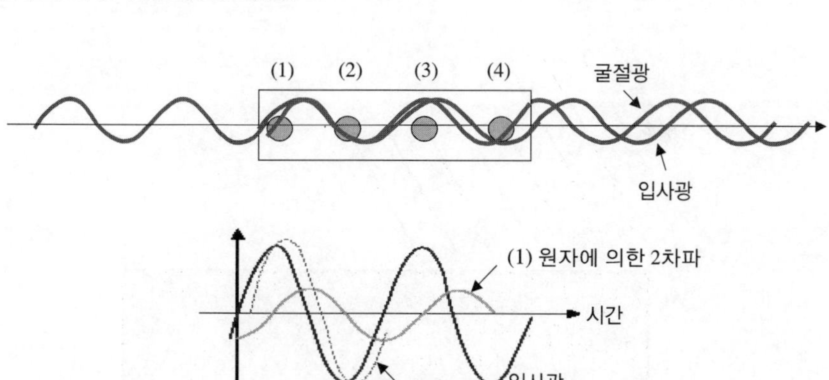

[그림 4-35] 위상 지연의 가시화 모델

물질 내에서 빛의 속도가 진동수에 따라 달라지는 현상, 즉 분산의 원인은 역시 같은 이유로 설명할 수 있다. 입사광과 이차 전자기파 사이의 위상차는 [그림 4-33]에서 보듯이 외부 구동력 진동수의 함수이다. 유리와 같은 매질의 고유 진동수는 자외선 영역이기 때문에 보라색 빛이 빨강색 빛보다 매질의 고유 진동수에 더 가깝고 이것은 보라색 빛의 경우 더 큰 위상 지연이 생김을 의미한다. 따라서 물질 내에서 보라색 빛은 빨강색 빛보다 물질 내에서 더 느리게 진행하게 된다. 같은 원리로 굴절률이 1보다 작은 경우에는 위상이 앞서 진공 중에서 보다 위상 속도가 빠른 현상이 발생한다. 위상 속도는 실제 정보를 전달하는 속도가 아니므로 얼마든지 광속도보다 빠를 수 있다.

[그림 4-36]과 같이 물질에 비스듬하게 어떤 입사각을 가지고 입사하게 되면 특정한 방향으로 꺾이게 되는데, 굴절각을 구하는 방법은 다음과 같다. 경계면상의 한 점에서 보면, 입사파, 반사파, 굴절파 모두가 존재하는 것으로 볼 수 있고 너무나 당연한 사실은 중첩의 원리에 의해 한 지점에서는 하나의 함수 값만 존재해야 하므로 파동 함수가 경계면에서 연속이어야 한다. 굴절률이 주어진 매질 1과 2에서 파장 λ_1과 λ_2가 결정되므로 경계에서 파동 함수 값이 같아야 되는 조건(경계조건)으로 부터 [그림 4-37](b)와 같이 파면이 연결되어 그려져야 한다.

$$\sin\theta_i = \frac{\lambda_1}{a} \quad \sin\theta_t = \frac{\lambda_2}{a} \text{ 식으로부터 } \lambda_1 = \frac{\lambda_0}{n_1} \text{ 과 } \lambda_2 = \frac{\lambda_0}{n_2}$$

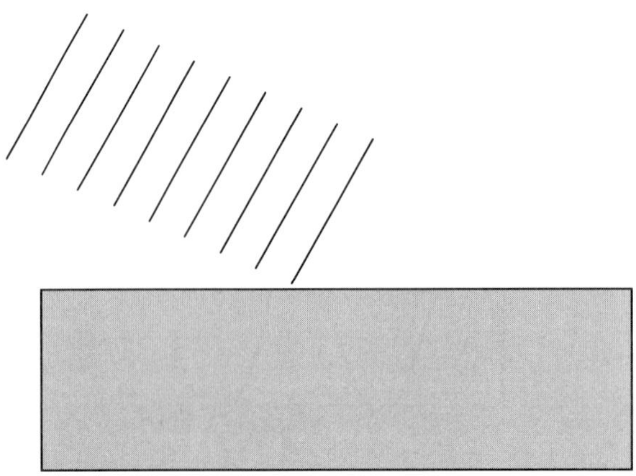

[그림 4-36] 물질에 비스듬하게 입사각을 가지고 입사하는 경우

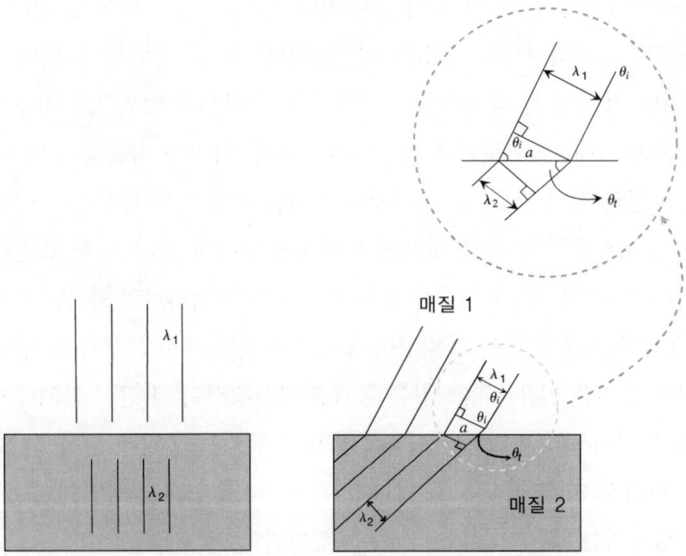

(a) 굴절률이 다른 매질 내에서 파면의 변화 (b) 두 매질의 경계에서 파동 함수가 연속이 되기 위해서 파면을 돌려야 하는 각도

[그림 4-37] 경계에서 파동 함수의 연속 조건을 이용한 굴절 법칙 유도

를 이용하면 스넬법칙이 된다. [그림 4-37](a)와 같이 두 매질에서 파장이 변한다면, 이들이 기울어졌을 때 경계면에서 파면이 연속이 되기 위한 각은 [그림 4-37](b)와 같이 유일하게 결정된다. [그림 4-37](a)인 파면들의 각도를 돌려가면서 입사각과 굴절각을 맞추어 보는 것은 흥미 있는 연습이 될 것이다.

4-4 여러 가지 물체의 색

(1) 유리는 왜 투명한가?

유리는 전자의 여기에 대한 자외선 영역의 공명 에너지 준위를 가지고 또한 분자의 진동으로 인한 적외선 영역의 공명 진동수를 갖는다. 따라서 자외선이나 적외선이 유리에 입사하게 되면 전자나 분자는 공명 현상을 일으키며 들뜬 에너지 준위로 양자 뜀을 하게 되고, 이 들뜬 에너지는 소모 흡수되어 열 에너지 등으로 변하게 된다. 결과적으로 자외선이나 적외선은 유리를 통과할 수 없다.

그러나 가시 광선 영역은 고유 진동수에서 벗어나 있으므로 비공명 산란이 일어난다. 이때 가시 광선과 산란자의 진동수 차이는 비교적 크기 때문에 산란된 파열의 방사 출력, 즉 반사광의 세기는 아주 작고 대부분의 에너지는 유리를 그대로 투과해 가기 때문에 투명하게 보이게 된다. 유리 표면에서 산란에 의해 반사되는 방사 출력은 수직 입사인 경우 입사파의 약 4% 정도이다.

따뜻함을 느끼게 하는 적외선이 통과할 수 없음에도 불구하고 여름날 차 안이 몹시 뜨거운 이유는 유리창을 통과한 가시광선이 차 안의 물체에게 에너지를 잃고 적외선의 형태로 재방출되어 다시 유리를 통과해 나올 수 없기 때문이다. 따라서 차 안의 온도를 낮추기 위해 가시광선의 전영역에 걸쳐 공명 흡수를 일으키는 얇은 비닐막을 씌우는 썬팅이 많이 이용된다.

(2) 하늘이 파란 이유

대기층과 같이 희박한 원자나 분자로 되어있는 경우에 산란은 일회성 산란으로 생각할 수 있고, 특히 이 경우에 원자나 분자를 쌍극자 복사로 고려할 수 있기 때문에 파란 하늘과 붉은 저녁 노을은 산란으로 설명할 수 있다. 이와 같이 원자나 분자의 크기가 빛의 파장보다 매우 작은 경우의 산란을 레일리(Rayleigh) 산란이라고 한다. 태양에서 방출된 가시광선 영역의 전자기파의 세기가 파장에 따라 약간은 다르지만 거의 같다고 고려하면, 가시광선 영역의 진동수에 따라 같은 힘을 받으면서 강제 진동하는 쌍극자들로 질소 분자나 산소 분자를 생각할 수 있다. 이럴 경우에 우리는 진동수의 4제곱에 비례하여 산란을 강하게 시키는 것을 이미 살펴보았다. 따라서 맑은 날 정오쯤 태양을 직접 보지 말고 다른 각도의 하늘을 보면 [그림 4-38]과 같이 아주 아름다운 파란 하늘을 볼 수 있다. 파장이 짧은, 즉 진동수가 큰 파란색 계통의 빛이 더 많이 산란되기 때문이다. 원리적으로는 보라색 하늘이 보여야 하지만 태양으로부터 온 광이 보라색은 매우 약하고 우리 눈 또한 보라색에 대해서는 감도가 작기 때문에 파란색이 우세해 보인다.

[그림 4-38] 파란 하늘

(3) 일몰이 붉은 이유

일몰이나 일출시에는 빛이 대기를 통과하는 거리가 길어진다. 따라서 원래 백색광이던 빛이 지구 표면에 도달할 때쯤이면 공기 중에서 많이 산란되는 파란색 광보다 대기 중에서 적게 산란되는 붉은색 광이 많이 통과하게 되어 [그림 4-39]와 같이 일몰이 빨갛게 보이는 것이다. 즉 하늘이 푸른 이유나 일몰이 붉은 이유는 같은 원인으로 파란색 광보다 붉은색 광이 덜 산란되기 때문이다.

우리 시계로 정오쯤에 우리나라에서는 파란 하늘을 보지만 LA에서는 아름다운 붉은 노을이 보일 것이다.

(4) 물은 투명한데 수증기는 흰색인 이유

물은 적외선 영역의 공명 진동수를 갖기 때문에 유리에서와 마찬가지로 가시광선에 대해서는 약한 비공명 산란이 일어나고 결과적으로 투명하게 보인다. 하지만 끓는 물에서 나오는 수증기나 구름은 투명하지 않고 희게 보인다. 이것은 수증기나 구름을 이루고 있는 물방울들이 굴절률이 다른 공기 중에 떠 있기 때문에 경계면에서 여러 차례 반사와 굴절을 일으켜 표면에서만 반사가 일어나는 일반적인 물과는 달리 산란되어 우리 눈에 들어오는 광량이 많아지게 되기 때문이다. 또한 물방울은 크기가 크기 때문에 내부의 여러 개의 쌍극자가 균일한 구동력을 받는다고 볼 수 없고 따라서 이들 쌍극자들에 의한 산란광의

[그림 4-39] 저녁 노을

파장 의존성은 없어지게 되어 푸른색이 아니라 흰색으로 보여지게 된다.

이러한 이유로 인해 담배를 피울 때 내뿜는 연기가 푸른색이 아니라 흰색으로 보이게 된다. 즉 내뿜기 전에 담배 연기는 작은 입자들로 구성되어 레일리(Rayleigh) 산란에 의해 푸른색을 띠지만 내뿜는 연기에는 물분자 등이 합쳐져 크기가 커지기 때문에 구름과 마찬가지로 흰색을 띠게 된다.

[그림 4-40]과 같이 흰구름이 보이는 것은 산란자들이 커지고 뭉치기 때문에 다중 산란이 일어나고 그에 따라 파장 의존성이 현저히 떨어지기 때문이다. 따라서 태양광의 모든 진동수의 빛이 산란되어 우리 눈에 들어오면 희게 보인다.

[그림 4-40] 흰구름

(5) 아크릴을 사포로 문질렀을 때 왜 하얗게 보이는가?

아크릴도 물과 마찬가지로 고유 진동수가 가시광선의 진동수와 멀기 때문에 아크릴로 입사되는 가시광선은 파장의 전영역에 걸쳐 아주 작은 양만이 반사되고 대부분은 투과된다. 즉 투명하게 보이는 것이다. 하지만 아크릴을 사포로 문질렀을 때 투명하지 않고 하얗게 보이는 이유는 구름의 경우 물방울이 굴절률이 다른 공기 중에 떠 있게 되어 여러 번의 반사와 굴절로 인해 눈에 들어오는 광량이 증가하는 것과 유사하게 이해할 수 있다. 아크릴을 사포로 문지르면 표면이 거칠어지게 되고 굴절률이 다른 공기와의 경계면이 많이 생기게 된다. 따라서 [그림 4-41](b)와 같이 물질을 통과한 광이 다시 반사가 될 수 있기 때문에 반사 광량이 증가하게 되며 난반사가 일어나기 때문이다. 이는 종이가 하얗게 보이는 원리와 동일하다.

(6) 물에 젖은 옷이나 땅은 왜 어둡게 보일까?

우리는 마른 땅에 비해 비온 뒤 젖은 땅이 더 어두워 보이는 현상을 본 적이 있을 것이다. 물 때문에 땅이 더 어두워 보이는 이유는 무엇일까?

이것은 아크릴을 사포로 문질렀을 때 하얗게 보이는 것과 반대 경우로 생각하면 이해하기 쉽다. 물이 없는 경우에는 위의 [그림 4-41](b)와 같이 거칠은 표면에서 여러 번의 반사가 일어나지만 물이 있는 경우에는 [그림 4-41](a)와 같이 표면이 매끄러워져 반사되는 광량이 줄어들게 된다. 그리고 투과된 빛이 있더라도 다시 반사되어 나오는 과정에서 다시 한 번 경계면을 만나고 내부로 반사되기 때문에 더욱 반사광의 세기는 약해진다.

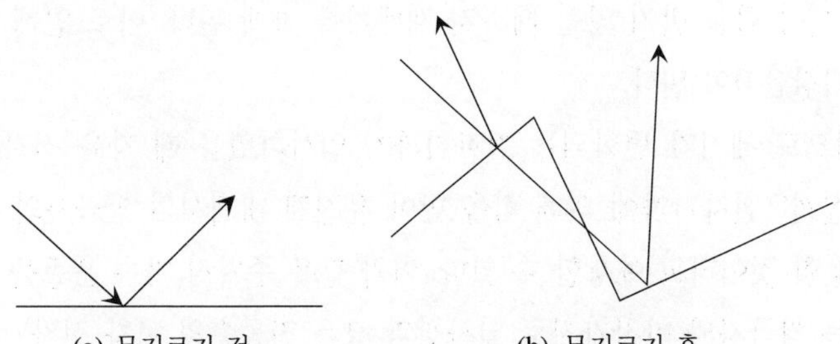

(a) 문지르기 전 (b) 문지르기 후

[그림 4-41] 사포로 문지르기 전후의 아크릴 면에서 반사

(7) 물은 투명한데 바다는 푸른 이유

물 분자는 적외선 영역의 공명 진동수를 갖기 때문에 유리에서와 마찬가지로 가시광선에 대해서는 약한 비공명 산란이 일어나고 결과적으로 투명하게 보인다. 햇빛을 쪼였을때 물의 온도가 올라가는 것은 물분자가 적외선과 공명을 일으키고 이 들뜬 에너지가 소모 흡수되어 열 에너지로 전환되기 때문이다. 물분자가 가시광선에 대해 비공명 산란을 일으키지만 적외선과 가까운 붉은색 광에 대해서는 매우 적은 양이지만 공명을 일으키기 때문에 빨간색 광도 약간의 흡수가 일어나게 된다. 따라서 물속에서는 푸른색 광이 붉은색 광보다 더 깊은 곳까지 진행할 수 있다. 깊은 물속에서는 붉은색 광이 없기 때문에 물 밖에서는 붉은색을 띤 생물들이 물속에서는 검게 보이게 된다.

바다에서 붉은색 광의 흡수가 일어난다고 해도 바다가 균질한 물질로만 이루어졌다면 깊은 바다나 얕은 개울물이나 똑같이 투명할 것이다. 그러나 바다는 염류의 농도나 수온이 깊이 따라 다르기 때문에 수없이 많은 경계면을 갖고 있다고 볼 수 있고 따라서 물속을 진행하면서도 여러 번의 반사와 굴절을 경험하게 된다. 염류의 농도나 수온도 여러 가지 기상 조건에 의해 변화되기 때문에 푸르긴 하지만 조금씩 다른 바다색을 경험하게 되는 것이다.

(8) 금속의 광택

금속의 여러 가지 특성들은 자유 전자에 그 원인이 있다. 금속의 광택은 금속 표면에서 반사되는 광량이 많기 때문이고 이것 역시 자유 전자의 활동에 기인한다. 정전기장에 금속을 두게 되면 자유 전자들은 전기장에 의해 힘을 받게 되고 더 이상 힘을 받지 않을 때까지 재배치를 하게 된다. 이로 인해 금속 내부의 전기장은 0이 된다.

주기적으로 세기가 변화되는 전자기파가 입사하였을 때 자유 전자는 어떻게 행동할까? 전자기파에 의해 힘을 받아 유전체 내에서의 쌍극자와 같이 주기적 진동할 것이라고 예상할 수 있다. 이와 같은 주기적 가속 운동을 통해 자유 전자는 쌍극자와 마찬가지로 입사광과 같은 진동수의 이차 전자기파가 방출하게 된다. 방출된 이차 전자기파 중 많은 양이 금속 바깥으로 진행하는 반사광이 되고 극히 일부가 금속 내부로 들어간다.

금속 내부로 들어간 광은 다음 층의 자유 전자에게 구동력으로 작용하게 된다. 이 전자 역시 이차 전자기파를 방출하게 되고 그 중 일부는 반사광이 된다. 즉 광이 금속을 진행할 때 자유 전자들의 가속 운동에 의해 계속해서 반사광이 생기게 되어 이상적인 도체인 경우 입사광의 100%가 반사되게 된다. 하지만 실제로는 진동하는 전자와 격자들(양이온을 말함)과의 충돌로 인한 줄열 에너지 소모 때문에 100%의 반사가 일어나지는 않는다.

(9) 색유리

붉은색이나 푸른색의 색유리를 만들기 위해선 보통 유리의 주성분인 이산화규소(SiO_2)에 철, 코발트, 니켈과 같은 금속 원소를 첨가시킨다. 이와 같이 첨가된 원소들에 의해 색유리의 에너지 준위 구도는 유리의 그것과는 달라지게 된다. 유리의 에너지 준위 구도는 가시광선 전 영역에 대해 투명하지만 금속 원소가 첨가된 색유리는 우리에게 보여지는 색에 해당되는 파장에 대해서만 투명하다. 즉 빨간 색유리의 경우 빨간색 광만을 거의 투과시키게 된다. 이 파장을 제외한 나머지 가시광선 영역은 색유리 내의 산란자와 공명을 일으키고, 들뜬 에너지는 물질 내에서 소모 흡수되기 때문에 유리를 통과할 수 없다.

(10) 붉은 장미 꽃잎과 같은 일반적인 불투명한 물체의 색깔

붉은 장미 꽃잎의 원인은 붉은색 색유리와 원리적으로 유사하다. 즉 꽃잎에서는 색유리와 마찬가지로 붉은색을 제외한 나머지 파장에 대해서는 공명 산란에 의한 소모성 흡수가 일어난다.

그럼에도 불구하고 붉은색 광에 대해서조차 꽃잎이 불투명한 이유는 색유리의 산란자의 개수보다 꽃잎의 산란자의 개수가 많기 때문이다. 표면에서 많은 산란자들의 쌍극자 진동을 유도하는 데 많은 입사광의 에너지가 쓰이므로 꽃잎을 투과해 가는 굴절광은 거의 없게 된다.

4-5 도플러 효과

(1) 도플러 효과란?

크리스티안 요한 도플러 (Christian Johann Doppler, 1803~1853)

기적소리나 사이렌을 울리면서 멀리서 다가오는 기차나 구급차의 소리를 들으면 다가올 때와 멀어질 때 소리가 틀린 것을 알 수 있다. 다가올 때는 원래의 소리보다 점점 높은 음으로 들리고, 반대로 멀어질 때면 낮은 음으로 들린다. 이러한 현상을 도플러 효과(Doppler effect)라고 한다. 1842년 이 효과를 처음으로 생각했던 오스트리아 사람, 크리스티안 요한 도플러(Christian Johann Doppler, 1803~1853)의 이름을 따라 지어졌다. 이러한 도플러 효과는 소리뿐만이 아니라 모든 파동에서 나타난다.

(2) 소리의 도플러 효과

음원과 관찰자를 잇는 선분상에서 운동하는 특별한 경우만을 취급하도록 하자. [그림 4-42]는 매질 내에 정지해 있는 기준틀을 선택하고 이 기준틀의 원점에 고정된 음원 S와 속력 v_0를 가지고 음원쪽으로 다가가는 관찰자 O를 나타낸 것이다. 원은 파면(wavefront)을 의미하는 것으로 임의의 시각에 그 매질을 통해 전파되는 음파를 한 파장의 간격으로 그린 것이다. 만약 관찰자도 이

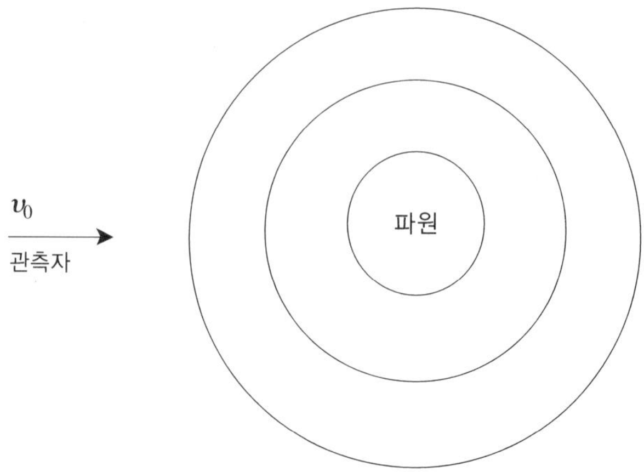

[그림 4-42] 관찰자가 음원을 향하여 다가가는 경우 도플러 효과

기준틀 내에 정지해 있다면 시간 t 동안에 vt/λ개의 파면을 만나게 될 것이다. 그러나 관찰자가 음원쪽으로 다가가기 때문에 $v_0 t/\lambda$개의 음파를 더 많이 받게 된다. 따라서 관찰자가 단위 시간 동안 받은 파수, 즉 진동수는 다음과 같다.

$$\nu' = \frac{vt/\lambda + v_0 t/\lambda}{t} = \frac{v+v_0}{\lambda} \tag{15}$$

그리고 $\lambda = v/\nu$이므로

$$\nu' = \nu\frac{v+v_0}{v} = \nu\left(1+\frac{v_0}{v}\right) \tag{16}$$

이다. 음원에 다가가고 있는 관찰자가 듣게 되는 진동수는 음원의 진동수보다 커진다. 반대로 관찰자가 음원으로부터 멀어지는 방향으로 움직이면 각 단위 시간에 관찰자에게 도달하는 파수는 줄어들게 되므로 그 때의 진동수는

$$\nu' = \nu\frac{v-v_0}{v} = \nu\left(1-\frac{v_0}{v}\right) \tag{17}$$

가 된다. 그러므로 음원이 매질 내에 정지해 있고 관찰자가 매질 내에서 운동하고 있을 때 성립하는 일반적인 관계식은 다음과 같다.

$$\nu' = \nu\left(1 \pm \frac{v_0}{v}\right) \left(\begin{array}{l} +\text{: 관찰자가 음원으로 다가가는 경우} \\ -\text{: 관찰자가 음원으로부터 멀어지는 경우} \end{array}\right) \tag{18}$$

관찰자가 정지해 있고 음원이 관찰자에게 다가오거나 멀어지는 경우에도 도플러 효과가 생긴다. 그 이유는 [그림 4-43]에서와 같이 음원이 진행하는 파두의 뒤를 쫓고 있어서 파두들이 밀집해 오기 때문이다. 왼편에 있는 관찰자는 파장이 커진다. 즉 진동수가 줄어든다.

파의 전파 속도가 v이고 음원의 운동 속도가 v_s라고 하자. 음파가 $\lambda = v/\nu$만큼 다가 올 때 음원이 v_s/ν만큼 다가오므로 결국 파두와 다음 파두 사이의 거리, 즉 파장은 $\lambda' = v/\nu - v_s/\nu$로 줄어들게 된다. 따라서 관찰자가 듣게 되는 진동수는

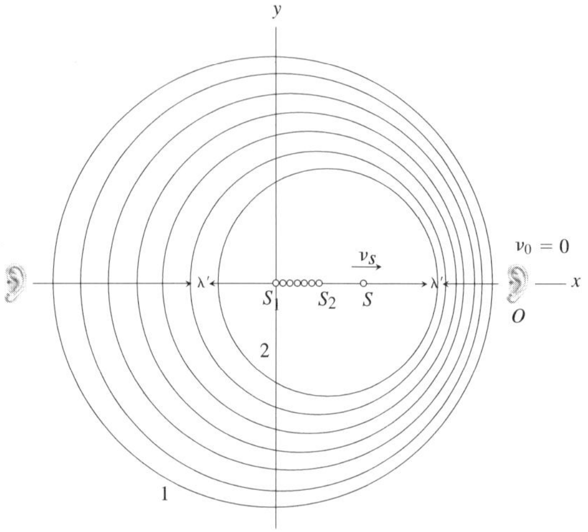

[그림 4 - 43] 음원이 관찰자를 향하여 다가오는 경우 도플러 효과

$$\nu' = \frac{\upsilon}{\lambda'} = \frac{\upsilon}{\upsilon/\nu - \upsilon_s/\nu} = \nu\left(\frac{1}{1-\upsilon_s/\upsilon}\right)$$

가 된다. 음원이 관찰자로부터 멀어진다면 반대로 진동수는 감소할 것이다.

$$\nu' = \frac{\upsilon}{\lambda'} = \nu\left(\frac{1}{1+\upsilon_s/\upsilon}\right)$$

음원이 매질을 통해 운동하고 있을 때 성립하는 일반적인 관계식은

$$\nu' = \nu\left(\frac{1}{1\mp\upsilon_s/\upsilon}\right) \begin{pmatrix} +\text{: 음원이 관찰자로부터 멀어지는 경우} \\ -\text{: 음원이 관찰자에게로 다가가는 경우} \end{pmatrix} \tag{19}$$

이 된다.

그리고 음원과 관측자가 모두 운동한다면 관측자가 듣게 되는 진동수는

$$\nu' = \nu\left(\frac{1\pm\upsilon_0/\upsilon}{1\mp\upsilon_s/\upsilon}\right) \tag{20}$$

가 된다.

(3) 빛에 대한 도플러 효과

빛의 경우는 소리의 경우와 차이가 있다. 소리의 경우는 음원이나 관측자의 기준이 되는 매질이 있지만 빛은 매질이 없으므로 그러한 기준을 정할 수 없다. 즉 관측자로부터 멀어지는 광원과 광원으로부터 멀어지는 관측자를 구분하는 일은 불가능하므로 두 경우 동일한 도플러 진동수 이동이 발생할 것이라는 것을 뜻한다.

1초에 ν_0만큼 똑딱거리면서 그때마다 빛을 내는 광원을 시계로 생각하고 빛의 도플러 효과를 분석해 보자. [그림 4-44]에 나타난 세 가지 경우에 대해서 생각해 보자.

먼저 [그림 4-44](a)에서와 같이 광원과 관찰자를 연결하는 선에 대해 관찰자가 수직 방향으로 움직이는 경우를 살펴보자. 광원에서 똑딱거리는 고유 시간 간격이 t_0일 때 관찰자가 보는 시간 간격은 시간의 상대성 이론에 따르면 $t = t_0/\sqrt{1-v^2/c^2}$ 가 된다. 그러므로 관찰자가 관찰하는 진동수는 다음과 같다.

$$\nu_{가로} = \frac{\sqrt{1-v^2/c^2}}{t_0} \tag{21}$$

즉 빛이 다가오는 방향에 수직으로 운동하는 관찰자는 항상 광원의 원래 진동수보다 작다.

두 번째로 [그림 4-44](b)와 같이 관찰자가 광원에서 멀어지는 경우를 살펴보자. 관찰자는 광원이 한 번 똑딱거리는 사이에 광원에서 vt만큼 멀어진다. 이것은 광원에서 나온 빛이 관찰자에게 도달하는 데는 바로 전에 빛에 비해 vt/c만큼의 시간이 더 걸린다는 것을 의미한다. 따라서 연속된 파의 두 인접한

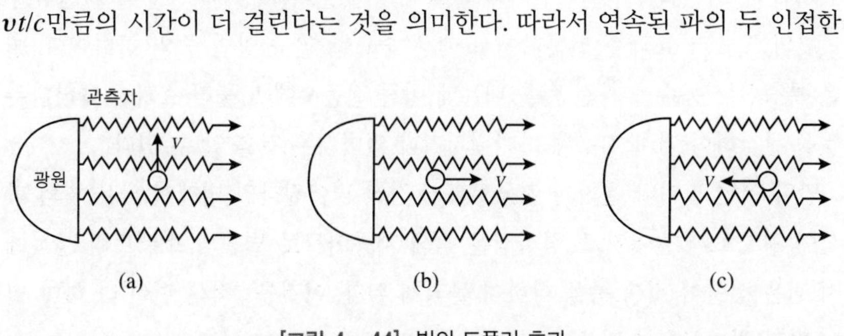

[그림 4-44] 빛의 도플러 효과

파가 도달하는 시간 간격은

$$T = t + \frac{vt}{c} = t_0 \frac{1+v/c}{\sqrt{1-v^2/c^2}} = t_0\sqrt{\frac{1+v/c}{1-v/c}}$$

이며 진동수는

$$\nu_{\text{멀어질 때}} = \frac{1}{T} = \frac{1}{t_0}\sqrt{\frac{1-v/c}{1+v/c}} = \nu_0\sqrt{\frac{1-v/c}{1+v/c}} \tag{22}$$

가 된다. 관찰된 진동수 ν는 광원의 진동수 ν_0보다 작다. 빛의 경우는 광원이 멀어지든 관찰자가 멀어지든 같은 값을 갖는다.

마지막으로 [그림 4-44](c)와 같이 관찰자가 광원에 접근하는 경우를 살펴보자. 관찰자는 광원이 똑딱거리는 시간 간격 농안 vt만큼 광원에 가까워진다. 따라서 광원에서 나온 빛이 관찰자에게 도달하는 데는 바로 전에 나온 빛에 비해 vt/c만큼 시간이 작게 걸린다. 이 경우 $T = t - vt/c$이며 진동수는

$$\nu_{\text{가까워질 때}} = \nu_0\sqrt{\frac{1+v/c}{1-v/c}} \tag{23}$$

이다. 관찰된 진동수는 광원의 진동수보다 커진다. 광원이 관찰자에게 접근할 경우에도 같은 식이 성립한다.

식 (18)과 식 (19)를 종합한 빛의 세로 도플러 효과에 대한 식은 다음과 같다.

$$\nu_{\text{세로}} = \nu_0\sqrt{\frac{1 \pm v/c}{1 \mp v/c}} \tag{24}$$

여기서 v는 광원과 관찰자가 가까워질 때 + 값을, 멀어질 때 − 값을 가진다.

빛의 도플러 효과는 천문학에서 매우 중요한 연구 방법 중의 하나이다. 별은 특정한 진동수를 가진 빛을 내는데 이들 진동수에 도플러 효과가 나타나는 것을 관찰하여 별이 지구에 가까워지거나 멀어지는 것을 알 수 있다.

만일 어떤 별이나 은하가 지구로부터 점점 멀어진다면 별에서 나온 빛의 파장이 평소보다 길어지고, 장파장은 적색 계통이므로 별빛의 스펙트럼 분석에서 검은 선들이 적색 쪽을 향하여 몰리게 된다. 이것을 '적색 편이'라 하며 별이 빨리 멀어질수록 적색 편이는 심해진다.

반대로 별이 가까워지면 별에서 나온 빛의 파장이 평소보다 짧아지고 스펙트럼 선들은 단파장인 보라색 쪽으로 몰린다. 그러므로 우리가 어떤 별의 스펙트럼 분석으로 3차원 공간에서의 별의 속도를 정확하게 계산해낼 수 있다. 현재 각 은하들이 빠르게 지구로부터 멀어지고 있다는 것과 그 속도를 스펙트럼에서 나타나는 도플러 효과로 계산해낼 수 있으며 이것으로 우주가 팽창한다는 결론을 얻어낼 수 있는 것이다.

(4) 충격파

파원의 속도가 파속보다 커지면 식 (15)~(20)에 제시된 도플러 효과에 대한 식은 적용할 수 없다. 이 경우, 파동이 전파하는 속력은 정상적인 위상 속도가 아니며, 파형은 시간이 경과하는 데 따라서 변한다.

만약 파원이 관찰자에게 파속과 같은 속도로 다가온다면, 식 (15)에 의해 도플러 이동된 주파수는 무한대이고 파장은 0이 될 것이다. 그러면 파의 마루는 파원의 바로 앞에서 벗어나지 못하고 쌓여서 [그림 4-45]와 같이 매우 큰 진폭의 파를 형성한다. 이것을 충격파(shock wave)라고 한다.

파원의 속도가 파속보다 커지면 파두의 모습은 [그림 4-46]과 같이 운동하는 물체를 정점으로 한 원뿔 모양이 된다.

[그림 4-46]에서 각 원은 파원이 다양한 위치에서 생성한 구면파를 나타내고 있다. 각 구면파의 반지름은 vt에 해당한다. v는 파의 속력이고 t는 그 파면

[그림 4-45] 충격파

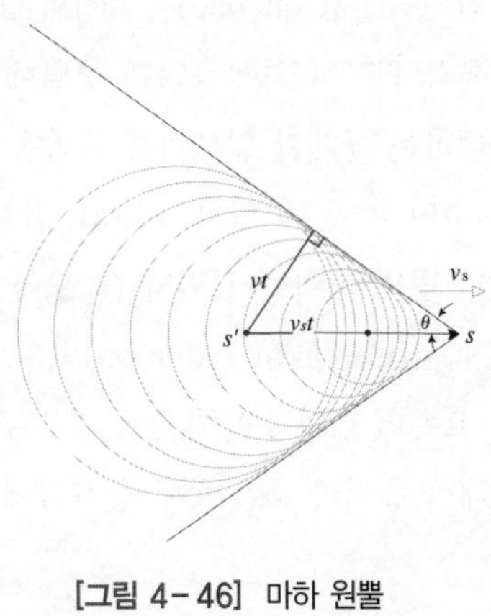

[그림 4-46] 마하 원뿔

(a) 보트가 만드는 충격파

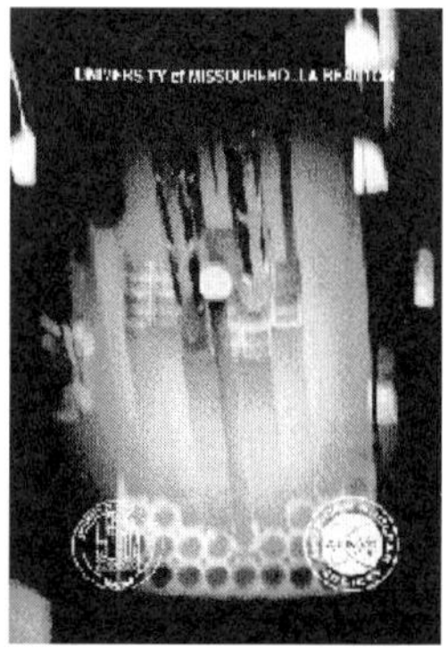

(b) 체렌코프 복사

[그림 4-47] 충격파의 예

을 방출하고 난 후의 시간이다. 이 모든 파면들이 원뿔 모양의 3차원 곡면을 만드는 것을 볼 수 있다. 이 원뿔을 마하 원뿔(Mach cone)이라고 한다.

원뿔의 반각 θ는 마하 원뿔각(Mach cone angle)라고 하며 다음과 같이 주어진다.

$$\sin\theta = \frac{vt}{v_s t} = \frac{v}{v_s} \tag{25}$$

역수 v_s/v를 마하수(Mach number)라고 한다. 종종 음속보다 빠르게 달리는 비행기의 속도를 마하수로 표시한다. 예를 들면 유일한 초음속 수송 비행기인 콩코드(Concode)는 마하수 2의 속도로 날아간다.

충격파는 다양한 물리적 상황에서 발생한다. 대기 중에서 음속보다 빠르게 비행하는 물체가 일으키는 폭발음, 수면 위를 고속으로 달리는 보트가 일으키는 수면 파동 [그림 4-47](a), 전자가 물이나 다른 투명한 매질을, 그 매질에서의 빛의 속력과 같거나 그 보다 빠르게 이동할 경우 빛을 방출하는 체렌코브 복사(Cerenkov radiation) [그림 4-47](b), 거시적으로는 태양에서 방출되는 고속의 입자들인 태양풍이 지구 자기장의 영향권에 들어왔을 때 방출하는 거대한 충격파 등은 모두 충격파에 의한 현상들이다.

Chapter 05

파동으로 취급되는 빛 – 간섭, 회절, 편광, 정상파

[그림 5-1]은 비누방울 표면에 나타난 다양한 색깔의 간섭무늬이다. 이러한 간섭무늬는 매우 얇은 비누방울의 위쪽 면과 아래쪽 면에서 반사된 파동들이 중첩되어 위치에 따라 다른 파장의 빛들이 보강간섭하기 때문에 나타난다. 이밖에도 파동의 중첩 현상으로 설명되어지는 현상들 중에 회절, 편광, 정상파 등이 있다. 이 장에서는 파동의 중첩 원리에 대하여 살펴보고 관련된 자연 현상을 이들을 이용하여 설명하는 방법에 대해 알아보자.

[그림 5-1] 비누방울 표면에 나타난 다양한 색깔

5-1 파동의 중첩

(1) 파동의 중첩 원리

둘 또는 그 이상의 파동들이 공간상의 한 지점에서 만나게 될 때 어떠한 일이 일어나는가에 대한 이해로부터, 편광, 간섭, 회절 등의 현상을 잘 설명할 수 있다.

한 지점에서 두 개의 전자기파가 중첩하게 되면, 그 지점에서 합성파의 전기장의 크기는

$$E(x,t) = E_1(x,t) + E_2(x,t) \tag{1}$$

이다. 이것을 중첩의 원리라고 한다. 즉 어떤 지점에서 파동들이 중첩하면 그 지점에서 함수 값은 개개의 파동들의 함수 값들의 대수적 합과 같다는 의미이다. 한 지점에서는 하나의 함수 값만 존재 가능함을 기억하자. 지구에 도달하는 태양광의 경우에 대략 전기장의 크기가 10 V/cm에 불과하여 중첩의 원리가 잘 적용된다.

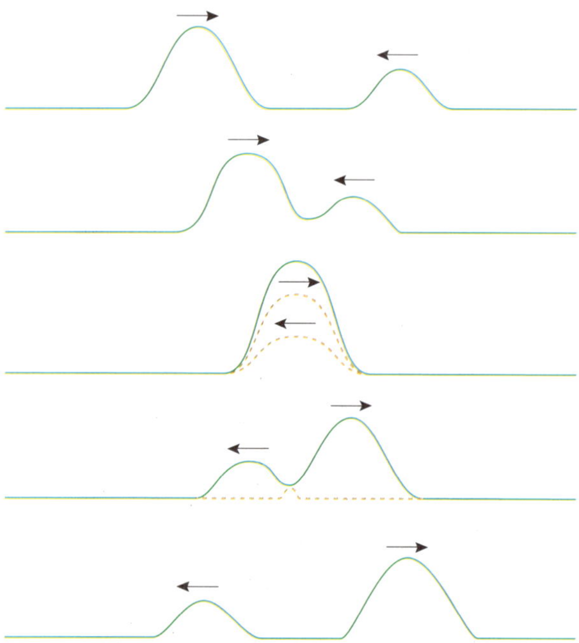

[그림 5-2] 서로 반대 방향으로 진행하는 두 개의 펄스가 진행하는 모습

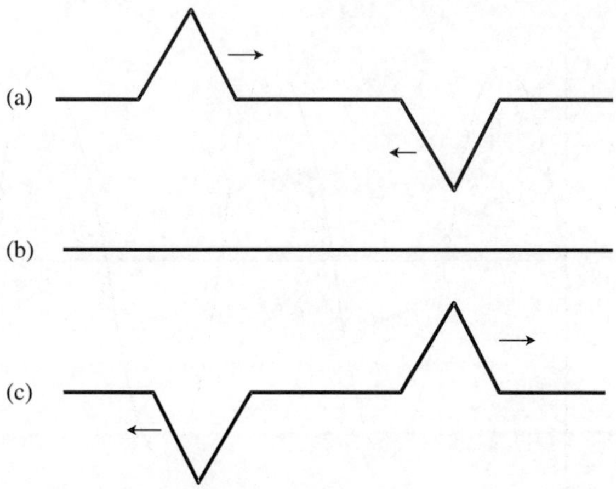

[그림 5-3] 변위의 방향이 반대인 두 개의 펄스가 진행하는 모습

[그림 5-2]와 같이 두 개의 파동들이 만난 후에는 원래의 모양을 가지고 전파하게 된다. [그림 5-3]과 같은 두 개인 줄 파동들이 만나면, 어느 시간에 [그림 5-3](b)와 같이 줄이 평평해져 이 시간 이후에는 파동이 사라질 것이라고 말하는 학생들이 많은데 이 경우에도 시간이 경과하면, [그림 5-3](c)와 같이 원래의 모습이 다시 나타나며 가던 방향으로 전파한다. 일부 학생들은 파동을 입자처럼 생각하여 만난 후에는 반사되어 나온다고 생각하는데 이러한 오개념들을 바로잡아 주어야 한다.

두 개의 파동 함수를 수학적으로 더하는 방법에는 대수적 방법, 위상자 덧셈법 등이 있다. 여기서는 먼저 대수적으로 합하는 방법에 대해서 소개하고 나중에 위상자 덧셈법에 대하여 알아보자.

(2) 대수적 덧셈법

진행하는 두 파동이 서로 중첩될 때 다음과 같은 두 가지의 상황으로 나눠서 생각해 보자. 첫 번째는 [그림 5-4]와 같이 진동수와 위상이 같은 두 파동의 중첩이다. 이때 두 파의 합성 진폭은 $A = A_1 + A_2$가 된다.

두 번째는 [그림 5-5]와 같이 진동수는 같지만 위상이 δ 만큼 다른 두 파동의 중첩이다. 이때 두 파동 사이의 위상차가 δ라고 하면, 한 파동이 $\psi_2 = A_2$

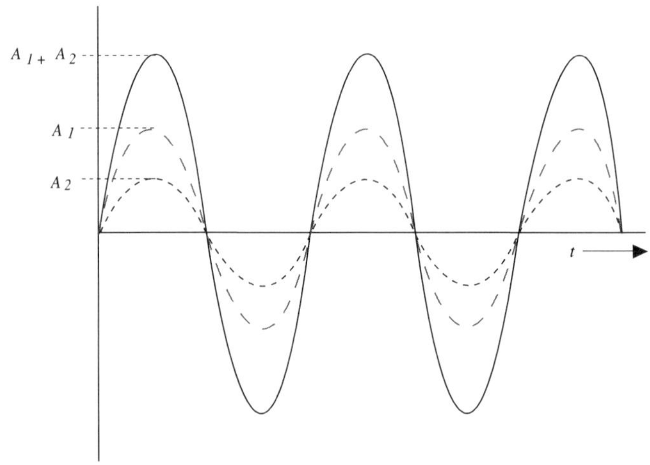

[그림 5-4] 진동수와 위상이 같은 두 파동의 중첩

$\cos(\omega t - kx)$이면, 다른 한 파동은 $\psi_1 = A_1 \cos(\omega t - kx + \delta)$가 된다. 파동과 관련하여 학생들이 매우 어려워하는 개념이 위상차에 대한 것이다. 위상차는 말 그대로 위상의 차이를 말하는 것이다. 두 개 이상의 파동이 있을 때, 특히 회절이나 간섭과 같이 두 개 이상의 여러 파동들이 한 지점에서 중첩될 때 파동들 사이의 위상을 비교할 때 위상차를 사용한다. 일반적으로 아주 쉽게 두 파동의 위상차를 구하는 방법은 $z = 0$, $t = 0$일 때 위상 값을 비교함으로써 위상차를 구하는 것이다. [그림 5-5]에서 파동 2를 기준 파동으로 하여 $t = 0$인 시간에 위상이 0이 되도록 하였다. 그러나 파동 1을 기준 파동으로 하여 $t = 0$인 시간에 위상을 0으로 잡아도 위상차는 불변이다. 다만 수학적인 표현식은 다음과 같이 달라질 것이다.

$$\psi_1 = A_1 \cos(\omega t - kx) \tag{2}$$

$$\psi_2 = A_2 \cos(\omega t - kx - \delta) \tag{3}$$

[그림 5-4]와 [그림 5-5]에서 알 수 있는 것은 같은 진동수를 갖는 파동들이 중첩되면, 합성파 역시 같은 진동수를 가지고 진동한다는 것이다. [그림 5-5]와 같이 위상차가 있으면, 주기가 변할 것 같지만 합성파 역시 그대로 같은 진동수로 진동한다는 사실은 매우 중요하다.

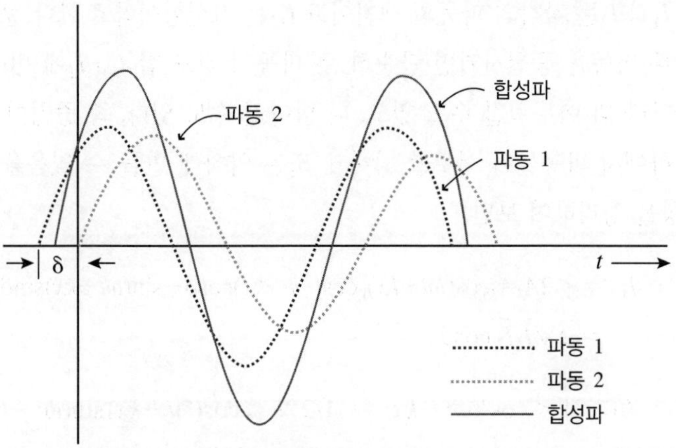

[그림 5-5] 진동수는 같고 위상이 다른 두 파동의 중첩

가시광선에 대한 전자기파의 진동수는 10^{14} Hz 정도로 매우 크기 때문에 우리 눈은 시간에 따라 변하는 전기장을 직접 측정하지 못하고 시간에 대한 평균값을 측정하게 된다. 따라서 우리 눈은 합성파의 세기(또는 강도), 즉 진폭의 제곱에 비례하는 양을 측정하게 된다.[1] 따라서 두 파동의 합성파의 세기 I는 다음과 같이 구할 수 있다.

$$I \propto \langle(\psi_1+\psi_2)^2\rangle \tag{4}$$

여기서 <>는 시간에 대한 평균을 의미한다. 실제로 식 (2)와 식 (3)을 식 (4)에 대입하여 구해 보면,

$$\begin{aligned} I &\propto \langle[A_1\cos(\omega t-kx)+A_2\cos(\omega t-kx+\delta)]^2\rangle \\ &= \langle[A_1\cos(\omega t-kx)]^2+[A_2\cos(\omega t-kx+\delta)]^2+ \\ &\quad 2A_1A_2\cos(\omega t-kx)\cos(\omega t-kx+\delta)\rangle \\ &= I_1+I_2+I_{12} \end{aligned} \tag{5}$$

1) 빛의 경우에는 진동수가 너무 커서 보강간섭의 경우에 밝게 보이나, 수면파의 경우는 진동수가 작아 보강간섭할 때 우리 눈으로 물결이 심하게 요동치는 것을 볼 수 있다.

이다. I_1과 I_2는 각각의 파동의 세기이고 I_{12}는 간섭항이라고 한다. 위의 결과로부터 두 파동을 중첩시키면 단순히 두 파동의 강도 합 I_1+I_2에 비해 I_{12}의 부호에 따라 더 어두워질 수도 있고, 더 밝아질 수도 있다. 즉 중첩이 되면 어떤 조건 하에서 파동들이 서로를 강하게 또는 약하게 만들 수 있음을 의미한다. 간섭항을 정리하여 보면,

$$\begin{aligned} I_{12} &= <2A_1A_2\cos(\omega t-kx)[\cos(\omega t-kx)\cos\delta-\sin(\omega t-kx)\sin\delta]> \\ &= 2\sqrt{I_1I_2}\cos\delta \end{aligned} \tag{6}$$

가 된다. 여기서 $<\cos^2(\omega t-kx)>=1/2$와 $<\cos(\omega t-kx)\sin(\omega t-kx)>=0$을 이용하였다. 따라서 간섭 결과 우리 눈에 감지되는 빛의 세기는

$$I = I_1 + I_2 + 2\sqrt{I_1I_2}\cos\delta \tag{7}$$

이다. 두 파동의 위상차가 $\delta = 0$일 경우에는, 빛의 강도가 최대가 된다.

$$I_{max} = I_1 + I_2 + 2\sqrt{I_1I_2} \tag{8}$$

가 되고, 특히 간섭하는 두 광의 세기가 같은 $I_1 = I_2$일 때, [그림 5-4]와 같이 $I_{max} = 4I_1$이 된다.

반면에 두 파동의 위상차가 $\delta=180°$일 경우에는, 빛의 강도는 최소가 된다.

$$\begin{aligned} &I_{min} = I_1 + I_2 - 2\sqrt{I_1I_2} \text{ 이고,} \\ &I_1 = I_2\text{일 때, } I_{min}=0 \end{aligned} \tag{9}$$

이 된다.

결국 $I_1 = I_2$라면,

$$\begin{aligned} I &= I_1 + I_1 + 2I_1\cos\delta \\ &= 2I_1(1 + \cos\delta) \\ &= 4I_1\cos^2\frac{\delta}{2} \end{aligned} \tag{10}$$

가 된다.

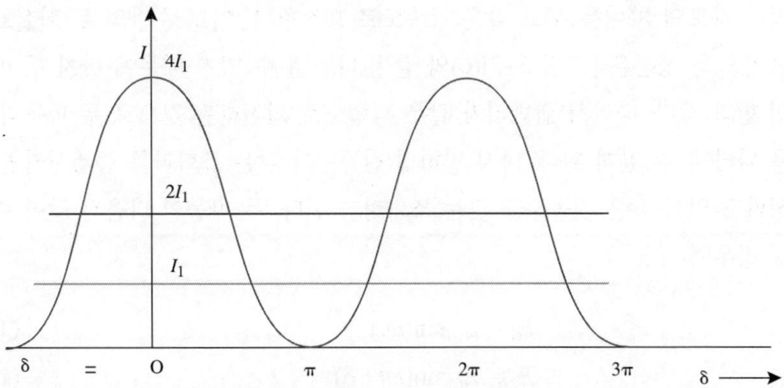

[그림 5-6] 두 광원이 간섭을 일으키지 않을 때의 강도와 두 광원이 간섭을 일으킬 때의 강도 비교(한 광원의 강도와 비교해서)

즉 진동수와 진폭이 같은 두 파동이 중첩될 때 위상차(δ)가 $0, 2\pi, 4\pi, \ldots$가 되면 보강간섭(constructive interference)이 일어나 그 밝기는 각각의 파동의 밝기의 4배가 되고, 위상차(δ)가 π, 3π, ...가 되면 소멸간섭(destructive interference)이 일어나 그 밝기는 0이 된다. [그림 5-6]으로부터 간섭하지 않는 광인 경우에는 두 개의 빛이 합쳐져 $2I_1$이 되는데, 간섭이 일어나는 경우에는 최대 4배의 세기가 얻어진다. 물론 두 개가 간섭하여 어두운 지점도 나타나기 때문에 전체적으로 평균 에너지 값은 비결맞음광을 두 개 합치는 경우와 같음을 알 수 있다. 따라서 보강간섭이나 소멸간섭이란 빛이 더 많이 생성되거나 파괴되는 것이 아니라 단지 빛이 재분배되는 것이다.

(3) 위상자 덧셈 방법

공간상의 한 지점에서 진행파의 함수 값 변화는 [그림 5-7]과 같은 위상자 공간을 이용하여 표현하면 이해하기가 용이하다. 즉 진폭을 화살표의 크기로 위상을 x 축과 이루는 각도로 나타내면, 위상이 시간에 따라 증가하기 때문에 화살표가 ω의 각속도로 회전한다고 생각할 수 있다. 어느 순간에 파동의 함수 값은 그 순간에 지시하는 화살표의 x 축이나 y 축 성분에 해당한다. 여기서는 y 축 성분을 택하기로 하자. 두 개의 파동이 중첩되는 경우에는 [그림 5-7](b)와 같이 그릴 수 있으며, 두 파동은 같은 진동수를 가지기 때문에 두 화살표는 일정한 각도의 차이를 두고 같은 각속도로 회전한다. 어느 순간의 두 화살표의 합의 y 축 성분은 [그림 5-7](c)와 같이 나타낼 수 있기 때문에 마치 두 벡터의 합과 같다. 따라서 합벡터가 같은 각속도로 회전하는 것으로 두 파동의 합을 나타낼 수 있게 된다. 다시 말하면 진동수가 같은 조화파를 중첩시키면 합성파도 역시 같은 진동수를 갖는 조화파가 된다. 두 파동이 다음과 같이 주어진 경우에

$$E_1 = E_{01}\sin(\omega t) \tag{11}$$

$$E_2 = E_{02}\sin(\omega t + \delta) \tag{12}$$

합성파의 진폭은

$$E_0^2 = E_{01}^2 + E_{02}^2 + 2E_{01}E_{02}\cos(\delta) \tag{13}$$

이 된다. 앞서 구한 식 (7)과 동일함을 볼 수 있다.

$E_{01} = E_{02}$라면, [그림 5-8]에서 변의 길이 $E_0 = 2E_{01}\cos\dfrac{\delta}{2}$이다. 따라서

$$I = 4I_1\cos^2\frac{\delta}{2} \tag{14}$$

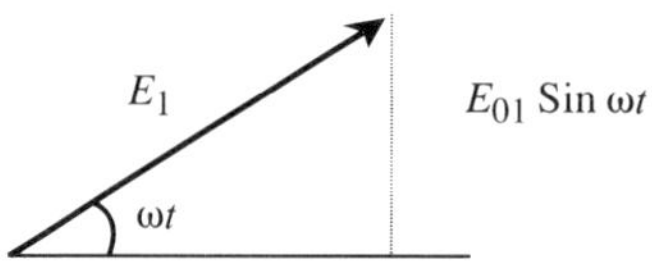

(a) 위상자를 이용한 파동의 표현

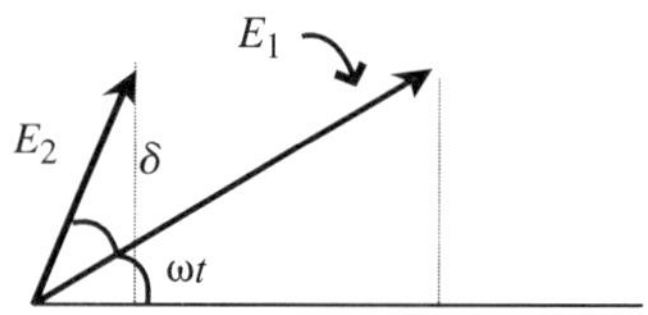

(b) 위상파를 갖는 두 개의 파동을 위상자를 이용하여 표현

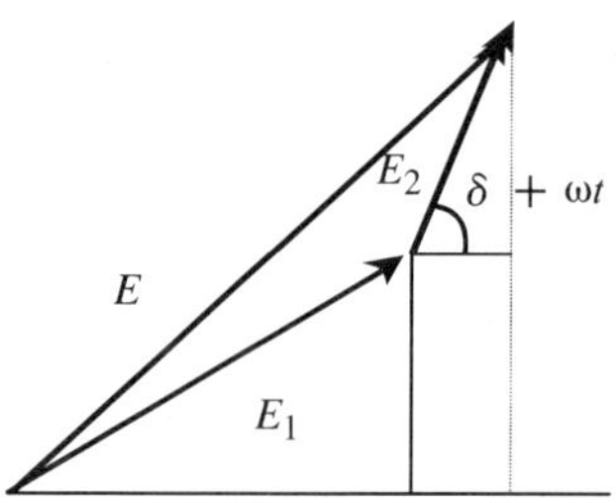

(c) 두 파동의 중첩은 벡터의 합과 같음

[그림 5-7] 위상자 덧셈법

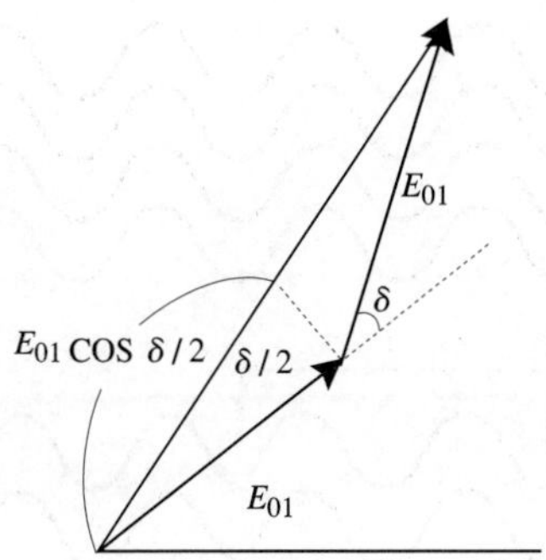

[그림 5-8] 진폭이 같은 두 파동의 중첩에 대한 위상자 덧셈

로 주어지므로 여러 개의 파동들이 중첩하는 경우에도 같은 원리를 적용하여 벡터들을 연결한 후에 최종적인 중첩의 결과의 진폭은 원점에서 마지막 벡터의 끝 지점을 연결하는 화살표의 길이와 같다.

(4) 결맞음성이란?

어떠한 빛을 이용할 때 간섭무늬가 잘 보이는가? 비누 방울이나 기름 막에서는 간섭무늬가 잘 보이나 유리창에서는 간섭무늬가 잘 보이지 않는 이유는 무엇인가? 왜 레이저를 이용하면 유리창에서도 쉽게 간섭무늬를 볼 수 있는가? 이에 대하여 이해하려면 광원의 결맞음 성질에 대하여 잘 이해하여야 한다. 우리는 앞서 간섭에 관한 수식을 전개하면서 두 개의 진동수가 같은 단색광을 가정하였다. 그러나 실제 우리가 얻을 수 있는 단색광은 존재하지 않고 이상적인 광이라고 하였다. 따라서 간섭무늬를 잘 발생시키는 광일수록 단색성이 우수하다는 것을 알 수 있다. 색필터를 사용하여 비록 단색광처럼 보이는 광을 얻었을지라도 이러한 광으로는 간섭무늬를 보는 것이 쉽지 않다. 그 이유는 결맞음성이 떨어지기 때문이다. 결맞음성은 [그림 5-9]와 같이 위상이 어떻게 변하느냐에 따라 크게 다르다. [그림 5-9](a)는 초기 위상이 변하지 않는 이상적인 광을 나타내고, [그림 5-9](b)는 시간에 따라 초기 위상이 변하는 광을 나타낸다. 이와 같이 초기 위상이 왜 시간에 따라 변하는가는 빛을 어떻게 발생하는가를 이해하면 알 수 있다. 즉 보통의 빛은 여기 준위에 올라간 원자나 분자가

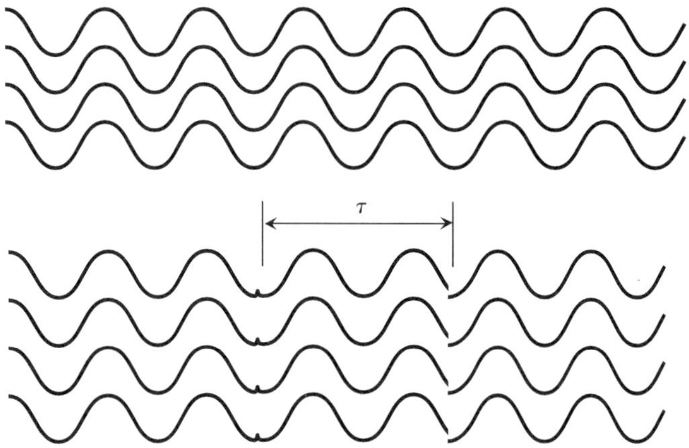

[그림 5-9] 결맞음광과 비결맞음광의 차이점

수명 동안(대략 10^{-8} 초) 초기 위상이 일정한 빛을 방출하고, 바닥 상태로 떨어진다. 다시 여기 상태로 올라가서 빛을 방출할 때는 이미 앞서 방출한 빛의 초기 위상과는 전혀 상관없는 빛을 방출하게 된다. 따라서 가로등으로 사용되는 나트륨등과 같이 거의 단색성으로 보이는 빛도 시간에 따라 초기 위상이 무질서하게 변하는 것을 볼 수 있다. 이밖에도 원자나 분자가 빛을 방출하는 동안 다른 원자나 분자와 충돌하면 또한 위상이 바뀌게 된다. 식 (12)에서 위상차를 시간의 함수가 아니다라고 가정하였었는데 만일 시간의 함수가 되면 시간 평균을 취하였을 때 $<\cos \delta(t)> = 0$이 되어 간섭항이 사라지게 된다. 한편 나중에 다루게 될 레이저는 유도 방출에 의해 빛이 방출되기 때문에 빛들이 상당히 오랜 시간 동안 같은 초기 위상을 가지고 방출되게 된다.

광원에 따라 경로차에 의해 위상차가 발생하는 경우에 경로차에 따라 간섭이 일어나는 경우와 일어나지 않는 경우를 [그림 5-10]을 통하여 알 수 있다. 각 그림에서 위쪽과 아래쪽은 다른 경로를 거쳐 진행한 후에 다시 만나 중첩되는 상황이다. [그림 5-10](a)는 아무리 경로차가 커도 항상 일정한 위상차를 가지고 있음을 보여주고, [그림 5-10](b)는 경로 차이가 조금만 나더라도 위상차가 시간에 따라 무질서하게 변하는 것을 보여준다. 즉 위상차가 무질서한 기간이 매우 짧기 때문에 간섭항이 살아남아 기여를 하게 된다. 그러나 경

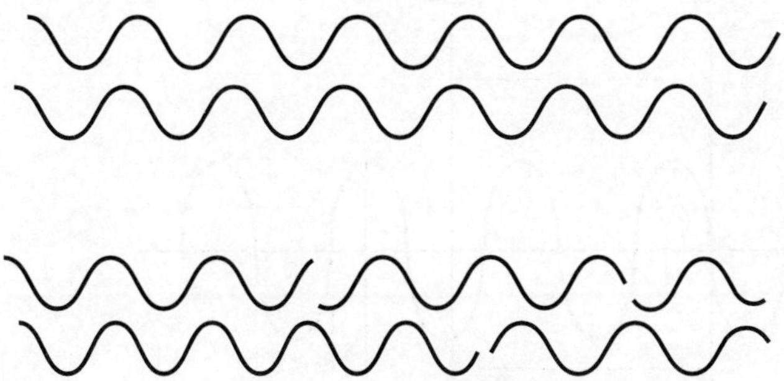

[그림 5-10] 결맞음광과 비결맞음광이 시간 지연을 두고 중첩였을 때 결과

로 차이가 너무 커지면 레이저와 같은 빛도 간섭무늬를 기대할 수 없다.

초기 위상이 유지 되는 평균 시간은 결맞음 또는 가간섭 시간(coherence time) τ라 하고, 여기에 광속도 c를 곱하여 결맞음 거리(coherence length) l_c라 한다. 즉 다음의 관계가 성립한다.

$$l_c = c\tau \tag{15}$$

결맞음 거리보다 경로 차이가 작을 때 간섭무늬가 잘 관측되고 경로차가 더 크게 되면 간섭무늬를 기대할 수 없게 된다. [그림 5-9](a)는 이상적인 광으로 가간섭 거리가 무한대이다.

(5) 광경로차와 위상차

앞에서 경로차와 결맞음 거리를 비교하였는데, 이는 경로차 Δ와 위상차 사이에는 다음과 같이 관계가 있기 때문이다.

$$\delta = \frac{2\pi}{\lambda_0} n\Delta \tag{16}$$

여기서 λ_0는 진공 중에서 빛의 파장을 나타내고, n은 굴절률을 나타낸다. 대부분의 간섭무늬는 같은 매질에서 경로 차이에 의하여 결정되는 위상차에 의하여 결정되지만 때로 굴절률 차이에 의한 위상차로 인하여 결정될 때도 있다. [그림 5-11]은 경로차는 없지만 굴절률 차이에 의한 위상 차이를 나타낸

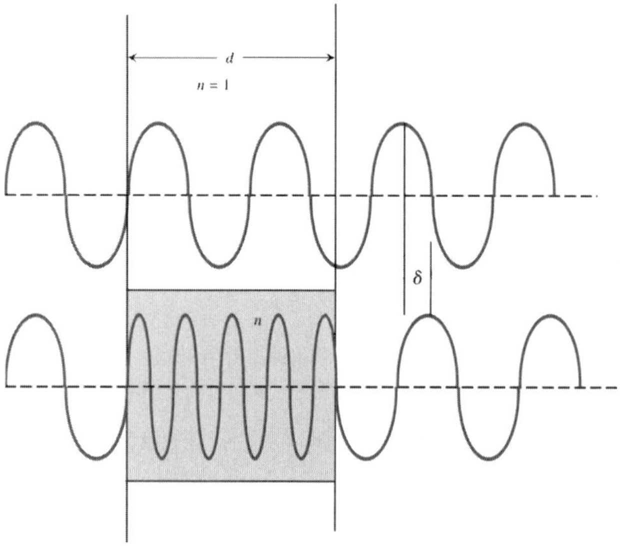

[그림 5-11] 경로차와 굴절률 차이에 의한 위상차

다. 경로차에 굴절률이 곱하여진 항, 즉 $n\,\Delta$를 광경로차라고 하기도 한다. 결과적으로 위상차는 다음과 같이 주어진다.

$$\delta = n\,k_0 d - k_0 d = k_0(n-1)d \tag{17}$$

(6) 파동의 중첩으로 설명되는 현상들

간섭이라는 용어는 매우 폭넓게 사용하는 용어이며 두 개 이상의 파동이 중첩되는 현상을 말한다. 따라서 파동의 중첩 현상과 관련한 모든 현상을 간섭이라는 용어를 사용할 수 있다. 그러나 저자는 간섭과 회절을 비교할 때는 간섭무늬가 나타나는 경우에 한정하여 간섭이라는 용어를 사용하기를 권장한다. 간섭무늬는 시간 또는 공간적으로 분리된 두 개의 파동이 같은 방향으로 진행하면서 중첩되어 공간적으로 또는 시간적으로 보강과 상쇄가 교대로 나타나 생긴 무늬를 말한다. 따라서 정상파나 맥놀이 등은 파동이 중첩되어 나타나는 현상이지만 간섭이라는 용어를 사용하지 않았으면 한다. 한편 회절은 파동이 진행하다가 장애물을 만나 진행 방향이 바뀌는 현상을 말한다. 진행 방향이 꺾이는 현상에 국한하여 회절을 말하면 간섭과 상당한 차이가 있는 것처럼 보인다. 그러나 많은 수의 파동들이 진행 방향이 꺾이게 되면 어느 곳에는 많은 수의 파동들이 도달하게 되고 중첩되는 현상이 나타나게 된다. 따라서 회절에 의하여 꺾인 파동들도 중첩되어 위치에 따라 강한 보강과 상쇄가 일어나 회절무늬가 나타난다. 따라서 파동들의 중첩에 의하여 회절무늬가 주어지기 때문에 간섭무늬와 회절무늬를 구분하는 물리적인 개념은 중첩이라는 관점에서 보면 아무런 차이가 없게 되는 것이다.

두 개 또는 그 이상의 파동들이 중첩한 결과 나타나는 자연 현상들을 설명하기 위한 조건들을 요약하면 [표 5-1]과 같이 정리된다. 표에서 알 수 있는 것과 같이 두 개의 편광이 다른 두 파동이 중첩하여 또 다른 편광을 만드는 것을 제외하고 파동의 중첩은 같은 편광 성분을 갖는, 즉 하나의 진동 성분만 갖는 파동들의 중첩으로 다루는 것으로 충분하다. 그 이유에 대해서는 차츰 알게 될 것이다. 따라서 당분간은 하나의 진동 성분만 갖는 파동, 즉 스칼라 파동의 중첩으로 접근할 예정이다.

5-2 간섭

1800년경 영국의 물리학자 토마스 영(Thomas Young)은 빛은 파동이라는 것을 증명하기 위한 실험에서 빛의 간섭 현상을 이용하였다. 빛의 파장 굴절률, 또는 미소거리 등을 측정하기 위하여 빛의 간섭 방법이 일상적으로 사용된다. 간섭의 두 가지 유형인 이중 슬릿 간섭과 얇은 막 간섭에 대하여 알아보자.

[표 5-1] 파동의 중첩으로 설명되는 현상들

	진동수	진행 방향	편광	중첩하는 파동
간섭	같음	같음	같음	(보통)2개
회절	같음	같음	같음	1개 또는 무수히 많음
편광	같음	(보통은)같음	다름	2개
정상파	같음	반대	같음	2개
맥놀이	약간 다름	무관함	같음	2개

(1) 이중 슬릿

서로 가깝게 있는 두 개의 좁은 슬릿을 광파가 통과할 때, 두 슬릿으로부터 빠져 나온 두 광파는 회절되어 스크린에서 중첩하게 된다. 스크린에는 [그림 5-12]와 같이 밝은 부분과 어두운 부분이 교대로 보이게 된다. 밝은 부분은 이중 슬릿으로부터 나온 두 광파의 위상이 같아서($\delta = 0$) 보강간섭을 일으킨 지점이고, 어두운 부분은 두 광파의 위상이 서로 반대여서($\delta = 180°$) 소멸간섭을 일으킨 지점이다. 특히 중앙으로부터 멀어질수록 보강간섭하는 부분의 밝기가 어두어지는 것을 볼 수 있는데 이는 회절에 의해 빛의 세기가 약해진 것이 주요한 원인이 되지만, 앞서 기술한 것과 같이 경로 차이가 결맞음 거리에 가까워지기 때문에 간섭항의 기여가 작아지는 요인도 작용한다.

스크린에 나타난 간섭무늬의 중앙부분에는 밝은 영역이 있는데(밝은 무늬들 중에서 중앙에 있는 밝은 무늬), 이는 광파가 [그림 5-13](a)처럼 정확하게 같은 거리를 나아가서 같은 위상으로 스크린에 도달하기 때문이다. 가운데서부터 아래쪽으로 첫 번째 밝은 영역을 보면, [그림 5-13](b)에서 보듯이 위쪽 슬릿(S_1)으로 나온 광파는 아래쪽 슬릿(S_2)으로 나온 것보다 정확히 한 파장만큼 더 먼 거리를 진행한다. 경로차가 한 파장 만큼 차이가 나도 두 광파의 위상은 여전히 같게 된다. 이와 유사하게 스크린에 아래쪽으로 연속적으로 밝은 부분들이 나오는 곳을 보면, 위쪽 슬릿(S_1)으로 나온 광파가 아래쪽 슬릿

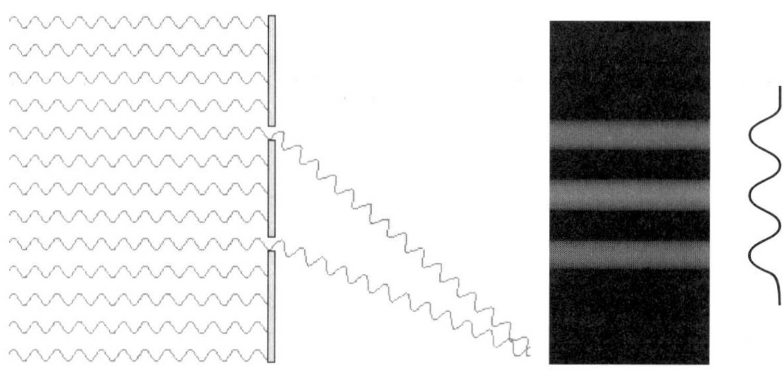

[그림 5-12] 영의 이중 슬릿에 의한 간섭무늬

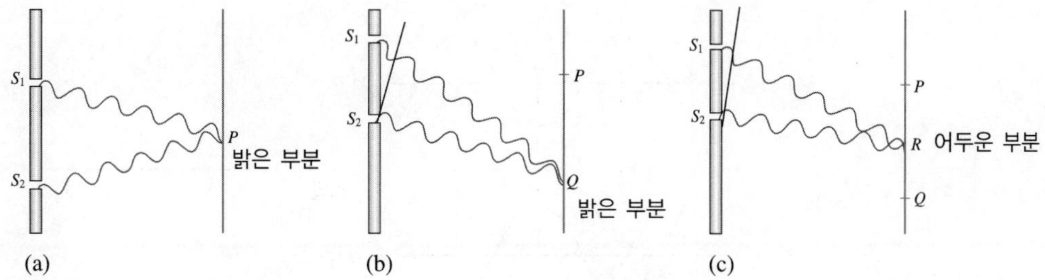

[그림 5-13] 스크린의 위치에 따라 경로차에 의한 위상차로 인해 간섭무늬가 결정됨

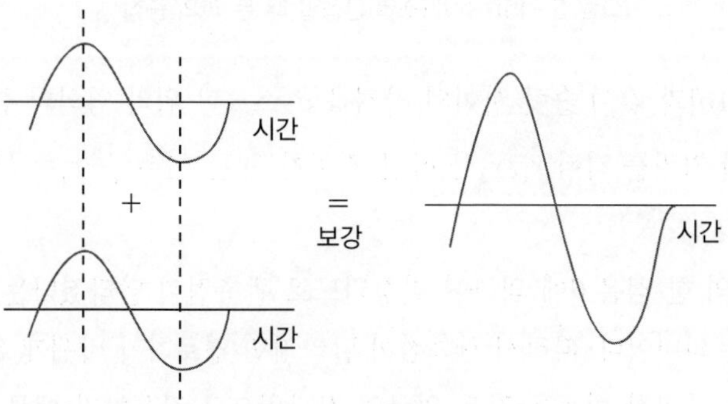

[그림 5-14] 보강간섭일 때 두 파의 중첩

(S_2)으로 나온 것보다 파장이 2, 3, 4, ...배만큼 경로차가 나서 보강간섭하기 때문이다. 스크린의 중앙에서 밝은 부분에서부터 위쪽으로 밝은 부분들은 오히려 아래쪽 슬릿(S_2)으로 나온 광파가 파장이 2, 3, 4, ...배 길게 된다. 이를 간단하게 그림으로 표현하면 다음 [그림 5-14]와 같다.

간섭무늬의 중앙에서 아래쪽으로 첫 번째 어두운 부분은 [그림 5-13](c)에서 알 수 있듯이 위쪽 슬릿(S_1)으로 나온 광파가 아래쪽 슬릿(S_2)으로 나온 광파보다 반파장($\frac{1}{2}\lambda$) 더 진행한다. 결국 두 광파의 위상은 180°차이가 나게 되어 소멸간섭을 하게 된다. 아래쪽으로 두 번째 어두운 부분에서는 $1\frac{1}{2}\lambda$만큼 더 길게 된다. 따라서 연속적으로 아래쪽으로 어두운 부분에서는 위쪽 슬릿(S_1)에서 나온 광파가 아래쪽 슬릿(S_2)에서 나온 광파보다 스크린의 중앙에서부터 위쪽으로 어두운 부분에서는 오히려 아래쪽 슬릿(S_2)에서 나온 광파가 $\frac{1}{2}$, $1\frac{1}{2}$, $2\frac{1}{2}$, …배 길게 된다. 즉 다음 [그림 5-15]와 같이 된다.

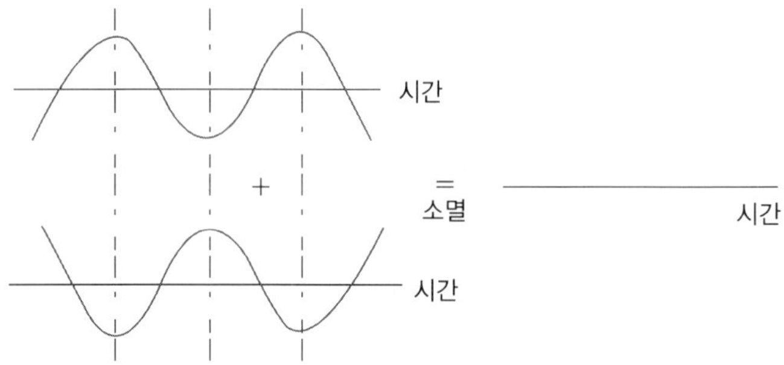

[그림 5-15] 상쇄(소멸)간섭일 때 두 파의 중첩

[그림 5-16]과 같이 슬릿 사이의 간격을 d, 스크린 위의 임의의 한 점과 두 슬릿 사이의 거리를 각각 r_1, r_2라 하면, 경로차 Δ는 $\Delta = r_2 - r_1 \approx d\sin\theta$로 표현된다.

스크린상의 한 점은 θ에 의하여 결정되므로 관측점이 달라졌다는 말은 θ값이 다르다는 의미이다. 따라서 관측점이 달라지면 경로차가 바뀌게 된다.

두 슬릿을 통과한 빛들은 같은 위상의 점광원으로 작용하기 때문에 스크린상의 임의의 점에서 두 빛의 최대 보강간섭이 일어나려면,

$$\Delta = d\sin\theta = m\lambda \tag{18}$$

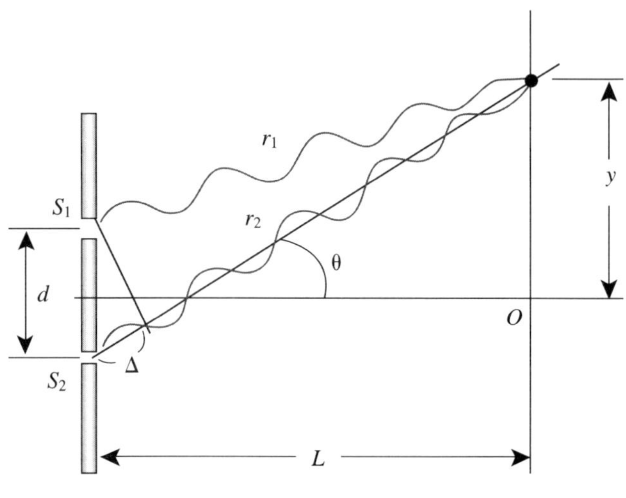

[그림 5-16] 이중 슬릿에서 스크린의 위치에 따른 경로차

이어야 하고, 최대 소멸간섭이 일어나려면

$$\Delta = d\sin\theta = \left(m + \frac{1}{2}\right)\lambda \tag{19}$$

를 만족하여야 한다. 여기서 $m=0, \pm1, \pm2, \pm3, \ldots$이다. 전형적인 이중 슬릿 실험에서는 각($\theta$)이 작으며, θ와 d를 측정하기 쉬우므로 파장을 결정하는 데에 영의 실험을 이용할 수 있다. 스크린에서 m 번째 밝은 무늬까지의 거리를 y_m이라고 하면,

$$y_m = L\tan\theta_m \approx L\,\theta_m = L\sin\theta_m = L\frac{m\lambda}{d} \tag{20}$$

가 되어, L, d, y_m을 측정하면 빛의 파장을 구할 수 있다. 또한 두 슬릿 중 한 쪽 뒤에 굴절률이 다른 투명한 유리 조각을 놓으면, 유리의 굴절률을 측정할 수 있다. 한편 이중 슬릿에 두 개의 파장이 다른 광이 입사된다면 장파장 쪽 빛의 보강간섭 위치가 단파장 쪽보다 더 바깥 쪽에 있게 된다.

[그림 5-15]인 상황에서 둘 중 하나인 진폭이 상대적으로 크면 상쇄 후에도 어느 정도의 파동이 남게 된다. 따라서 진폭이 다른 경우에는 보강간섭과 상쇄간섭이 명확하지 않게 된다. 완전한 상쇄가 일어나려면, 중첩하는 두 파동의 진폭이 같아야 한다. 이 때에 가장 선명하게 간섭무늬가 보인다.

(2) 얇은 박막

젖은 도로 위에 떨어진 기름이나 휘발유 위에 나타난 여러 가지 색깔은 얇은 막 간섭에 의한 것이다. 비춰진 빛의 일부분은 기름의 얇은 박막 윗면에서 반사되고, 다른 일부분은 아래면에서 반사된다.

[그림 5-17]과 같이 기름 방울이 물 위에 떨어져 기름막이 형성되면 아래면에서 반사된 광파는 기름의 위표면에서 반사된 광파보다 더 먼 거리를 진행하여 서로 중첩된다. 결과적으로 기름막의 표면에서 반사된 광파와 더 진행하여 아래면에서 반사된 광파 사이의 위상이 서로 같으면 보강간섭이 일어나고, 위상이 180° 차이나면 소멸간섭이 일어난다.

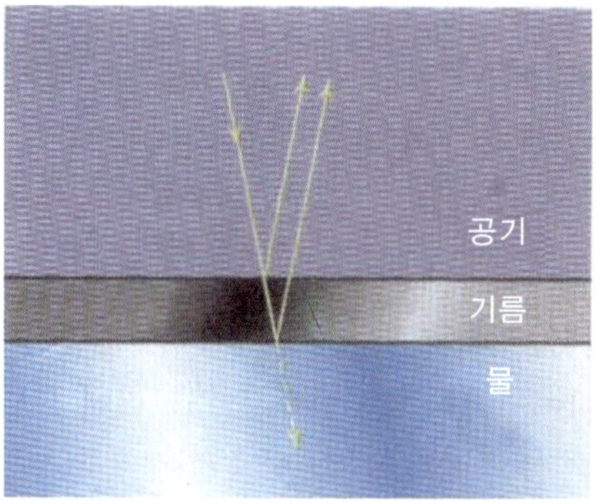

[그림 5 – 17] 얇은 기름막에서 간섭

광파가 진행하면서 다른 매질을 만났을 때 그 경계면에서 일부는 반사하고 일부는 굴절하게 된다. 투과할 때에는 매질의 굴절률에 관계없이 위상의 변화가 없지만, 반사할 때에는 두 매질의 굴절률에 따라서 위상이 달라지게 된다. [그림 5-18]을 보면, [그림 5-18](a)의 경우처럼 소한 매질에서 밀한 매질로 광파가 진행할 때 그 경계면에서 위상은 180°바뀌게 된다. 이것은 고정단에서의 반사 현상으로 이해할 수 있다. 공기에서 유리로 진행하는 경우가 해당된다. 반면에 [그림 5-18](b)의 경우처럼 밀한 매질에서 소한 매질로 광파가 진행할 때는 그 경계면에서의 반사는 위상 변화가 없다. 이것은 자유단에서의 반사 현상으로 이해할 수 있다.

수식적으로 접근하면 [그림 5-19]에서 보면 경계 윗면에서의 반사와 경계 아래면에서의 반사 사이의 경로 차이는 $2d\cos\theta_t$가 된다. 그런데 여기서 고려되어야 할 파장은 공기 중의 빛의 파장이 아니라 얇은 막 내의 빛의 파장이다. 즉 기하학적인 경로의 길이라기보다는 오히려 광경로의 길이에 관심이 있는 것이다. 따라서 면 사이에 있는 매질의 굴절률을 고려하여 두께 d를 광학적 두께 nd로 대치한다. 이것은 공기 중의 파장과 얇은 박막 내에서의 파장 사이에는 $\lambda_n = \dfrac{\lambda}{n}$ 와 같은 관계식에 의해 설명할 수 있다. 여기서 n은 얇은 막 재료의 굴절률이다. 따라서 얇은 막에 의한 간섭 현상에 대한 광경로차 Γ에 대한 기본 식은,

$$\Gamma = 2nd\cos\theta = \frac{\lambda}{2}2m \tag{21}$$

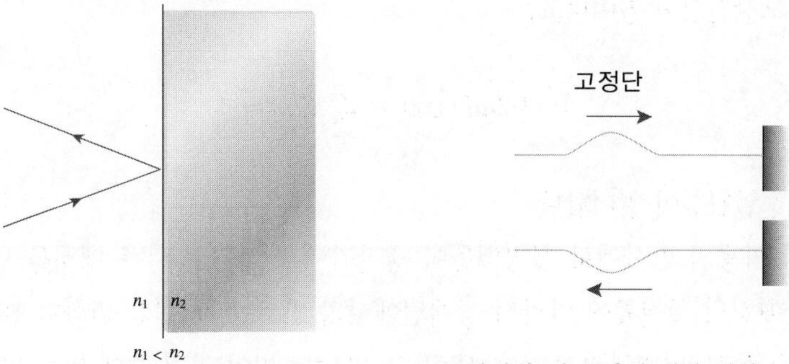

(a) 반사할 때 180° 의 위상 변화

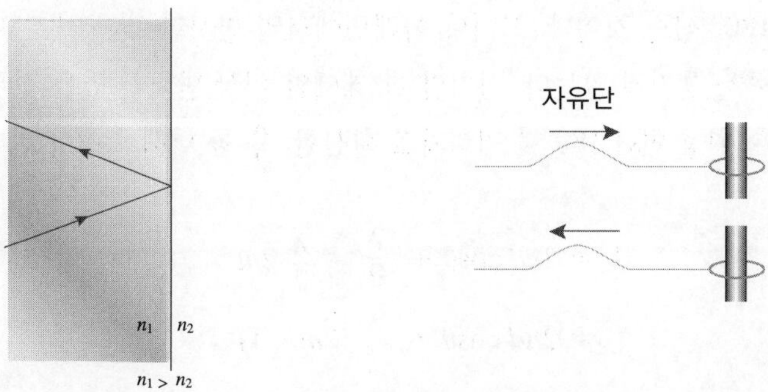

(b) 반사할 때 0° 의 위상 변화

[그림 5 – 18] 반사에 따른 위상 변화를 고정단과 자유단에서의 반사에 따른 위상 변화와 비교

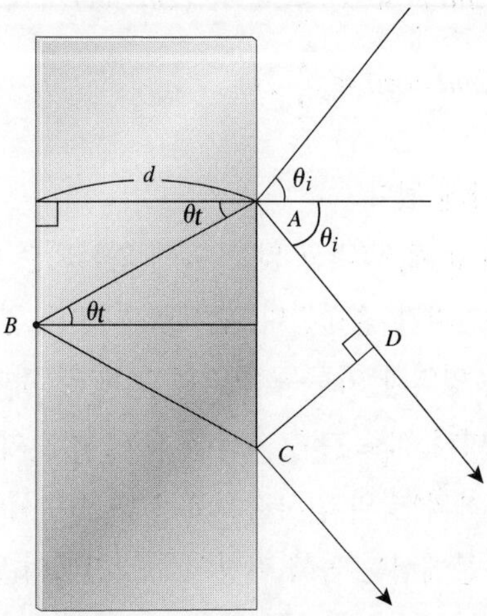

[그림 5 – 19] 비누막에 의한 간섭 현상

일 때 보강간섭이 일어나고,

$$\Gamma = 2nd\cos\theta = \frac{\lambda}{2}(2m - 1) \tag{22}$$

일 때 소멸간섭이 일어난다.

앞의 파동의 반사에서 설명했듯이 광파가 진행하면서 다른 매질을 만났을 때 그 매질의 굴절률에 따라서 경계면에서의 반사할 때 위상 변화가 180° 일어날 수도 있고, 변하지 않을 수도 있다. 만약에 빛이 공기 중에 있는 얇은 막의 두 면에서 반사한다면, 윗면에서의 반사한 빛은 외부 반사에 의한 위상 변화가 180° 생길 것이다. 그러나 아래면에서의 반사한 빛은 내부 반사로서 위상 변화가 생기지 않는다. 이처럼 한 개에만 위상 변화가 있을 경우에는, 반사에 따른 위상 변화 180°를 거리차로 환산한 $\frac{\lambda}{2}$를 더해 주어야 한다.

$$\begin{aligned}\Gamma &= 2nd\cos\theta + \frac{\lambda}{2} = \frac{\lambda}{2}2m \\ &= 2nd\cos\theta = \frac{\lambda}{2}(2m-1)\end{aligned} \tag{23}$$

에서 보강간섭이 일어나며,

$$\begin{aligned}\Gamma &= 2nd\cos\theta + \frac{\lambda}{2} = \frac{\lambda}{2}(2m-1) \\ &= 2nd\cos\theta = \frac{\lambda}{2}2m\end{aligned} \tag{24}$$

에서 소멸간섭이 일어나게 된다.

빛의 파장, 얇은 막의 두께, 그리고 얇은 막에 입사되는 빛의 각도에 의해서 간섭이 보강인지, 소멸인지가 결정된다. 단색광의 빛을 얇은 막에 비추면 막 위의 여러 곳에서 밝은 영역과 어두운 영역을 보게 될 것이다. 반면에 백색광이라면 막 위에서 위치마다 서로 다른 색깔을 보게 될 것이다. 즉 얇은 막의 어떤 부분에서는 막의 두께와 빛의 입사각도로 인해 빨간색 파장의 보강간섭이 발생할 것이고, 다른 부분에서는 녹색 파장의 보강간섭이 일어날 것이며, 이런 식으로 [그림 5-20]처럼 위치마다 다른 색의 보강간섭이 일어날 것이다.

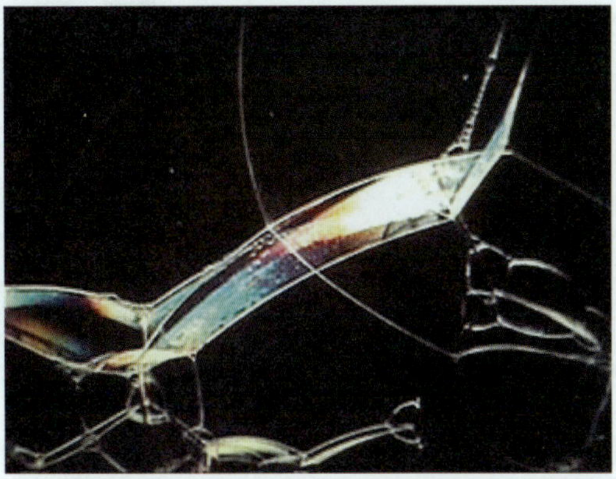

[그림 5-20] 비누막에 의한 간섭 현상

대부분의 안경에는 무반사 코팅이 되어있다. 이 역시 상쇄간섭을 이용한 것이다. 안경 유리 위에 두께가 $\frac{\lambda}{4}$ 인 얇은 막을 코팅하는데, 코팅 재료는 공기보다 굴절률이 크고 유리보다 작은 것을 이용한다. 이와 같이 하면, 반사에 따른 위상차는 없고 경로차에 따른 위상차가 180° 나게 된다.

(3) 수면파의 간섭

호수에 돌을 던지면 돌이 떨어진 지점을 중심으로 동심원의 파동이 퍼져 나가는 것을 경험해 보았을 것이다. 이러한 물의 파동, 즉 수면파는 적당한 크기의 파장과 진동수를 가지고 있어 시시각각 변하는 수면의 진동을 눈으로 볼 수 있으므로 파동의 여러 현상을 설명하는 좋은 예가 된다. 줄의 파동도 눈으로 그 움직임을 잘 관찰할 수 있지만 이는 1차원 파동이어서 간섭 현상을 보기에는 적절하지 않다.

수면파의 간섭을 보여주는 장치로 물결통 실험 장치(ripple tank)가 있다. [그림 5-21]의 사진처럼 동시에 같은 진동수로 두 지점에 파동을 발생시키면 이 지점으로부터 수면파가 동심원으로 퍼져 나간다. 이때 지역에 따라 진동이 크게 일어나는 보강간섭의 영역과 진동이 일어나지 않는 소멸간섭의 영역이 생겨난다. 빛의 경우에 보강간섭 지점은 우리눈이 전기장의 진동을 관찰하지 못하고 시간 평균을 하여 밝게 보였지만 수면파의 경우에 보강간섭 지점은 큰

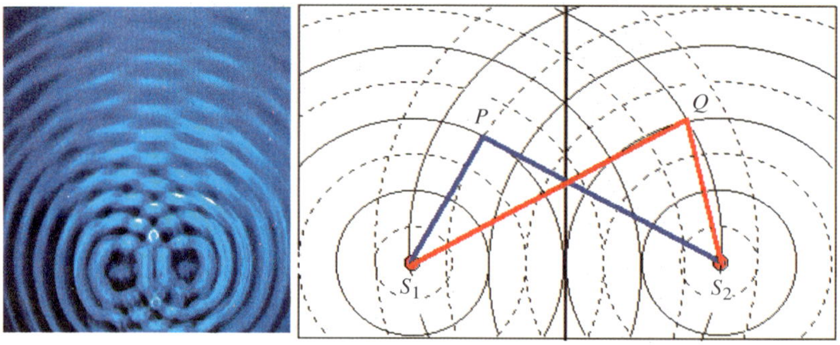

[그림 5 – 21] 두 구면 수면파에 의한 간섭

진폭을 가지고 위아래로 진동하는 것을 눈으로 확인할 수 있다. 그 이유는 시간에 따른 물의 높이 변화를 눈이 충분히 따라갈 만큼 느리기 때문이다.

두 구면파의 진동수를 동일하게 하면서 물을 진동시키는 시간차(위상차)를 일정하게 유지한다면 보강간섭이나 소멸간섭의 영역이 늘 변하지 않고 일정할 것이다.

[그림 5-21]의 오른쪽에서 보면, 두 파원 S_1, S_2로부터 경로차가 λ의 정수배(반파장의 짝수배)인 θ지점에서는 $\Delta = |S_1Q - S_2Q| = \frac{\lambda}{2}(2\ m)$이 되고, 보강간섭이 일어난다. 파면이 실선과 실선이 만났다는 의미는 위상차가 없다는 것을 의미한다. 반면에 두 파원 S_1, S_2로부터 점 P까지의 경로차는 반파장의 홀수배이다. 즉 경로차 $\Delta = |S_2P - S_1P| = \frac{\lambda}{2}(2\ m+1)$이 된다. 이 때는 파면으로 볼 때 실선과 점선이 만나게 되는데, 이는 위상이 180° 차이가 나는 것을 의미한다. 상쇄간섭하는 지점은 수면이 잔잔하기 때문에 실험 장치에서 선이 잘 보인다. 이 선은 흥미롭게 S_1과 S_2를 초점으로 하는 쌍곡선 식을 만족한다. 물론 보강간섭하는 지점들을 연결해도 쌍곡선 식을 만족한다. 참고로 쌍곡선 식은 두 점으로부터 거리차가 일정한 점들로 이루어진 곡선이다. 위에서 m은 0, ± 1, ± 2, ± 3, ...이다.

(4) 마이켈슨 간섭계

마이켈슨 간섭계는 [그림 5-22]와 같이 광원에서 나온 빛은 반은(銀) 도금된

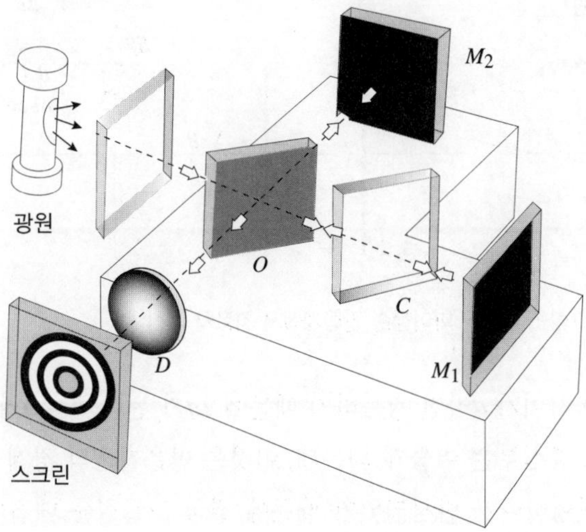

[그림 5-22] 마이켈슨 간섭계

거울을 통하여 둘로 나누어 일정한 거리를 진행한 후 거울을 이용하여 다시 만나게 하는 구조로 되어있다. 결맞음 거리가 매우 긴 레이저가 나오기 전에는 결맞음 거리가 매우 짧은 수은등과 같은 광원 단색 필터를 통과시킨 후에 사용하였다. 이 때에는 광분할지를 통하여 나누어진 후에 거울에 의해 다시 합하여지기까지의 경로차가 결맞음 거리보다 작아야 하기 때문에 두 팔의 광경로가 거의 같도록 하여야 한다. 두 팔의 광경로가 같게 하기 위해서 반은거울 과 같은 두께의 유리판을 거울로 가는 경로상에 삽입하는데 이를 보상판이라고 한다. 합쳐진 광은 반은거울을 통하여 들여다보거나 렌즈를 이용하여 스크린에 모을 수 있다.

간섭무늬가 어떻게 형성되는가를 알아보기 위해서 장치를 수학적 평면으로 표현하면 [그림 5-23]과 같다.

빛이 한 점 S에서 나와서 거울 1′과 거울 2에서 반사된다고 가정한다. 거울 1′은 반은거울에서 본 거울 1의 상이다. 관측자는 거울 1′에서의 반사에 의한 S_1과 거울 2에서의 반사에 의한 S_2인 두 개의 실상을 볼 수 있다. 관측자가 θ의 각으로 관찰하면, 두 빛의 경로차 $\Gamma=2d\cos\theta$이다. 이 결과는 얇은 막에서의 결과와 같은 결과이다.

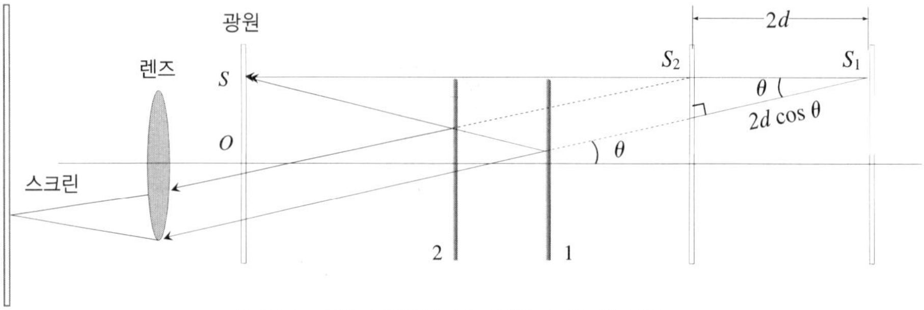

[그림 5 - 23] 마이켈슨 간섭계에서 경로차 계산

두 팔의 길이 차이가 d라면 왕복하기 때문에 $2d$가 된다. $d = 0$라면, 즉 팔의 길이가 같다면, 중심부는 어둡게 되는데, 이것은 반은거울의 경계면에서 공기에서 유리로 진행하다가 반사되었기 때문에 결국 고굴절률 매질에서 저굴절률의 매질로의 반사로 인해 π만큼의 위상 변화가 생기게 되어 서로 소멸간섭이 일어나기 때문이다. 따라서, 보강간섭 조건은 $2d\cos\theta + \frac{\lambda}{2} = \frac{\lambda}{2}(2\,m)$ 이 된다. 간섭무늬는 θ에 대해 대칭이기 때문에 동심원이 된다.

d=0인 상태에서 거울 1을 $\frac{\lambda}{4}$만큼 움직이면, 경로는 $\frac{\lambda}{2}$만큼 변하여, 두 광파 사이의 위상이 π만큼 차이나게 된다. 이것은 $d = 0$일 때 생겼던 위상 차이를 상쇄시켜서 결국은 보강간섭이 일어나게 되고, 스크린 중앙부분은 밝은 무늬로 바뀌게 된다. 따라서 d가 $\frac{\lambda}{2}$씩 이동시킬 때마다 스크린의 중심에 새로운 고리가 나타난다. d가 증가함에 따라 중앙에 새로운 원형 고리들이 나타나게 되고, d가 감소하게 되면 반대로 고리들이 수축되어 중앙에서 사라지게 된다. 마이크로미터로 거울 1이 움직인 거리를 d라 하고 무늬의 소멸(발생) 개수를 N이라 하자. 그러면 광경로차는 거울의 이동 거리의 2배가 되어서 $2d$이다. $2d = N\lambda$라 되고 이로부터 레이저의 파장을 정확하게 측정할 수 있다.

빛의 파장은 회절 격자나 파브리-페로(Fabry-Perot) 간섭계로 훨씬 더 정밀하게 측정할 수 있다. 그래서 마이켈슨 간섭계는 매질 속에서 굴절률이 온도의 함수인 것을 이용하여 매질의 온도 분포를 측정하거나, 물체의 미소 이동 거리를 정밀하게 측정하는 데 주로 쓰인다.

실제 두 광파의 경로차의 변화는 한 경로에 대한 직접적인 거리 변화 방법 외에도 한쪽 팔에 유리판과 같은 고체 매질 혹은 유체, 기체 등을 놓음으로써 위상차에 변화를 줄 수 있다. 이를 이용하여 고체 매질의 굴절률 및 굴절률에 관계되는 유체 매질의 점성, 그리고 기체 매질의 압력 관계를 정확히 측정할 수 있을 것이다.

유리와 같은 물질의 굴절률과 간섭무늬 사이의 관계를 알아보자. 유리판의 두께를 L이라고 하면, 광경로차 $\Gamma = S_1 - S_2$이 되고, 여기서 S는 광두께로서 굴절률과 두께의 곱으로 $S = Ln$이 된다. S_1의 경로상에 유리를 두었다면, $\Gamma = L(n_\mathrm{a} - n_\mathrm{g})$ 이고, 간섭무늬의 개수가 m개 변하였다면,

$$m = \frac{L(n_a - n_g)d}{\lambda} \tag{25}$$

와 같이 된다. 여기서 n_a는 공기의 굴절률이고, n_g는 유리의 굴절률이다. 따라서 유리의 굴절률을 측정할 수 있다. 굴절률이 큰 매질 내에서는 파장이 짧아져서 m개 무늬만큼 이동한 것으로 해석할 수 있다.

전자기파의 이론의 발달로 19세기 중엽에는 빛의 본성이 파동이라는 것이 거의 확실해졌다. 그러나 우리가 주위에서 볼 수 있는 파동들은 일반적으로 그것이 전파될 수 있는 매질의 존재를 필요로 한다. 19세기 대부분의 물리학자들은 빛이 전파하기 위해서는 에테르라는 매질이 필요하다고 생각했다. 음파가 전파하기 위해서 공기라는 매질이 필요한 것처럼 빛도 그러리라고 생각한 것이다.

에테르는 과연 존재하는 것일까를 확인하기 위해 1887년 마이켈슨과 몰리는 마이켈슨 간섭 장치를 이용하여 실험을 실시했다. 만일 우주공간에 에테르가 존재한다면 지구의 공전과 자전에 따라 에테르의 흐름이 발생한다. 에테르와 같은 방향으로 달리는 빛과 수직한 방향으로 달리는 빛이 속도의 차이로 인해 간섭 현상을 일으킨다면 에테르가 존재한다는 사실을 입증할 수 있을 것이다. 그들은 팔의 길이가 약간 차이가 나는 마이켈슨 장치 전체를 90° 돌려 설치한 결과와 돌리기 전인 결과를 비교하였는데 아무런 차이를 보지 못했다. 즉 에테르에 대해 지구가 운동하기 때문에 나타나는 상대적인 효과가 전혀 없다는 사실로부터, 그들은 에테르가 존재하지 않는다는 결론에 도달하였다.

이 사실은 18년 후에 아인슈타인이 특수 상대성이론을 만들 때 유용하게 쓰였다.

5-3 회절

모기장(또는 방충망)을 통하여 가로등을 보면 [그림 5-24]와 같은 십자 형태의 무늬를 볼 수 있고, 콤팩트 디스크의 정보가 기록된 면을 보면 아름다운 무지개색이 보인다. 이것은 모기장의 조그만 구멍들이나 CD의 가는 선들이 슬릿의 역할을 하여 회절을 일으키기 때문이다. [그림 5-25]는 파도가 밀려와 좁은 틈을 지날 때 틈이 점파원과 같은 역할을 하여 구면파가 발생되는 모습이다. 회절은 설명한 것 같이 파동이 전파해 가다가 장애물을 만나 진행 방향이 꺾이는 것을 말한다. 좀 더 엄밀하게 말하면 회절은 음파, 수면파 및 빛을 포함한 전자기파 등의 파동이 진행하다가 장애물에 의해 파면의 일부가 차단 또는 방해를 받았을 때 장애물 뒤쪽으로 돌아가는 현상이다. 빛을 기하광학적으로 취급하면, 그림자 부분에는 빛이 도달하지 않아야 되는데 회절에 의해 빛이 도달한다. 이는 방해

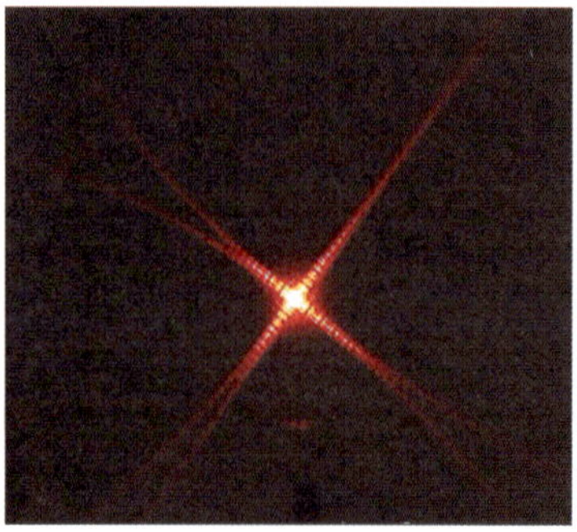

[그림 5-24] 방충망을 통하여 본 회절무늬

[그림 5-25] 수면파의 회절

를 받지 않는 파면상의 각 부분이 새로운 파원 역할을 하기 때문이다. 새로운 파원들에서 발생된 파동들은 진행하여 서로 중첩되어 회절무늬라 불리는 독특한 무늬를 형성하게 된다. 따라서 중첩이라는 관점에서 간섭무늬, 회절무늬는 물리학적으로 구분이 되지 않는다. 다만 관례적으로 몇 개의 파, 특히 공간적으로 분리된 후에 다시 만나는 파들이 중첩하는 경우에는 간섭으로, 유한한 크기의 연속 파원에서 방출된 파들이 중첩하는 경우처럼 대단히 많은 수의 파가 중첩되어 나타나는 현상을 회절로 구분한다. 렌즈, 조리개, 광원의 슬릿, 반사경 등으로 구성된 광학 장치 대부분이 입사된 파면의 일부만을 사용하기 때문에 회절을 피할 수 없고 이들은 분해능에 결정적인 역할을 함을 알 수 있다.

본 절에서는 단일 슬릿, 이중 슬릿, 및 다중 슬릿에 발생되는 회절무늬에 대하여 알아보고, 회절에 의한 렌즈의 분해능 한계와 회절에 의하여 다양한 색이 발생하는 일상생활의 경우들을 알아보자.

(1) 회절 이론

[그림 5-26]은 회절의 일반적인 상황을 나타낸 것이다. 표면 *A*는 *B*에 입사하는 파면이고 *B*는 임의의 형태를 가진 구멍을 포함하는 차단벽이다. *C*는 구멍을 통과한 빛이 도달하게 되는 스크린이나 사진 필름이다. 구멍이 있는 곳에서 파면을 면적 요소로 세분하여 *C*에 기여하는 빛의 세기를 계산할 수 있다. 이 경우에 각각의 면적 요소는 호이겐스 원리에 따라서 제2의 점파원 역할을 한다. 임의의 관측점 *P*에서 빛의 세기는 구경 내의 모든 면적 요소들에 의한 전기장의 기

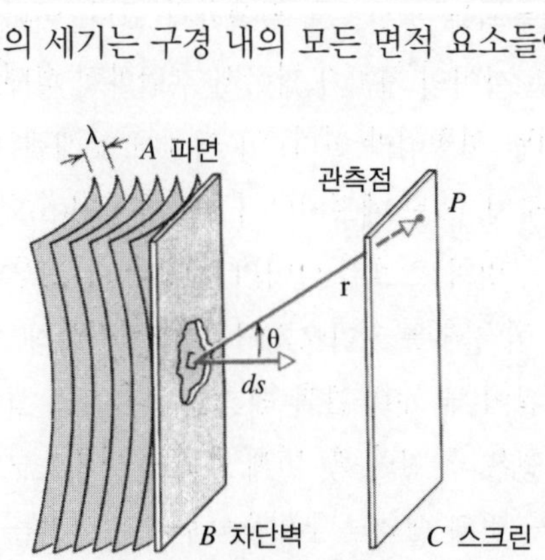

[그림 5-26] 회절 이론을 위한 모형

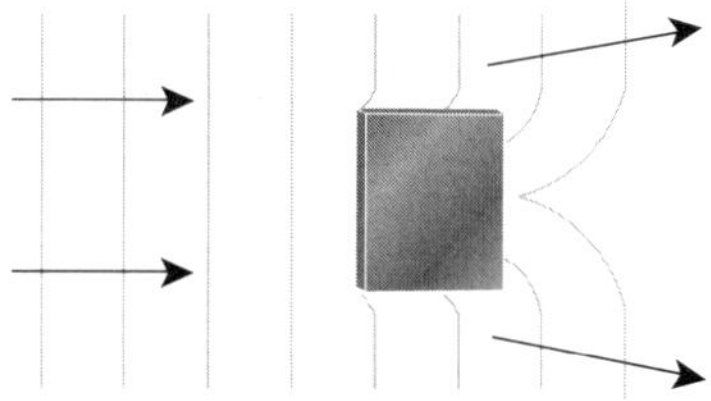

[그림 5-27] 장애물에 의한 회절

여를 중첩해서 구할 수 있다. 구멍이 뚫려 있는 장애물이나 [그림 5-27]과 같이 철사나 동전과 같이 일부가 막혀 있는 장애물에서도 회절 현상을 볼 수 있다.

[그림 5-26]의 P점에 도달하는 파동의 교란은 (a) 면적 요소로부터 P점까지의 거리가 다양하고 (b) 파면의 법선에 대하여 여러 가지 각도로 빛이 방출되며 (c) 장애물이 막혀 있는 부분도 있고 막혀 있지 않은 부분도 있어 기여하는 진폭과 위상이 상이하게 된다. 스크린 상의 관측 지점에서 파동의 세기는 모든 제2 점파원 면적 요소들의 기여를 계산하여야 한다. 회절무늬를 구하기 위해서는 스크린상의 알고자 하는 모든 점에 대하여 이와 같은 계산을 반복하여야 한다. 따라서 회절에 대한 세기 분포의 계산은 원리적으로 간단하나 실제적으로는 복잡하다. [그림 5-28](a)는 회절의 일반적인 경우를 나타낸 것이다. [그림 5-28](a)는 광원 S와 스크린까지의 거리가 가까워 구멍에 입사하는 파면이 구면파이고, 구멍으로부터 발생된 파의 스크린에서의 파면 또한 평면파가 아닌 경우이다. 더군다나 대응되는 광선들도 평행하지 않다. 이와 같이 파원과 구멍, 그리고 구멍과 스크린 사이의 거리가 짧아서 구면파의 형태로 파면을 취급하여야 하는 경우를 프레넬 회절이라 한다. 이 책에서 프레넬 회절은 계산이 매우 복잡하기 때문에 다루지 않을 예정이다. [그림 5-28](b)와 같이 파원과 구멍 사이의 거리 그리고 구멍과 스크린 사이의 거리가 먼 경우에는 파면을 평면파로 취급할 수 있으며 이 경우를 프라운호퍼 회절이라 한다.

[그림 5-28](c)와 같이 두 개의 볼록 렌즈를 사용하면 실험실에서 쉽게 프라운호퍼 회절 조건을 얻을 수 있다. 첫 번째 렌즈는 광원으로부터 발산하는 파를 평면파로 변환하고 두 번째 렌즈는 구멍으로부터 떠나가는 평면파를 관측점 P에 수렴하도록 하는 역할을 한다.

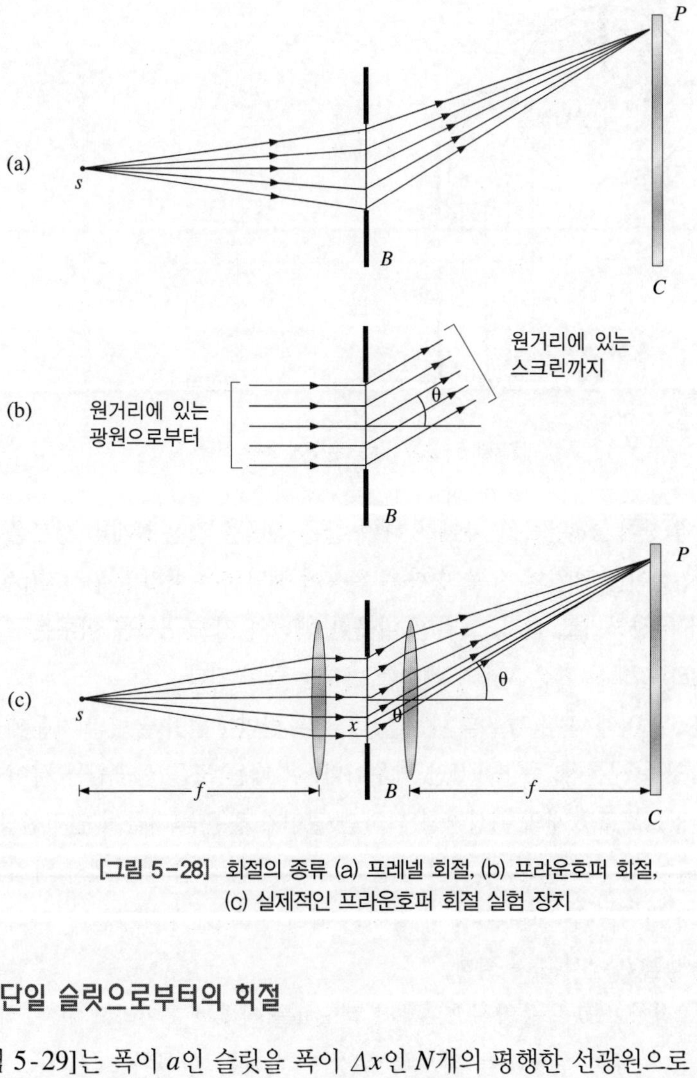

[그림 5-28] 회절의 종류 (a) 프레넬 회절, (b) 프라운호퍼 회절, (c) 실제적인 프라운호퍼 회절 실험 장치

(2) 단일 슬릿으로부터의 회절

[그림 5-29]는 폭이 a인 슬릿을 폭이 Δx인 N개의 평행한 선광원으로 분할한 것이다. 각각의 선광원은 호이겐스 원리에 따라 제2의 파원이 되어 파면이 원통 모양인 원통파를 발생시킨다. 각 선광원이 관찰점 P에 기여한 것은 각각의 선광원과 P점을 잇는 각도 u에 의해 기술할 수 있다. 프라운호퍼 회절의 경우, P점에 대한 선광원들의 진폭의 기여는 ΔE_0로 같다고 할 수 있다. 그리고 이웃한 선광원들 사이의 경로차가 $\Delta x \sin\theta$이므로 위상차는 $\Delta\phi = \frac{2\pi}{\lambda}(\Delta x \sin\theta)$로 주어진다. 이제 N개의 선광원의 기여를 모두 고려하려면, 인접한 광원 사

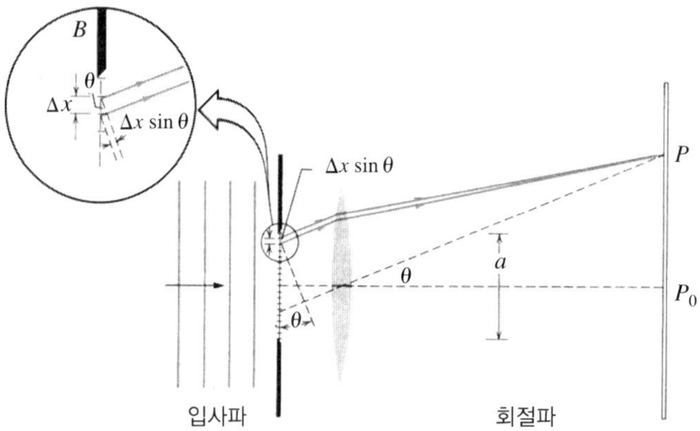

[그림 5-29] 단일 슬릿에 의한 회절

이에는 위상이 $\Delta\phi$만큼씩 차이가 나며 같은 진폭을 갖는 N개의 성분을 더해야 한다. 길이는 광원의 진폭, 방향은 위상에 해당하는 벡터인 위상자(phasor)를 써서 계산하기로 하자. 그러면 이웃한 벡터와 각도 $\Delta\phi$를 이루는 길이가 모두 ΔE_0로 모두 같은 N개의 벡터를 더하는 꼴이 된다.

[그림 5-30]에서 두 경우를 예로 나타냈다. 만약 P점이 슬릿의 가운데를 수직으로 잇는 선분상, 즉 θ가 0인 경우이다. 이 때는 모든 선광원들 사이에 위상차가 없으므로 N개의 위상자를 더하면 길이가 같은 벡터들이 일직선상으로 더해진다[그림 5-30](a). 따라서 모든 기여의 합은 처음 벡터에서 마지막 벡터까지의 길이를 구하면 된다. 이 길이는 최대 진폭 E_m에 해당한다. 따라서 스크린 중앙점 P_0에서 가장 밝다.

이제 P점이 스크린 중앙선으로부터 각도 u를 이루는 곳이라고 하자. 이웃한 선광원들이 Δf의 위상차를 갖도록 위상자 벡터를 연이어 그린다[그림 5-30](b). 최종적인 중첩의 결과는 첫 벡터의 시작점부터 마지막 벡터의 끝나는 지점까지의 거리이다. [그림 5-30]으로부터 $E_\theta = 2R\sin\dfrac{\phi}{2}$ 이고 ϕ를 라디안으로 표시하면, $\phi = E_m/R$이다. 이로부터 두 식을 결합하면,

$$E_\theta = \frac{E_m}{\phi/2}\sin\frac{\phi}{2}\text{, 즉 } E_\theta = E_m\frac{\sin\alpha}{\alpha} \tag{26}$$

가 된다. 여기서

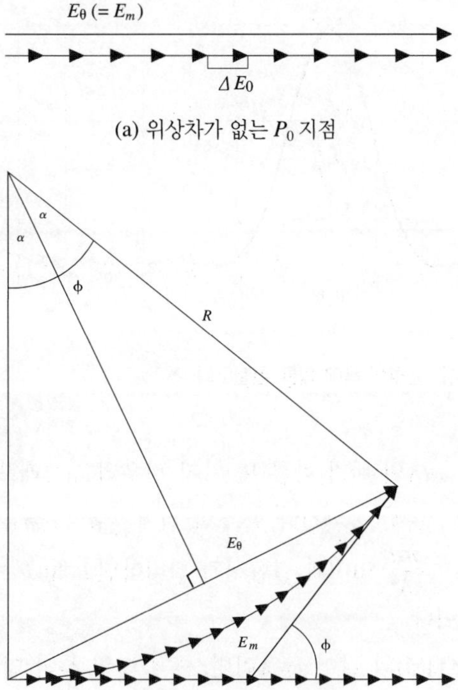

(a) 위상차가 없는 P_0 지점

(b) 위상차가 있는 지점

[그림 5-30] 회절에 의한 세기를 구하기 위한 위상자 덧셈법

$$\alpha = \frac{\phi}{2} = \frac{\pi a}{\lambda}\sin\theta \tag{27}$$

이다.

ϕ는 첫 번째 벡터와 마지막 벡터 사이의 위치 차이다. 즉 슬릿의 제일 아래쪽과 선광원 성분 사이의 위상 차이다. 식 (27)로부터 α는 ϕ의 반에 해당하므로 α는 슬릿의 중앙과 끝지점 사이의 위상차임을 알 수 있다. α의 의미를 잘 염두해 두면 회절무늬를 이해하는 데 많은 도움이 된다.

따라서 빛의 세기는 진폭의 제곱에 비례하므로 세기는 회절무늬의 각도에 따른

$$I_\theta = I_m\left(\frac{\sin\alpha}{\alpha}\right)^2 \tag{28}$$

이 된다.

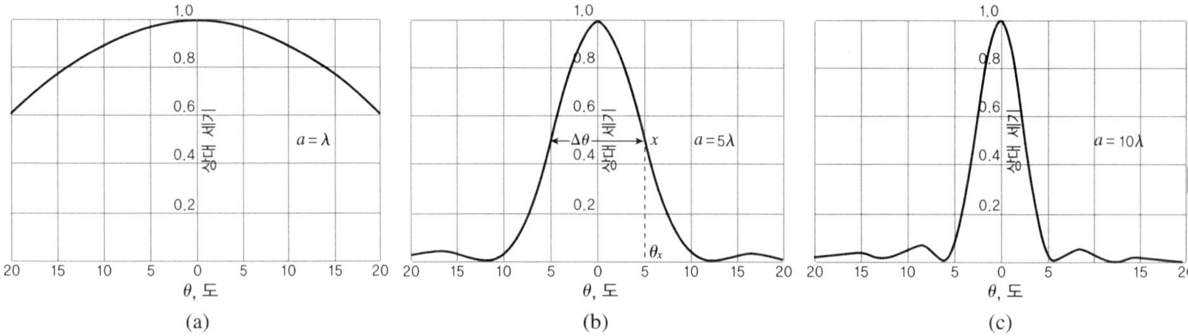

[그림 5-31] 슬릿의 폭에 따른 회절무늬

[그림 5-31]은 a/λ의 비기 다른 몇 가지 경우의 I_θ그래프이다. a/λ를 증가시키면 회절무늬의 폭이 좁아진다. 극소의 위치는 $\alpha = m\pi\,(m = 1, 2, 3, ...)$일 때이며 이 식을 $\alpha = \frac{\pi a}{\lambda}\sin\theta$과 결합시켜 정리하면 $a\sin\theta = m\lambda$이 된다. 여기서 $m=1, 2, 3, ...$이다.

특히 [그림 5-31](a)와 같이 $a=\lambda$이면, 즉 슬릿의 폭이 입사되는 파의 파장과 같으면, 첫 번째 0이 되는 조건, 즉 $m=1$일 때 $\theta = 90°$ 가 된다. $90°$ 의 의미는 스크린의 무한대로 높은 지점과 낮은 지점까지 빛이 도달함을 의미한다. a가 어느 정도 크면, 최초 0이 되는 $m=1$인 지점에 대한 θ가 작다고 $\sin\theta \sim \theta$로 근사시킬 수 있어

$$\theta \approx \frac{\lambda}{a} \tag{29}$$

가 된다.

이 값을 구한 것은 원형 구멍의 경우와 비교하기 위한 것이다. $I=0$이 되는 지점들에서 위상자들의 합은 완전한 원을 만들기 때문에 합 벡터의 길이가 0이 되는 상황이다.

(3) 원형 구멍으로부터의 회절

대부분의 광학계가 원형의 렌즈를 사용하므로 단일 슬릿보다 원형 구멍에서의 회절을 이해할 필요가 있다. [그림 5-32]는 볼록 렌즈의 초평면에 필름을

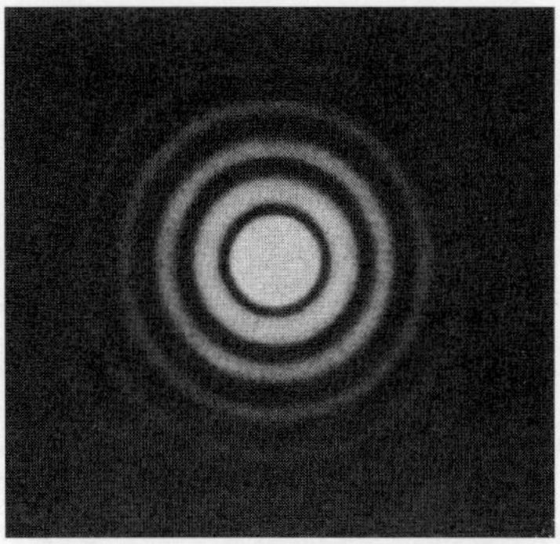

[그림 5-32] 원형 구멍에 의한 회절무늬

놓고 원거리에 있는 점광원의 상을 촬영한 것이다. 이 상은 기하광학에서 기대했던 '점'이 아니다. 중앙에 원형 디스크를 중심으로 바깥으로 밝고 어두운 원형 고리들이 나타난다. 중앙선을 따라가면서 빛의 세기를 그려보면 단일 슬릿의 경우 [그림 5-31](c)와 거의 같은 것을 볼 수 있다. 따라서 유한한 크기의 렌즈를 사용하면 회절 효과를 피할 수 없다.

관측점 P에서의 진폭의 계산은 선광원들의 집합인 단일 슬릿에서와 같이 간단한 벡터합으로 할 수 없으며 원형 형태의 광원들의 기여를 고려해야 한다. 그러나 원리는 두 경우 모두 같다. 렌즈의 직경이 R이라고 할 때, 단일 슬릿에서와 같이 R/λ의 비가 회절무늬를 결정한다. 프라운호퍼 회절 조건을 이용하게 되면 회절무늬의 1차 극소는

$$\sin\theta = 1.22\frac{\lambda}{R} \tag{30}$$

이다. 식 (29)와 비교하여 볼 때 1이 아니라 1.22가 나타난 것은 구멍이 원형이기 때문이다. 중앙의 밝은 원판의 크기가 작을수록 이상적인 기하광학에 가까울 것이다. 초점 거리가 f인 렌즈인 경우에 중앙 원판의 반지름

$$d = \frac{1.22\lambda}{R}f \tag{31}$$

이다.

(4) 분해능

렌즈에 의한 상의 회절은 원거리에 아주 근접해 있는 두 개의 점 물체를 분별하려고 할 때 매우 결정적인 역할을 한다. 두 개의 점광원이 공간적으로 멀리 떨어져 있으면 분해능은 문제가 안 된다. 스크린에는 뚜렷하게 2개의 상이 만들어지는 것을 볼 수 있다. 그런데 두 개의 점광원이 가까워지면 상황은 달라진다. [그림 5-33]은 오른쪽의 경우에는 두 개의 점광원이 있다고 할 수 있으나 왼쪽 사진은 하나인지 두 개인지 말하기 곤란하다. 오히려 하나라고 말하는 것이 더 적절하다. 이때 분해능이 매우 큰 렌즈를 사용하면 2개의 상을 볼 수 있을 것이다. [그림 5-34]는 사람 눈으로 본 두 물체의 상이다. 두 물체 사이의 거리에 따라 [그림 5-34](a)는 두 물체가 분별되지 않고 [그림 5-34](b)는 가까스로 분해된 경우이고 [그림 5-34](c)는 완전히 분해된 경우이다. 렌즈의 분해능은 [그림 5-34](b)처럼 가까스로 분해가 되는 경우를 기준으로 하는데, 이 기준을 레일리(Rayleigh) 기준이라 하며 한 점광원에 대한 회절무늬

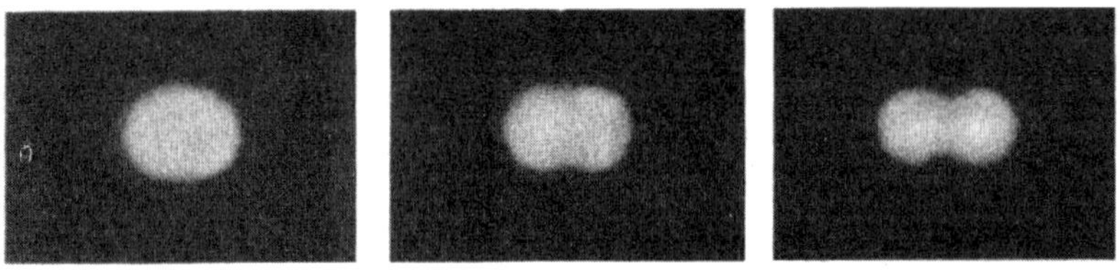

[그림 5-33] 두 개의 점광원에 대한 렌즈에 의한 상

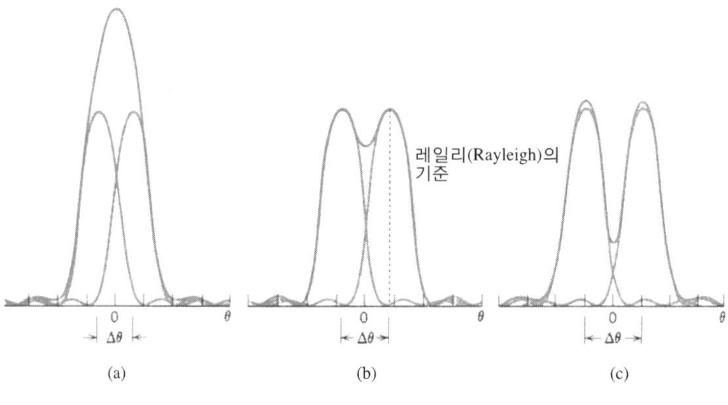

[그림 5-34] 분해능

의 중앙 극대점이 다른 점광원에 대한 회절무늬의 1차 극소점과 일치하는 경우이다. [그림 5-34](b) 점선이 레일리(Rayleigh) 기준이다.

식 (30)으로부터 가까스로 분해할 수 있는 두 물체를 렌즈에서 바라보는 각도는

$$\theta_R = \sin^{-1} \frac{1.22\lambda}{R}$$

이고, 원거리의 점 물체에 대해서는 θ가 매우 작으므로

$$\theta_R = 1.22\frac{\lambda}{R} \tag{32}$$

이다. 물체 사이의 각도가 θ_R보다 크면 두 물체는 분해가 되고 θ_R보다 작으면 분해가 되지 않는다. 당연히 무한히 큰 렌즈를 쓰면, 상이 점이 되기 때문에 아무리 가까이에 있는 물체도 구별하여 볼 수 있을 것이다.

매우 작은 각도차를 가진 두 물체를 분해하기 위해서는 θ_R이 작아야 하므로 렌즈의 직경을 증가시키거나 짧은 파장의 광원을 사용한다. 이것이 거대한 망원경을 만드는 이유가 되며, 전자 현미경처럼 파장이 가시광선에 비하여 매우 짧은 파동을 사용하게 되는 이유가 된다.

현미경에서 조금이라도 밝고 선명한 상을 얻기 위하여 렌즈의 크기를 키울 수가 없기 때문에 커버 글라스와 대물 렌즈 사이에 오일을 발라 렌즈의 직경을 키우는 효과를 거두기도 한다.

(5) 이중 슬릿으로부터의 회절

단일 슬릿의 회절무늬 두 개가 중첩하여 무늬가 함께 나타나게 된다. 각각의 슬릿폭이 파장과 같은 이중 슬릿의 경우에 간섭무늬는 다음과 같은 식을 만족시키면서 나타난다.

$$I_{\theta,\text{간섭}} = I_{m,\text{간섭}} \cos^2\beta \tag{33}$$

여기서 $\beta = 2\frac{\pi d}{\lambda}\sin\theta$이며, d는 슬릿 중심 사이의 거리이다. θ는 단일 슬릿의 경우와 같이 이중 슬릿의 중앙을 가로지르는 축과 이중 슬릿 중앙에서 스크린 상의 점을 잇는 선 사이의 각도이다([그림 5-36] 참조). 슬릿의 폭이 파장에

비하여 매우 좁지 않으면 회절무늬 효과가 간섭무늬와 함께 나타난다. 즉

$$I_{m,\text{간섭}} = I_m\left(\frac{\sin\alpha}{\alpha}\right)^2 \tag{34}$$

의 형태로 주어진다. 따라서 회절과 간섭이 동시에 고려된 세기 분포는

$$I_{\theta,\text{간섭}} = I_m(\cos^2\beta)\left(\frac{\sin\alpha}{\alpha}\right)^2 \tag{35}$$

이 된다.

이 결과를 그림으로 나타내면 [그림 5-35]와 같다. (a)는 폭이 좁은 이중 슬릿에 의한 간섭무늬를 나타내고, (b)는 단일 슬릿에 의한 회절무늬의 모습이며, (c)는 이들 결과를 곱하여 얻은 것으로 간섭과 회절이 동시에 고려된 것이다.

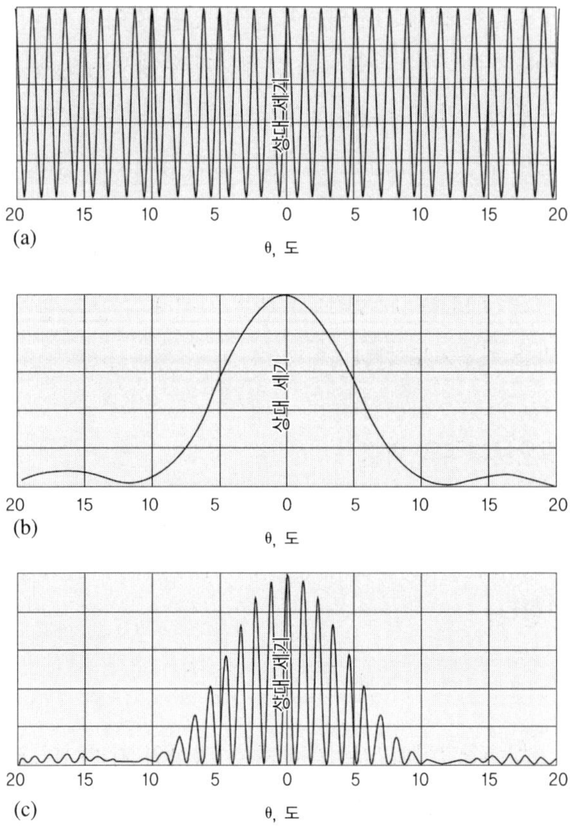

[그림 5-35] 이중 슬릿에 의한 회절과 간섭무늬

(6) 다중 슬릿 또는 회절 격자로부터의 회절

슬릿의 개수가 N개로 증가된 경우를 다중 슬릿 또는 회절 격자라 부른다. [그림 5-36]은 슬릿의 개수가 5인 이상적인 다중 슬릿이다. 파장 λ의 단색광을 회절 격자에 비추면 일련의 무늬가 나타나는데 이 무늬의 각거리는 λ/d에 의해 결정된다. 이때 d는 슬릿 사이의 간격이다.

이 무늬들이 가지는 상대적인 세기 분포는 단일 슬릿에 의한 회절무늬에 의해 결정된다. [그림 5-37]에서 (a)는 $N=2$인 경우, (b)는 $N=5$인 경우에 세기 분포를 나타낸 것으로서 회절무늬의 중앙 극대 부분만을 나타내었다. 두 경우에 양쪽 끝에서 세기가 약해지는 것을 볼 수 있는데 이것은 회절에 의한 세기 분포 때문이다. $N=5$인 경우에 1차 극대 사이에 3개의 2차 극대들이 나타난

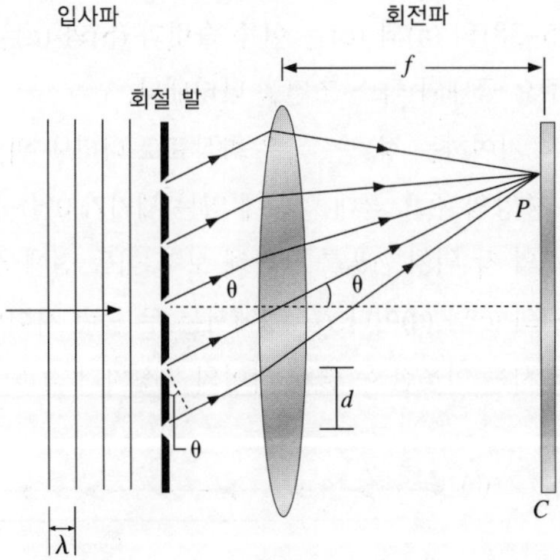

[그림 5-36] 다중 슬릿에 의한 회절

[그림 5-37] 다중 슬릿과 이중 슬릿의 회절무늬 비교

다. N을 증가시킬수록 주요 극대가 아주 예리해지며 2차 극대는 그 수가 $N-2$ 개로 증가하지만 세기가 아주 줄어들어 거의 무시할 만하다. 이는 슬릿 수가 많아질수록 여러 개의 슬릿에서 온 파동들이 보강간섭 조건을 만족시키는 지점이 좁아지기 때문이다. 그러므로 회절 격자의 슬릿의 수는 다음에 언급할 고분해능 분광기에서 매우 중요한 역할을 한다.

주요 극대의 위치는 이웃한 슬릿으로부터의 광-경로차가

$$d\sin\theta = m\lambda \qquad m = 0, 1, 2, \ldots \tag{36}$$

인 곳이다.

여기서 m을 차수(order)라고 한다. 이 식은 이중 슬릿에서 보강간섭하는 지점을 찾기 위한 식과 일치하며 슬릿의 개수 N에 무관하다.

N이 증가해 갈 때 주요 극대의 폭이 좁아지는 것을 위상자를 합하는 방법을 알아보자. [그림 5-38]의 (a)와 (c)는 이중 슬릿과 (b)와 (d)는 9중 슬릿의 회절 격자에 대한 주요 극대와 극소 조건을 나타낸다.

각각의 슬릿에서 기여하는 정도는 작은 화살표로 나타낸 위상자의 벡터 길이와 같다. $\theta = 0$인 중앙의 주요 극대 양쪽에 있는 세기가 0인 곳(이중 슬릿의 경우 소멸간섭 지점)의 각 위치 $\Delta\theta_0$를 생각해 보자. 이들 점에서 벡터 합에 대한 것은 [그림 5-38]의 (c)와 (d)이다. $N = 2$에서는 두 슬릿 사이의 위상차가 180°이며 $N = 9$에 대해서는 이웃한 두 슬릿 사이의 위상차가 $\Delta\phi = 2\pi/9(=40°)$이

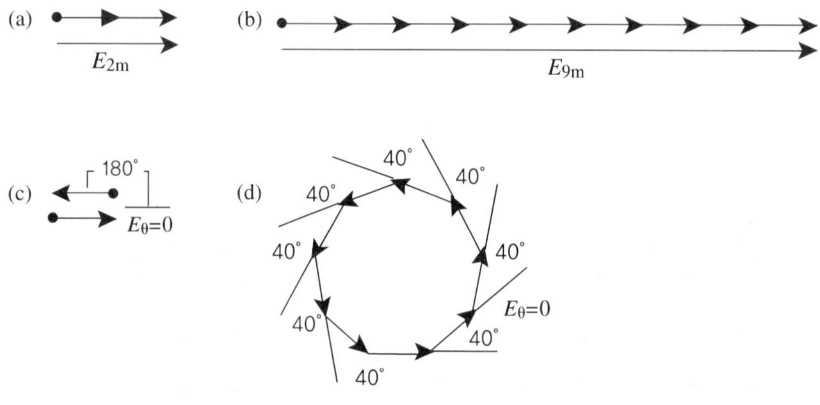

[그림 5-38] 다중 슬릿에서 밝기의 극대와 극소

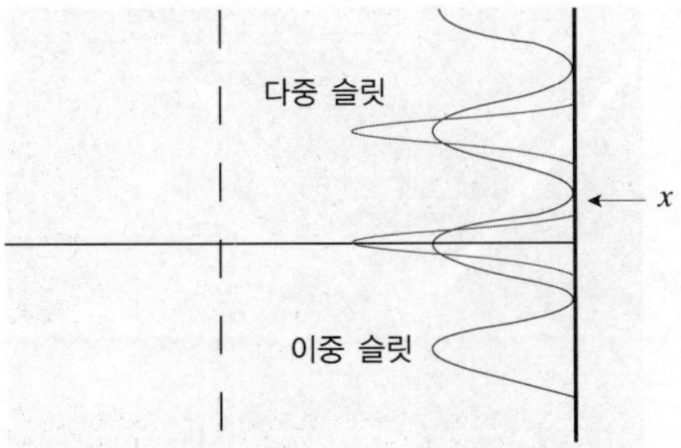

[그림 5-39] 이중 슬릿과 다중 슬릿의 밝은 무늬 폭 비교

된다. 일반적인 경우에는

$$\Delta\phi = 2\pi/N \tag{37}$$

이라고 주어진다. 슬릿의 개수가 늘어날수록 이 각도가 줄어든다는 의미는 주요 극대의 폭이 줄어든다는 것을 의미한다. 파장이 약간 차이가 나는 2개의 파장을 갖는 빛이 이중 슬릿에 들어가면 색분해가 안 되는데 다중 슬릿에 의해서는 분해가 된다. 다중 슬릿은 빛이 도달할 수 있는 위치가 파장에 따라 예리하게 결정되어 있기 때문이다. 이중 슬릿과 다중 슬릿의 경우를 [그림 5-39]로 비교하여 설명하면 다음과 같다. 화살표로 표시한 지점에서 이중 슬릿과 다중 슬릿인 합성파를 구하는 과정은 그림과 같다. [그림 5-40](a)는 비록 두 슬릿에서 나온 파동이 위상차를 가지고 중첩이 되었더라도 합성파가 어느 정도 크기를 갖는 것을 알 수 있다. 그러나 다중 슬릿의 경우에는 슬릿마다 위

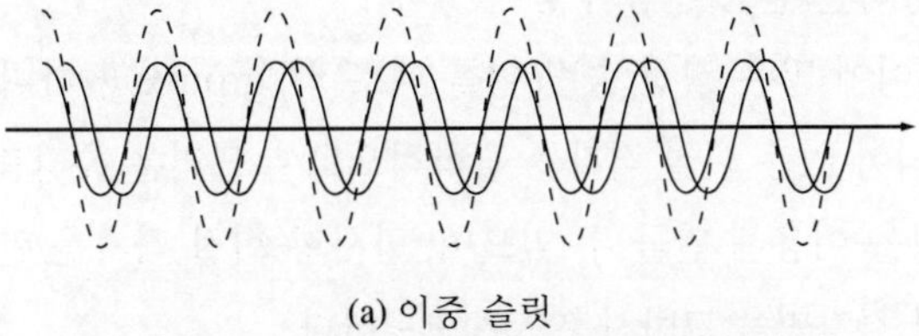

(a) 이중 슬릿

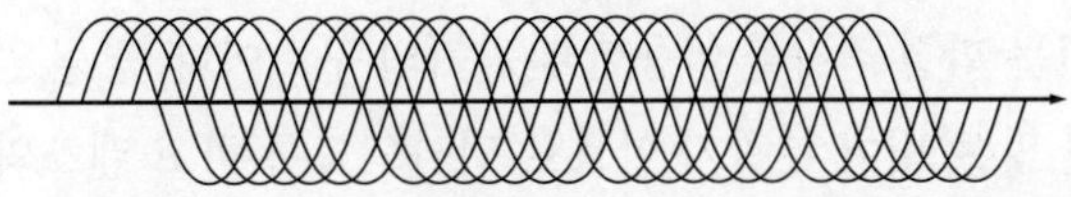

(b) 다중 슬릿

[그림 5-40] [그림 5-39]의 x지점에서 이중 슬릿과 다중 슬릿의 파동 중첩에 의한 결과 해석

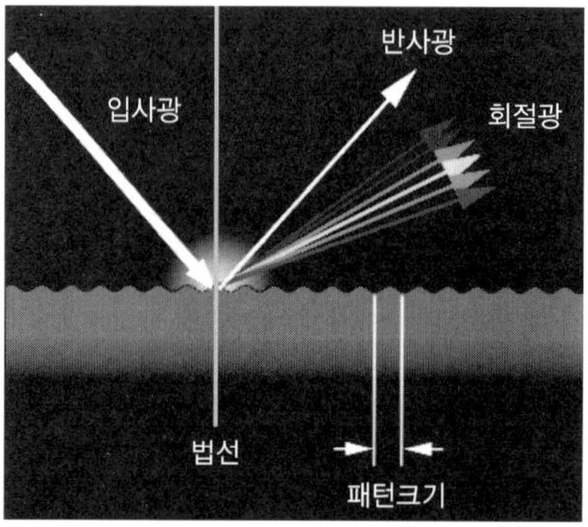

[그림 5 – 41] 회절 격자에 의한 색분해

상차가 있으므로 합성파는 [그림 5 – 40](b)에서 볼 수 있는 것 같이 0이 된다.

[그림 5-41]은 회절 격자에 백색광이 입사되었을 때, 색분해가 일어나는 모습이다.

(7) 회절 격자 분광기

광원에서 나오는 빛의 파장에 따른 빛의 세기, 즉 스펙트럼을 관찰하는 기구를 분광기라고 한다. 분해능이 높은 분광기는 물질의 미시적 에너지 구조를 이해하는 데에도 유력한 수단으로 사용되기도 한다. 스펙트럼을 얻는 방법으로 프리즘을 사용하는 프리즘 분광기, 회절 격자를 사용하는 격자 분광기, 빛의 간섭을 이용하는 간섭 분광기 등이 있다.

1 인치의 넓이에 많은 직선 슬릿(이를 때로 선, groove라 하며 약 10^5 개 정도임)이 분포되어 있는 회절 격자는 광학적으로 부드러운 유리층에 긋던지 홀로그래픽 방법을 이용해 만들 수 있으며, 반사형 회절 격자를 만들기 위해 일반적으로 회절 격자면을 고반사층으로 코팅한다.

[그림 5-42]는 회절 격자를 이용한 분광기의 구조이다. 광원 앞에 렌즈를 설치하여 가능한 많은 빛이 분광기 안으로 입사되도록 하고 렌즈의 초점 위치에 단일 슬릿을 설치한다. 식 (37)에 의하면 가능한 한 많은 슬릿 선(N)을 사용하여야 높은 분해능이 얻어질 수 있기 때문에, [그림 5-42]과 같이 회절 격자에

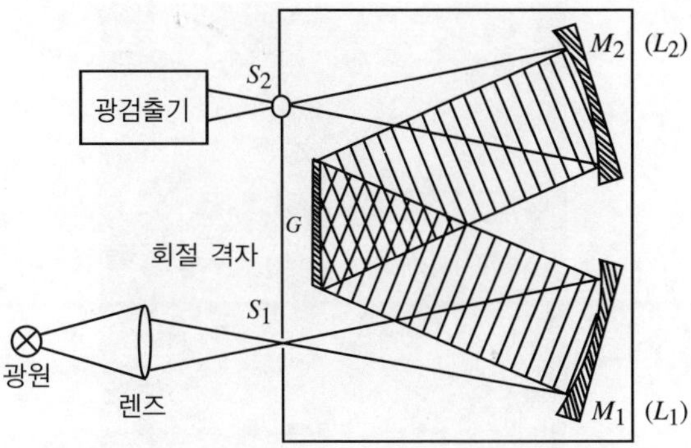

[그림 5-42] 회절 격자 분광기의 구조

입사되기 전에 광의 크기를 평행하게 확대하는 과정이 필요하다. 여기에서는 프리즘 분광에서 사용한 평행광용 렌즈 대신에 구면 거울 M_1을 사용하여 평행광을 만든다. 평행광은 회절 격자에 입사되고 회절 격자에 의해서 반사되면 파장에 따라 다른 반사각으로 구면 거울 M_2을 향한다. 반사된 빛들은 파장에 따라 다른 각도를 가지게 되며 같은 파장의 광들은 평행광이 되어 나간다. 반사된 빛은 거울 M_2의 초평면에 있는 출사 슬릿 S_2 또는 검광판(photographic plate)에 모아지며 파장에 따라 공간적으로 분리된 빛의 세기를 얻을 수 있다.

원리적으로 프리즘 분광기와 회절 격자 분광기는 같은 구조를 가지고 있음을 알 수 있다. 먼저 선광원을 만든 후에 평행광을 만들어 분산 소자 프리즘 또는 회절 격자에 입사시키고 파장에 따라 다른 각으로 분리시킨 후에는 다시 집속시키는 과정을 거치게 된다. CD 표면은 가시광선에 대하여 좋은 회절 격자이므로, 분광기를 만들어 볼 수 있을 것이다. 물론 정확한 것을 요하지 않을 때는 슬릿 하나만 가지고도 만들 수 있다.

(8) 회절에 의한 여러 가지 무늬와 색

1) 모기장 통해서 본 전등(회절무늬)

[그림 5-43]은 모기장을 통해서 본 전등의 회절무늬이다. 구멍이 좁은 슬릿이 아닌 사각형이면 빛은 그림과 같이 서로 수직한 두 방향으로 회절하게 된다. 즉 구멍을 가로 방향으로 좁은 슬릿 모양으로 뚫었을 경우에 위아래로 밝은 무늬

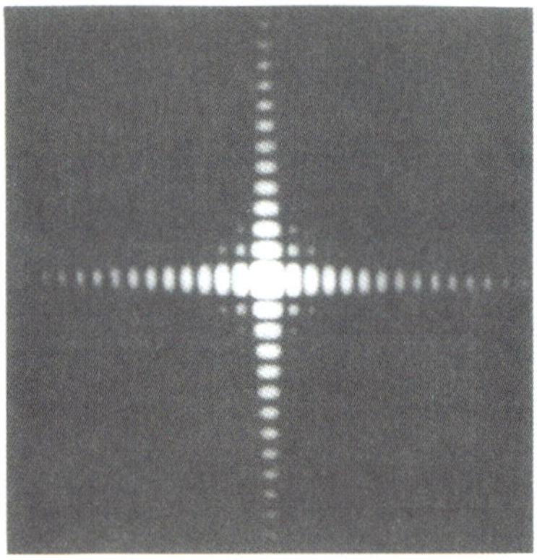

[그림 5-43] 모기장을 통하여 본 회절무늬

와 어두운 무늬가 반복적으로 나타나게 된다. 같은 원리에 의해 슬릿을 세로 방향으로 뚫게 되면 좌우로 밝은 무늬와 어두운 무늬가 반복적으로 나타난다. 따라서 네모 모양의 구멍이면 가로와 세로 방향 모두에서 회절이 일어나서 수직한 두 방향으로 밝은 무늬와 어두운 무늬가 반복적으로 나타나게 되는 것이다.

2) 표면에서의 현란한 색깔

공작새의 아름다운 날개는 어린이들의 시선을 끌기에 충분하다. 아주 화려한 무늬의 색깔이 보는 각도에 따라서 달라진다. 이것은 반사, 굴절, 간섭, 회절 이론 중 어느 것으로 설명할 수 있을까? 앞에서 설명한 비누막에 의한 반사 현상과는 사뭇 다름을 알 수 있다. 비누막의 경우는 매끈한 표면으로 되어있

[그림 5-44] 공작새 회절무늬

지만 공작새의 날개 표면은 울퉁불퉁한 표면으로 되어있다. 그렇다면 공작새의 날개 표면의 울퉁불퉁한 표면의 줄무늬에 의해서 아름다운 색깔이 나타나는 것을 예상할 수 있다. 날개 표면에는 아주 가는 실깃털이 나있고 이들이 앞서 배운 대로 반사형 회절 격자판 역할을 하는 것이다. 이와 같은 원리에 의해 풍뎅이 겉껍질을 [그림 5-45]에서 나타나는 현란한 색깔이나, [그림 5-46]의 진주조개, 전복의 속껍질 등의 무지개 빛이 나타나게 된다. 실제 진주조개나 전복의 속껍질, 풍뎅이의 겉껍질을 광학현미경, 전자현미경으로 확인해 보면 [그림 5-47, 48, 49]와 같이 모두 일정한 방향으로 나열되어 있는 홈구조로 되어 있음을 알 수 있다. 이 규칙적인 패턴이 반사형 회절 격자판 역할을 하게 되는 것이다. 물론 풍뎅이 중 일부 풍뎅이는 단색으로 나타나거나 현란한 색이 없는 것들이 있는데 이러한 풍뎅이의 겉껍질을 확대해서 보면 규칙적인 홈이 없이 밋밋하게 되어있다. 대부분의 물체는 색소에 의해서 색이 결정

[그림 5-45] 풍뎅이 회절무늬

[그림 5-46] 조개 껍질 회절무늬

[그림 5-47] 진주조개 껍질 구조

[그림 5-48] 전복조개 껍질 구조

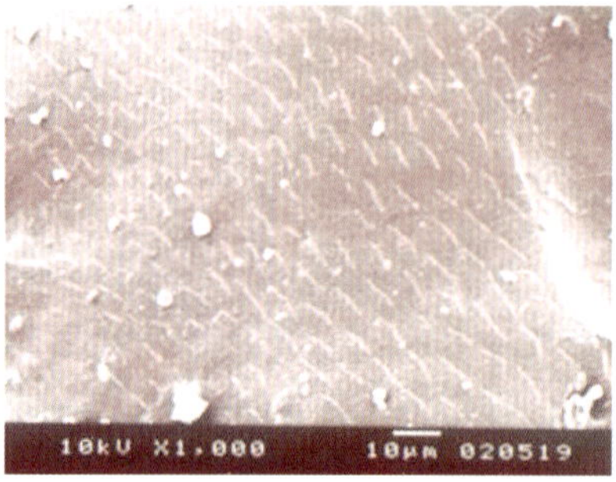

[그림 5-49] 풍뎅이 껍질 구조

[그림 5-50] 오팔의 표면 구조

되지만 위에서 살펴본 바와 같이 미세한 구조는 반사형 회절 격자와 같은 역할을 하여 아름다운 색이 추가된다. 따라서 이처럼 표면에 규칙적인 홈인 회절 격자판을 갖고 있는 곤충들에게서는 우리는 아름다운 색을 관찰할 수 있다. 곤충들 뿐만 아니라 보석의 한 종류인 오팔의 경우도 마찬가지인데 표면을 확대해서 보면 [그림 5-50]과 같이 작은 알갱이들이 규칙적으로 배열되어 있음을 알 수 있다.

3) CD 표면의 무지개 색

흔히 사용하는 CD판의 뒷면을 보면 아름다운 무지개 빛의 선이 선명하게 나타나는 것을 볼 수 있다. 이러한 무늬는 도로 표지판의 반사체에서도 흔히 볼 수 있다. CD판의 면에 미세하게 분포하는 줄무늬에 의한 회절 현상으로 설명할 수 있다. [그림 5-52]의 전자현미경 사진처럼 CD 표면은 0.74~1.6 μm의 간격으로 슬릿이 그어져 있기 때문임을 알 수 있다.

[그림 5-51] CD 표면

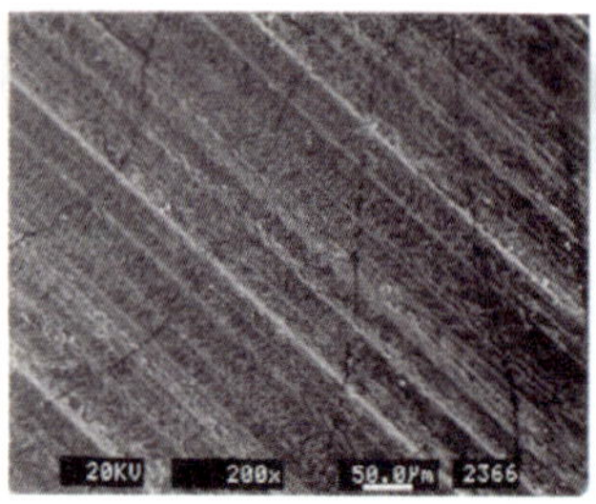

[그림 5-52] CD 표면 전자현미경 사진(×2000)

5-4 정상파

정상파(Standing wave)는 용어에서도 알 수 있는 바와 같이 정지해서 진동하는 파동이다. 지금까지의 파동은 진행파(travelling wave)를 고려했는데 진행파는 에너지를 공간적으로 이동시킬 수 있는 파동인 데 반하여 정상파는 어떤 공간 내에 에너지가 갇혀 있다. 정상파는 일상생활뿐 아니라 물리적으로 너무나 중요한 개념으로 파동과 관련한 많은 물리 현상이 정상파와 관련이 있다.

(1) 정상파의 발생

정상파는 어떻게 발생될까? 진행파가 진행하다가 반사하는 물체를 만나면 반사파가 발생되며, 따라서 입사 파동과 반사 파동이 중첩이 일어난다. 간섭과 같이 두 개의 파동이 중첩이 일어났을 경우와 비교해 보면 중요한 차이점이 진행 방향이 반대라는 점이다. 이와 같이 반대 방향으로 진행하는 두 개의 파동이 중첩되면 정상파가 발생하는데, 가장 효율적으로 일어나기 위해서는 두 파동의 세기가 같아야 한다. 이와 같은 상황은 어떤 갇힌 계에서 파동이 발생되면 자연스럽게 일어난다. 예를 들어 양쪽 끝이 고정된 줄에서 중간을 튕기면 정상파가 만들어진다. 그 이유는 양쪽 끝으로 진행하던 파동들이 고정단에서 전반사되어 진행 방향이 반대인 파동들이 만들어지기 때문이다.

수학적으로 간단하게 살펴보자. 오른쪽으로 진행하던 파가 고정단에서 반사된다면, 반대 방향으로 진행하는 두 개의 파동은 다음과 같이 쓸 수 있다.

$$\psi(x, t) = A\cos(\omega t - kx) \tag{38}$$

$$\psi(x, t) = A\cos(\omega t + kx + \pi) \tag{39}$$

이 둘이 중첩이 되면 수학적으로는 두 식을 합하는 것이다. 일반적으로 진행파가 전반사되면 위상이 180° 바뀌기 때문에 두 번째 파에 180° 위상을 더하였다. 식 (38)과 식 (39)를 대수적으로 더하여 보면

$$\psi(x, t) = A_0 \sin(\omega t)\sin(kx) \tag{40}$$

와 같이 된다.

중첩된 후의 파동의 특징은 위상에 영향을 주었던 항이 두 개로 분리된 것이다. 즉 진행파는 시간과 공간을 나타내는 변수들, 즉 t와 x가 독립적으로 변하지 못했는데 정상파의 경우에는 시간과 공간이 독립적인 변수가 된다. 다시 말하면 공간의 어떤 장소에서도 진동수 ω로 진동하는 것은 진행파와 같지만 진폭이 공간에 따라 결정된다는 점이 매우 다르다. 진행파에서는 진폭이 A로 모든 지점에서 같았다. 그러나 정상파에서는

$$kx = n\pi \tag{41}$$

가 되는 지점들에서는 진폭이 0이 됨을 알 수 있다. 이러한 지점들을 마디(node)라고 한다. 이 지점들에서는 항상 함수 값이 0이어서 진동을 하지 않는다. 그리고

$$kx = (2n+1)\frac{\pi}{2} \tag{42}$$

를 만족하는 지점들에서는 함수 값이 최대가 된다. 이러한 조건을 만족하는 지점들을 배(anti-node)라고 한다. 위의 두 식으로부터 정상파의 배와 배 또는 마디와 마디 사이의 간격은 반파장이 됨을 알 수 있다.

[그림 5-53]은 두 개의 반대 방향으로 진행하는 파동을 1/8주기 시간 간격으로 중첩시켰을 때 정상파가 형성되는 과정을 나타낸 그림이다. 굵은 검정색 모양이 중첩 후의 파의 모양이다. 마디인 점 B, D, F, H들에서는 시간이 흘러도 진동하지 않는 것을 확인할 수 있다. 반면에 배인 지점들 A, C, E, G, I에서는 큰 진폭으로 진동하고 있는 것을 확인할 수 있다.

(2) 현악기의 정상파

[그림 5-54]는 줄을 이용해서 정상파를 발생시키는 장치이다. 탄력성이 좋은 줄의 한쪽 끝을 고정시키고 다른 쪽 끝에는 진동자를 연결시킨다. [그림 5-54]에서는 스피커를 사용하였다. 스피커에 일정한 진동수를 갖는 전기 신호를 가해주면 스피커가 진동함에 따라 줄이 따라서 진동한다. 스피커에 부착된 줄이 진동을 하면 줄 파동이 발생이 되고 왼쪽으로 진행하는 파가 발생된다. 왼쪽으로 진행하던 파가 왼쪽 끝의 고정단에서 반사되어 오른쪽으로 진행하는 파가

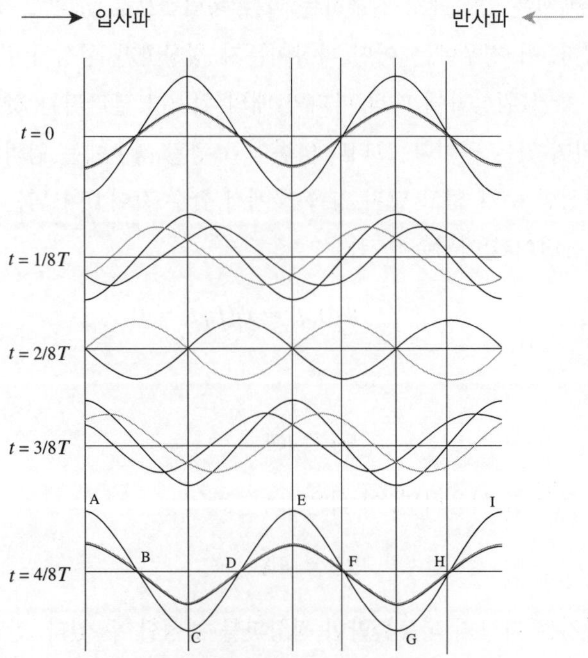

[그림 5 - 53] 정상파

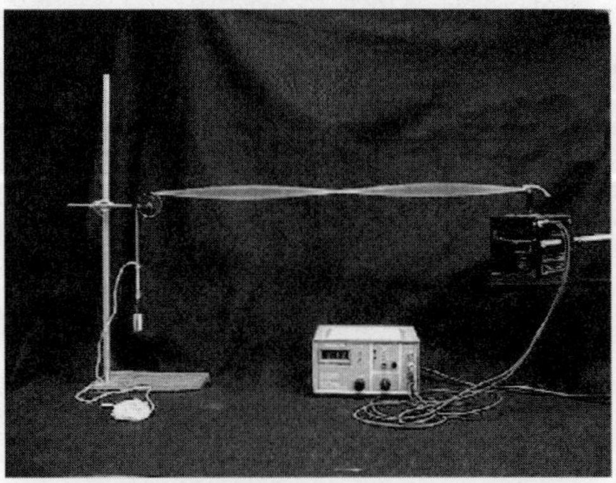

[그림 5 - 54] 현에서 정상파 실험 장치

발생되어 정상파를 이루기 위한 조건인 서로 반대 방향으로 진행하는 파들의 중첩 상황이 발생한다.

스피커의 진동수에 무관하게 정상파가 발생되겠는가에 대하여 생각해 보자.

앞서 이론에서는 양쪽에서 진행하는 파를 독립적으로 있다고 가정하고 중첩을 시켰었다. 이 경우에는 어떤 파장이든지 정상파가 형성되어 마디와 배가 나타난다. 초기 위상차에 따라 마디와 배의 위치가 달라지는 것을 확인해 보는 것은 의미 있는 일이다. 그러나 양쪽이 고정된 경우에는 임의의 파장이 정상파를 형성할 수가 없고 단지 양쪽 끝에서 함수 값이 0이 되는 조건을 만족시키는 파동만이 살아남는다. 즉

$$\psi(0, t) = \psi(L, t) = 0 \tag{43}$$

으로부터,

$$kL = n\pi \tag{44}$$

이다. $k = \dfrac{2\pi}{\lambda}$ 를 이용하면, 이 식은

$$2L = n\lambda \tag{45}$$

를 만족시키는 파장의 파동들만이 정상파를 형성할 수 있다. 만약에 위 식의 조건을 만족시키지 않으면 파동들이 반사하면서 조금씩 위상이 맞지 않게 되고 이들의 중첩한 결과는 모든 지점에서 0이 된다. 이것은 [그림 5-40](b)와 유사한 상황이다. 정상파에서 특별한 파장들만이 가능한 이유는 양쪽 끝이 고정단이기 때문에 함수 값이 0이다. 이와 같이 경계에서 함수 값이 주어지는 것을 경계 조건이라 한다. 경계 조건은 너무나 중요하다. 레이저에서는 발생되는 레이저의 파장을 결정하고, 현대 물리, 즉 양자 물리에서는 에너지 준위가 양자화된 것을 설명할 수 있는 결정적인 요인이 된다. [그림 5-55]와 같이, $n = 1$인 경우를 기본 진동, $n = 2$인 경우를 2배 진동, $n = 3$인 경우를 3배 진동이라 한다.

[그림 5-56]은 길이가 다른 다양한 현악기이다. 현악기는 정상파를 이용하여 고유의 진동수를 발생시키는 악기이다. 식으로부터 알 수 있는 것과 같이 길이가 짧을수록 기본 진동의 파장이 짧고 따라서 소리의 진동수가 커져 고음을 냄을 알 수 있다. 여기서 가정은 각 줄에서 파동의 전파 속도는 같다고 할 때이다. 줄의 길이를 일정하게 하고 튕기는 위치를 달리 하는 경우에는 재미있는 현상이 일어난다. 중앙을 약하게 튕기면 기본 진동 하나만 진동하여 소리가 남을 알

수 있고, 이번에는 튕기는 힘을 조금 더 크게 하여 중앙을 튕겼는데 역시 기본 진동만 진동하였으나, 거의 같은 힘으로 울림통 근처를 튕기면 기본 진동과 2배 진동 두 개의 진동이 함께 일어났다. [그림 5-55](b)에서 알 수 있는 바와 같이 중앙을 튕기면 2배 진동은 진동할 수 없음을 알 수 있다. 왜냐하면 2배 진동의 중앙에서의 진폭은 항상 0이기 때문이다. 반면에 울림통 근처를 튕기면 기본 진동과 2배 진동 둘 다 진폭이 0이 아니기 때문에 진동을 하게 된다. 좀 더 강한 힘으로 중앙을 튕기면 어떻게 될까? 기본 진동과 3배 진동이 진동할 것이다. 물론 울림통 근처를 튕기면 기본 진동, 2배 진동, 3배 진동 모두가 진동할 것이다. 줄의 어느 부분을 튕기느냐에 의해서 진동 모드(방식)가 달라진다.

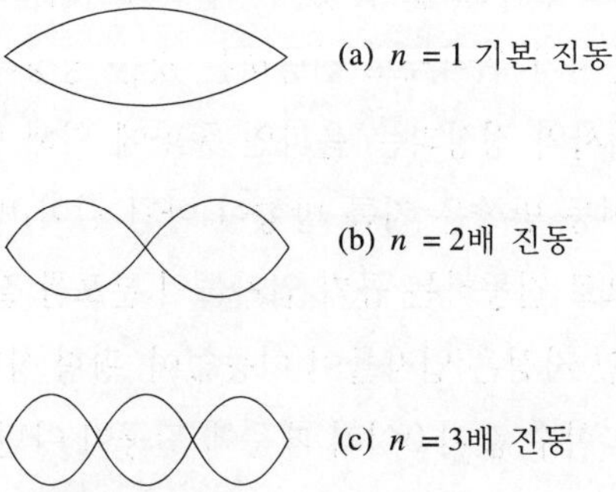

[그림 5-55] 파장이 다른 여러 가지 정상파

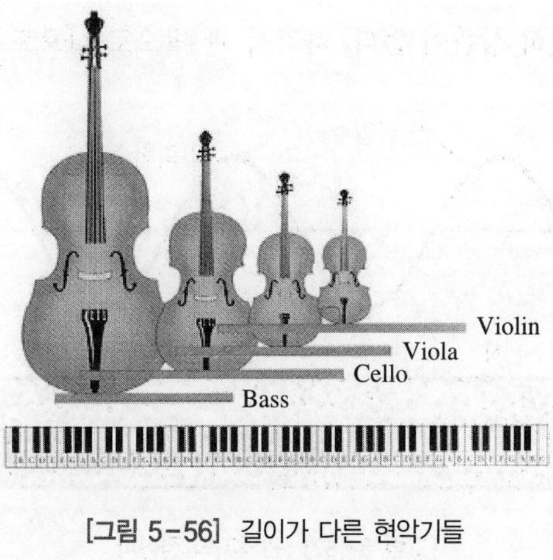

[그림 5-56] 길이가 다른 현악기들

(3) 관악기의 정상파

관악기는 관에서 만들어진 정상파에 의해서 아름다운 소리가 발생한다. 관의 길이가 짧을수록 높은 음이 발생되는 것은 현악기와 동일하다. 변위에 대한 경계 조건은 개관이냐 폐관이냐에 따라 다르다. 폐관인 경우에는 공기 입자의 변위로 나타냈을 때는 마디, 즉 함수 값이 항상 0이고 함수 값을 압력으로 나타내면 배가 된다. 개관 부분은 함수 값을 변위로 나타냈을 때는 배가 되고 압력으로 나타내면 마디가 된다.

거의 모든 책이 관에서의 정상파를 나타내기 위하여 [그림 4-8]을 사용한다. 4장의 앞쪽에서 설명한 것과 같이 [그림 4-8]과 관련하여 매우 많은 사람들이 오개념을 가지고 있음을 알 수 있다. 즉 관에서의 그림이 현에서와 같기 때문에 마치 공기 입자가 위아래로 진동하는 것을 상상하는데, 이는 크게 잘못된 개념이다. 관에서의 정상파는 음파인 종파에 의해 만들어진 것이다. 따라서 공기 입자의 진동 방향은 지름 방향이 아닌 길이 방향이다. 다음 [그림 5-57]은 길이 방향으로 진동하는 공기 입자들의 분포를 잘 묘사하고 있다.

변위 함수 값이 0인 지점은 입자들이 이동없이, 평형 상태에 있다는 것을 나타낸 것이다. 그곳의 함수 값이 0이기 때문에 진공이 아닌가 생각하는 사람도 있는 듯하다. 학생들로 하여금 오개념을 적게 하는 방법으로 저자는 관에서의 정상파에 대한 그림을 [그림 4-9]와 같이 그렸으면 좋겠다고 제안하는 바이다. 곡선은 변위나 압력(또는 밀도)에 대한 함수 값을 나타내는 것이기 때문에 관의 크기와는 전혀 상관이 없다. 따라서 관 밖으로 나오도록 그렸으면 좋겠

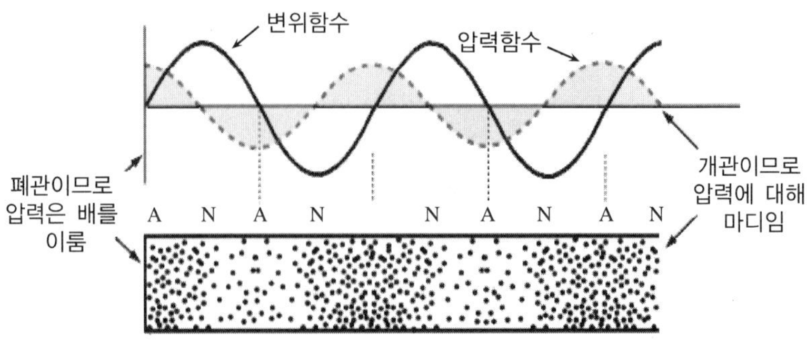

[그림 5-57] 관악기의 정상파

다. 관의 크기와 공기 입자의 밀도를 나타내는 함수 값은 아무 상관이 없으며 비교할 수 있는 양이 아니기 때문이다. 그리고 당연하지만 공기 입자의 분포를 시간에 따라 같이 그려 보여 주었으면 좋겠다.

(4) 북에서의 정상파

1차원 매질에서 경계가 있으면 정상파가 발생된다는 사실을 확인하였다. 북과 같이 2차원, 3차원 구조물에서도 경계가 주어지면 정상파가 발생된다. [그림 5-58]은 사각형판에서 발생된 정상파의 모습이다. 판위에 모래 가루를 놓고 판을 진동시키면 배 부분에 있던 모래들은 마디 부분으로 이동된다. 그 이유는 마디 부분은 항상 진동을 하지 않기 때문이다. 진동이 심한 부분에서 모래가 머물러 있기는 곤란할 것이다. [그림 5-59]와 같이 커피를 담은 컵을 시동이 걸려 있는 자동차 위에 놓아 보면 컵 안에 동심원이 생기게 되는데 이 역시 정상파이다. 3차원 구조물에서의 정상파 역시 많은데 대표적인 것이 마이

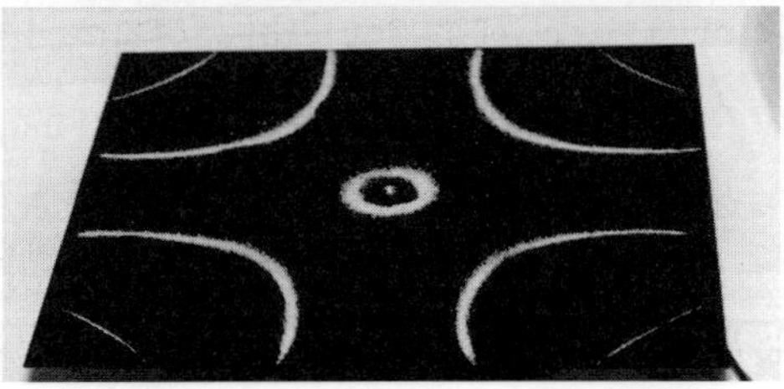

[그림 5-58] 사각판 위에 형성된 정상파

[그림 5-59] 커피잔에 형성된 정상파

크로 오븐 내에 형성된 정상파이다. 따라서 음식을 고루 익히려면 마디 부분의 음식을 배부분으로 옮겨 주어야 한다. 이렇게 하기 위해 음식을 회전판 위에 올려놓고 돌리는 것이다.

(5) 물질파의 정상파

물질파에서 정상파는 원자의 에너지 준위의 양자화와 밀접한 관계가 있다. 물질파는 확률파이지만 앞서 살펴본 모든 파동적인 성질이 동일하게 적용된다. 물론 반대 방향으로 진행하는 물질파는 중첩하여 정상파를 만든다. [그림 5-60]은 원자핵에 잡혀서 왼쪽과 오른쪽으로 돌고 있는 전자를 물질파로 생각하였을 때 형성된 정상파의 모습이다. 이 파동과 관련해서도 학생들은 다른 생각을 가지기가 쉽다. 파동의 함수 값이 의미하는 것은 발견 확률이다. 전자가 꼬불꼬불한 경로를 따라 도는 것으로 생각하는 것은 커다란 오개념이다. 전자는 보어의 관점으로 보면 반지름이 일정한 원 궤도를 돌고 있는 것으로 생각하는 것이 좋다. 허용된 물질파의 파장은 경계 조건에 의해 원둘레가 파장의 정수배가 되어야 하기 때문에 다음과 같이 주어진다.

$$2\pi r = n\lambda \tag{46}$$

위의 조건이 만족되지 않는 경우에 한 방향으로 돌고 있는 진행파가 수십 바퀴 돌고 난 후의 모습은 [그림 5-40](b)와 같을 것이고 이렇게 되면 중첩 결

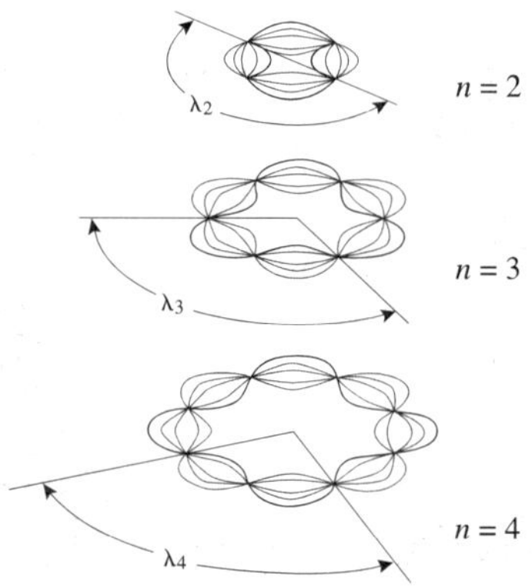

[그림 5-60] 물질파의 정상파

과 모든 곳에서 0이 될 것이다. 다시 말하면 정상파가 되지 않고는 파동이 존재할 수 없게 된다. 즉 이러한 상태에 있는 입자가 발견될 수 없다. 이것은 자연스럽게 에너지 준위의 양자화와 연결됨을 알 수 있다.

식 (46)으로부터 다음과 같은 보어의 원자 모형에 대한 첫 번째 가정, 즉 각운동량의 양자화 조건을 유도하여 낼 수 있다. 각운동량은 $L = mvr = pr$이고, 드브로이 공식에 의해 $p = \dfrac{h}{\lambda}$ 이므로

$$L = pr = \frac{hr}{\lambda} = \frac{nhr}{2\pi r} = n\hbar \tag{47}$$

가 되어 보어 원자 모형의 각운동량 양자화 조건과 동일함을 알 수 있다. 각운동량이 양자화되면 전자가 가질 수 있는 에너지 또한 양자화된다는 것은 다른 책을 참고하기 바란다. 여기서 설명하고자 하는 내용은 각운동량의 양자화 조건은 전자를 물질파로 보았을 때 파동이 정상파를 이루는 궤도만 허용이 된다는 사실을 언급하고자 한 것이다.

5-5 맥놀이

[그림 5-61](a)와 (b)같이 진동수가 약간 차이가 나는 두 개의 파동이 중첩되

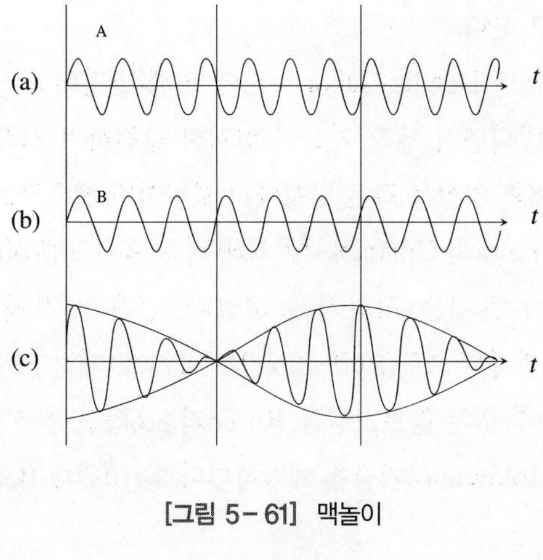

[그림 5-61] 맥놀이

면 [그림 5-61](c)와 같이 주기적으로 진폭이 변하는 파동이 된다. 이러한 현상을 맥놀이라고 한다. 소리의 경우에는 두 파동의 진동수 차이에 해당하는 진동수로 소리가 커졌다 작아졌다를 반복한다. 일정한 진동수를 발생시키는 라디오를 들고 벽을 향하여 일정한 속도로 가면 도플러 효과에 의해 벽에 갔다 온 소리의 진동수가 변하여 맥놀이가 발생한다. 속도에 따라 맥놀이 주파수가 변할 것이다.

5-6 홀로그램

사진은 오래된 기술로서 3차원 정보를 평면, 즉 2차원에 담아 준다. 물체에서 반사되는 광은 진폭에 관한 정보, 즉 세기만을 필름에 전달해 준다. 물론 컬러 사진은 색에 대한 정보도 필름에 함께 저장된다. 그런데 만약 물체에서 반사되는 파와 같은 진폭과 위상이 어떻게 해서든지 재생될 수 있다면, 이렇게 해서 얻어진 광파는 원래 물체에서 오는 광파와 구별이 불가능하다. 이것은 마치 물체가 광파를 반사시키면서 우리 앞에 서있는 것과 같은 완전한 3차원 상을 볼 수 있다는 것을 의미한다. 이와 같은 기능을 하는 것이 바로 홀로그램이다. 홀로그램(Hologram)이란 그리스어로 전체를 의미하는 'Holo'와 기록을 의미하는 'Graphein'이 합성된 말로 '모든 것을 기록하는 매체'를 말하며, 여기서 모든것이란 진폭과 위상을 의미한다. 이러한 기술을 홀로그래피(Holography)라고 한다.

홀로그램은 1948년 Dennis Gabor 박사에 의해 발견되었으며, 1960년에 레이저(Laser)가 개발되면서 제작 기술이 현저히 발전하기 시작하였다. 그 당시 홀로그램은 레이저와 영상을 같은 방향에서 보아야만 했으므로 재생에 많은 어려움이 있었지만, Leith와 Upatnieks에 의해 비축 홀로그램(off-axis hologram)이 소개되면서 이 문제는 사라지게 되었다. 같은 시기에 소련의 과학자 Denisyuk는 반사형 홀로그램(Reflection Hologram) 제작 기술을 개발하여 백색 조명에서도 볼 수 있는 홀로그램을, Rosen과 Stoke는 렌즈를 이용한 이미지 홀로그램(Image Hologram) 기술을 개발하였다. 1970년대 Benton은 실내조명에서도 밝은 영상을 볼 수 있는 무지개 홀로그램(Rainbow Hologr- am)을 개발하였고, 이 때부터 본격적인 홀로그램의 대중화가 시작되었다. 우리가 가지고 있는 신용 카드에는 복제가 불가능하도록 하기 위하여 무지개 홀로그램이 기록되어있다.

[그림 5-62]는 홀로그램의 원리도이다. 홀로그램은 기록과 재생 과정으로 나뉘어진다. 어느 물체든지 점광원들의 집합체로 생각할 수 있기 때문에, 먼저 하나의 점광원을 가지고 홀로그램의 원리를 살펴보자. [그림 5-62](a)는 기록(recording) 과정을 보여준다. 평면파인 기준파(reference beam)와 점 물체에서 산란된 광, 즉 물체파(object beam)를 렌즈를 사용하지 않고 필름에 노출시키면 간섭무늬가 생긴다. 간섭무늬가 잘 만들어지기 위해서는 기준파와 물체파의 결맞음성(coherence)이 뛰어나야 하므로 레이저를 이용하는 것이 효율적임을 알 수 있다. 점물체에 의해 산란된 구면파와 기준파인 평면파가 만든 간섭무늬는 동심원 형태일 것이다. 간섭무늬를 필름에 노출하여 현상

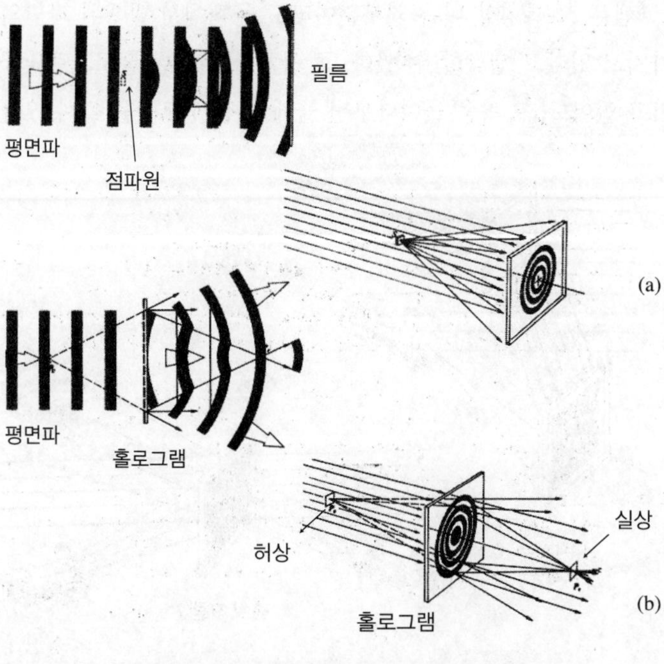

[그림 5-62] 점물체에 대한 홀로그램의 제작과 재생 원리

한 것이 바로 홀로그램이다. 필름에는 점 물체의 흔적은 전혀 없고 단지 동심원의 간섭무늬만 보인다.

[그림 5-62](b)는 재생(reconstruction) 과정을 보여주고 있다. 제작된 홀로그램을 놓고 제작 시 사용하였던 기준파(재생파)를 홀로그램에 보내고 홀로그램 뒤쪽에서 관찰하면 그대로 통과하는 재생파 이외에도 마치 속에 점물체가 있는 것(허상)처럼 구면파(신호)가 홀로그램으로부터 회절되어 나오게 된다.

재생파와 허상을 보는 방향이 일치하면 선명하게 허상만을 볼 수가 없는데 [그림 5-63](a)에서 보는 것처럼 배치함으로써 허상과 실상(공액상)이 충분히 축에서 분리될 수 있다.

홀로그램은 [그림 5-64]와 같이 가장 많이 사용되는 분야로 신용카드, 인증서, 화폐 등에 부착하여 위조 방지 목적으로 사용된다.

HUM(head-up mount)은 파일럿의 눈앞에 놓고서 계기판에 있는 브라운관 위의 표시를 전방의 경치에 겹쳐서 표시하기 위한 것으로 파일럿은 계기판을 향하지 않아도 필요한 데이터를 알 수 있는 것이 특징이다.

홀로그램은 그 특성상 비록 일부분이라도 물체에서 발생된 파면의 모든 정보를 가지고 있다고 생각할 수 있다. 즉 물체를 기록한 홀로그램의 작은 조각만 가지고 있어도, 그 속을 들여다보면 물체의 전체 모습을 볼 수 있는 것이다.

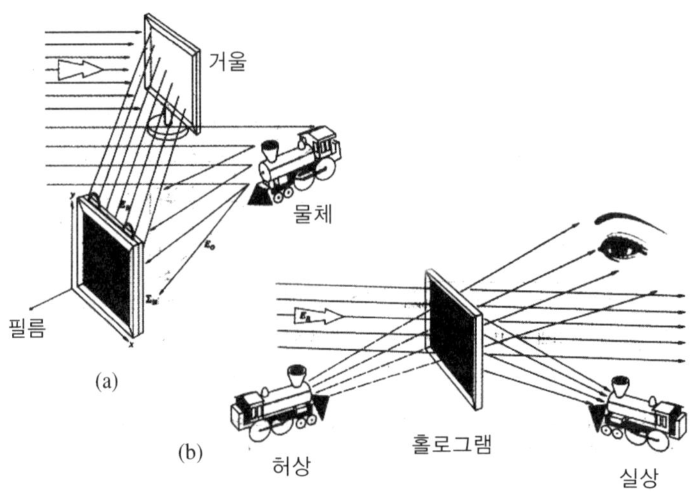

[그림 5-63] 입체적인 모양이 홀로그램에서 보임.

[그림 5-64] 홀로그램이 응용되는 예들

[그림 5-65] HUM에 응용

물론 홀로그램이 작아지면 시선을 이동할 여지는 덜 해져서 마치 좁은 창틈이나 구멍으로 밖을 살펴보는 것처럼 여러 측면에서의 영상을 볼 수는 없다 하더라도 적어도 물체의 3차원적인 정보는 완벽하게 가지고 있는 것이다. 다시 말하면 홀로그램의 한 점이라도 그 점에서 볼 수 있는 물체의 표면 정보를 완전하게 기록하고 있다고 할 수 있다.

5-7 무아레 무늬

무아레 무늬는 파동의 간섭이 아닌 주기적인 구조를 갖는 선들이 겹쳐져 새롭게 형성된 무늬를 말한다. 간섭무늬와 같은 원리로 설명할 수가 있고 실제 광학 수업이나 미세 이동이나 회전을 측정하는 곳 등에 다양하게 이용되고 있

[그림 5-66] 동심원 무늬

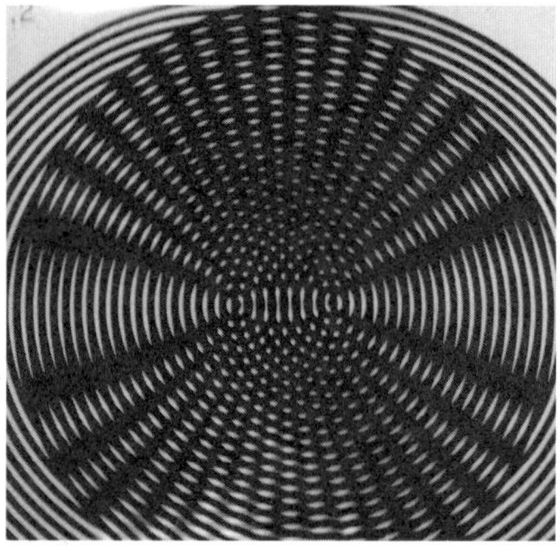

[그림 5-67] 무아레 무늬

다. 둘 중에 하나가 미소량 이동하면 무아레 무늬가 크게 변하기 때문에 미소 변화를 측정할 수 있다.

[그림 5-66]과 [그림 5-67]과 같은 동심 형태의 무늬를 갖는 두 개를 겹쳐 만든 것으로 중심을 일치시키지 않고 [그림 5-67]과 같이 놓으면 이중 슬릿의 간섭무늬가 그대로 재현된다. 학생들에게 보여줄 수 있는 좋은 방법은 컴퓨터를 이용하여 일정한 간격으로 동심원들을 그리고 두 장의 트랜스패어런시 위에 인쇄를 한다. 두 장을 오버헤드 프로젝트 위에 놓고 한 장을 고정시키고 나머지 한 장을 이동시키면서 나타나는 다양한 무늬를 보여줄 수 있다.

5-8 편광

(1) 편광의 종류

횡파인 전자기파는 진행 방향에 대하여 수직인 평면에서 전기장이 진동한다. 따라서 어느 한 방향으로 진행하는 빛에 대해 전기장이 진동하는 방향(편광 방향)은 진행 방향에 대해 수직인 평면 위에서 두 가지 성분으로 분리할 수 있다. x 방향으로 진행하는 빛에 대하여 전기장은 y, x 두 성분으로 나누어 쓸 수 있다. 각진동수 ω인 빛의 두 성분을 다음과 같이 표현하자.

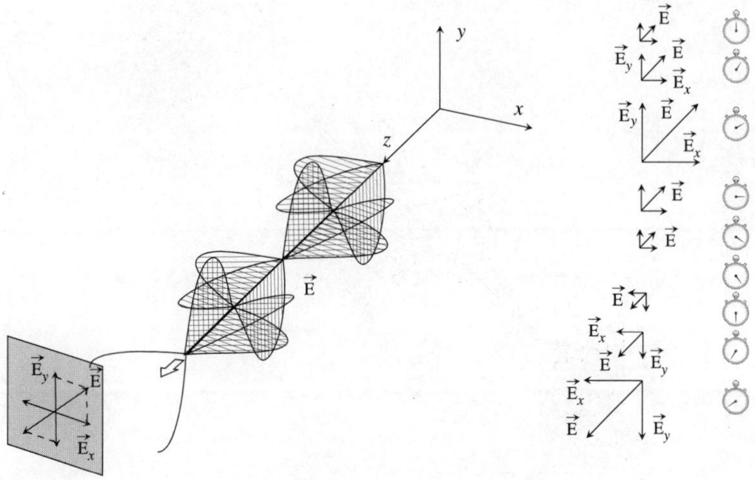

[그림 5-68] 선편광된 빛

$$E_y = E_{0y} \sin(kz - \omega t + \phi_1) \tag{48}$$

$$E_x = E_{0x} \sin(kz - \omega t + \phi_2) \tag{49}$$

식 (48)은 진폭이 E_{0y}, 초기 위상이 ϕ_1인 y 방향 성분의 파동을 나타내고, 식 (49)는 x 방향의 진동 성분을 나타내는 것으로 진폭 E_{0x}, 초기 위상이 ϕ_2이다.

만일 두 파의 초기 위상 ϕ_1과 ϕ_2들이 같은 경우에는 [그림 5-68]과 같이 합성파의 진동 방향은 y 축과 기울기가 E_{0y}/E_{0x}을 유지하면서 파가 진행을 하여도 기울기는 변하지 않을 것이다. 이와 같이 진동 방향이 변하지 않고 하나의 방향을 유지하면서 진행하는 편광을 선편광(linearly polarized light)이라 한다. 만일에 y 축 성분의 진폭 E_{0y}와 x 축 성분의 진폭 E_{0x}가 서로 같고 위상차가 90도라면 전기장은 나선형을 그리면서 [그림 5-69]와 같이 전파하게 된다. 이러한 편광을 원편광(circularly polarized light)이라 한다. 한편 보통의 광원에서 나오는 빛들은 [그림 5-70]과 같이 전기장의 진동 방향이 무질서하게 변하기 때문에 무편광(unpolarized light)이라 한다. 이 때는 전기장을 성분별로 나누었을 때 y 축 성분과 x 축 성분이 순간적으로 위상이 일치하겠지만 계속 변하기 때문에 두 성분 사이에 정확한 위상차를 말할 수 없게 된다.

빛의 진동수가 너무 크기 때문에 물질 내의 전자가 어떻게 편광에 따라 반

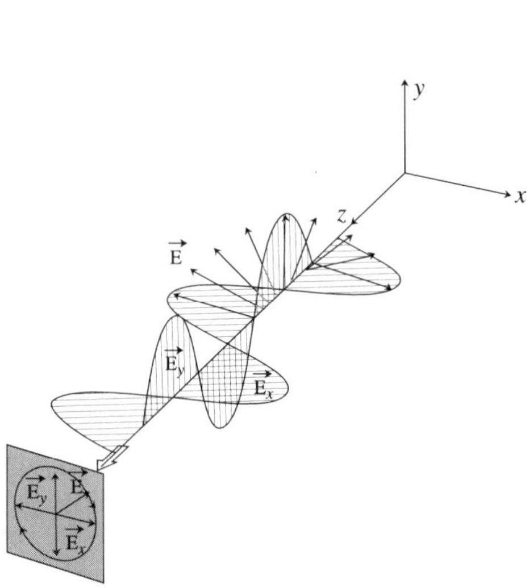

[그림 5-69] 원편광된 빛

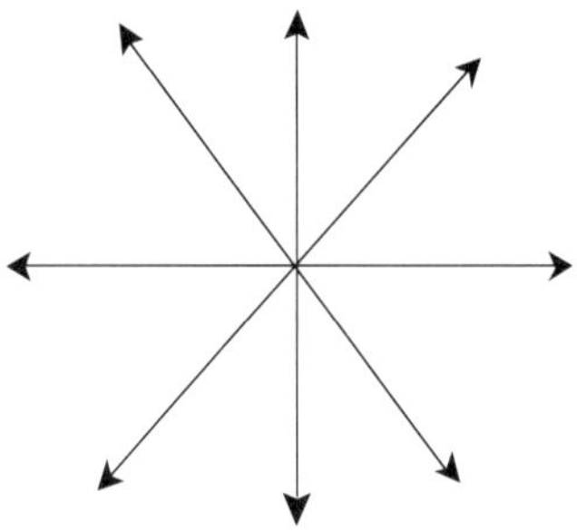

[그림 5-70] 무편광된 자연광

응할지를 머릿속에 그리는 것이 힘들다. [그림 5-71]과 같은 모형을 이용하여 쉽게 이해할 수 있다. 서로 수직하게 평행판 전극을 설치하고 내부에 대전된 스티로폼 구를 놓았다고 하자. 물질 내의 전자는 구에 해당하고 외부에서 가하는 전기장은 전자기파의 전기장에 해당한다. y 축 방향으로만 진동하는 빛, 즉 y 축 방향으로 선편광 된 빛이 매질에 입사된 경우에 구는 y 축 방향에서 진동할 것이다. 이제 y 축 방향의 전기장은 0으로 하고 x 축 방향에 싸인 형태로 진동하는 전기장을 가하면 이제 구는 x 축 방향으로 진동할 것이다. 즉 x 축 방향으로 선편광된 경우를 의미한다.

이제 y 축과 x 축에 같은 진폭과 위상을 가지고 싸인 형태의 전기장을 가하

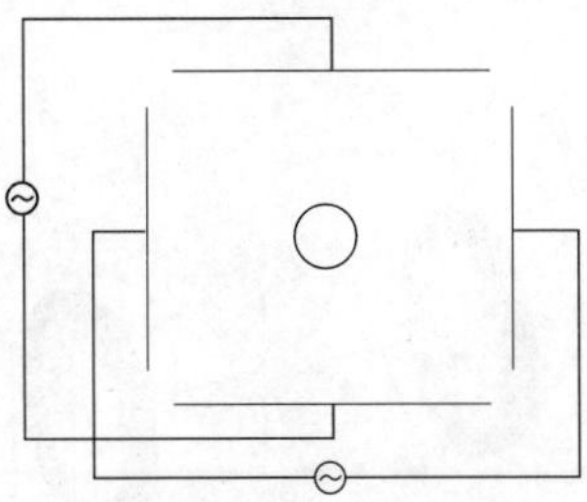

[그림 5-71] 편광된 빛과 원자의 상호작용 모델

면, 구는 45° 방향의 선을 따라 진동할 것이다. 이 경우 역시 선편광이다. 물론 편광 방향을 y 축이나 z 축으로부터 45° 기울어진 방향이다. 마지막으로 y 축과 x 축 사이에 90° 위상차를 두고 싸인 형태의 전기장을 가하게 되면, 구는 원운동을 할 것이다. 이와 같이 y 축 성분과 x 축 성분에 90°의 위상차가 유지되면서 진동하는 전자기파를 원편광되었다고 한다.

(2) 편광자(Polarizer) – 선형 편광기

어떤 특정한 방향으로 진동하는 빛을 흡수하거나 반사하여, 한쪽 방향으로만 전기장 성분이 진동하도록 하는 광학기구를 선형 편광자(polarizer)라고 한다. 선형 편광기를 거친 후에 결정된 편광 방향을 편광자의 편광축(또는 투과축)이라 한다. 무편광된 빛을 편광축이 y 방향으로 놓인 편광자를 통과시키면 y 축 방향의 진동성분만 통과를 하게 된다. 이와 같이 통과된 빛은 수학적으로 식 (48)로 기술된다. 그러나 자연광 즉 무편광 된 빛을 통과시켰다면 초기 위상이 시간에 따라 무질서하게 변한다. [그림 5-72]와 같이 어떤 방향으로 선편광된 진폭 E_o인 빛을 그것과 편광축이 θ 기울어진 편광자를 통과시키면 진폭이 $E_o \cos\theta$가 되고, 편광자의 투과축과 나란한 선형 편광된 빛이 투과될 것이다. 이때 입사하는 빛의 세기(intensity)를 I_0라 하면 투과광의 세기는

$$I = I_0 \cos^2\theta \tag{50}$$

이 된다. 이 식을 Malus 법칙이라 하며, 어떤 빛이 선편광되었는지를 알아보기 위해서는 사용되는 중요한 식이다. $\theta = 90°$이면 하나도 통과하는 빛이 없음을

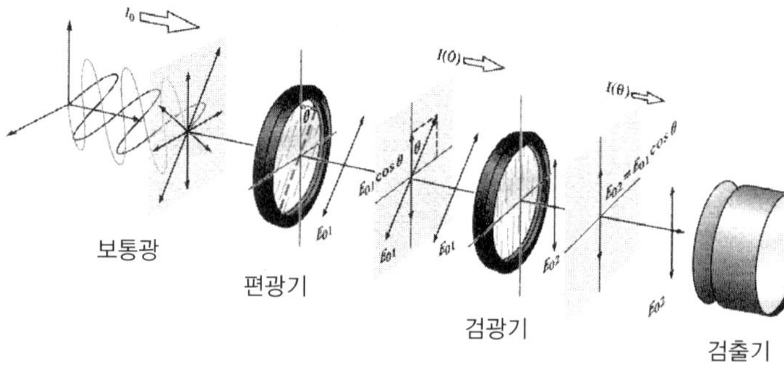

[그림 5-72] Malus 법칙

의미한다.

원편광으로 편광된 빛의 경우에 선형 편광기를 통과시키면 임의의 방향으로 선편광된 빛을 얻을 수 있다. 따라서 원편광된 빛은 선편광기의 각도에 무관하게 통과하는 빛의 세기가 일정함을 알 수 있다. 무편광된 빛도 선편광기의 각도에 무관하게 같은 세기의 빛이 나오는데, 원편광된 빛과는 크게 다르다. 즉 y 축 성분과 x 축 성분에 90도의 일정한 위상차가 유지되는 경우가 원편광이고 두 성분 사이에 위상차를 말할 수 없을 때가 무편광이다. 때로 선편광의 방향을 임의로 바꾸고 싶을 때가 있는데, 먼저 원편광을 만들고 다음에 선편광기를 설치하는 방법도 생각해 볼 수 있다.

(3) 선형 편광기의 원리 - 이색성, 복굴절, 산란, 반사

선형 편광판은 물질의 비등방성, 즉 이색성, 복굴절, 산란, 반사 등의 특성을 이용하여 만든다.

1) 이색성

가장 일반적으로 사용되는 편광판의 원리이다. [그림 5-73]과 같이 두 개의 편광 성분 중 투과축과 일치하는 성분은 투과시키고 투과축에 수직인 성분은 흡수해서 통과하지 못하고 열에너지로 바꾸는 장치이다. 이와 같이 두 개의 수직 성분에 대한 흡수 계수의 차이가 나는 성질을 이색성(dichroism)이라고 한다. 물질이 비등방적으로 되어있어 흡수축에 나란한 방향에 대해서는 공명을 일으

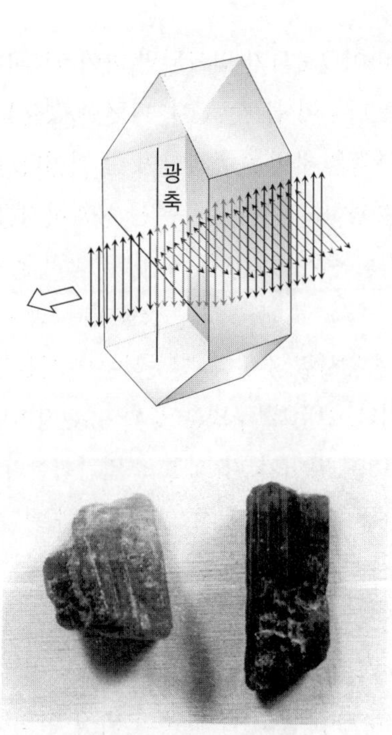

[그림 5-73] 이색성

켜 에너지를 모두 흡수하고, 투과축에 나란한 성분에 대해서는 공명 진동수에서 멀어 투명한 성질을 이용한 것이다. 광학에서 대표적인 오개념 중의 하나가 전자기파의 편광판 구조와 투과축의 혼돈이다.

[그림 5-74]는 전자기파인 마이크로파에서 사용되는 선형 편광판이다. 편광판은 금속으로 되어있고 반파장 간격으로 금속줄과 구멍이 교대로 되어있다. 이것을 금속 격자라 부르자. 길이는 파장에 비하여 충분히 크다고 가정하자. 이

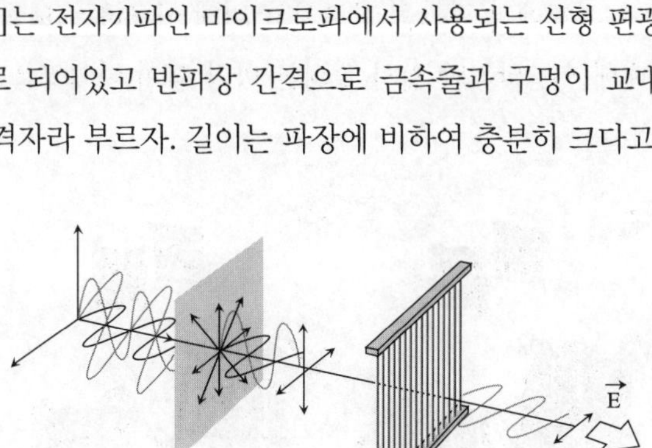

[그림 5-74] 마이크로파를 위한 편광판

제 편광이 되지 않은 마이크로파가 입사되면 마이크로파는 금속줄에 나란한 성분과 수직인 성분으로 나누어 볼 수 있다. 나란한 성분들 중에 어느 부분은 금속과 부딪히고 어느 부분은 구멍을 통과하여 갈 것이다. 따라서 구멍 부분을 통과한 부분은 그대로 통과하고 부딪친 부분은 통과하지를 못해서 금속 줄 방향이 투과축이라고 생각하는 사람이 대다수이다. 그러나 이것은 사실이 아니다. 금속 격자의 투과축은 금속 줄에 수직인 방향이다. 금속에 부딪친 전자기파는 금속 내의 전자를 잘 진동시킬 것이다. 진동하는 전자는 앞서 설명한 것처럼 전자기파를 방출할 것이다. 그런데 구멍을 통과한 전자기파와 재 방출된 전자기파 사이에는 위상이 180° 차이가 나 서로 소멸간섭한다. 즉 금속줄 방향의 전자기파 성분은 편광판을 통과하지 못하고 없어지게 된다. 그럼 이 성분은 어디로 갔는가? 금속 내의 전자가 입사된 전자기파를 대부분은 반사시키고 일부 흡수해서 열에너지로 소모한 것이다. 물론 하나의 줄을 안테나라고 생각하고 회로를 구성하면 전기 신호를 얻을 수도 있을 것이다. 이제, 금속 줄 방향에 수직인 성분에 대하여 살펴보자. 금속 줄의 폭이 파장에 비하여 작기 때문에 금속 내의 전자는 더 이상 진동을 할 수 없게 된다. 따라서 재방출된 전자기파도 없게 된다. 결과적으로 구멍부분을 통과한 전자기파는 그대로 통과하게 되는 것이다. 이제 우리는 금속줄에 수직한 방향이 투과축이라는 것을 알게 되었다.

가장 대표적인 편광에 대한 오개념

[그림 5-75]는 교과서에서 편광을 가르치기 위해 사용하는 모델이다. 이 그림이 줄 파동에 대해서는 맞지만 앞서 살펴본 바와 같이 마이크로파에 대해서는

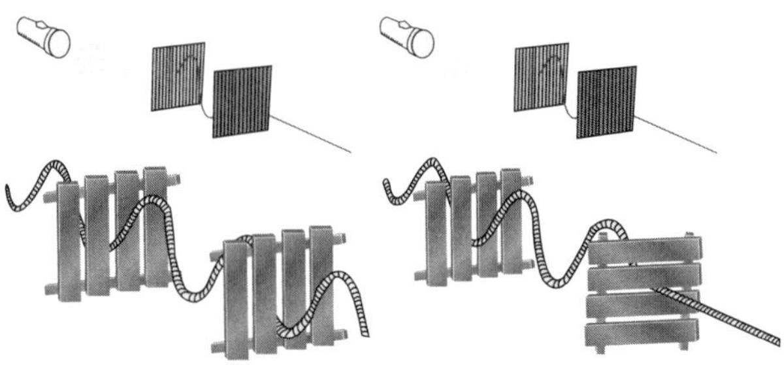

[그림 5-75] 줄 파동을 위한 편광판

오히려 구멍 방향에 수직인 방향이 투과축인 것을 알았을 때 일반적으로 교사들이 큰 충격을 받는다. 그렇다면 가시광선에 사용되는 편광판의 구조는 어떻게 되었을까? 기본적으로 앞서 살펴본 금속 격자와 동일하다. 가시광선은 파장이 매우 작기 때문에 우리 눈에 금속 격자와 같이 구멍을 볼 수는 없지만 자세하게 보면 동일한 구조로 되어있다는 것을 알게 될 것이다. [그림 5-76]은 가시광에 사용되는 편광판의 구조이다. 폴리비닐을 한쪽 방향으로 늘리고 그것을 전도 용액에 담근다. 그러면 옥소가 폴리비닐의 늘어난 방향을 따라 한 줄로 늘어서게 되는데 옥소 분자 내에는 전도 전자가 있어 늘어선 방향으로는 잘 진동을 할 수 있다. 따라서 늘어선 방향의 전자기파 성분은 잘 흡수하게 된다. 이제, 가시광선이 입사되면 늘어난 수직 방향의 전기장 성분만 통과되는 것을 잘 설명할 수 있을 것이다. 따라서 옥소 분자가 늘어선 수직한 방향이 투과축이 되는 것이다.

[그림 5-77]을 학생들에게 보이면서 스크린에서 관찰된 무늬를 예상하라고 하면 (b)의 경우에 회절무늬가 없고 발이 도달하지 못한다는 큰 실수를 범하는데 이는 편광판과 슬릿을 편광판과 같은 역할을 하는 것으로 생각하기 때문이다. 모든 경우에 회절무늬는 동일할 것이다.

2) 복굴절(birefringence)

빛의 진행 속도 $\frac{c}{n}$ 가 물질의 비등방성으로 인해 편광 상태에 따라 달라지는 복굴절(birefringence)을 나타내는 물질이 있다. 방해석(calcite), 운모(mica) 등 복굴절 결정(double-refracting crystal) 속에서 대칭축인 광축(optical

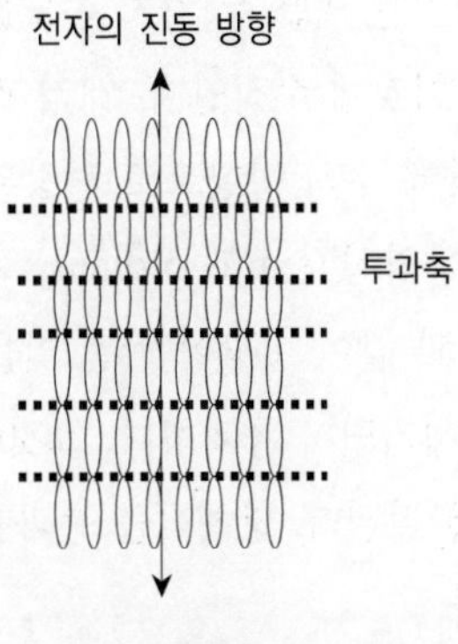

[그림 5-76] 전자기파의 편광판의 구조와 투과축의 의미

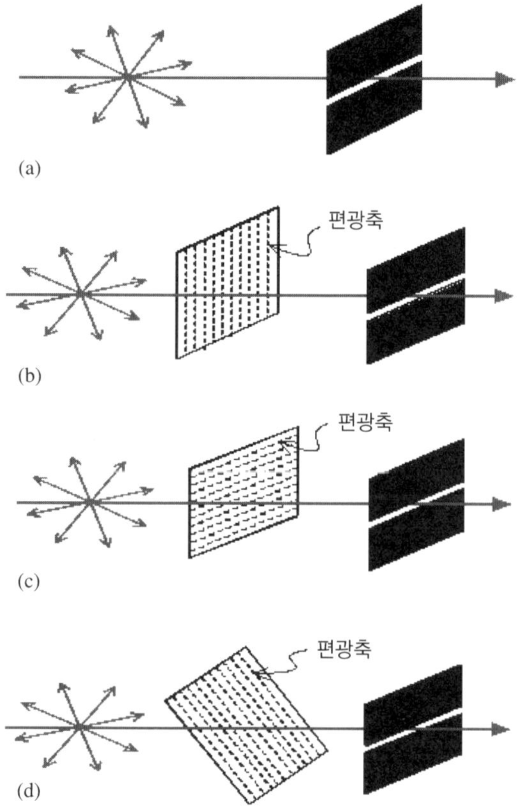

[그림 5-77] 편광판과 단일 슬릿 연관 문제

axis) 방향으로 나아가는 빛은 편광 방향에 관계없이 그 진행 속도(c_o)가 같지만 그 외의 방향으로 나아가는 빛은 두 가지 속도를 가지고 있다. 이 때에는 광축에 수직인 편광 성분과 이것에 수직인 두 개의 편광 성분이 진행하는 속도가 다르게 된다. 즉 광축 방향에 수직 방향으로 편광된 빛(ordinary wave)은 역시 속도가 c_o이지만, 광축 방향의 빛(extra-ordinary wave)은 속도 c_e로 c_o와 같지 않다. 따라서 [그림 5-78]과 같이 편광이 안된 빛을 입사시키면 광축에 수직인 성분은 스넬 법칙을 만족시키면서 통과하나, 그것에 수직인 성분은 스넬 법칙을 만족시키지 않으면서 굴절된다. 방해석을 통과한 후에 분리된 두 발은 서로 수직하게 선편광되어 있다.

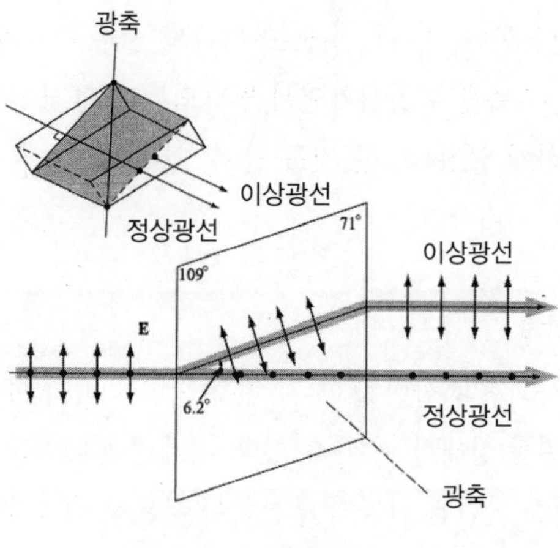

[그림 5-78] 복굴절에 의한 편광

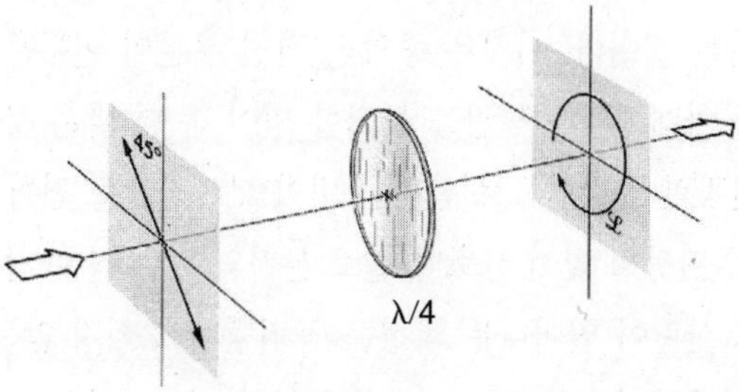

[그림 5-79] 위상 지연판을 이용하여 원편광을 만드는 방법

무편광된 빛을 y 축에 대하여 45° 기울어진 편광판(ploarizer)을 통과시킨 후, 광축이 y 축 방향이고 두께가 d인 복굴절체를 통과시키는 상황을 고려해 보자[그림 5-79]. 편광판을 통과한 후에 빛은 y 축과 45°의 각도로 기울어진 선형 편광된 빛이 될 것이다. 복굴절체를 입사할 때 두 개의 선형 편광 성분, 즉 광축에 수직인 성분(정상파)과 광축에 나란한 성분(이상파)은 초기 위상이 같지만 두께가 d인 물체를 통과한 후에는 진행 속도가 달라 위상차를 두고 다시 중첩이 된다. 원형 편광이 되도록 하기 위해서는 위상차가 90°가 되어야 하는데 이와 같이 제품화된 파장판(wave plate)를 $\frac{\lambda}{4}$ 라 한다. 한편 위상차가 180°가 되도록 하는 판을 $\frac{\lambda}{2}$ 라 하며, 선형 편광된 빛의 편광각도를 임의로

바꾸고자 할 때 사용한다. $\frac{\lambda}{4}$ 판 뒤에 또 하나의 선형 편광자(이를 흔히 검광자라 함)를 놓고 투과축을 회전시키면서 투과되는 빛의 세기를 측정하면 투과축의 방향에 무관하게 일정하다는 것을 알 수 있다. 이는 $\frac{\lambda}{4}$ 판을 통과한 빛이 원형 편광되었음을 의미한다.

3) 산란에 의한 편광

빛은 물체에서 반사되거나 산란될 때 각 편광 방향에 따라 반사나 산란이 되는 정도가 달라져서 편광 상태가 변할 수 있다. 경계면에 비스듬하게 반사된 빛이나 공기 입자에 의해 산란된 하늘의 푸른빛이 부분적으로 편광되어 있는 이유가 된다. [그림 5-80]은 편광되지 않은 빛이 산란자에 입사되었을 때 방향에 따른 편광을 나타낸다. [그림 5-81]은 파란 하늘을 향하여 투과축이 서로 수직이 되도록 하여 바라본 것이다. 이것은 중앙의 겹친 부분이 어두운 것을 통해 알 수 있다. 두 개 중 아래쪽의 편광판을 투과한 빛이 좀 더 밝은 것을 볼 수 있다. 이것은 밝은쪽 편광판의 방향으로 산란된 빛이 부분적으로 편광되었음을 의미한다. 투과측 선형 편광된 빛이 산소나 질소 분자와 같은 작은 입자에 부딪히면 산란이 일어난다. 산란이 일어나는 과정은 공명을 일으키지 않는 경우에 한하여 다음과 같이 설명할 수 있다. 분자 내의 전자가 전자기파의 전기장에 의하여 힘을 받아 진동한다. 하전입자, 즉 전자가 진동을 하면 가속 운동을 하게 되고

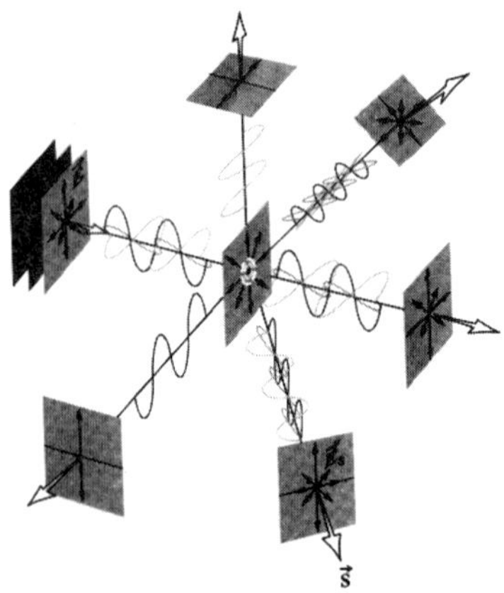

[그림 5-80] 산란에 의한 편광

[그림 5-81] 파란하늘 빛도 부분 편광됨

전자기파를 방출(재방출이라 함)하게 되는데 이를 산란광이라 한다. 산란된 광이 편광이 되는 이유는 전자가 진동하는 방향으로는 재방출이 일어나지 않기 때문이다. 즉 태양광과 같이 무편광된 빛이 공기 입자에 부딪치면 빛의 진행 방향에 90° 위치에 서있는 지상 관찰자에게 산란되어 오는 빛이 수직한 방향으로 진동하는 성분은 많지만 수평 방향의 성분은 진동 방향과 일치하기 때문에 거의 오지 못한다. 따라서 산란된 광은 부분적으로 선형 편광되어 있다.

4) 반사에 의한 편광

빛이 반사면에 부딪히면 부분적으로 편광이 되거나 특별한 각도(이를 편광각이라함)에서는 거의 완전히 선편광된 빛만이 반사하는 경우가 있다. 대표적으로 해가 앞쪽에서 비출 때 낚시꾼이 편광안경을 쓰게 되는데 그 이유는 빛이 물표면에서 반사될 때 편광되기 때문이다. 호수면을 바라볼 때 반짝거리는 현상이 이에 해당한다. 반사할 때 편광이 되는 이유 역시 쌍극자 복사로 쉽게 설명할 수 있다. [그림 5-82]와 같이 표면에 입사된 전자기파의 성분은 표면에 나란한 성분과 그것에 수직한 성분으로 나누어 볼 수 있다. 나란한 성분은 전자가 물질 표면을 따라 잘 진동할 수 있기 때문에 다시 전자기파를 재방출하지만, [그림 5-82(b)]와 같이 그것에 수직인 성분에 대해서는 전자가 표면 밖까지 진동해야 하는 상황이 벌어진다. 전자가 경계면 밖으로 튀어나오는 것은 거의 불가능하다는 이야기이다. [그림 5-82(c)]와 같이 반사광이 완전 편광이 되는 편광각에

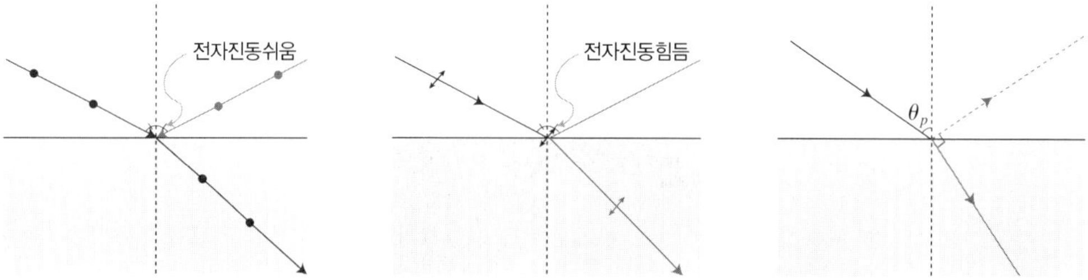

(a) 표면에 나란한 성분 (b) '(a)'에 대해 수직인 성분 (c) 편광각

[그림 5-82] 반사에 의한 편광

시는 빈사광과 굴절광이 90°가 된다. 이 경우에는 굴절 광선에 수직힌 성분이 바로 반사광선 방향이 되므로 반사광선 방향으로 진동하는 쌍극자는 진동 방향으로 재방출하는 광이 없으므로 완전 편광됨을 알 수 있다.

반사광과 굴절광이 90°라는 사실로부터

$$n_1 \sin\theta_i = n_2 \sin\theta_t \tag{51}$$

에서

$$\theta_i = \theta_r,\ \theta_r + \theta_t = 90 \tag{52}$$

이므로

$$\begin{aligned} n_1 \sin\theta_i &= n_2 \sin(90 - \theta_i) \\ &= n_2 \cos\theta_i \end{aligned}$$

를 이용하면

$$\therefore\ \tan\theta_i = \frac{n_2}{n_1} \tag{53}$$

이 된다.

이 때 $\theta_i = \theta_B$로 편광각 또는 Brewster 각이라 한다. 편광각을 측정하여 굴절률을 측정할 수도 있다.

(4) 광활성(Optical activity)

수정 결정에 선형 편광된 빛이 입사하면 결정속으로 빛이 진행함에 따라 편광 방향이 연속적으로 회전한다. 이러한 현상은 1811년 프랑스의 물리학자 아라고(Arago)에 의해서 최초로 관측되었다. 이와 같이 편광이 돌아가는 광활성(optical activity)이라 한다. 거의 비슷한 시기에 액체에 의한 광활성이 비오(Biot)에 의하여 발견되었다. 회전 방향은 결정의 방향에 따라 오른편이거나 왼편일 수 있는데 실험실에서 합성된 유기분자의 경우에는 오른편의 활성을 갖는 분자와 왼편의 활성을 갖는 분자가 거의 같은 수만큼 만들어지기 때문에 활성은 관측되지 않는다. 대표적으로 설탕물에 의하여 광활성을 관측할 수 있다. [그림 5-83]은 광활성을 측정하기 위한 실험 장치이다. 편광된 빛은 설탕물을 통과시키고 검광기를 돌리면서 편광이 돌아간 정도를 측정할 수 있다. 한편, 어떤 등방성인 물체라도 압력을 받아 변형이 일어나면, 복굴절 성질을 가지게 되어, 편광된 빛이 통과하면 편광 방향이 바뀌는 현상이 발생한다. 이와 같이 변형에 의한 편광 변화를 광탄성이라고 한다. [그림 5-84]는 광탄성을 측정한 실례이다. 선편광된 백색광이 광탄성이 있는 매질을 통과하면 위치마다 편광이 돌아가는 정도가 파장별로 다르기 때문에 검광기를 통해 보면, 아름다운 색을 관찰할 수 있다. 비닐같은 것을 구겨서 두 편광판 사이에 넣고 보면 이 현상을 쉽게 관찰할 수 있다. 그러나 생물체에 의해서 합성된 유기 분자는 한쪽 방향으로의 활성을 가진다.

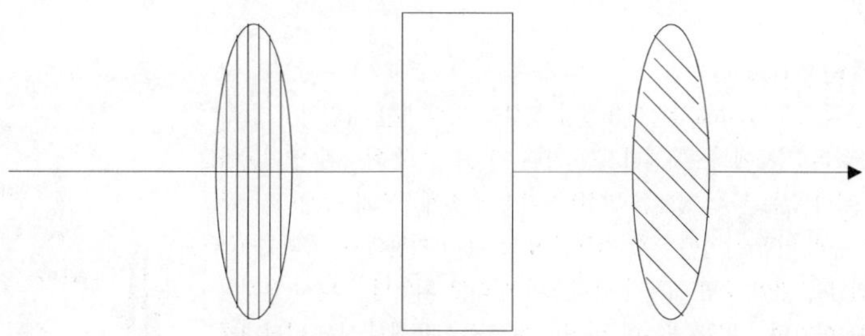

[그림 5-83] 광학활성 또는 광탄성 측정 장치

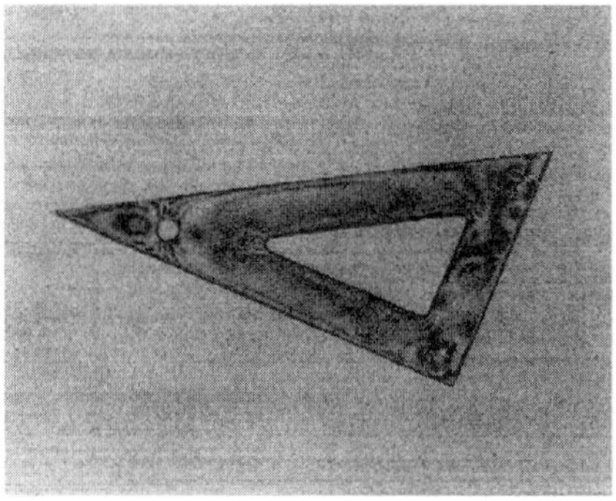

[그림 5-84] 광탄성

(5) 액정(LCD : Liquid Crystal Display)

LCD는 PDP[2])와 함께 최근에 대부분의 디스플레이용으로 사용되는 대표적인 재료이다. LCD가 동작하기 위해서는 액정과 함께 편광판이 필수적인데 그 구조 및 원리를 알아보자. LCD에서 LC는 일정 온도 범위에서 유동성을 지닌 액정 상태이며 동시에 광학적으로 복굴절성을 나타내는 결정이다. 보통 물질은 용융 온도에서 고체로부터 투명한 액체로 변화하지만, 액정 물질은 용융 온도에서 우선 불투명하고 혼탁한 액체로 일단 변화하고 그 후 더욱 온도를 올리면 보통의 투명한 액체로 변화한다.

액정이란 명칭은 고체상과 액체상의 중간 상태인 액정상을 가리키는 경우와 이러한 액정상을 갈는 물질 그 자체를 가리키는 경우의 두 가지 의미로 사용되고 있다. CRT는 1887년 브라운이 최초로 전자관(음극선관 또는 브라운관이라고도 한다)을 발명하면서부터, 액정 디스플레이는 이보다 1년 늦은

---

2) PDP(Plasma DisPlay)

PDP는 '플라즈마(Plasma)'를 이용해서 영상을 나타내는 기술이다. 플라즈마란 중성의 기체에 높은 에너지를 가해 기체를 이온화시켜 양이온과 음이온이 섞여 있는 가스 상태를 말한다. 따라서 전체적으로 중성이다. 두 장의 얇은 유리 기판 사이에 혼합 기체를 넣고, 유리 기판의 (+)극과 (−)극에 강한 전압을 걸어 주면 기체가 플라즈마 상태로 되었다가 다시 안정한 상태로 되돌아가면서 빛을 내는데, 이러한 현상을 이용해서 상을 나타내게 되는 것이다. PDP는 전극과 유리 기판의 길이만 늘림으로써 40인치보다 더 큰 화면을 만들 수 있어 '벽걸이형 텔레비전'에 많이 사용되고 있다.

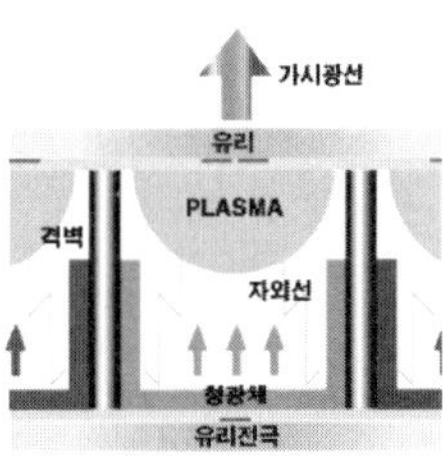

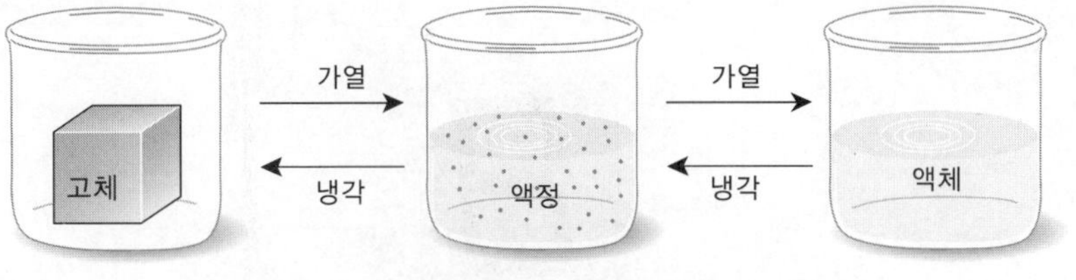

[그림 5-85] 액정 물질의 온도 변화에 따른 상태 변화

1888년, 오스트리아의 F. Reinitzer에 의해 액정이 처음 발견되면서부터 시작된다. 액정은 언뜻 보기에는 액체지만 광학적으로는 결정체와 같은 이방성을 나타내는 특이 상태의 것으로 일정 온도 범위에서 액정이 되는 유기 화합물이다. 액정을 이용하여 디스플레이를 할 수 있는 원리는 [그림 5-86]과 같다. [그림 5-86](a)는 전압이 가해지지 않을 때 선편광된 빛이 액정을 통과한 후에 90°만큼 편광이 돌아가도록 액정의 길이가 조정되어있다. 그런데 이 액정에 [그림 5-86](b)와 같이 전압을 가하면 편광이 돌아가지 않아 검광기를 통과 할 수 없게 된다. [그림 5-87]은 7개의 액정을 이용하여 숫자를 쓰기 위하여 만든 장치이다. 액정에 전압을 가하는 조합을 달리하여 모든 숫자를 나타낼 수 있다. 액정 앞뒤에는 서로 수직인 편광판에 설치되어 있으며, 제일 안쪽에는 거울이 설치되어 액정을 통과한 빛을 밖으로 반사키도록 되어 있다.

TFT란 전계효과 트랜지스터(FET : Field Effect Transistor)인 MOS(Metal Oxide Semiconducter) FET의 일종으로 유리기판 위에 Amorphous-Silicon(비정질실리콘) 등의 반도체 박막을 형성시켜 여기에 FET 구조를 만든 것을 말한다. TFT(thin film transistor)-LCD의 구동 원리는 각 픽셀마다

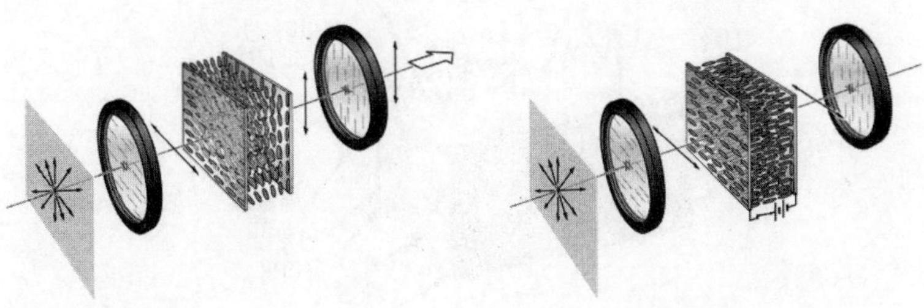

(a) (b)

[그림 5-86] 액정의 전압에 따른 투과

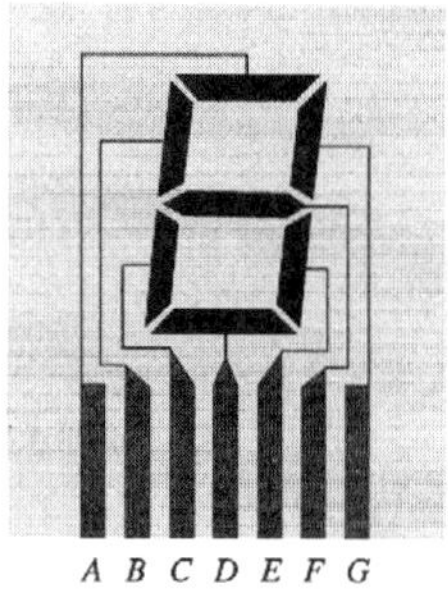

[그림 5-87] 액정을 이용하여 숫자를 표시하기 위한 구조

하나씩 트랜지스터를 가지고 있다. 각 픽셀마다 트랜지스터를 가지고 있다는 것은, 픽셀에 빛이 나게 하는 데 보다 적은 전류를 소모하며, 매우 빠르게 끄고 켤 수 있다는 것을 의미한다.

[그림 5-88]의 컬러 TFT-LCD의 구조를 보면, 배경등(back light)에서 나온 빛이 액정 패널쪽으로 입사된다. 액정 패널은 두 개의 유리판 사이에 비틀림 네마틱(TN) 액정이 약 5 μm 두께로 채워져 있으며, 빛이 입사된 쪽의 유리판 위에 TFT 및 ITO 화소가 있고, 다른 쪽의 유리판 위에는 색 필터가 코팅되어 있다. 그리고 두 장의 유리판 밖에는 편광판이 부착되어있다.

컬러 화상은 R(적색), G(녹색), B(청색) 세 종류의 컬러 필터를 조합하여 얻어진다. R, G, B 세 개의 화소가 모여서 한 개의 컬러 화소를 이루며, TFT는 R, G, B 화소에 각각 연결되어 있기 때문에 SVGA(800×600) 화면 구성의 경우 3×480,000개의 TFT가 필요하다. TFT는 각 화소의 스위치 역할을 하는 소자로서

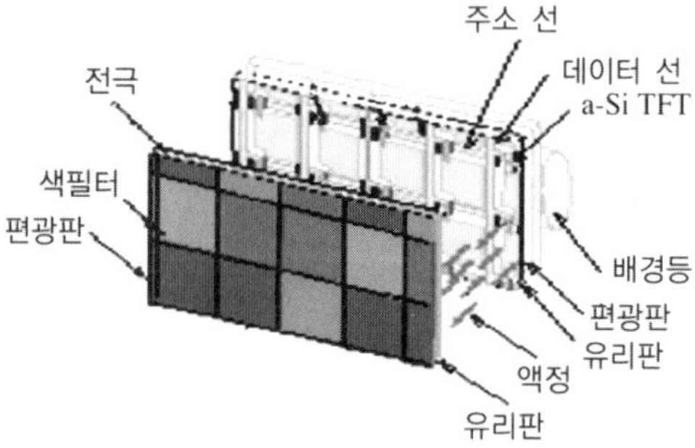

[그림 5-88] TFT-LCD의 구조

(a) LCD 편광판(90°)

(b) LCD 편광판(0°)

[그림 5-89] 편광판을 통한 LCD 모니터 관찰

TFT가 on되면 픽셀의 양단 간 전압의 차에 의하여 액정에 분자 배열이 변화되고, 이러한 분자 재배열에 의한 빛의 변조를 이용하여 디스플레이를 하게 된다.

TFT-LCD는 전자 손목시계를 비롯, 각종 문자·도형 표시는 물론 TV의 화면 표시에까지 활용되고 있다.

[그림 5-89]는 컴퓨터 화면에 선형 편광판을 놓고 편광판을 돌려 가며 촬영한 결과이다. 이로부터 우리는 화면에서 방출되는 빛이 선형 편광되어 있음을 알 수 있다. 이것은 TFT-LCD 구조인 [그림 5-88]을 보면 분명히 알 수 있다.

5-9 입자인가 파동인가?

1) 파장과 대상 물체의 크기 비교

이제 전자기파를 광선으로 취급할 것인가 아니면 파동으로 취급할 것인가에 대하여 좀더 자세하게 살펴보자. [그림 5-90]은 크기가 다른 구멍을 통하여 점파원에 발생된 빛이 스크린에 도달하였을 때 스크린에 나타난 빛의 세기 분포를 그린 것이다.

[그림 5-90](a)는 구멍의 크기가 파장 보다 매우 큰 경우이다. 이 때에는 그림자에 해당하는 부분에는 빛이 거의 도달하지 않는 것을 볼 수 있다. 이것은 빛을 광선으로 취급하여 직진하는 것으로 그려보면 쉽게 알 수 있다. 일반적으로 파동의 파장보다 상호작용하는 물체의 크기가 매우 큰 경우에는 파동적

[그림 5-90] 편광판을 통한 LCD 모니터 관찰

인 성질이 잘 나타나지 않는다. 따라서 이 경우에는 빛을 광선으로 취급함으로써 설명하는 것이 가능하다. 엑스선 또는 γ선이라는 전자기파는 웬만한 물체는 그대로 투과하기 때문에 공항에서 검색 물건을 검색할 때 X선을 이용하여 가방을 열어보지 않고도 내부에 위험한 물질이 있는지 알아 볼 수 있다. X선이나 γ선은 파장이 매우 작아 대부분이 상황에서 파동적인 성질이 관측되지 않기 때문에 선(ray)라는 말을 아예 사용하는 것을 볼 수 있다.

[그림 5-90](b)는 파동의 파장에 비하여 구멍의 크기가 조금 크거나 비슷한 경우이다. 이 경우에는 광선, 즉 빛의 직진성을 가지고는 설명할 수 없는 현상이 나타난다. 즉, 그림자 영역에 해당하는 지역에도 빛이 상당한 세기로 도달함을 볼 수 있다. 이것은 앞서 살펴본 바와 같이 빛을 파동으로 취급함으로써 설명이 된다. 구멍의 크기가 작아져 빛의 파장과 크기가 같아지면 스크린 전체에 빛이 도달함을 예상할 수 있는데 그 이유는 구멍이 파장의 크기가 되면 구멍을 통과하는 빛을 호이겐스 원리에 의해 하나의 점광원으로 생각할 수 있기 때문이다. 점파원에서는 사방으로 골고루 빛이 전파하여 갈 것이다.

X선도 상호작용하는 물체의 크기가 매우 작으면, 예를 들어 결정체에 X선을 보내면 회절무늬를 볼 수 있는데 이는 X선의 파장과 상호작용하는 원자나 분자의 크기가 거의 유사하기 때문에 나타나는 것이다. [그림 5-91]은 X선이 결정에 입사되어 회절이 되어 하얀 원으로 표시된 부분들에 많이 도달하고 검정색 부분은 도달하지 않는 것을 보여준다. 이와 같은 현상은 입자로 취급해

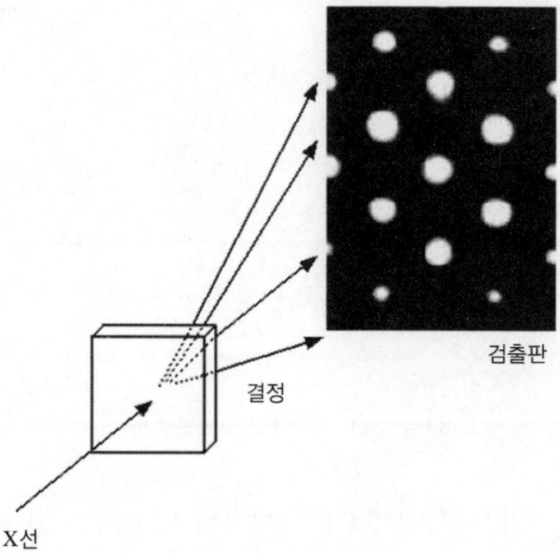

[그림 5-91] X선 회절

서는 설명이 안 된다.

[그림 5-90](b)의 경우에 구멍의 크기가 파장보다 점점 더 작아진다면 어떠한 일이 일어나겠는가? 스크린 전체에 도달된 빛의 세기가 점차로 약해질 것을 예상할 수 있다. 대략적으로 구멍의 크기가 파장의 10분의 1정도 되면 거의 빛이 통과하지 않게 된다. 분명히 구멍이 뚫렸는 데도 불구하고 빛이 통과하지 못하게 된다.

만약에 10분의 1정도 작은 구멍을 금속 막에 뚫어 빛을 보내면 어떻게 될 것인가? 비록 구멍 쪽으로 온 빛도 구멍을 통과하지 못하고 거의 반사하게 된다. 매우 작은 구멍을 많이 뚫어도 마치 거울을 놓은 것처럼 거의 모든 빛은 반사하게 된다. 물론 가시광선의 경우에 파장이 매우 작아서 파장의 10분의 1정도의 크기의 구멍을 뚫는 것은 매우 힘든 작업이다. 그러나, 전파와 같이 파장이 큰 경우에는 이러한 현상을 쉽게 관찰할 수 있다. 빛은 일반적으로 금속에서 거의 반사한다. 일상생활에서 햇빛이 금속에 부딪쳐 광택을 내는 것은 바로 거의 모든 입사된 전자기파가 반사하기 때문이다. 그러나 금속에 γ선이 입사되면 잘 투과하게 되는데 이것은 γ선의 파장이 매우 작아 입자적인 성질을 나타내기 때문이다.

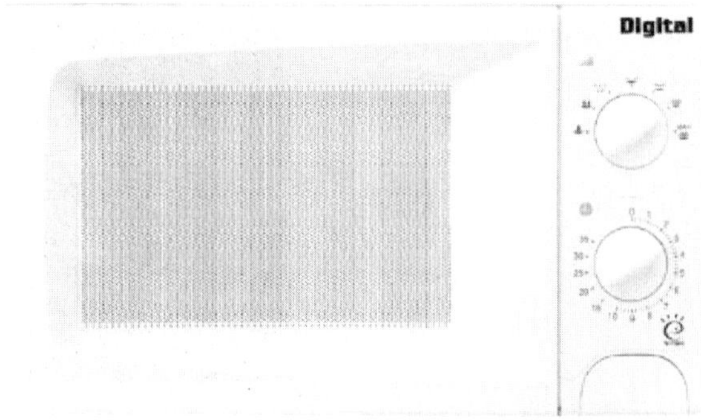

[그림 5-92] 전자레인지 창문의 구조

전자레인지는 주파수가 2.450 GHz (파장이 12 cm)인 전자기파를 이용하여 음식을 요리하는 기구로 물분자에 의하여 잘 흡수되어 열에너지로 바뀌는 성질을 이용한 것이다. 따라서 전자레인지에서 나온 전자기파를 우리가 쏘이게 되면 위험에 처할 수도 있다. 특히, 매우 민감한 눈 쪽에 들어가게 되면 실명의 위험성도 있다. 따라서 전자레인지 뚜껑이 열렸을 때 절대로 마이크로파가 발생되지 않도록 안정 장치를 하여야 한다.

요리할 때 안에 전등이 켜져 안을 볼 수 있도록 투명한 재질로 뚜껑이 만들어져 있는데 뚜껑을 자세히 보면 [그림 5-92]와 같다. 지름 1∼2 mm의 작은 구멍이 규칙적으로 배열된 금속판이나 금속망이 투명한 플라스틱 안에 들어 있는 것을 알 수 있다. 물론 이들의 간격은 마이크로파의 파장보다 매우 작다. 따라서 창문 쪽으로 온 전자기파는 이 금속판에서 거의 100% 반사된다. 이는 사용자의 안전을 위하여 마이크로파가 밖으로 빠져나가지 못하도록 하기 위한 것이다. 그러나 파장이 매우 짧은 가시광선은 구멍의 크기보다 매우 작기 때문에 이 구멍을 통하여 빠져 나갈 수 있다. 그러기 때문에 요리가 되는 동안 전자레인지 안이 우리 눈에 보이는 것이다. 따라서 전자레인지의 문을 뚫고 나오는 전자기파는 우리 눈에 해롭지 않은 가시광선뿐이다. 요리를 하는 중이나, 하고 난 후에 아무리 안쪽을 쳐다보아도 해를 입을게 없다. 뚜껑의 금속망은 마이크로파에 대해서는 거울과 같은 역할을 하지만 가시광선에 대해서는 나머지 빈 공간을 통하여 밖으로 잘 통과하도록 하는 역할을 하도록 만들어져

[그림 5 - 93] 전파 망원경

[그림 5 - 94] 레이더

있는 것이다.

군함 위에 설치된 전파 망원경나 레이더을 보면 [그림 5-93]과 [그림 5-94]와 같은 구조들을 가지고 있음을 볼 수 있다. 곡면에 들어온 미약한 전자기파들은 반사되어 구면의 초점으로 모아 신호를 크게 하도록 하여 구면의 초점 위치에 설치된 안테나로 하여금 신호를 잡을 수 있도록 되어있다. 눈으로 보기에 빵빵 뚫려 있는 구조를 가졌음에도 불구하고 전자기파 입장에서는 그 간격들이 파장보다 매우 작기 때문에 거울과 같은 역할을 하는 것이다.

[그림 5-95]나 [그림 5-96]과 같이 위성 안테나나 교통 안전을 위하여 거리에 설치된 도로 반사 구면경을 보면 이제 점점 더 구조가 밀해지는 것을 볼

[그림 5 - 95] 위성 안테나

[그림 5 - 96] 도로 반사경

수 있다. 그 이유는 사용되는 전자기파의 파장이 점점 짧아지기 때문이다. 위성 안테나 역시 위성에서 보내진 전자기파를 금속으로 된 곡면 반사체에 의해 반사시켜 곡면의 초점에 설치된 안테나를 이용하여 측정하도록 되어있다. 여기서 강조하고 싶은 것은 곡면의 매끄러운 정도이다. 상당히 거칠어도 거울과 같은 역할을 하는 것은 역시 파장이 거칠기에 비하여 크기 때문이다. 웬만큼 거칠어도 파장이 긴 전자기파 입장에서는 매끈한 면이 된다. 그러나 가시광선 영역에 해당하는 전자기파에 대해서는 상황이 다르다. 전자기파의 파장이 매우 짧기 때문에 금속면이 [그림 5-96]과 같이 매우 매끄럽게 되어있어야 제대로 거울과 같은 역할을 한다. 거울면을 사포 같은 것으로 조금만 거칠게 만들어도 가시광선용 거울로서 사용할 수 없다. 위성 안테나는 사포로 웬만큼 문질러도 아니 심지어 조금 구부러져도 아무런 영향을 받지 않는다. 따라서 집에서 사용하는 냄비를 이용하여서도 위성 안테나를 만들 수 있다.

Chapter 06

파장에 따른 전자기파의 이용

전자기파는 가시광을 포함하여 주파수에 따라 실로 다양한 종류가 있으며 그에 따른 응용도 실로 많다. [표 6-1]은 주파수에 따른 전자기파의 종류를 나타낸다. 주파수 영역으로 보면 수 Hz에서부터 10^{22} Hz까지 실로 광범위함을 알 수 있다. 모든 전자기파는 파장이 달라도 진공 중에서 같은 속도, 즉 광속도로 전파한다. 특히 전파는 다시 세분하여 [표 6-2]와 같이 나뉘어지

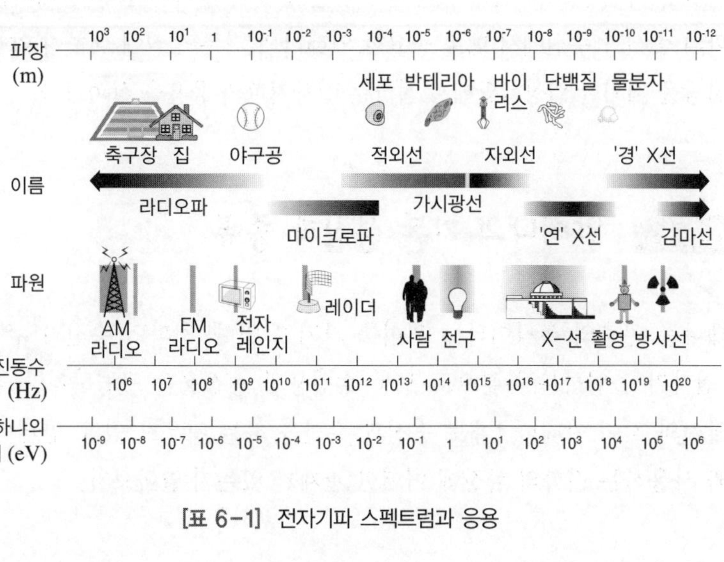

[표 6-1] 전자기파 스펙트럼과 응용

[표 6-2] 전파의 이름과 주파수 영역 및 응용

전파 이름	약어	주파수 영역	응용
Extremely low frequency	ELF	3~30 Hz 100,000 km~10,000 km	
Super low frequency	SLF	30~300 Hz 10,000 km~1000 km	
Ultra low frequency	ULF	300~3000 Hz 1000 km~100 km	
Very low frequency	VLF	3~30 kHz 100 km~10 km	군사용 통신
Low frequency	LF	30~300 kHz 10 km~1 km	네비게이션
Medium frequency	MF	300~3000 kHz 1 km~100 km	AM 방송
High frequency	HF	3~30 MHz 100 km~10 km	단파, 아마추어 통신
Very high frequency	VHF	30~300 MHz 10 km~1 km	FM 및 TV 방송
Ultra high frequency	UHF	300~3000 MHz 1 m~100 mm	TV 방송

고 그에 따라 다양하게 이용되고 있음을 볼 수 있다. 일부 학생들은 전파는 전자기파가 아닌 것으로 알고 있는데 이것은 잘못된 생각이다. 본 장에서는 전자기파의 송신과 수신에서 매우 중요한 안테나의 기본 성질에 대하여 알아보고, 가시광을 제외한 일상생활에서 접하는 전자기파의 응용을 살펴보자.

6-1 안테나의 기본 성질과 종류

안테나는 곤충의 촉각이라는 의미를 가지고 있다. 전파의 송신기 수신기에서 전파가 출입하는 부분으로 보통 수신용과 송신용을 구별하지만, 휴대폰 단말기와 같이 안테나 1개로 송신과 수신을 하는 경우도 있다. 안테나의 길이와 사용하는 전파의 파장에 어떠한 관계가 있는지 알아보자.

(1) 안테나로부터 전파의 방출

헤르츠는 2개의 금속구 사이에 전기 방전을 시켜 최초로 전파를 발생시켰다. 이 전파는 금속구 사이에 흐르는 교류 전류에 의하여 발생된 것이다. 어떻게 교류가 흐르면 전자기파가 발생되는지 그 과정을 교사들이 잘 알고 있으면 유익한 점이 매우 많다. 전파의 송신과 수신이 되지 않은 상태에서 전자기파의 응용은 불가능하기 때문이다.

[그림 6-1]과 같이 긴 도선 두 개를 나란하게 놓고 끝에 저항을 연결한 후에 전지와 스위치를 부착한 회로에서 스위치를 켜면 [그림 6-1](a)와 같이 실선으로 그린 전기장과 ⓧ표로 나타낸 자기장이 속도 v로 오른쪽으로 이동한다. [그림 6-1](b)와 같이 스위치를 끄는 순간에 도선 왼쪽 끝인 전기장과 자기장은 사라지게 된다. 시간이 경과하면 [그림 6-1](c)와 같이 전자기장과 자기장 펄스가 도선을 따라 전파하여 가는 것을 알 수 있다. 전기장은 대응되는 전압을 생각할 수 있으므로 [그림 6-1](d)와 같이 전압 펄스가 도선을 따라 전파하여 가는 것으로 생각할 수 있다. 물론 스위치가 꺼져 전기장이 없는 곳에서는

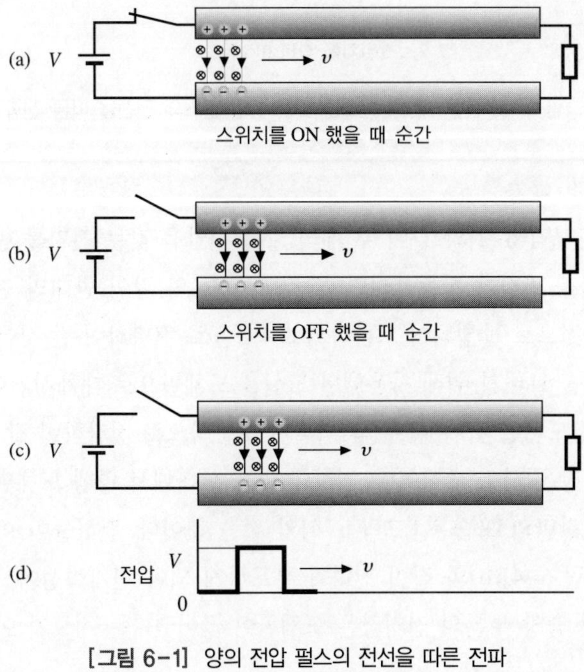

[그림 6-1] 양의 전압 펄스의 전선을 따른 전파

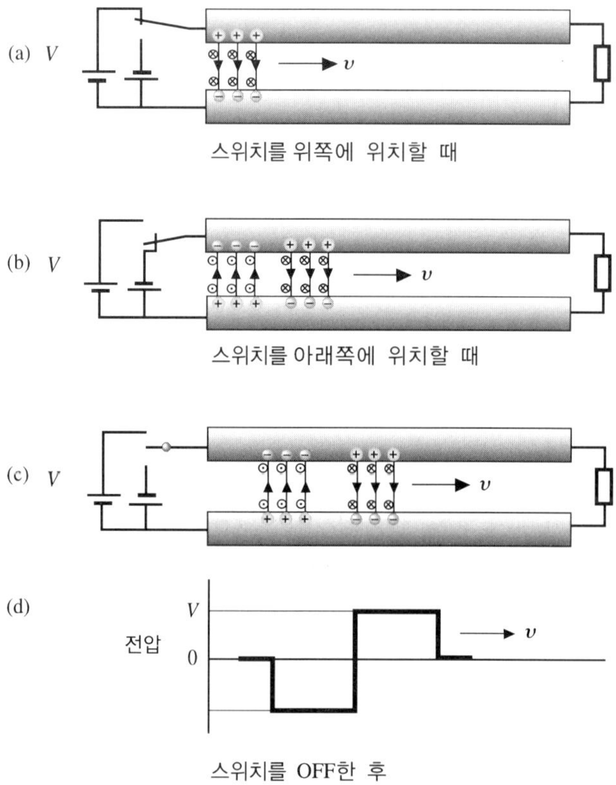

[그림 6-2] 양과 음의 신호를 갖는 전압 펄스의 전선을 따른 전파

전압은 0이다.

전지쪽에 [그림 6-2]와 같이 두 개의 같은 전압을 갖는 전지를 반대로 연결하고 스위치를 번갈아 작동시키면 [그림 6-2](c)와 같이 반대의 전압을 갖는 펄스가 순차적으로 발생되어 오른쪽으로 속도 v로 전파하여 갈 것이다.

전압 펄스를 보내기 위해 사용했던 도선을 도체판으로 대체시킨다면, [그림 6-3]과 같이 도체판 사이에는 전파기파가 오른쪽으로 전파하여 갈 것이다. 전기장과 자기장은 서로 수직이다. 저항이 없는 상태에서 평행 도체판의 끝쪽에 도달한 전기장만의 모습은 [그림 6-4]와 같을 것이다. 전하들이 이동하여 끝에 가면 [그림 6-4](b)와 같이 전하가 분포하게 되어 전기력선이 구부러져야 한다. 도체판 중앙 부분의 전기장은 도체판이 끊어졌다는 정보가 아직 도달되지 않았기 때문에 계속 광속으로 전파한다. 같은 원리로 시간이 경과하여 감에 따라 [그림 6-4](c)와 같이 전기력선이 분포하게 된다. [그림 6-4](e)는 위쪽 도체판에서 볼 때 +전하가 오른쪽 끝으로 다가고 이제 −부호의 전하가 오고 있기 때문에 두 전하가 합쳐져 알짜 전하가 사라지는 시간에 도달한다. 따라서

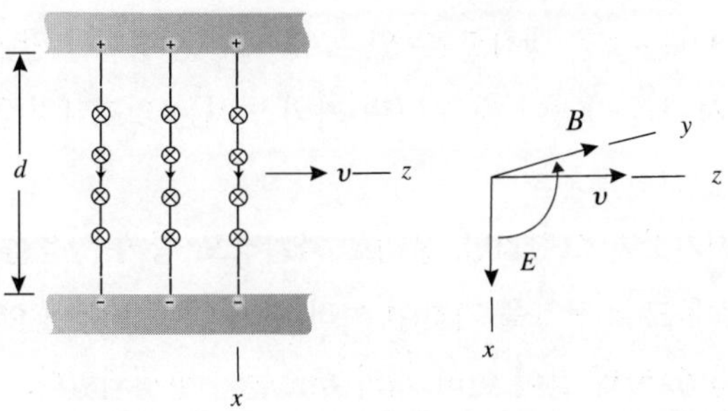

[그림 6-3] 평행 도체판을 따라 전파하는 전압 펄스

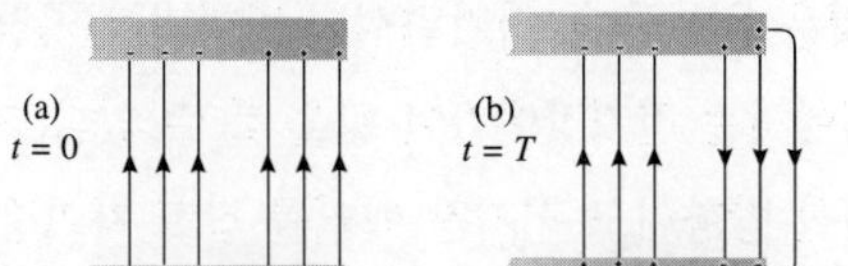

[그림 6-4] 도체판 끝에서 시간에 따른 전기장의 분포

도체에 들어오는 전기력선과 나가는 전기력선이 연결되게 된다. 아래쪽 도체판에서도 동일한 일이 벌어진다. 따라서 전기력선 루프가 형성된다. 시간이 경과함에 따라 같은 원리로 그림들과 같이 새로운 전기력선 루프들이 생기게 된다. 전기력선이 루프가 되면 [그림 6-4](h)와 같이 도체판이 없어도 전파가 가능한 전자기파가 된다. 한편 도체판이 끝나는 지점에서 전자기파가 반사되어 다시 도체판으로 들어가는 것을 생각할 수 있다. 그 이유는 경계를 만났기 때문이다. 그러나 도체판 사이의 간격이 매우 크면 거의 반사는 일어나지 않고 전자기파로 방출된다.

그림에서는 전기장만 그렸지만 실제로 자기장도 함께 있음을 명심해야 한다. 이제 전원쪽에 교류 전압을 가하여 여러 번 전압이 바뀌어 어떤 순간에 위치에 따라 [그림 6-5]와 같이 여러 개의 루프들이 발생되었다고 생각해 보자. 이것을 보통의 사인파로 표시하면 [그림 6-5](b)와 같다. 단위 길이당 전기력선의 수는 전기장에 비례하므로 [그림 6-5](a)는 [그림 6-5](b)와 같이 되는 것을 확인해 보는 것은 유익하다. 전기력선의 방향과 전기장의 부호를 보고 전기력선이 없는 위치에서는 전기장이 0이 됨을 볼 수 있다. 자기장의 방향은 언제나 전기장에 수직한 방향이고 전기장 벡터를 잡고 자기장 벡터 방향으로 돌

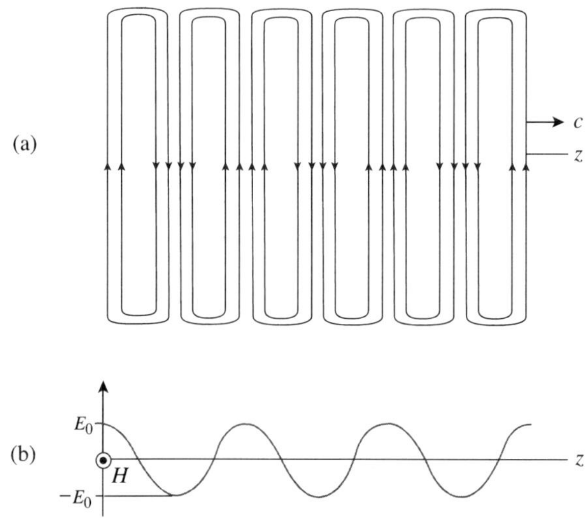

[그림 6-5] 교류의 전압 신호를 보낼 때 도체판에서 발생된 전자기파와 파동 함수를 이용한 표현

렸을 때 오른 나사가 가는 방향이 전자기파의 진행 방향이다. 따라서 그림의 원점에서 보면 전기장이 위쪽 방향이고 전자기파의 진행 방향이 오른쪽이므로 원점에서 자기장의 방향은 지면에서 앞쪽으로 나오는 방향임을 알 수 있다. 즉 전기장 벡터를 잡고 자기장 벡터 방향으로 돌리면 나사가 풀리는 방향이 바로 전자기파가 진행하는 방향임을 알 수 있다.

두 개의 금속구를 떨어뜨려 놓고 두 금속구를 [그림 6-6]과 같이 시간에 따라 전하량을 변화시키면 각 시간에 따른 전기력선의 변화는 [그림 6-6]과 같이 되어 전자기파가 발생되어 나옴을 알 수 있다. 이것이 4장에서 간략하게 다루었던 쌍극자 복사이다. 금속구 두 개를 부착하면 아주 짧은 전선에 흐르는 교류 전류에 의하여 복사되는 전자기파가 됨을 예상할 수 있다. 그 모양은 금속

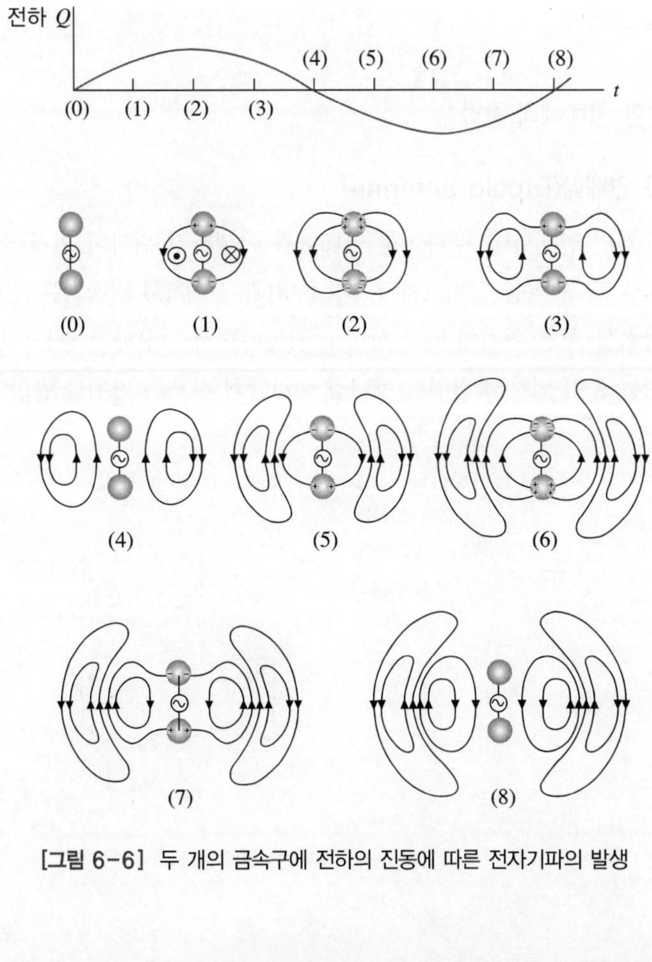

[그림 6-6] 두 개의 금속구에 전하의 진동에 따른 전자기파의 발생

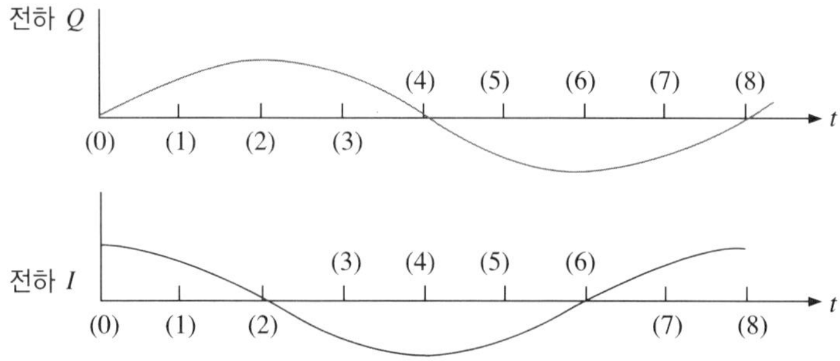

[그림 6-7] 짧은 전선에서 교류가 흐를 때 전압과 전류의 위상차

구일 때와 거의 같을 것이다. 이때 전하량과 전류 사이에는 [그림 6-7]과 같이 90°의 위상차가 난나. 즉 전선의 양쪽 끝에 전하량이 가장 클 때는 전류가 0인 상태일 것이다.

(2) 주요한 안테나의 종류

1) 다이폴 안테나(Dipole antenna)

가장 대표적인 안테나이다. 다이폴 안테나를 이해하기 위하여 먼저 소리굽쇠를 이용하여 그 원리를 살펴보자. [그림 6-8]과 같이 1/4 파장되는 길이를 갖는 소리굽쇠를 치면 위치에 따라 상하로 진동하면서 정상파가 만들어진다. 여기서 변위는 공기 입자의 변위가 아니라 소리굽쇠 자체의 변위를 말한다. 왼쪽

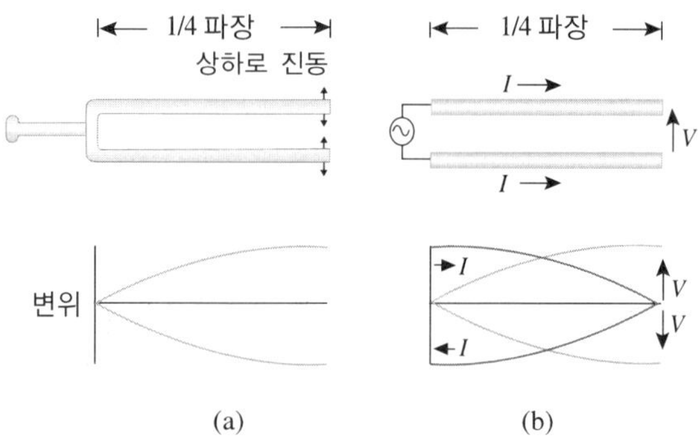

[그림 6-8] 다이폴 안테나

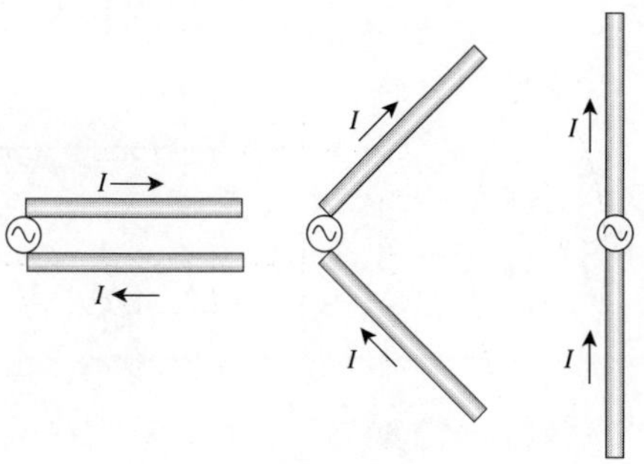

[그림 6-9] 송전선에서 안테나로

끝은 고정단이고 오른쪽 끝은 자유단으로 역할을 한다. 이제 [그림 6-8](b)와 같이 길이가 1/4 파장되는 송전선을 생각해 보자. 양 끝단에서 전류는 0일 것이다. 우리 가정에서 사용하는 전원의 경우에 60 Hz이므로 1/4 파장은 1250 km가 된다. 이런한 길이의 송전선은 우리나라에는 없다. 따라서 송전선에서 정상파가 발생되어 매우 큰 전압이 발생하는 일은 발생하지 않는다. 유럽에서는 간혹 이러한 일이 발생되어 전자제품을 파손시켰다는 보고가 있기도 하다. 전압과 전류가 앞서 짧은 전선에서 교류에 의해 발생되는 전자기파에서 본 것처럼 전압과 전류 사이에는 90°의 위상차가 있음을 알 수 있다. 즉 끝단이 전압은 배가 되고 전류는 마디가 된다.

1/4 파장의 길이를 갖는 두 송전선을 [그림 6-9]와 같이 벌려 일직선이 되게 하면 다이폴 안테나가 된다. 매우 큰 주파수의 전자기파에 대해서는 안테나의 길이가 짧아질 것이기 때문에 짧은 직선 전선에서와 같은 형태의 전자기파가 발생될 것이다. 실제 안테나의 길이는 1/4 파장의 2배인 1/2 파장이 되기 때문에 이를 반파장 다이폴 안테나라고 한다.

다이폴 안테나가 방사하는 전파는 [그림 6-10]과 같이 양단이 고정된 현에서 진동과 같이 그림에서 전류가 만드는 정상파에 의해서 이해될 수 있다. 안테나를 7등분하여 각 위치에서 흐르는 전류의 크기를 그려보면 대표적으로 ①번과 ③번 위치에서 그림의 오른쪽에 나타난 것과 같다. 즉, 현에서 각 위치에 따라 진동하는 진폭이 다른 것처럼 안테나에서도 각 위치에 흐르는 전류의 최

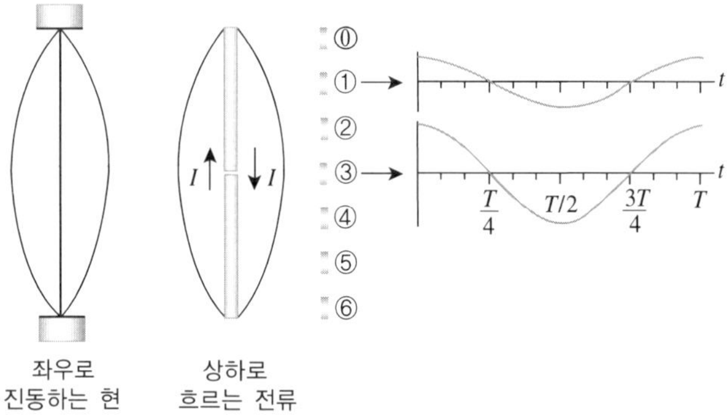

[그림 6-10] 안테나와 정상파의 비교

대 값이 차이가 난다. 중앙 부분에서 전류의 변화가 가장 심함을 볼 수 있다. 물론 양 끝단에서는 앞서 살펴본 바와 같이 전류가 0이다. [그림 6-11](a)는 반파장 다이폴 안테나에서 중앙의 ③번 위치에서 방출되는 전자기파를 나타낸 것이고 [그림 6-11](b)는 안테나 전체에서 방출되는 전자기파의 분포를 나타낸 것이다. 그림은 앞서 기술한 짧은 도선에 의해 방출되는 전자기파의 분포와 동일하다. 그림에서 전자의 진동 방향으로는 전자기파가 안 나오고 수직한 방향으로 제일 강하게 발생됨을 다시 확인할 수 있다.

다이폴 안테나의 지향성을 높이기 위하여 고안된 것이 팔목 안테나이다. [그림 6-12]와 같이 3개의 성분으로 되어 있는데 반사기, 방사기, 도파기라고 부른다. 중앙의 방사기가 1/2 파장 다이폴 안테나이고, 도파기는 그보다 짧고, 도

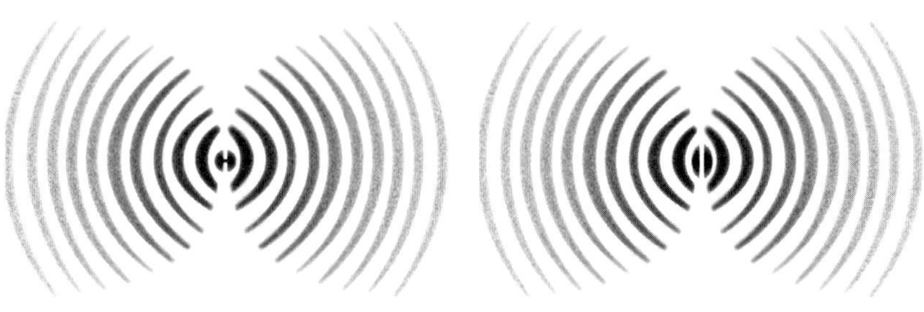

(a) 중앙 부분만 (b) 안테나 전체

[그림 6-11] 안테나에서 방출된 전자기파

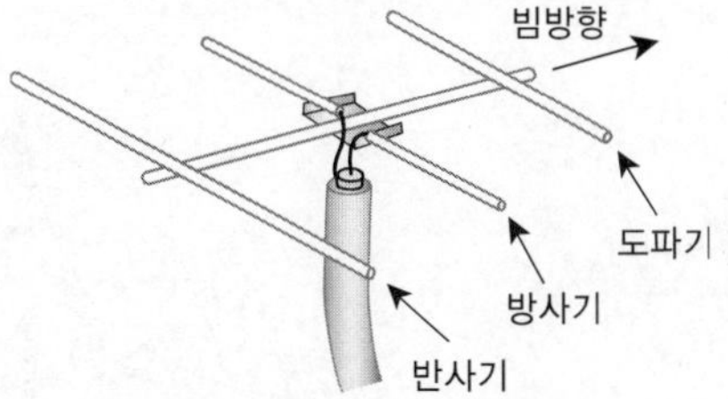

[그림 6-12] 팔목 안테나

파기 방향으로 전파가 강하게 방사된다. 따라서 수신용으로 사용하기 위해서는 도파기의 방향을 송신소의 방향으로 향하여야 한다. 가정용 TV 안테나에 많이 사용된다.

2) 접지 안테나(모노폴 안테나)

모노폴 안테나라고 하기도 한다. [그림 6-13]과 같이 지면에 수직하게 세운 안테나의 길이가 전파 파장의 1/4이 되도록 한다. 접지측에서 전류는 최대가 되고 전압은 0이 된다. 땅이 다이폴 안테나의 나머지 절반 역할을 한다고 볼 수 있다. 접지 안테나에서 길이가 1/4 파장일 때를 고유 주파수라고 하며, 그 기수배의 파장의 주파수를 갖는 전파에 대하여 공진한다.

파장에 비해서 필요한 안테나의 길이가 맞지 않는 경우에는 [그림 6-14]와 같이 코일을 붙여서 길이를 늘리는 효과가 발생하도록 한다. 휴대 전화 단말기의 안테나를 몸체 속에 넣은 경우에는 이 연장 코일이 동작하여 공진하게 되는 것이다.

3) 파라볼라 안테나

파장이 짧은 마이크로파에 대해서는 파라볼라 안테나가 사용된다. 송신용의 경

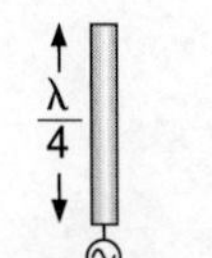

[그림 6-13] 접지 안테나

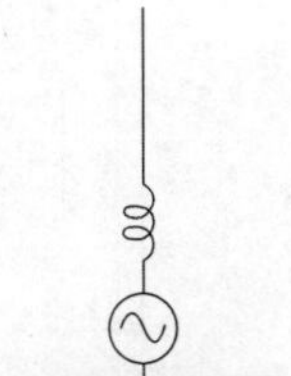

[그림 6-14] 코일을 부착한 접지 안테나

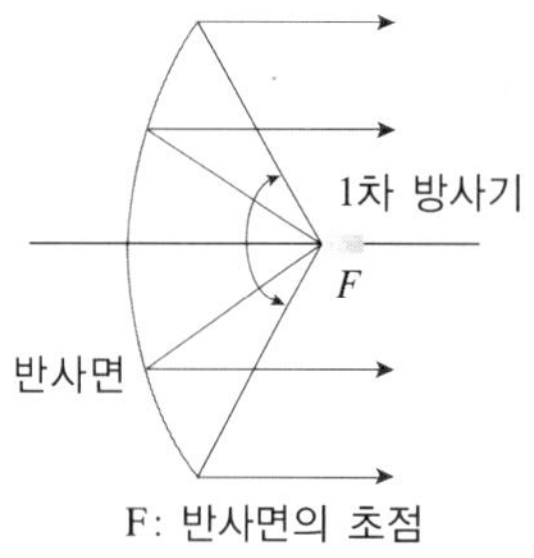

[그림 6-15] 파라볼라 안테나

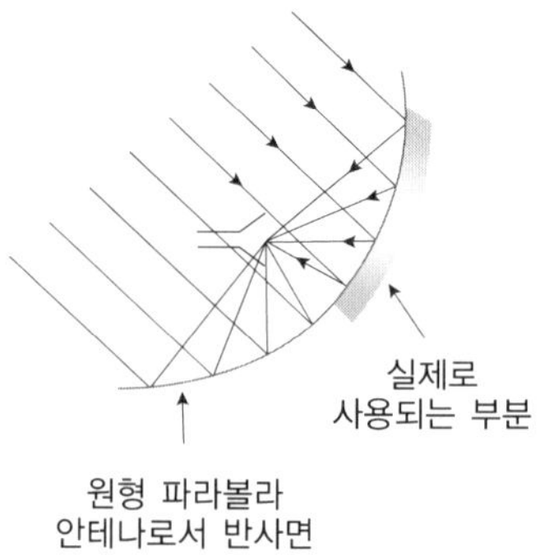

[그림 6-16] offset 파라볼라 안테나

우에 [그림 6-15]와 같이 반사경의 초점에 방사기가 있어 방출된 전파가 평행이 되도록 한다. 가정용 위성 수신 안테나는 원리적으로 같은데 [그림 6-16]과 같이 원형 파라볼라 안테나의 윗부분만을 사용한다. offset 안테나라고 부른다.

4) 휴대용 전화 단말기 안테나

휴대용 전화 단말기 안테나는 모노폴 안테나로서 길이는 파장의 1/2 또는 1/4이 고려된다. 주파수로부터 계산하면 그 길이를 구할 수 있다. 최근에는 5/8 파장, 3/8 파장의 길이를 갖는 것도 개발되고 있다.

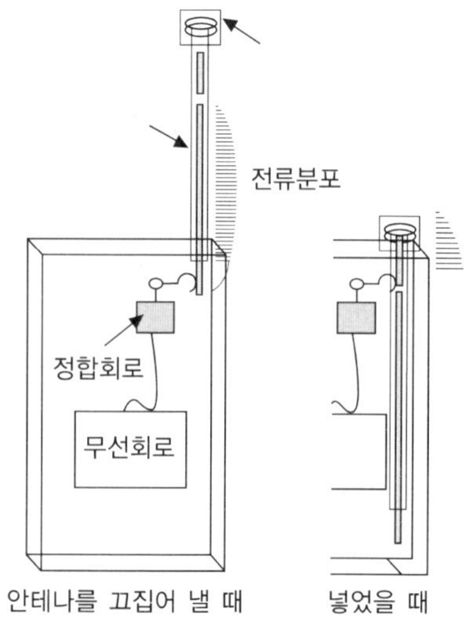

[그림 6-17] 휴대폰 안테나

실제 안테나의 길이는 5 cm 전후인 것을 알 수 있다. 앞서 기술한 바 있는 연장 코일을 이용하는 경우가 많다. 안테나를 끌어냈을 때와 집어넣은 상태에서 동작을 그림으로 나타내면 [그림 6-17]과 같다. 안테나를 밖으로 빼면 위쪽의 연장 코일은 동작을 하지 않고, 아래쪽의 모노폴 안테나만 동작을 하게 된다. 한편 안테나가 내부에 들어가면 위쪽의 연장 코일 부분이 안테나가 되어 동작하게 된다.

6-2 전파

전자기파 중 3000 GHz(3×1012 Hz)보다 낮은 주파수대의 전자기파를 전파라고도 한다. 이탈리아의 해부학자 갈바니의 부인은 전파가 발생하는 것을 최초로 보긴 했지만 그것이 전파인 줄을 몰랐다. 물론 에디슨도 전파가 발생하는 것은 보았지만 그도 전파인 줄을 몰랐다. 결국 1871년, 영국의 맥스웰이 전파의 존재를 최초로 예언했고 헤르츠(Herz)가 전파를 포착하는 실험에 성공하여 전파를 최초로 발견하였다. 이로 인해 전자기파의 주파수 단위로 헤르츠의 이름을 딴 Hz를 사용한다. [표 6-2]는 전파의 주파수에 따른 파장과 그 응용에 대하여 나타낸 것이다.

전파의 성질은 가시광인 빛의 성질과 같다. 직진, 반사, 공기에서 물과 같은

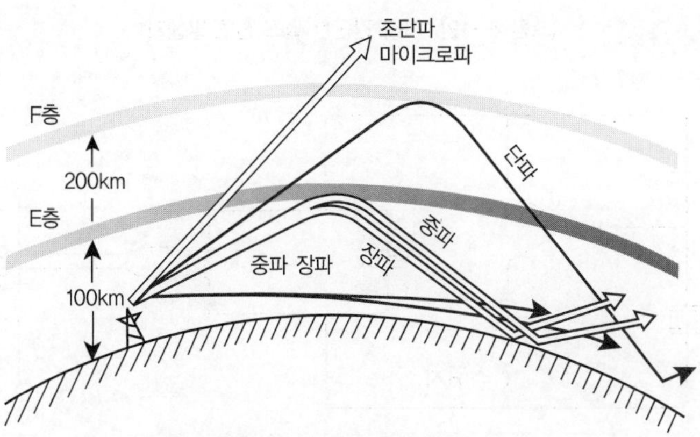

[그림 6-18] 전리층에 의한 전파의 반사

서로 다른 매질로 입사할 때 발생하는 굴절, 둘 이상의 전파가 겹쳐지면서 생기는 간섭, 건물 너머나 장애물 뒤쪽에도 전파가 도달하는 회절, 하늘의 전리층을 통과하지 못하고 지상으로 다시 지상쪽으로 반사되는 전반사 등이 가능하다. [그림 6-18]은 전리층과 전파의 종류 및 전파에 관하여 그린 것이다. 전리층은 그림과 같이 희박한 지구의 상층 대기를 태양에서 온 자외선, X선, 미립자들이 이온화 상태로 만듦으로 해서 생긴 층이다. 주파수에 따라 반사되는 층이 다른 것은 이온 밀도가 차이가 나기 때문이다. 전파는 지상의 여러 물체나 대기에 의해 흡수되어 열에너지나 기타 에너지로서 사라지기도 한다. 전파 중에서 가장 흔하게 접하게 되는 것이 라디오파이다.

(1) AM/FM 라디오

라디오파는 주파수 대역이 수 Hz에서 10^9 Hz까지이며 파장으로 환산하면 수 km에서 0.3 m까지에 해당하는 전자기파이다. 이러한 파동은 일반적인 전기회로에서 방출된다. 예를 들어 우리 가정에 들어오는 송전선에는 60 Hz의 교류가 흐르는데 이들 전선으로부터 60 Hz의 라디오파가 발생이 된다. 이를 파

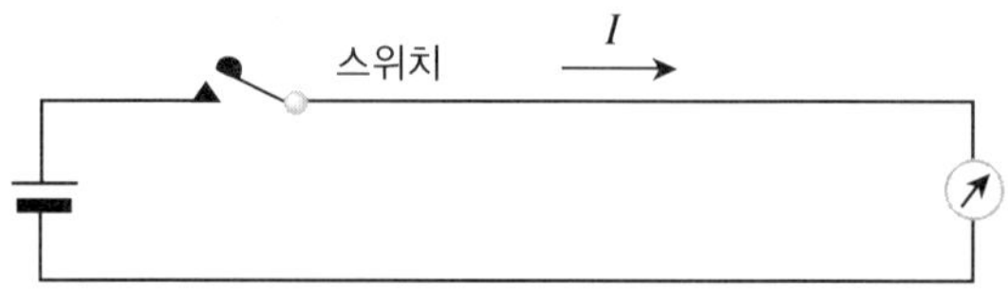

[그림 6-19] 가장 간단한 몰스 신호 발생기

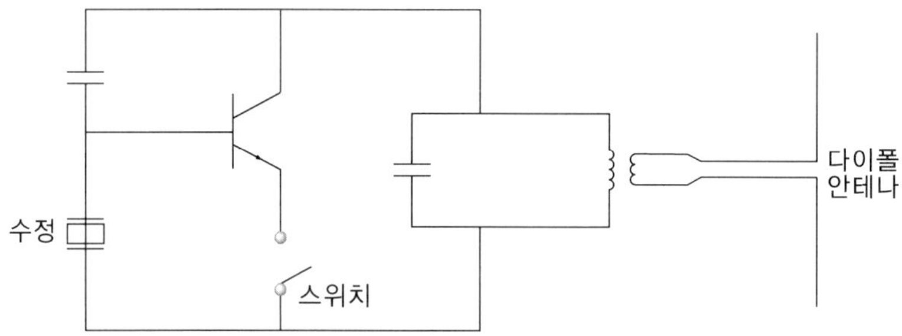

[그림 6-20] 수정 발진기를 이용한 몰스 신호 발생기

장으로 환산하면 5×10^6 m이다. 높은 정밀도를 요구하는 실험실에서는 모든 전선들로부터 발생되는 이 60 Hz의 전자기파 잡음을 제거하기 위하여 많은 노력을 하고 있다. 라디오파 중에 높은 진동수대의 전자기파(전파)는 라디오나 TV 방송에 사용한다.

전파를 이용한 가장 간단한 통신은 몰스 통신이다. [그림 6-19]와 같은 회로를 이용해서 철도 역간에 통신이 이루어졌다. 물론 [그림 6-20]과 같이 전파형태는 신호를 보낼 수도 있을 것이다. [그림 6-21]과 같이 단순하게 스위치를 ON-OFF시킴으로써 상대방에게 약속된 신호들, 즉 ②와 같은 신호는 a를 의미하며 ③과 같은 신호는 b를 의미하며 ④는 c를 의미하여 보낼 수 있다. 이러한 방법으로는 외부 잡음 등에 많이 영향을 받기 때문에 변조 방식이 등장하게 되었다.

라디오 작동의 원리는 소리를 전기 신호로 바꾸어서 그것을 전파에 실어 보내어 다시 소리로 재생하는 것이라 할 수 있는데, 각 방송국마다 고유의 주파수를 사용하여 전자기파를 보내고 있다. 라디오파를 발생시키기고 이를 듣는 과정은 다음과 같다. 소리 신호–마이크에서 전기 신호(저주파)–고주파 변조(보내고 싶은 주파수에 AM 또는 FM 방식으로 소리신호 실음)–안테나–전파–각 개인 안테나–동조(듣고 싶은 방송을 고르는 것)–검파/복조(AM/FM 고주파 신호를 저주파로 바꾸는 것)–스피커의 순서로 우리가 듣게 되는 것이다.

음성 주파수를 바로 전자기파로 바꾸어 방송하지 않고 높은 주파수의 전자기파에 음성 신호를 실어(또는 변조시켜) 보낸다. 그 이유는 소리 중에 저주파

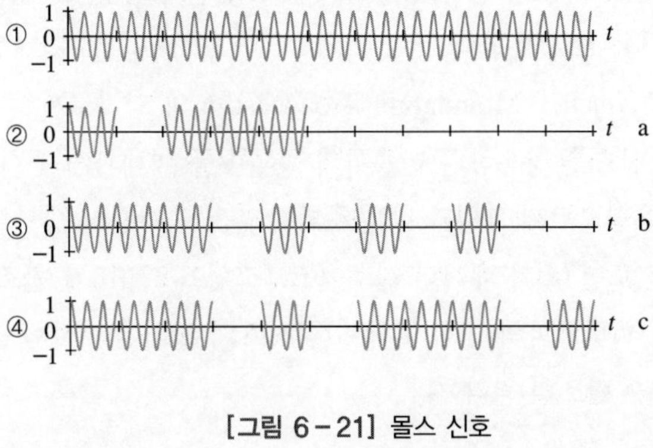

[그림 6-21] 몰스 신호

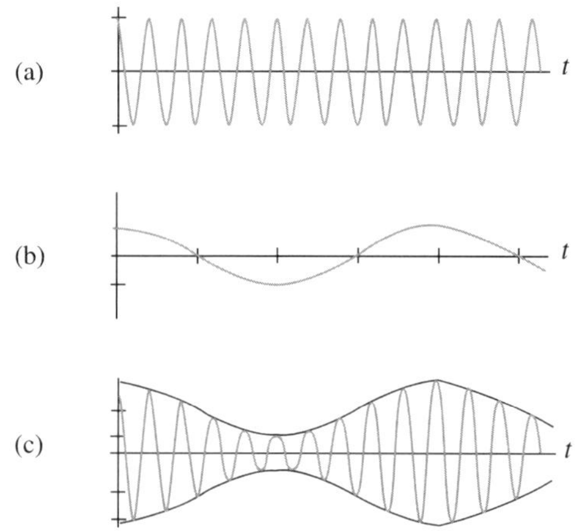

[그림 6-22] 진폭 변조(AM)의 원리

성분은 감쇠 현상(전자기파나 입자가 물질을 통과하는 사이에 흡수나 산란이 일어나 에너지나 입자의 수가 줄어드는 현상)이 심하여 전파가 멀리까지 진행되지 못하기 때문이다. 따라서 감쇠 현상이 적은 고주파 전파의 형태로 바꾸어야만 멀리까지 전자기파를 보낼 수 있게 된다. AM 방송은 Amplitude Modulation Broadcasting의 약자로서 진폭 변조 방송이다. 우리가 흔히 A 방송국의 주파수가 500 kHz라고 할 때 이 주파수를 그 방송국의 반송파라 한다. AM 방송을 위한 표준 주파수 범위는 530 kHz ~ 1600 kHz이다.

[그림 6-22](a)와 같은 일정한 크기의 진폭을 갖는 전자기파(반송파)에 [그림 6-22](b)와 같은 전송하고자 하는 음성 신호를 곱하여 [그림 6-22](c)와 같이 진폭이 변조된 신호를 공중에 발사시킨다. 잡음이 많은 것이 단점이지만 라디오 방송에서 주로 사용된다.

FM 방송은 Frequency Modulation Broadcasting의 약자로서 주파수 변조 방송이다. 음성 신호를 방송국의 반송파의 주파수를 미세하게 변화시키는 주파수 변조에 사용함으로써 그림과 같은 주파수 변조된 파를 발생시킬 수 있다.

[그림 6-23]을 보면 (a)가 데이터 신호이고, [그림 6-23](b)가 변조된 신호인데, 그림을 보면 피변조파의 변화가 데이터 신호의 크기에 비례함을 알 수 있다. 이것이 주파수 변조의 원리이다.

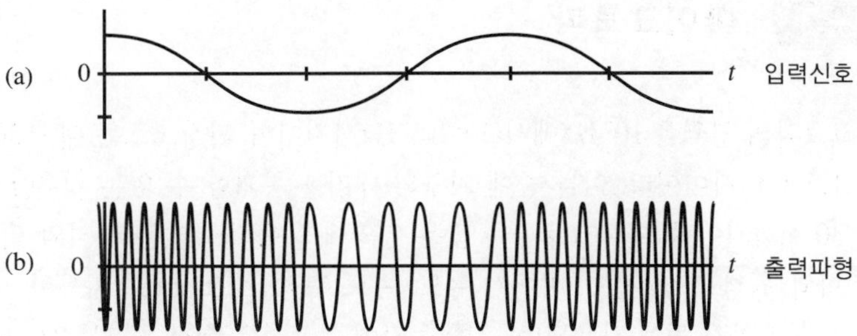

[그림 6 - 23] 주파수 변조(FM)의 원리

FM 방송의 주파수는 88~108 MHz로 AM 방송보다 약 1000배 정도 주파수가 크다는 것을 알 수 있다. 이는 FM 신호가 AM 신호보다 파장이 짧다는 것을 의미하며 파장이 짧을수록 도달거리가 짧다는 특징이 있다. 잡음이 적기 때문에 고음질의 음악 방송용으로 주로 사용된다. TV 방송에서 영상 신호는 AM 방식, 음성 신호는 FM 방식이 채택되고 있다.

각 방송국에서는 거의 24시간 동안 동시에 방송을 실시하고 있다. 방송국의 개수도 많이 늘어나는 추세인데 어떻게 하나의 안테나에서 그렇게 많은 방송국의 전파를 잘 골라내서 들을 수 있을까? 안테나는 모든 전파를 일단 모두 전기 신호로 바꾼다. 특정 방송국의 주파수를 갖는 반송파 성분만을 통과시키는 공진 회로를 부착함으로써 특정 방송국의 신호만 선택되도록 함으로써 가능한데 이를 동조라 한다. 복조는 반송파를 제거하고 음성 신호 성분만 남기는 과정을 말한다. [그림 6 - 24]는 복조의 과정을 나타낸다. [그림 6 - 24](a)는 특정 방송국 신호만 동조된 것이다.

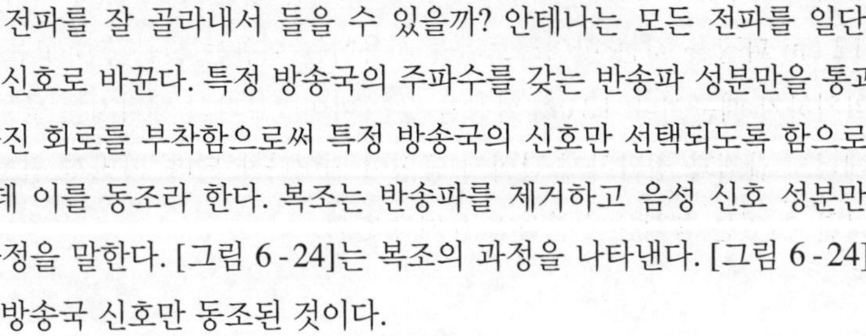

[그림 6 - 24] 복조 과정

6-3 마이크로파

마이크로파의 영역은 10^7 Hz에서 3×10^{11} Hz까지이며, 파장으로는 대략 30 m에서 1.0 mm 사이이다. 이들 중에 지구의 대기를 통과할 수 있는 것은 1 cm에서 30 m까지이다. 마이크로파는 많은 영역에 응용되고 있는데 시외 및 국제 전화와 원격 화상 전송, 비행기 유도, 속도 측정(speed gun), 자동차 시건장치, 전자레인지 등에 사용된다. 우주 공간에 분포하는 수소 원자는 21 cm의 마이크로파를 방출한다. 이 전자기파는 우리 은하계와 다른 은하계들의 구조 연구에 중요한 정보를 제공하고 있다. 특히 세슘 원자의 바닥 준위 사이에서 전이할 때 방출되는 마이크로파의 진동수는 9.19263177×10^9 Hz로 가장 정확한 원자시계에서 사용된다.

(1) 전자레인지

전자레인지를 이용하여 음식을 데우거나 요리를 할 때 속을 보면 아무런 불꽃도 보이지 않는데 어떻게 음식이 익는 것일까? 전자레인지에 쓰이는 파장이 약 12 cm(주파수로는 2450 MHz)인 마이크로파는 물론 우리 눈에 보이지 않는다. 12 cm 파장을 갖는 마이크로파를 사용하는 이유는 물분자의 고유 주파수와 일치하기 때문이다. 12 cm 파장을 갖는 마이크로파의 에너지는 물분자의 회전 에너지 간격과 정확하게 같아서 공명이 일어나게 된다. 따라서 전자레인지로 익힐 수 있는 음식은 수분을 함유해야 한다.

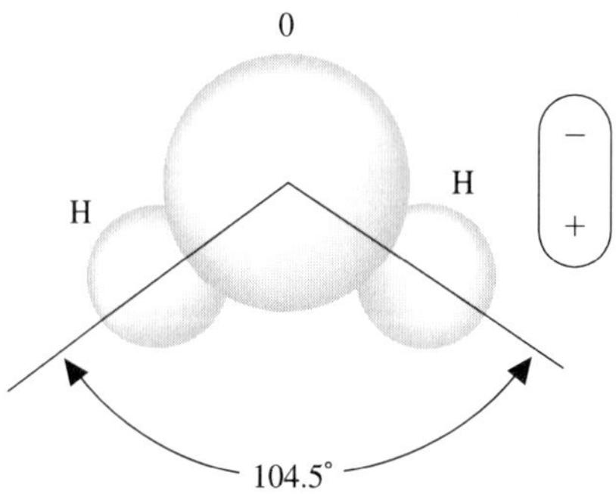

[그림 6-25] 물분자의 구조

극성분자에 전기장이 가해지면 분자들이 전기장의 방향에 따라 배열되고, 전기장 방향이 바뀌면 분자의 방향이 회전하게 된다. 따라서 마이크로파인 전자기파가 물분자에 가해지면 전기장이 1초에 24억 번 바뀌기 때문에 물분자는 엄청나게 빠른 진동수를 가지고 회전하면서 에너지를 얻게 된다. 물분자는 산소 원자 하나에 수소 원자 두 개가 [그림 6-25]와 같이 약 105°의 각을 가지고 연결되어 있으며 극성분자이다. 따라서 마이크로 영역의 전자기파가 가해지면 세 가지 형태로 반응을 한다. 첫째는 전자들이 핵을 중심으로 진동한다. 두 번째 형태는 원자들이 진동을 하게 된다. 마지막으로 전체 분자가 질량 중심점을 중심으로 각진동을 하게 된다. 마이크로파의 진동수는 원자 진동이나 전자 진동의 공명 진동수에서 너무 멀리 떨어져 있기 때문에 이러한 진동은 거의 일어나지 않고 공명 진동수에 가까운 회전 진동이 에너지를 흡수하게 된다. 실제로 마이크로파가 가진 전자기파 에너지를 흡수하여 회전 운동으로 바뀐 후에 회전을 계속하는 것이 아니라 인접한 다른 물분자들과 충돌하여 회전 에너지를 잃게 되며 열에너지로 바뀌게 된다. 이와 같은 과정이 반복됨으로써 마이크로파의 전자기파 에너지가 효과적으로 물분자의 온도를 올리게 되는 것이다.

주방에 있는 그릇 중에는 전자레인지에 사용할 수 있는 것과 없는 것이 있다. 종이, 유리, 세라믹 등으로 만들어진 그릇과 플라스틱 그릇은 마이크로파를 흡수하지 않고 그대로 투과시킨다. 따라서 전자레인지에 사용해도 그릇이 가열되지 않는다. 그러나 금속은 마이크로파를 흡수하고 다시 재방출한다. 이 과정을 반사한다고 말할 수도 있다. 금속 그릇에 음식을 담아 전자레인지를 가동시키면 마이크로파는 그릇 표면에서 흡수된 열에너지로 말미암아 녹게 되고 금속의 전자들 중 일부를 떼어낸다. 따라서 금속으로 된 그릇을 넣으면 스파크가 일어나고, 전자레인지의 마이크로파 생성 장치에 너무 많은 전류가 흐르게 되기 때문에 화재 발생의 원인이 된다. 따라서 은박지나 일회용 라면 뚜껑에 있는 알루미늄과 같은 금속은 완전히 제거해야 되며, 알루미늄 호일로 싼 음식을 전자레인지에 넣으면 스파크가 나며 알루미늄 호일이 사방으로 튀기도 하니 조심해야 한다. 또 달걀이나 밤처럼 단단한 껍질이 있는 식품은 급격하게 가열되어 깨지는 경우도 있으므로 주의해야 한다.

전자레인지는 [그림 6-26]과 같이 전파를 쏘는 마이크로파 발생기, 전원(電

源), 조작판, 케이스 등으로 구성되어 있다.

또 전파가 골고루 미치도록 음식물을 돌려주는 턴테이블(turn table)이 내장되어 있다. 정상파가 형성되어 특정 지역에는 마이크로파가 없으므로 음식이 가열되지 않기 때문에 음식을 회전시킴으로써 골고루 마이크로파에 노출되도록 한다. 전파를 쏘는 가열원은 '마그네트론(magnetron)'이라는 특수한 2극 진공관으로 되어있다. 이것이 마이크로파를 발생시키는 장치로 출력 안테나를 통해 음식물에 집중되도록 만들어져 있다. 전자레인지에서 나오는 강한 전파는 인체에 유해하므로 밖으로 새 나오면 안 된다. 이 때문에 작동 중에는 문이 열리지 않도록 버튼에 안정 장치가 붙어 있고, 뚜껑을 보면 금속선으로 가드스크린이 만들어져 있다. 마이크로파는 모두 반사시키고 가시광은 통과하도록 구조가 되어 있는데 마이크로파와 가시광 모두 전자기파로서 이와 같은 필터링이 가능한 이유는 회절에 의한 것인데, 5.9절을 참고하기 바란다.

〈전자레인지를 이용한 간단한 실험〉

· 전자레인지 안에 CD 넣기

CD 표면에는 금속 박막이 입혀 있는데 이를 전자레인지 내에 넣고 약 10초 동안 작동 후에는 [그림 6-27]과 같이 연기가 발생하며 금속이 타 버려 [그림 6-28]과 같이 표면에 가는 선들이 생기고 일부가 떨어져 나오는 것을 확인할 수 있다. 전자기파가 금속에 가해지면, 금속 내의 자유 전자들의 진동이 심해지면

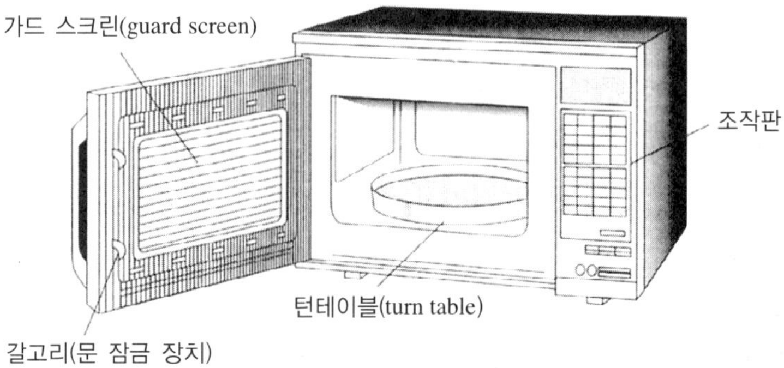

[그림 6-26] 전자레인지의 구조

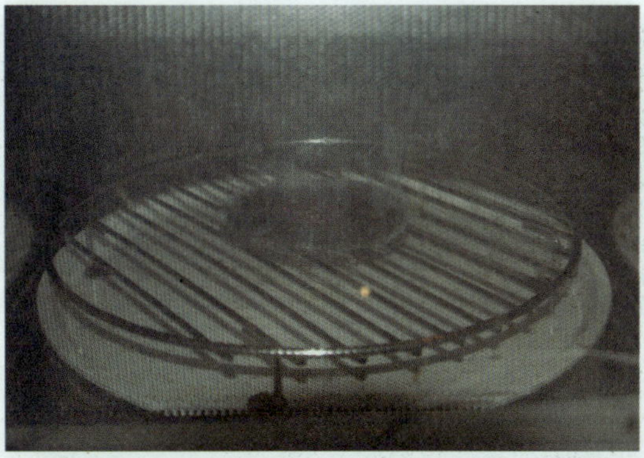

[그림 6 - 27] 전자레인지 안에 CD 넣기 실험

[그림 6 - 28] 전자레인지에 넣어 10초 간 작동시킨 후에 CD 표면

서 온도가 올라가기 때문이다.

· 전자레인지 내에 원형 형광등을 넣고 등 켜보기

사용하지 못하는 형광등을 전자레인지 안에 넣고 스위치를 켜면 형광등이 켜지는 것을 볼 수 있다. 마이크로파인 전자기파가 형광등 내의 가스 원자들을 들뜬 상태로 여기시키기 때문이다. 전구를 전자레인지 안에 넣어도 전구가 빛을 내는 것을 볼 수 있다. 전자기파가 필라멘트 안의 전자를 진동시켜 가열하기 때문이다.

[그림 6-29] 전자레인지 안에 핸드폰 넣기 실험

· 전자레인지와 휴대폰 실험

휴대폰 실험은 휴대폰이 안에 있을 때 절대로 스위치를 켜면 안 된다. 휴대폰을 전자레인지 안에 넣고, 뚜껑을 닫은 후 그 휴대폰에 전화를 해보자. 휴대폰이 울리지 않는 것은 전자레인지가 전자파를 차단했기 때문이다. 문의 금속망이 전자파를 차단하는 이유는 5-9절에서 설명한 바 있다.

(2) 디지털 휴대폰과 PCS

디지털 휴대폰은 일반 전화와 라디오의 원리를 합성시켜 만든 것이다. 휴대폰이 나오기 전에 무선 통신에 대한 갈망이 컸었던 사람들은 라디오 전화기를 개발하여 자동차 등에 부착하고 다녔다. 출력이 큰 라디오파를 발생시켜 대략 70 km 범위까지 전화를 할 수 있게 되었다. 라디오 방식의 전화기는 사용할 수 있는 주파수들이 한정되어 있고 한 사람이 하나의 주파수를 사용하는 것이기 때문에 한정된 소수의 사람들만이 사용할 수밖에 없었다. 이 문제를 혁신적으로 해결한 방법이 휴대폰 방식이다. 어떤 지역(예를 들어 큰 도시)을 조그만 영역으로 나누고 약한 전자기파를 사용하는 방식이다. 조그만 지역들로 나눈다는 의미를 강조하기 위하여 미국을 비롯한 다른 나라에서는 휴대폰이라 하지 않고

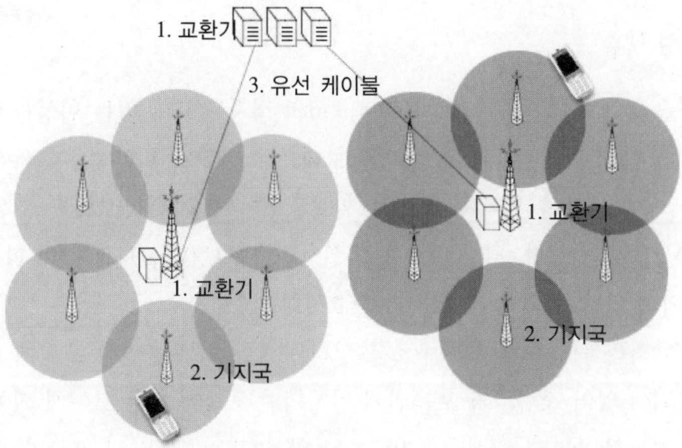

[그림 6-30] 핸드폰의 동작 원리

cellular phone(혹은 cell phone)이라고 한다. 이렇게 함으로써 같은 주파수를 여러 사람들이 사용할 수 있게 되었다. 예를 들어 한 도시 전체에서 사용되는 주파수를 대략 800개만 사용하고서도 수십만의 사람들이 무선통신을 할 수 있다.

[그림 6-30]과 같이 각 영역은 대략 25 km^{2}의 면적을 갖도록 되어 있으며, 휴대폰에서 나오는 전자기파의 세기가 약하기 때문에 이웃하지 않은 셀에 있는 다른 셀에서도 같은 주파수의 전자기파를 사용할 수 있는 것이다. 또한 전자기파를 발생시키기 위해 사용되는 전력도 절약할 수 있어 배터리의 사용 시간을 길게 할 수 있다. 각 셀 내에는 그림과 같이 라디오파를 발생시킬 수 있는 안테나가 있는 작은 기지국이 설치된다. 아날로그 방식으로 통신이 이루어지면 한 셀 내에서 대략 50여 명이 동시에 통화를 할 수 있는 데 비하여 디지털 시스템으로 바뀌면서 더 많은 사람들이 동시에 통화를 할 수 있게 되었다. 다른 셀이나 다른 지역 또는 다른 나라의 사람과 통화는 그림에 나타나 있는 교환기들을 통하여 이루어진다. 교환기와 교환기 사이의 통신은 광 신호로 바꾸어 광섬유를 통하여 보내기도 하고 인공위성을 이용하여 보내기도 한다.

(3) 위성 방송

위성 방송을 위해서 적도 상공 36,000 km의 정지 궤도에 있는 위성을 이용한다. 우주공간에서 직접 마이크로파를 보내므로 지형에 의한 송·수신 방해가 적고, 재해에도 강하다. 위성 방송용 위성으로는 방송 위성(BS)과 통신 위성(CS) 등 2종류가 있다. 위성 방송을 수신하려면 [그림 6-31]과 같이 파라볼라 안테나와 컨버터, 튜너 및 수상기가 필요하다.

그림은 파라볼라 안테나의 구조를 나타낸 것으로 포물면의 초점에 안테나가 설치되어 있어 평면파가 포물면에 입사되면 초점에 모두 모이게 되어 약한 신호를 효과적으로 측정할 수 있다. 통신 위성(CS) 수신을 할 때는 암호 해독용 디코더(decoder) 장치가 더 있어야 한다. 방송 위성은 남서쪽, 통신 위성은 남동쪽 상공에 정지해 있으므로 수신 안테나를 해당 방향에 맞추어야 한다.

위성 방송은 국내 방송만이 아니라 아시아를 향해 보내는 해외 TV 방송도 수신할 수 있다. 또 수신 안테나는 큰 냄비나 철망 등 접시 모양의 것이면 어느 것이나 사용할 수 있다. 위성은 태양전지를 사용하기 때문에 위성이 지구나 달 그림자에 가리면 이용할 수 없다. 따라서 일식이나 월식, 춘분, 추분 때

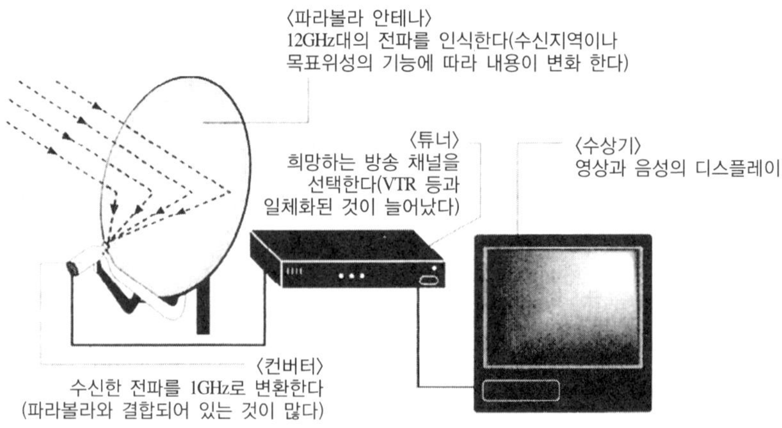

[그림 6-31] 위성 방송 수신

는 위성의 활동이 불가능해 진다.

(4) GPS 시스템

자동차의 위치를 정확히 알고 있으며 교통이 막히지 않는 곳을 찾아 목적지를 안내하는 시스템이 개발되어 사용되고 있는데 핵심이 되고 있는 것이 GPS (Global Positioning System) 시스템이다. 군에서는 부대에 대한 원활한 지휘 통제와 가용 전투력을 최대한 활용하기 위해 각 부대의 위치를 수시로 파악하고 있다. 특히 포병 부대는 포사격을 위해 포대의 위치를 정확히 알아야 된다. 그러나 야간 또는 안개 등으로 시계가 불량한 상황에서는 지도상의 기준 지형 지물이 보이지 않기 때문에 위치 파악이 거의 불가능하다. 이것을 해결할 수 있는 것이 GPS이며, GPS 수신기가 위치한 곳의 위도, 경도 및 고도가 순식간에 표시창에 나타난다.

미 국방부 주관하에 1973년부터 착수된 GPS 개발은 20,200 km 상공에 위치한 18기의 위성을 이용하여 전 세계 어디에서나 기후 조건에 관계없이 자국의 군함이나 군용기에게 정확한 위치, 정보를 제공한다. 그러나 미 정부는 이 시스템의 활용도를 높이기 위해 민수용으로 위성 신호 중 일부분을 개방함으로써 미국인뿐만 아니라 전 세계 모든 사람이 자유롭게 이용하게 되었다.

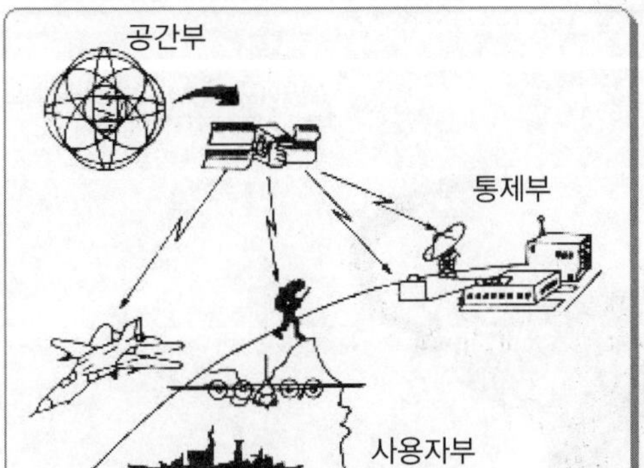

[그림 6-32] 위치 탐지계 구성도

GPS 수신기는 위도, 경도 및 고도 정보만을 제공하는 단순한 기능을 가진 장치이지만 이 장치가 생성한 위치 정보와 전산 지형 데이터를 함께 사용하면 매우 탁월한 능력을 발휘한다. 한 예로 차량 항법 장치는 특정 지역의 전산 지도에 표시된 GPS의 위치 정보를 화면으로 보여줌으로써 자신의 위치, 진행 방향 등을 한눈에 파악할 수 있을 뿐만 아니라 목적지까지의 거리, 소요 시간 등 차량운행에 관한 제반 사항을 간단한 조작을 통하여 손쉽게 얻을 수 있다. 군용으로는 포병운용, 정찰활동 등 용도가 많으며, 특히 순항 미사일에 GPS 수신기를 탑재하여 미리 입력된 표적의 위치좌표와 자신의 위치를 지속적으로 비교함으로써 표적을 향하여 정확하게 비행하게 한다.

(5) 도플러 효과를 이용한 속도계(스피드건)

속도 측정기 중 생긴 모양이 마치 권총과 비슷하다고 해서 흔히 스피드건(Speed-gun)이라고 불리는 속도계는 경찰관이 자동차의 과속 여부를 측정하거나 야구 경기에서 투수가 던진 공의 속도를 측정할 때 흔히 사용된다.

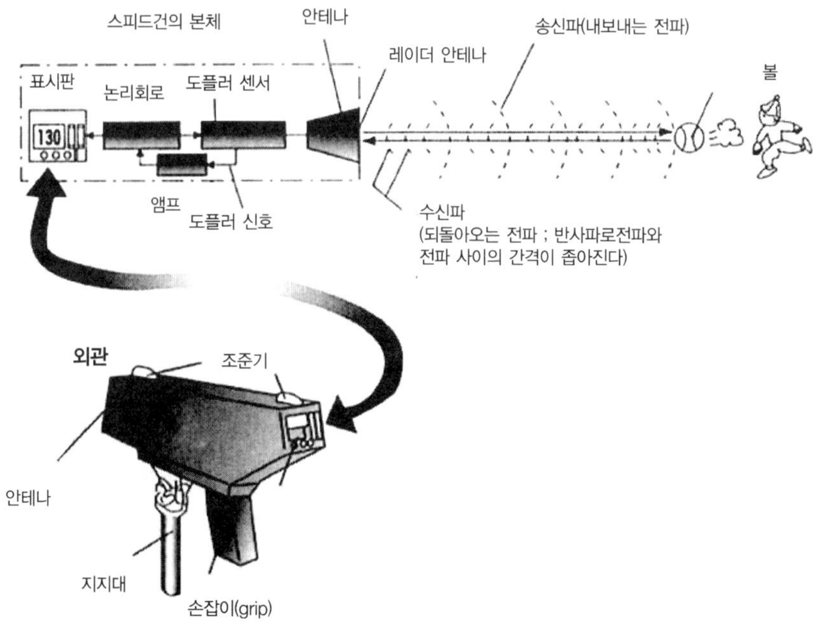

[그림 6-33] 스피드건의 구조와 동작

스피드건의 원리는 도플러 효과이다. [그림 6-33]과 같이 속도를 측정하고자 하는 야구공을 향해 일정한 주파수의 마이크로파를 발사하면 공에 반사되어 다시 스피드건으로 되돌아 온다. 도플러 효과로 인하여 반사된 마이크로파는 파장이 짧아지게 되어 처음의 주파수와 다르게 된다. 공의 속도가 빠르면 빠를수록 파장은 더욱 짧아지게 된다. 처음의 주파수와 반사된 주파수와의 차이로부터 공의 속도를 알 수 있게 된다.

6-4 적외선

적외선은 가시광선의 적색 영역보다 파장이 길어 열작용이 큰 전자파이다. 눈에 보이지 않고 물질에 잘 흡수되며 유기화합물 분자에 대한 공진이 잘 일어난다. 적외선 중에 파장이 짧은 것은 근적외선이라 한다. 또한 파장이 짧으면 반사가 잘 되고, 파장이 길면 물체에 도달했을 때 잘 흡수되는 성질이 있으므로 사람의 몸도 이 적외선을 쐬면 따뜻해 진다. 예를 들어 30℃의 물속에서는 따뜻한 기운을 거의 느끼지 못하지만, 같은 온도의 햇볕을 쐬고 앉아 있으면 따스함을 느낄 수 있는데 그 이유는 햇볕 속에 포함되어 있는 원적외선이 피부 깊숙이 침투하여 열을 발생시키기 때문이다.

이러한 열작용은 각종 질병의 원인이 되는 세균을 없애는 데 도움이 되고, 모세혈관을 확장시켜 혈액순환과 세포조직 생성에 도움을 준다. 또 세포를 구성하는 수분과 단백질 분자에 닿으면 세포를 미세하게 흔들어줌으로써 세포조직을 활성화하여 노화방지, 신진대사 촉진, 만성피로 치료 등 각종 성인병 예방에 효과가 있어 한의원에서 많이 사용하고 있다. 그 밖에도 통증완화, 숙면, 탈취, 방균, 곰팡이 번식방지, 제습, 공기정화 등의 효과가 있어 주택 및 건축자재, 주방기구, 섬유, 의류, 침구류, 의료기구, 찜질방 등의 여러 분야에 쓰이고 있다.

(1) 리모컨

리모컨은 영어 원어 '리모트 컨트롤(remote control)'의 줄임말로 '멀리 떨어져서 무선으로 기계를 조종한다'는 뜻이다. TV뿐 아니라 에어컨, 비디오도 모두 리모컨으로 작동되도록 만든 것이 많아지고 있다. 리모컨으로 전자제품을 작동시키는 비밀은 전자기파에 있다.

우리가 리모컨의 특정 버튼을 눌러 명령을 내리면, 리모컨의 앞쪽에 달린 전구에서 적외선이나 초음파, 전파 등이 나간다. 그러면 해당 전자제품이 이 전자기파를 받아들여 명령을 수행한다. TV에 사용하는 리모컨은 보통 적외선을 사용한다. [그림 6-34]는 가정용 TV 리모컨을 디지털 카메라를 이용하여 찍은 결과이다. 눈으로는 보이지 않지만 카메라는 적외선을 감지하기 깨문에 적외선이 나오는 것을 볼 수 있다. 자동차의 시건 장치는 보통 마이크로파를 사용한다. 리모컨 속에서 적외선을 만드는 것은 '발광 다이오드'라고 불리는 반도체이고, 반대로 적외선을 받아들이는 것은 '수광 다이오드'라고 한다. 리모컨 안에는 발광 다이오드가 있고, TV 오디오 등 전자제품 안에는 수광 다이오드가 들어 있다. 따라서 리모컨으로 TV 채널 7번을 누르면 이미 입력되어 있는 고유한 주파수를 지닌 적외선이 발광 다이오드에서 발사되고, TV에서는 수광 다이오드가 이를 받아들여 신호에 맞는 명령, 즉 화면을 채널 7로 바꾸는

(a) 리모컨을 동작시키지 않을 때

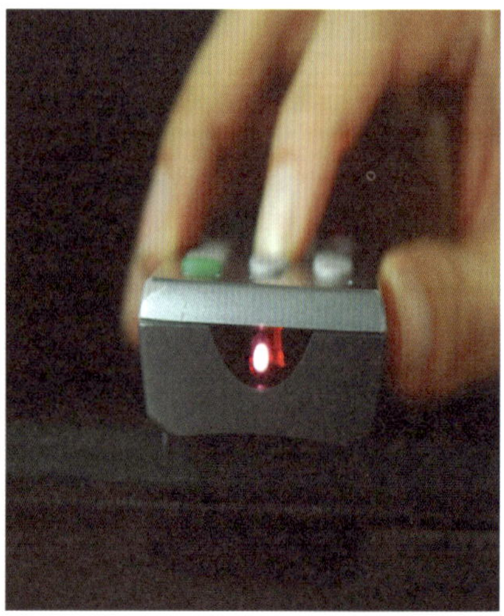

(b) 리모컨을 동작시킬 때

[그림 6-34] 리모컨 신호를 디지털 카메라로 찍은 결과

것이다. 또 리모컨의 음량 버튼을 누르면 적외선이 빠른 속도로 깜빡이는데, 이때 맨 처음에는 음량 버튼을 눌렀다는 신호가 가고, 그 다음으로 적외선이 깜빡인 횟수를 통해 버튼을 몇 번 눌렀는지 TV의 해당 수광 다이오드가 인식, 소리를 키우거나 줄이는 것이다.

리모컨은 가전제품을 직접 향하지 않고 때론 다른 방향으로 겨냥해도 작동된다. 적외선이 벽, 거울, 가구 등에 반사되기 때문이다. 그러나 검은색 벽지 등에서는 잘 작동되지 않는다. 검은색이 적외선을 흡수하기 때문이다.

컴퓨터에는 본체 이외에도 프린터, 마우스, 키보드, 스피커, 스캐너 등 여러 가지 주변기기들이 쓰인다. 그러다 보니 이들 기기들을 서로 연결해 주는 선들이 거미줄처럼 어지럽게 얽혀 있는 게 일반적이다. 블루투스(Bluetooth)는 이런 선들을 필요 없게 해줄 수 있는 새로운 적외선 리모컨이다. 이 리모컨이 들어 있는 기계와 기계 사이가 10 m를 넘지 않으면 선 없이도 정보를 주고받을 수 있다. 외출한 상태에서 집안에 있는 TV와 냉장고, 오디오 등 가전제품을 휴대전화나 컴퓨터로 작동시킬 수 있는 것도 바로 이 블루투스 덕분이다. 그래서 블루투스를 '무선 혁명의 결정판'이라고 부른다.

사람과 달리 뱀은 적외선을 볼 수 있다고 한다. 따라서 동물원에서 뱀 사육장에 갔을 때 뱀이 사람을 쳐다보면 그 뱀은 옷을 입은 멋있는 모습이 아니라 옷속에 숨어있는 그 사람의 알몸을 보고 있는 것이다. 옷에서는 가시광선이 반사되지만, 사람의 몸에서는 적외선이 나오기 때문이다.

6-5 자외선

자외선은 육안으로 관찰가능하지 않으며 0.36~0.06 μm 영역의 전자기파이다. 자외선은 태양광선, 백열전등, 형광등, 수은등에서 발생한다. 0.28 μm 정도까지의 파장의 자외선은 인간의 건강에 유해하며 강한 살균작용을 한다. 따라서 눈에 들어가면 여러 장애가 나타날 수 있다. 자외선은 많은 물질에 의해 흡수되나 수정, 형석 등은 투과된다. 또 형광물질이나 인광물질에 비춰 주면 가시광을 방출한다. 형광은 짧은 시간 안에 가시광을 방출하는 현상이고, 인광은 긴 시간에 걸쳐 가시광을 방출하는 현상이다.

과거에는 식기를 끓는 물에 삶는 것만이 살균의 유일한 수단이었다. 하지만 오늘날에는 많은 식기를 빠르고 쉽게 살균하기 위하여 자외선 살균소독기를 사용한다. 형광등은 전류가 관속의 기체를 통과할 때, 전자에너지가 수은 기체 원자에게 에너지를 전달하게 되는데 이때 수은 원자 내의 전자가 들뜨게 된다. 그후 전자가 안정된 상태로 돌아가면서 우리 눈에 보이지 않는 자외선을 방출한다. 이 자외선이 형광물질 전자를 들뜨게 하고 다시 형광물질 전자가 안정된 상태로 돌아가면서 우리 눈에 보이는 백색광을 내는 것이다. 이제 소독기의 원리를 쉽게 짐작할 수 있다. 형광물질을 제거하면 된다. 단 이때 유리는 자외선을 투과시키는 특수 유리, 즉 석영을 사용해야 한다.

150 ~ 200 nm 자외선은 음이온을 발생시켜 진통, 쾌면, 상쾌함, 피로 회복 등의 작용을 한다. 공기 중 산소에 150 ~ 200 nm 자외선을 조사하면 반응이 일어나 산소분자 일부가 오존으로 변화한다. 자외선 살균작용은 210 ~ 329 nm 사이에서 강하게 나타나며 그 중에서도 250 ~ 260 nm 파장에서 살균작용은 최강 살균작용이 있어서 100 μW의 강도를 가진 자외선을 1분간 쪼이면 대장균, 디프테리아균, 이질균 등은 99%가 죽는다. 수은 등에서 나오는 253.7 nm 자외선이 많이 사용된다. 다나 산과 같은 자외선 양이 많은 곳에서 피부 홍반 현상이 나타난다. 피부에 자외선이 조사되면, 수시간 후에 모세혈관 확장(홍반)이 시작되고 피부 표피 변성이 일어나고 약 24시간 경과 후에 반응이 종료한다. 자외선 조사량이 많으면 피부가 꺼칠꺼칠하고 아픔을 느끼게 된다. 보석류의 감정이나 위조지폐를 감정할 때도 자외선을 이용한다.

6-6 전자파 차폐

요즈음의 우리 생활에서는 전자제품 없이 생활하는 것은 불가능할 정도로 많은 전자제품을 사용하고 있다. 이렇게 매일 사용하는 전자제품에서는 인체에 유해한 많은 전자파들이 나오기 때문에 법으로 전자파의 양을 규제하고 있다.

이 전자파를 방지하려면 어떻게 하면 좋을까? 가장 간단한 방법은 전자파의 세기는 전자파의 발생원으로부터 거리가 멀어질수록 $\frac{1}{r^2}$ 에 비례하여 급격히 감소하므로, 이 성질을 이용하여 전자파에 대한 노출을 줄일 수 있다. 전자레인지를 사용할 때는 비록 마이크로파가 거의 나오지는 않지만 최소한 1 m 이상 떨어지도록 해야 한다. 또한 마이크로파가 전면에서 많이 발생하므로 측면에 서 있는 것이 좋다. 컴퓨터 작업을 할 때 모니터와 얼굴과의 거리는 60~80 cm 이상 떨어지도록 해야 한다. 전자기기를 켜 놓았을 때 가능한 한 멀리 떨어지고 사용하지 않을 때는 반드시 플러그를 빼 놓아야 한다. 휴대폰은 강한 전자파가 나오므로 사용할 때는 안테나를 최대한 뽑고 통화는 가능한 한 짧게 해야 한다.

둘째, 전자파 차폐 방법은 금속으로 둘러싸 전자파를 모두 반사시켜 내부에 전자파가 빠져 나오지 못하도록 하는 것이다.

엘리베이터 안에서 휴대폰이 잘 안되는 이유도 엘리베이터가 금속으로 만들어져 있기 때문이다. 최근에 지어지는 고급의 음악홀은 벽 내부에 전자파를 차폐할 수 있는 금속망을 넣어 홀 내부에 전자파가 들어가거나 나오지 못하도록 한다고 한다.

Chapter 07

광자로 취급되는 빛

빛을 광자(photon)라는 입장에서 취급하는 분야를 양자광학이라고 할 수 있지만, 빛과 상호작용하는 원자나 분자의 에너지 구조가 양자화되어 있다는 사실을 이용하여야 설명이 가능한 분야도 양자광학 범주에 넣을 수 있다. 일상생활에서 많이 이용되고 있는 레이저에 대하여 이 장에서는 주로 알아보고 전자와 같이 입자로만 알려졌던 것도 파동적인 성질을 가질 수 있어 이를 현미경에 이용하고 있는데 이에 대해서도 간략하게 알아보고자 한다.

7-1 레이저의 발생 원리

(1) 빛과 원자의 상호작용

레이저(LASER)란 “Light Amplification by Stimulated Emission of Radiation”의 각 단어의 첫 글자를 따서 만든 단어로서 “복사의 유도 방출에 의한 증폭”으로 번역할 수 있다. 레이저의 동작을 이해하는 데 가장 중요한 것은 유도 방출 과정에 관한 것이다.

빛과 원자의 상호작용을 양자광학적으로 취급하기 위하여 빛은 전자기파로 원자는 에너지가 양자화된 계로 취급할 예정이다. 전자기파와 상호작용하는 2개의 에너지 준위를 갖는 원자를 생각해 보자. 에너지가 낮은 준위를 바닥상태 E_1라 하고, 높은 준위를 들뜬상태 E_2라고 하자. 원자는 [그림 7-1]과 같이 세 가지 전이 과정, 즉 자발 방출(spontaneous emi ssion), 유도 또는 자극 흡수(stimulated absorption), 유도 또는 자극 방출(stimulated emission) 과정들을 통하여 전자기파와 상호작용한다.

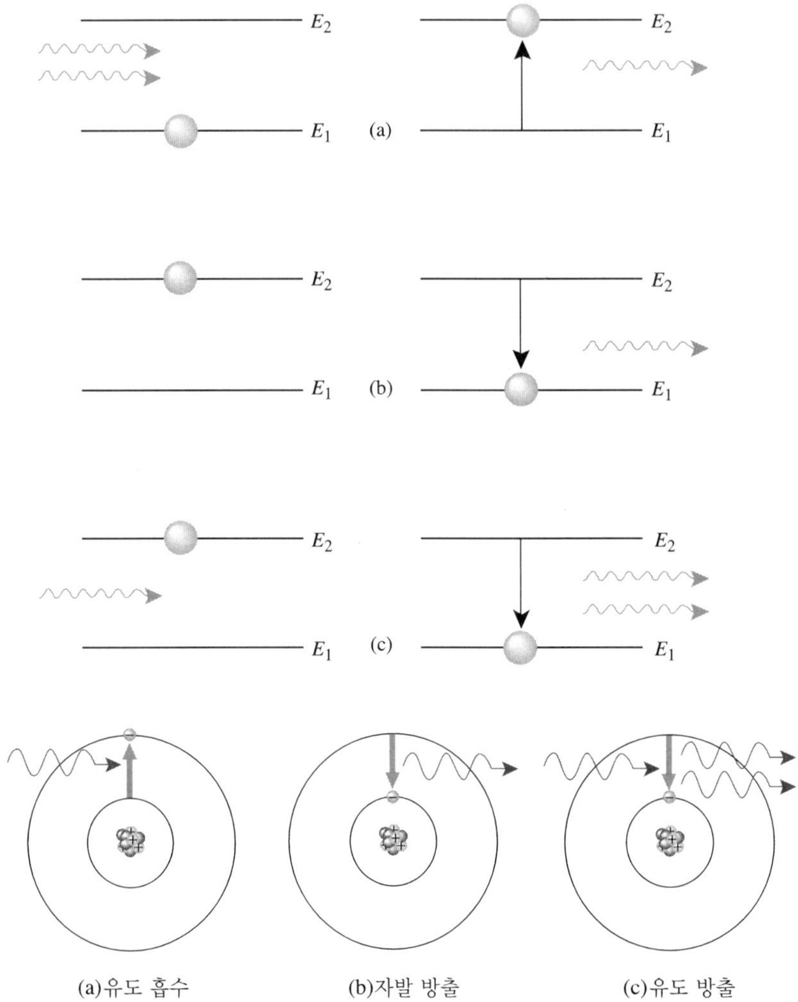

[그림 7-1] 빛과 원자의 상호작용

유도 흡수 [그림 7-1](a)는 입사광의 진동수가 원자의 전이 진동수와 일치할 때, 즉 공명일 때, 바닥상태 E_1에 있던 원자를 들뜬상태 E_2로 올라가도록 유도하며 광자의 에너지가 원자에 의해 흡수되는 과정이다. 자발 방출 [그림 7-1](b)는 처음에 원자가 들뜬상태 E_2에 있다가 진동수 $(E_2-E_1)/h$를 갖는 광자를 방출하면서 바닥상태 E_1으로 떨어지는 과정을 말한다. [그림 7-2]는 불꽃놀이를 보여주는 것으로 화학 반응에 의하여 들뜬상태로 올라간 원자나 분자들이 자발 방출에 의해 고유의 가시광선에 해당하는 진동수의 빛을 방출하는 모습이다.

대부분의 원자들은 들뜬상태에서 머무는 평균 시간이 대략적으로 10^{-8} 초로 매우 짧다. 즉 들뜬상태로 올라간 원자는 아주 짧은 시간 후에 자발 방출 과정을 통하여 광자를 방출하고 바닥상태로 떨어지게 된다. 이때 자발 방출 과정에서 방출된 광자들은 진동수는 같지만 진행 방향이 정해져 있지 않고 무질서하며, 초기 위상 또한 광자마다 다르다. 원자 내의 간혹 어떤 에너지 준위는 비교적 수명이 긴 준위들이 있는데 이러한 준위들을 준안정 준위 (metastable state)라 하며 이들이 레이저 발생에 중요한 역할을 한다. 유도 방출 [그림 7-1](c)는 원자가 들뜬상태에 있을 때 들어온 입사광이 원자를 바닥상태로 자극(유도)시키고 광자를 나오도록 하는 과정이다. 이때 방출된 광자는 자극시키는 광자의 진동수, 진행 방향, 위상 및 편광 등이 모두 같아 레이저의 특성을

[그림 7-2] 불꽃놀이

결정하는 요인이 된다. 입사된 광자는 하나인데 유도 방출 후에는 광자가 두 개가 되었으므로 유도 방출은 빛의 증폭 과정이다. 모든 원자나 분자가 준안정 준위를 갖는 것은 아니다. 따라서 준안정 준위를 갖는 특별한 원자들이나 분자들만이 레이저를 발생시킬 수 있다.

(2) 레이저의 구조

실제 레이저에서는 앞 절에서 설명한 세 과정이 복합적으로 일어나기 때문에 레이저의 동작 원리를 정확하게 이해하기 위해서는 이들 사이의 정량적인 관계를 고려할 필요가 있지만, 여기서는 정성적으로 설명하고자 한다. 레이저가 유도 방출 과정에 의한 광증폭이기 때문에 바닥 준위에 원자가 더 많이 있으면 유도 방출보다 유도 흡수가 우세해서 빛의 증폭이 일어나는 것이 아니라 오히려 흡수되어 매질을 통과한 후에는 빛의 세기가 약해진다. 유도 방출이 가능하기 위해서는 바닥상태보다 들뜬상태에 더 많은 원자들이 있어야 한다. 이를 밀도 반전(population inversion)이라 한다. 밀도 반전은 외부 세계와 열평형 상태에 있는 원자들로 이루어진 계에서는 불가능하다. 이유는 바닥에 더 많은 원자들이 분포하려고 하기 때문이다. 따라서 밀도 반전을 위해서는 외부에서 에너지를 공급하여야 한다. 밀도 반전을 위하여 외부에서 에너지를 공급하는 과정을 펌핑(pumping)이라고 한다.

레이저는 [그림 7-3]과 같이 유도 방출이 가능한 이득매질(gain medium), 밀도 반전을 위해 에너지를 공급하는 펌핑 및 빛을 가두어 효과적인 유도 방출

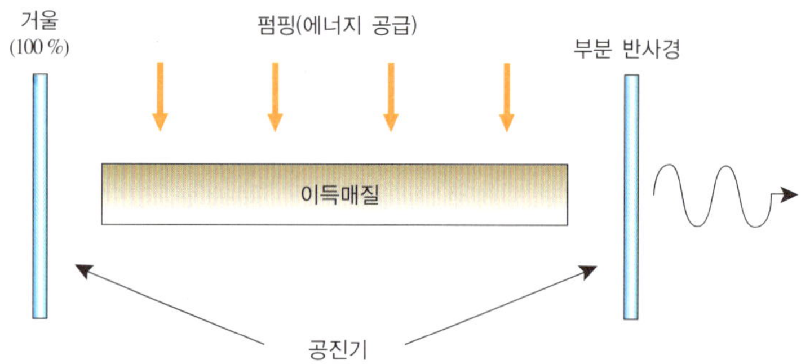

[그림 7-3] 레이저의 구조

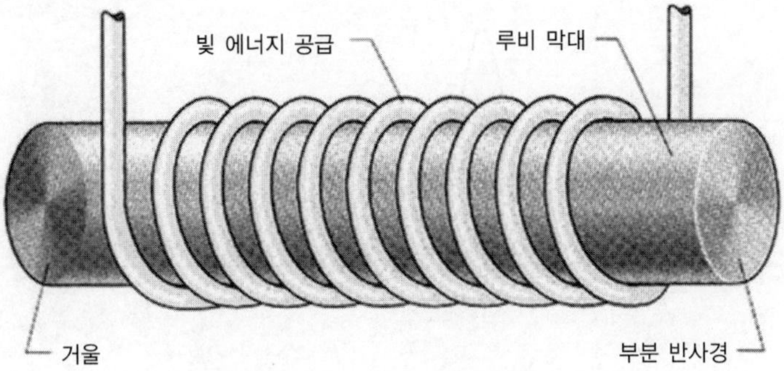

[그림 7-4] 루비 레이저의 구조

이 일어나도록 하는 거울 2개로 이루어진 공진기(cavity)로 구성되어 있다.

[그림 7-4]는 마인만에 의해 역사적으로 가장 먼저 개발된 루비 레이저의 구조이다. 루비 레이저라고 말하는 이유는 이득매질이 루비 결정이기 때문이다. 루비 결정은 분자들 중 얼마간의 Al 원자가 불순물 Cr 원자로 대치되어 있기 때문이다. Cr^{+3} 이온에 의해 아름다운 루비색이 나타난다. 불순물 Cr 원자가 레이저 빛을 발생시키는 작용을 한다.

루비막대의 양 단면은 광축에 평행하게 연마하였다. 그 다음 한쪽 면에는 부분 반사용 거울을 다른쪽 면은 100% 반사시키는 거울을 만들어 공진기로 사용하였다. 루비 결정을 나선형 기체 방전관으로 둘러싸 전류를 흘려 발생된 강력한 빛으로 Cr 원자를 밀도 반전시키는 펌핑을 하여 레이저가 발생되도록 하였다. 결정 축에 나란하게 진행하는 빛은 부분 반사경에 의해 일부는 투과하고 일부는 반사하면서 유도 방출이 일어나 레이저가 발생된다. 오늘날에는 공진기를 위하여 루비막대에 직접 코팅을 하지 않고 따로 거울을 사용한다.

[그림 7-5]는 레이저 발생에 기여하는 Cr 이온의 간략한 에너지 준위도이다.

펌핑용 램프가 수 밀리 초(msec) 동안 강력한 빛을 방출하면 파란색이나 초록색 영역의 에너지를 흡수하여 Cr 이온들이 높은 에너지 상태로 올라간다. 들뜬 이온들은 일부 에너지를 결정 격자에 열에너지로 주고 신속하게 수명이 긴 준안정 준위로 옮아간다. 준안정 준위에 있는 이온들은 수명이 상대적으로 길지만 자발 방출 과정에 의해 루비의 고유색인 붉은색 파장 $\lambda = 694.3$ nm 영역의 빛을 방출한다. 자발 방출에 의한 빛은 방향성도 없고 편광도 불규칙

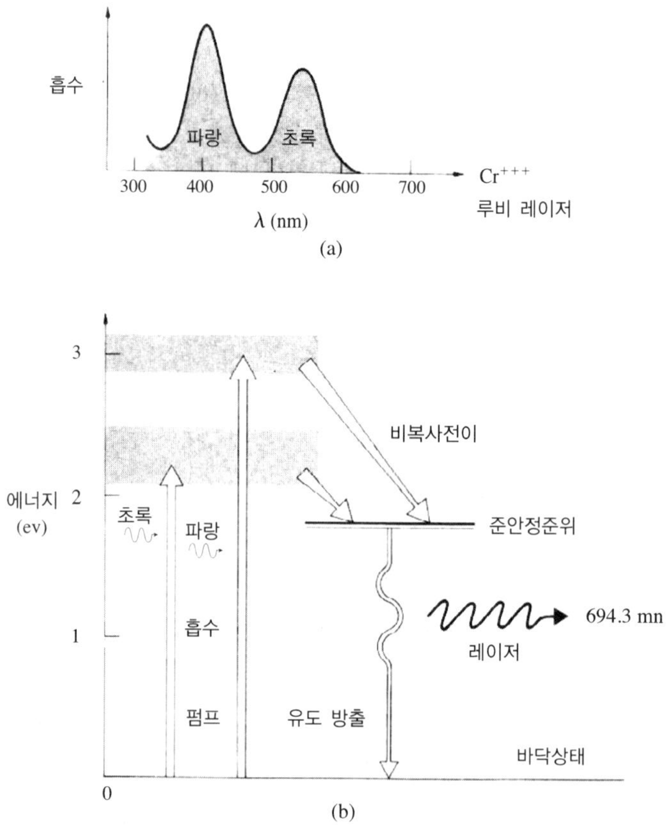

[그림 7-5] 루비의 에너지 구조

적이며 광자들 사이에 위상이 일치하지도 않아 결맞음성(coherence)이 매우 낮다. 펌핑률이 어느 정도 증가하면 많은 이온들이 준안정 준위로 올라가 밀도 반전이 일어난다. 몇 개의 자발 방출된 광자들은 광축 방향으로 전파하면서 유도 방출을 일으킨다. 양쪽 끝에 설치된 거울들 – 공진기 – 에서 반사된 광자들은 이득매질을 왕복하면서 매우 급속하게 증폭이 된다. 거울에 의한 손실을 능가할 정도로 많은 수의 광자들이 발생되도록 펌핑이 강하게 되면 부분적으로 반사가 되도록 코팅된 한쪽 거울 – 출력경 – 을 통하여 강력한 레이저 광이 나오게 된다. 이와 같이 레이저 동작에 3개의 에너지 준위들이 참가하였다고 하여 루비 레이저를 3준위 레이저라 하기도 한다. 3준위 레이저는 펄스 형태의 레이저만 가능하며 흔히 볼 수 있는 연속 발진 레이저로 동작은 불가능하다. 그 이유는 밀도 반전을 계속적으로 유지하기 불가능하기 때문이다. 따라서 루비 레이저에서 펌핑은 펄스 형태로 이루어진다. 앞의 과정을 순서대로 설명했지만 실제는 모든 과정이 거의 동시에 일어난다. 연속 발진을 위해서는 [그림 7-12]와 같이 4준위 계가 되어야 한다. 즉 펌핑이 일어나는 동안 자발 방출이 일어나고 유도 방출이 우세해지면 레이저 빛이 발생된다.

(3) 레이저 공진기

공진기는 레이저 동작에 있어 중요한 역할을 한다. 레이저 발생 초기에는 자발 방출 광자들이 사방으로 방출된다. 예외적으로 공진기 축 방향으로 진행하는 것도 있지만 대부분의 광자들은 이득매질의 측면을 통하여 빠져나간다. 우연히 축에 나란하게 진행하는 광자들은 이득매질을 가로질러 왕복 운동을 거듭하면서 유도 방출을 거듭하게 되어 광자수들이 급속하게 증가하게 된다. 이 상태에서는 측면으로 빠져나가는 자발 방출에 의한 광자들은 상대적으로 그 수가 현저하게 줄어든다. 그 이유는 자발 방출이 일어나기 전에 유도 방출에 의해 원자가 가지는 에너지를 유도 방출 빛으로 전환시키기 때문이다.

공진기 내에서는 [그림 7-6]과 같이 정상파를 형성하는 파장의 전자기파들만이 증폭된다. 그 이유는 정상파 조건을 만족시키지 못하는 파장을 갖는 전자기파들은 거울 사이를 왕복하면서 중첩하게 되었을 때 위상이 조금씩 차이가 나서 많은 파들이 중첩하여 상쇄되어 사라지기 때문이다.

거울 사이의 거리가 L일 때, 정상파 조건은

$$2L=m\lambda \tag{1}$$

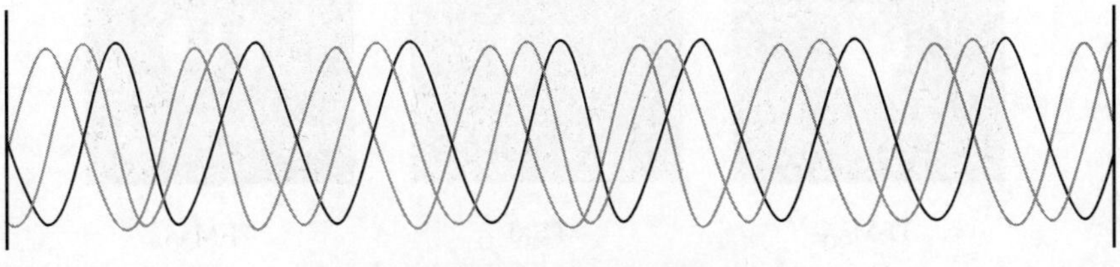

[그림 7-6] 정상파를 이루는 파장만이 가능

이고, 그에 따른 진동수는

$$\nu_m = \frac{mc}{2L} \tag{2}$$

이다. 여기서 m은 양의 정수이다. 식 (2)를 보면, 진동수는 일정한 간격으로 무한 개가 가능한 것처럼 보인다. 그러나 실제로 레이저로 발생되는 진동수는 정상파 조건을 만족시키는 주파수들 중에 이득매질로부터 얻을 수 있는 빛의 주파수 영역과 일치하는 것들만이 레이저 주파수로 발생된다. 따라서 이득매질을 달리하게 되면, 공진기 길이가 같더라도 다른 색, 즉 다른 파장의 레이저 빛이 나오게 된다. 공진기 길이를 미세하게 조절하면 아주 미세하게 레이저의 파장을 변화시킬 수 있음을 알 수 있다. 우리 눈으로는 도저히 그 차이를 알 수 없고 전문적인 연구 장비로 측정이 가능하다. 공진기 길이가 주어지면 그에 따른 파장, 즉 진동수가 결정되는데 이를 종모드(longitudinal mode)라 한다. 종모드라고 한 이유는 이득매질의 방향, 즉 종방향으로 가능한 진동 방식이기 때문이다. 이러한 종모드들 중에 모드 사이의 진동수 차이는

$$\nu_{m+1} - \nu_m = \Delta\nu = \frac{c}{2L} \tag{3}$$

이다.

우리가 흔하게 접하는 헬륨-네온 레이저는 두 개 또는 세 개의 모드가 발생된다.

공진기 축에 수직한 면에서도 정상파 조건을 만족시켜야 하기 때문에 결과적으로 광축에 수직인 면, 즉 횡방향에도 모드가 있는데 이를 횡모드(transverse mode)라 한다. [그림 7-7]은 몇 개의 횡모드를 보여주는 것으로 모드가

TEM_{00} TEM_{10} TEM_{20}

[그림 7-7] 횡모드

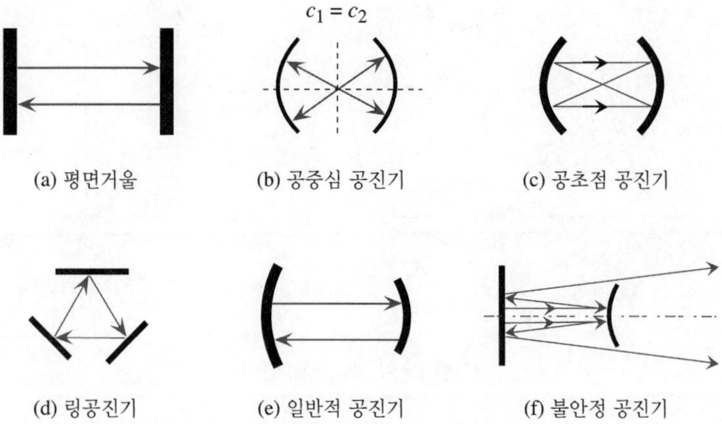

[그림 7-8] 공진기의 형태

달라짐에 따라 공간적인 광의 세기 분포가 달라지는 것을 보여준다. 종모드는 같아도 횡모드가 다르면 아주 미세하게 파장의 차이가 있게 된다. 따라서 레이저가 진정한 의미에서 단색광이 되려면 하나의 종모드와 하나의 횡모드만 발생되어야 한다. 이 정도 되면 거의 단색광이라고 말할 수 있으나 이 역시 이상적인 단색광이 될 수 없는 것은 뒤에 다루자.

공진기 거울 짝들도 다양한데 대표적으로 [그림 7-8](a)와 같이 평면경으로, [그림 7-8](b), (c)와 같이 두 오목경으로, [그림 7-8](d)와 같이 평면경들은 링형태 등이 있다. 일반적으로는 [그림 7-8](e)와 같이 두 개의 곡률 반경이 다른 거울을 사용한다. 이들은 안정 공진기라 하고 때로 [그림 7-8](f)와 같이 특수한 목적으로 불안정 공진기가 사용되는 경우도 있다.

(4) 레이저의 특성

레이저의 특성은 모두 유도 방출로 기인한다. 유도 방출된 광자들은 진동수, 진행 방향, 위상, 편광 등 모든 것들이 서로 같다.

1) 단색성(Monochromaticity)

레이저는 단색성이 우수한데 그 이유는 유도 방출에 의해 방출된 광자들이 같은 진동수를 갖기 때문이다. 단색성이란 광원의 진동수 폭(frequencybandwi-

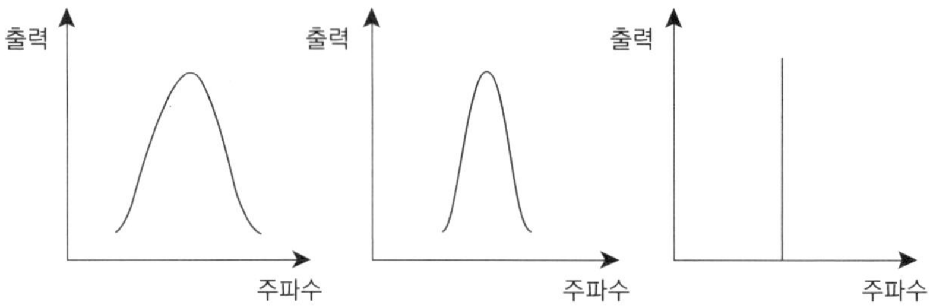

(a) 태양광
(단색성이 나쁘다)

(b)

(c) 레이저광
(단색성이 좋다)

[그림 7-9] 레이저의 단색성

dth)으로 평가한다. 폭은 광원에서 빛을 방출하는 방식에 의해서 결정되는데 넷 개의 광원에 대한 신동수 폭은 [그림 7-9]와 같나. 태앙광은 폭이 매우 넓어 가시광선 전 영역은 물론 적외선 자외선 영역까지 매우 넓은 폭의 스펙트럼을 갖는 빛을 방출한다. 태양광을 셀로판지를 통과시키면 가운데 그림처럼 꽤 폭이 좁은 광이 된다. 레이저광은 단일 모드로 발생될 때 [그림 7-9](c)처럼 거의 폭이 0인 광, 즉 단색광에 가까운 것을 알 수 있다. 단색광에 가깝다고 한 것은 단색광은 주파수 폭이 0으로 파장을 정확하게 결정할 수 있는 빛을 말하는데 현실적으로 불가능하기 때문이다. 파장이 유일하게 결정되려면 파동이 −무한대 시간에서 +무한대 시간까지 존재해야 하는데 그러한 광은 존재하지 않기 때문이다. 그럼에도 불구하고 레이저를 단색광이라고 하는 것은 다른 파장의 빛이 거의 섞이지 않았기 때문이다. 단색성이 우수할수록 빛은 선명한 색으로 보이게 된다.

2) 지향성(Directivity)

레이저 빛은 높은 지향성을 갖는데 그 이유는 유도 방출된 광자들의 진행 방향이 같기 때문이다. 지향성은 빛이 퍼지지 않고 일정한 방향으로 직진하는 정도를 말한다. [그림 7-10]과 같이 전등 빛은 앞으로 진행함에 따라 빛이 퍼지지만 레이저 빛은 거의 퍼지지 않은 채 전파한다. 레이저 포인터가 높은 지향성을 가진다는 것에 우리는 익숙하며, 높은 지향성을 이용하여 달까지의 거리를 측정하기도 한다.

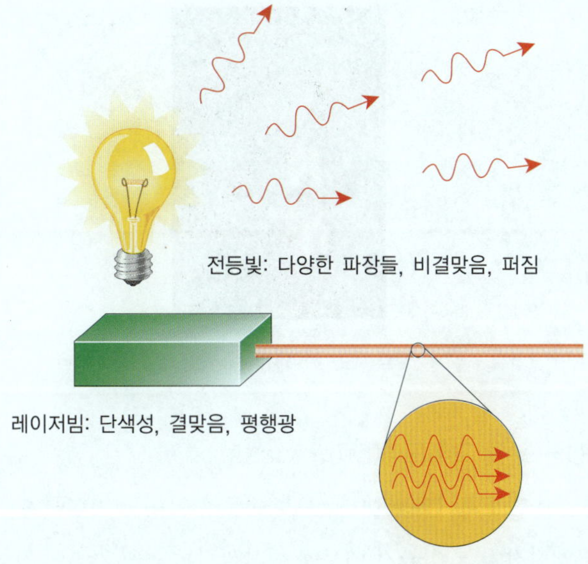

[그림 7-10] 레이저의 지향성

3) 결맞음성(Coherence)

레이저는 유도 방출에 의해 빛이 발생되기 때문에 위상이 일정한 빛이 방출되어 결맞음성이 뛰어나다. 단색으로 나오더라도 위상이 시간에 따라 변하면 결맞음성이 떨어진다. 즉 앞서 설명한 것처럼 진동수 폭이 좁더라도 결맞음성이 떨어질 수 있다. 대표적인 예가 나트륨 가로등에서 발생된 빛이다. 거의 노란색 단색으로 보이지만 결맞음성은 떨어진다. 나트륨등에서 발생된 빛은, 태양광을 노란색 셀로판지를 통과시켜 만든 노란색 광보다는 결맞음성이 우수하지만 레이저에 비하면 형편없이 떨어진다. 결맞음성이 뛰어난 빛을 사용하면 간섭무늬나 회절무늬를 쉽게 관찰할 수 있다. 예로 비누 방울에 태양광이 비취면 비누 방울의 앞쪽 면과 뒤쪽 면에서 반사된 빛들이 간섭하여 무지개 색의 간섭무늬가 보이지만, 유리창에서는 간섭무늬가 관찰되지 않는다. 유리창 역시 앞면과 뒷면에서 반사된 빛들이 중첩됨에도 불구하고 간섭무늬가 나타나지 않는다. 그 이유는 태양광이 결맞음성이 떨어지기 때문이다. 물론 결맞음성이 우수한 레이저를 유리창에 비추면 간섭무늬가 나타난다.

[그림 7-11] 헬륨 네온 레이저의 구조와 방전관의 모습

4) 에너지 집중도 및 고휘도성(Brightness)

태양빛을 렌즈에 집중시키면 종이나 나무를 태울 수 있는 정도이지만, 레이저 빛의 경우에는 에너지 밀도가 높기 때문에 철판까지도 녹여 가공이 가능하다. 강력한 레이저를 이용하여 핵융합 실험 연구가 진행 중이다.

(5) 레이저의 종류

레이저의 이득매질의 상태에 따라 기체 레이저, 고체 레이저, 액체 레이저, 반도체 레이저로 분류한다.

1) 기체 레이저

원적외선에서 자외선 영역에 걸쳐 다양한 레이저들이 개발되었다. 헬륨-네온, 아르곤, 크립톤 등은 분자 레이저인 이산화탄소, 불화수소, 질소 분자 등과 더불어 기체 레이저의 주를 이룬다. 헬륨-네온 레이저는 최초로 개발된 연속 발진 레이저로 반도체 레이저가 나오기 전에는 가장 널리 사용되던 레이저 중의 하나이다. 그 이유는 만들기가 쉽고, 비교적 값이 싸며, 안정하게 동작하는 특성을 가지고 있기 때문이다.

[그림 7-11]은 초기 간단한 He-Ne 레이저 장치이며, [그림 7-12]는 에너지 준위도이다. 펌핑은 전기방전으로 한다. 0.8 torr의 He과 0.1 torr의 Ne 혼합 기체로 구성되어 있는 방전관에 전기장을 걸어주면 자유전자들과 이온들이 가속

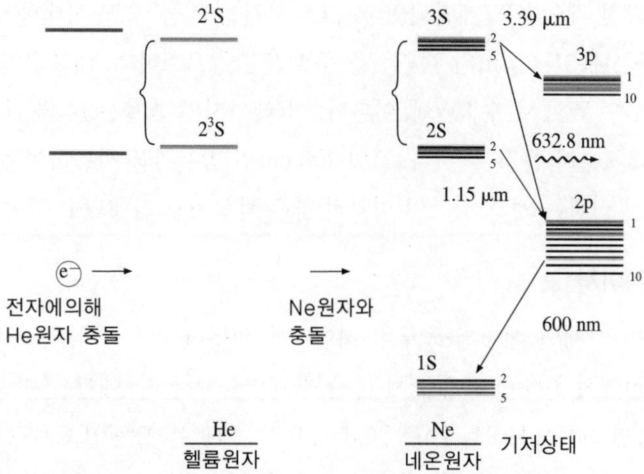

[그림 7-12] 헬륨 네온 레이저 에너지 준위도

되어 충돌하므로 매질을 들뜨게 한다. 많은 헬륨 원자들은 높은 준위에서 떨어진 후에 수명이 긴 2^1S 상태와 2^3S 상태에 모인다. 이 들뜬상태들은 준안정 상태로서 허용된 복사 전이선이 없다. 들뜬 He 원자들은 바닥에 있는 Ne 원자들과 비탄성적으로 충돌하여 Ne 원자들은 4s와 3s 상태로 올려준다. 이들은 높은 준위들로서 낮은 3p 상태와 2p 상태에 대하여 밀도 반전이 일어난다. 4s와 3s 상태 사이의 전이는 금지되어 있다. 레이저 전이는 적외선에 속하는 1152.3 nm와 3391.2 nm 그리고 가시광선인 632.8 nm이다. p 상태로 내려오면서 레이저 빛을 발생한 원자들은 매우 짧은 시간에 다시 1s 상태로 옮겨지므로 p 상태는 비게 되어서 계속하여 밀도 반전이 유지된다. 1s 원자들은 준안전 상태이므로 이들 원자는 주변 원자에 열에너지를 주고 기저 상태로 간다.

레이저 전이가 바닥상태로 내려가는 루비 레이저와는 달리 He-Ne 레이저에서는 두 개의 높은 에너지 준위 사이에서 전이가 일어난다. 3p나 2p 상태는 거의 비어 있으므로 He-Ne 레이저의 밀도 반전이 쉽게 일어나 바닥상태를 절반 정도까지도 비울 필요가 없다.

아르곤 레이저는 초록색, 청록색 및 자외선(488.0 nm, 514.5 nm)에서 펄스 또는 연속 발진이 가능하다. 통상 수 W의 연속 발진으로 동작하지만 150 W

의 연속 발진 레이저도 개발되었다. CO_2 분자는 진동 모드 사이에서 레이저 동작을 하는데, 10.6 μm의 적외선을 주발진 파장으로하며, 대표적인 연속 발진 출력은 수 W에서 수 kW에 이른다. 이 레이저의 효율은 N_2와 He을 첨가하면 약 15%까지 올릴 수 있다. 길이 200 cm인 방전관을 사용하여 출력이 10 kW 연속 발진하는 것도 있으며 비교적 작은 탁상형도 판매되고 있다.

2) 고체 레이저

이득매질이 고체인 레이저로 루비 레이저를 비롯한 많은 종류가 개발되었으며 170 nm에서 3900 nm에 이르는 출력 영역을 가진다. 예를 들어 3가의 희토류 원소인 Nd^{3+}, Ho^{3+}, Tm^{3+}, Gd^{3+}, Er^{3+}, Pr^{3+}는 모체인 $CaWO_4$, Y_2O_4, $SrMoO_4$, LaF_3, YAG, 유리등에서 레이저 동작을 일으킨다. 이들 중에서 Nd-glass와 Nd-YAG는 특히 많이 활용되고 있다. 이들은 1060 nm 근처에서 동작하는 강력한 레이저 매질이다. 킬로와트 이상의 연속 발진 출력을 가진 Nd-YAG 레이저가 이미 개발되었다. 펄스 시스템에서는 몇 개의 레이저를 직렬 배치로 연결하여 거대한 출력을 얻었다. 이 방식을 이용하여 로렌스 리버모어 연구소의 Nova는 350 nm의 출력광을 18 kJ의 에너지를 갖는 1 ns의 펄스로 동작하여 핵융합 연구에 사용하고 있다.

3) 반도체 레이저

접합 레이저 또는 다이오드 레이저라고도 불리는 반도체 레이저는 발광 다이오드(LED) 개발 직후인 1962년에 발명되었다. 오늘날 반도체 레이저는 광통신의 중심 역할을 하는데 그 주된 이유는 스펙트럼의 순수성과 높은 효율(약 100%), 매우 빠른 변조율, 장시간의 수명, 머리핀 정도의 크기에서도 상당한 출력(약 200 mW)을 내기 때문이다. 접합 레이저는 광섬유 통신 레이저, 레이저 포인터, 디스크, 오디오 시스템 등에 수없이 많이 사용되고 있다.

전도대와 가전대 사이에서 전이가 일어나고 곧 P-N 접합 부근에서 유도 방출이 일어난다. 일반적으로 반도체 다이오드에 전류가 순방향으로 흐르면 N층의 전도대에 있던 전자가 공핍층(depletion layer)에서 P층의 홀과 결합하면서 광자의 형태로 에너지를 방출한다. 이 계가 레이저 동작을 계속하기 위

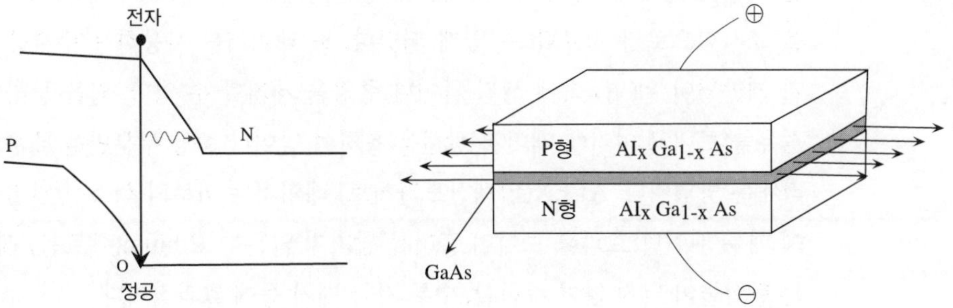

[그림 7-13] 반도체 레이저

해서는 다이오드에서 방출된 빛이 공진기 내부에 유지되어야 하는데 이것은 단면을 수직하게 연마함으로써 가능하다. 반도체의 굴절률이 매우 커서 대기와 굴절률차가 크게 되어 표면 반사율이 크기 때문이다. 즉 거울을 따로 제작하여 부착할 필요가 없다.

7-2 레이저의 응용

레이저는 우리 생활 전반에 사용되고 있다. 레이저를 응용하기 위해서 단색성, 지향성, 결맞음성, 고휘도 중에서 한 가지 특성을 사용하거나 때로는 두 가지 이상의 특성을 함께 활용하는 예를 많이 볼 수 있다.

이들 중 각 영역별 한 가지 예에 대하여 좀 더 자세하게 알아보자.

(1) 의료용 레이저

레이저 빛을 인체 조직에 침투시켜 비정상적인 세포 조직에서 화학적 변화를 일으켜 정상적인 세포기능을 하도록 빠른 시간 내에 치료하는 장비이다. 정상 피부에는 손상을 주지 않으면서 비정상 피부색소 이상(기미, 건버섯, 문신 등), 혈관종(실핏줄) 및 여드름 흉터 등의 부위에만 선택적으로 작용시킬 수 있어 종래의 여러 치료 방법에 비하여 효과가 매우 우수하다. 예전에는 실명(失明)

을 면할 수 없었던 눈의 망막(網膜)에 생긴 종양도 눈 외부로부터 레이저 광선을 조사함으로써 치료할 수 있게 되었다. 또 레이저를 사용하는 수술용 메스가 개발되어 위(胃) 속에 생긴 암이나 종양을 제거할 수 있다. 입을 통하여 광섬유를 보내고 여기에 레이저 광선을 통하여 암이나 종양 부분만을 태우고 잘라내는 방법이다. ALEX(알렉산드라이트) 레이저는 피부의 색소성 반점 제거에 매우 뛰어난 효과를 보이며 흉터를 남기지 않는다. Erbium(에르븀) 레이저는 탄화물이 남지 않아 주름살, 수두 자국 제거 등에 효과적이다.

(2) 레이저 가공기

레이저 가공기란 강력한 레이저 에너지를 한 점에 집중시켜, 대상을 녹이면서 가공하는 기계를 말한다. [그림 7-14]는 레이저 가공기로 레이저 발생기와 거울, 렌즈를 포함한 빛의 전송 장치, 가공 테이블, 작업 감시용 카메라 등으로 이루어져 있다.

대상물에 직접 접촉하지 않고도 먼 거리에서 가공할 수 있는 것이 특징인데, 타이어처럼 단단한 재료에 구멍을 내거나 옷감의 자동재단 등에도 사용되고 있다. 큰 출력을 필요로 하는 가공용 레이저광으로는 이산화탄소가스(CO_2) 레이저와 YAG 레이저가 쓰이며, 특히 파장이 1.06 μm인 YAG 레이저는 12 μm의 이산화탄소 레이저 파장에 비하여 매우 짧기 때문에 정밀 작업용으로 널리 이용되고 있다. 파장이 짧을수록 렌즈에 의한 회절 효과가 작아 작은 공간에 빛을 모을 수 있기 때문이다. 또 YAG 레이저는 광파이버(光fiber)로 전송할 수 있기 때문에, 산업용 로봇을 조합시킨 자동 레이저 용접 방식도 개발되어 사람의 손이 들어가기 어려운 부분, 예를 들어 자동차 용접과 같은 곳에 사용되고 있다.

대량 생산되는 제품 표면에 레이저를 이용하여 마킹(marking)을 할 수 있다. 빛의 파장과 에너지에 따라 물질 표면에 상이한 형태로 음각 식각이 되는 원리를 이용하여 반도체 및 Wafer의 Chip 표면 또는 FPD 기판(유리) 내부 등 각종 재질의 표면에 제품의 종류, Logo 및 상호, 조립된 날짜 등 각종 정보를 레이저로 새겨 넣는 장비이다. 레이저 마킹은 작업 현장이 청결하고 잉크에 의한 공해 발생의 여지가 없다는 장점을 가지고 있다.

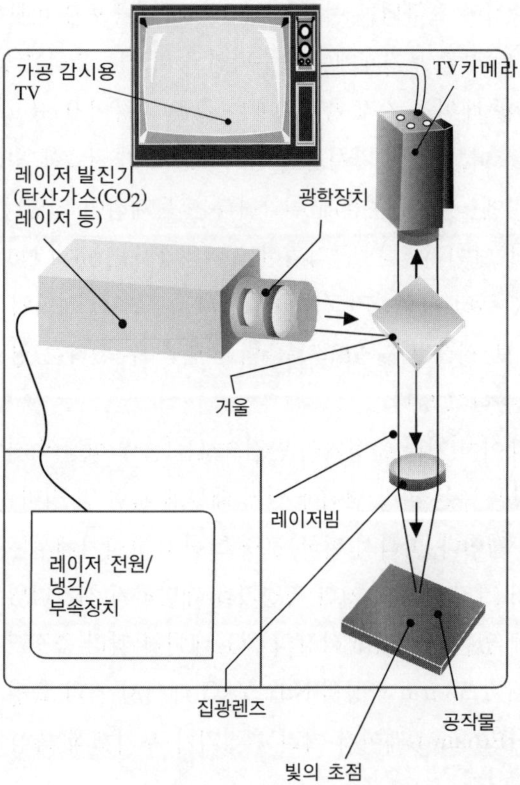

[그림 7-14] 레이저 가공기 구조

(3) 거리 측정용

태양광선을 비롯한 보통 광선은 진행함에 따라 퍼지지만 레이저 광선은 거의 퍼지지 않고 직진하기 때문에 지향성(指向性)이 매우 높다. 레이저 거리 측정기는 이러한 레이저 특성을 응용하여 대상표적까지의 거리를 정확하고 신속하게 측정하는 장비이다. 레이저를 이용하여 거리를 측정하는 원리는 레이저를 표적에 쏜 후 반사되어 돌아오는 데 걸린 시간과 빛의 속도를 곱하여 표적까지의 거리를 계산하는 것으로, 레이저 거리 측정기가 측정할 수 있는 거리는 보통 10 ~ 20 km이며, 측정 오차는 최대 ±10 m로서 정확도가 매우 높다. 이러한 목적으로 건축용이나 군사용으로 많이 응용하고 있다. 특히 군용으로 정밀한 거리 측정이 요구되는 전차와 대전차포, 대공포를 비롯하여 항공기 및 함정에 탑재되는 각종 무기체계에 필수적인 장비로 사용되고 있다.

초기의 군사용 레이저 거리 측정기에는 출력 파장이 0.69 μm인 루비 레이저를 사용하였으나, 파장이 가시광선 영역으로 적의 관측에 의해 노출될 가능성이 크기 때문에 군사적 운용에 취약하다는 문제점이 있었다. 이에 따라 출력 파장이 눈에 보이지 않는 근적외선 영역인 1.06 μm의 Nd : YAG 레이저를 70년대 후반부터 사용하기 시작하였다. Nd : YAG 레이저 거리 측정기는 비교적 소형으로 제작될 수 있고 고출력을 얻을 수 있다는 장점 때문에 가장 보편적으로 사용하고 있다.

Nd : YAG 레이저 거리 측정기의 단점으로는 출력 파장이 사람의 눈을 손상시킬 만큼 영향을 주는 파장 범위에 있기 때문에 훈련 및 정비관리에 안전대책이 요망된다는 점이다. 따라서 미국, 프랑스 등 주요국가에서는 80년대부터 눈에 안전한 여러 가지 형태의 거리 측정기를 개발하기 시작하였으며 눈에 안전한 파장 범위에 있는 10.6 μm 파장의 CO_2 레이저 거리 측정기가 그 대표적인 예이다. 그 밖에 1.54 μm 파장의 Nd : YAG 레이저 거리 측정기와 역시 같은 파장의 에르븀(Erbium) 레이저 거리 측정기가 무기체계 특성에 맞게 개발되어 있다.

달까지의 거리를 측정하기 위하여 아폴로 11호와 14호는 코너 큐브를 달의 표면에 설치하였다. 코너 큐브는 비록 면이 기울어져도 반사되어 돌아오는 방향이 안 바뀌기 때문에 매우 유용하다. MacDonald 관측소에서 강한 루비 레이저 펄스를 보내면 달에서 직경이 약 3 km가 될 만큼 회절에 의해서 커진다. 그럼에도 불구하고 지구로 돌아온 빛은 측정하기에 충분히 강하다. 달까지의 거리를 15 cm의 오차를 가지고 측정할 수 있다.

(4) 광통신

레이저 광선은 전화회선 등에 사용되고 있는 마이크로파에 비하여 주파수가 수만 배에서 수십만 배나 큰 전자기파이다. 그 때문에 이것을 반송파(搬送波)로 쓰면 마이크로파의 수만 배, 수십만 배나 되는 음성 · 화상(畵像) · 데이터 등의 정보를 동시에 전송할 수 있다. 주파수가 약 4.7×10^{14} Hz인 헬륨-네온 레이저 광선에 전화 목소리를 실어서 통신을 한다면 한 번에 10억 회선 정도가 가능하며 20억 사람들이 동시에 통화를 할 수 있다는 계산이 나온다. 현재의 기술 수준으로는 이만큼 많은 정보 전송(電送)은 불가능하지만 전파 대신 레이저 광선을 사용하는 초고속 광통신이 이용되고 있다.

(5) 바코드 리더

코드는 인쇄된 문자나 숫자 등의 데이터를 컴퓨터에 자동으로 입력시키는 방법의 하나로 고안되었다. 바코드(Bar Code)는 데이터를 로직 처리하기 쉬운 2진 코드로 부호화하여 검은색의 막대 모양의 바(Bar)와 그 앞뒤의 흰 여백에 의한 명암의 차이와 선의 굵기 등에 의해 "0", "1"을 나타내는 직렬 신호의 조합으로 표현된다. 즉 Bar는 흑색선으로서 빛을 주사시켰을 때 반사율이 적게 나타나며 Space(흰여백)는 백색으로서 반사율이 높게 나타나게 되므로 이 빛의 반사율을 감지하여 부호화된 정보를 판독할 수 있게 된다. 스캐너에서 판

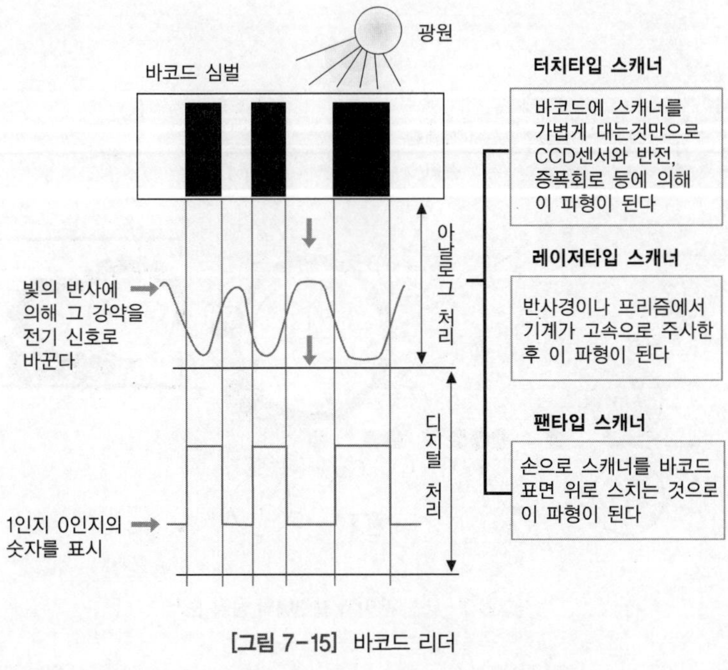

[그림 7-15] 바코드 리더

독된 숫자는 RS-232C나 PARALLEL 등의 인터페이스로서 PC 또는 POS 터미널에 전송되는 것이다.

바코드에는 상품의 제조업체, 품명 또는 가격 등의 정보가 기록되어 있다. 바코드화된 정보는 손쉽게 주 컴퓨터로 실시간 처리(On-Line Real Time)가 가능하기 때문에 필요한 시점에서 상황을 즉시 알아낼 수 있으므로 적정 재고 유지와 효과적인 입·출하 관리, 판매 관리가 가능해진다.

(6) 레이저 프린터

레이저 프린터는 토너, 레이저, 정전기, 열, 압력 등의 물리적 요소를 사용하여 인쇄를 하게 된다.

인쇄되는 과정은 크게 충전, 노출, 현상, 전송, 분리, 압착 및 청소의 7단계로 나누어 볼 수 있다. 전체적인 과정이 [그림 7-16]에 나타나 있다.

먼저 첫 번째 단계로 레이몬 솔을 이용하여 정전기를 발생시키고 이를 OPC 드럼 표면에 충전한다. 노출 과정에서는 레이저가 OPC 드럼에서 데이터를 인쇄할 특정 지점을 향해 비추어지면 드럼 표면에 정전기적 반응이 일어난다.

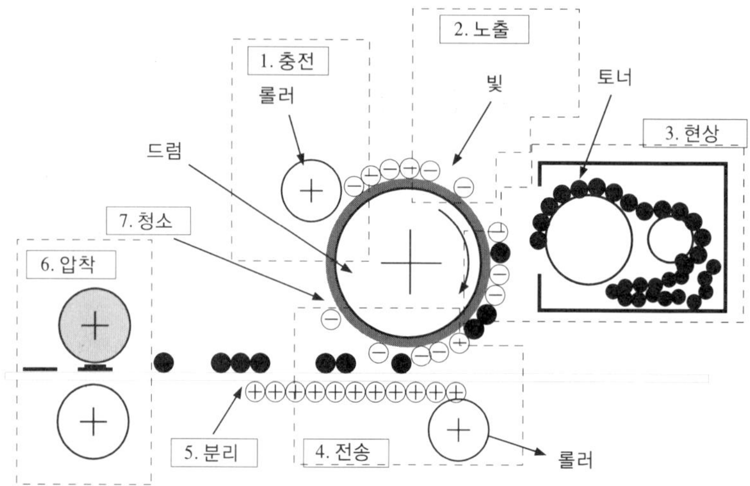

[그림 7-16] 레이저 프린터의 동작 순서

현상 과정에서는 OPC 드럼에 노출된 지점에 토너가 공급되어 붙는다. 전송은 전송 롤러에 전압을 가해 드럼에 붙어 있는 토너를 용지로 옮기는 과정이다. 다음은 분리로 용지에 붙은 전하를 방전을 통하여 전하를 제거하고 드럼에서 분리한다. 용해는 열과 압력을 가하여 용지에 토너를 영구적으로 붙이는 작업이다. 청소 과정은 OPC 드럼에 남아 있는 토너를 청소하여 다시 충전 작업을 할 수 있도록 한다.

컬러 레이저 프린터는 토너를 색별로 사용한다는 점에서 차이가 나고 나머지는 앞서 설명한 레이저 프린터와 거의 같은 과정을 거치면서 인쇄가 이루어진다. [그림 7-17]은 컬러 레이저 프린터의 구조로 동작 순서를 나타내고 있다.

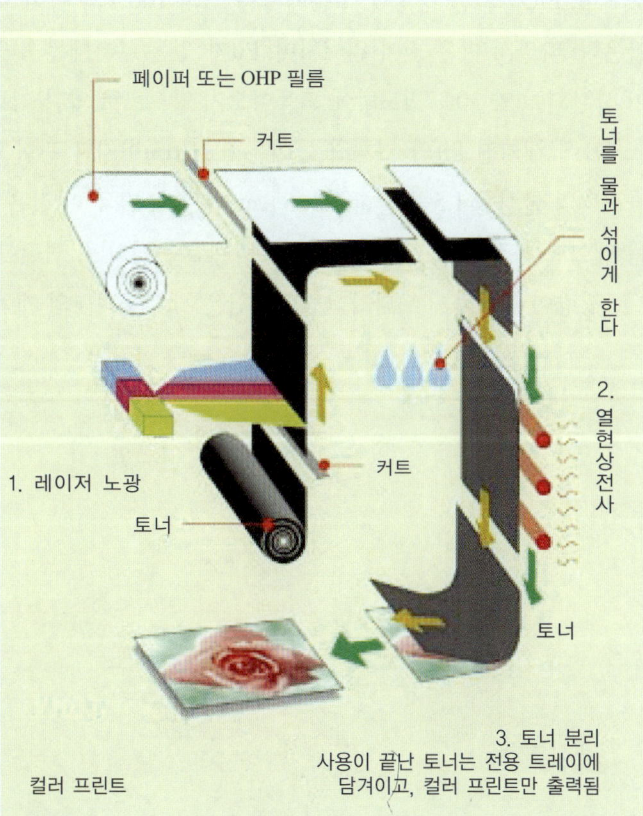

[그림 7-17] 컬러 프린터의 구조

(7) CD

CD 표면에 정보를 기록할 때와 읽을 때 레이저를 사용한다. 기록할 때 전기적 신호에 따라 CD 표면을 변형시키기도 하고, 그대로 두기도 한다. CD 플레이어에 의해 신호를 읽어 낼 때, CD 표면이 변형된 부분인 Pit에서는 레이저 빛이 잘 반사되지 않고, 원래 형태 그대로인 Land에서는 레이저 빛이 잘 반사되는, 즉 Pit 와 Land에서 반사되는 반사량의 차이에 의해 신호를 해석하게 되는 원리이다. 이렇게 서로 다른 반사 광량을 전기적 신호로 바꾸고 증폭하여 일정 값과 비교하여 "0"과 "1"을 구분하여 원 신호를 재생하게 되는 것이다.

대물 렌즈는 포커스의 움직임에 의해 항상 반사면이 초점 위치가 되도록 제어되고 있으며, Pit가 없는 펑펑한 부분에서는 거의 100%의 광이 대물 렌즈로 되돌아온다. 따라서 밝은 빛이 읽어지며, Pit가 있는 부분에는 빛의 회절에 의해 광이 산란되어 약 30% 정도밖에 되돌아오지 않으므로 약간 어두운 빛이 읽어진다. CD에 새겨진 Pit의 기계적 높이는 0.11 μm이지만 광학적 높이는 투명 플라스틱의 굴절률 1.5를 곱한 0.165 μm가 된다. 결국 이 값은 0.78 μm 라고 하는 레이저 파장의 $\frac{1}{4}$(= 0.195 μm)에 아주 근접되며, 회절이 잘되어, 되돌아오는 광량이 줄어들게 된다. [그림 7-18]은 광 CD 리더의 개략도이다.

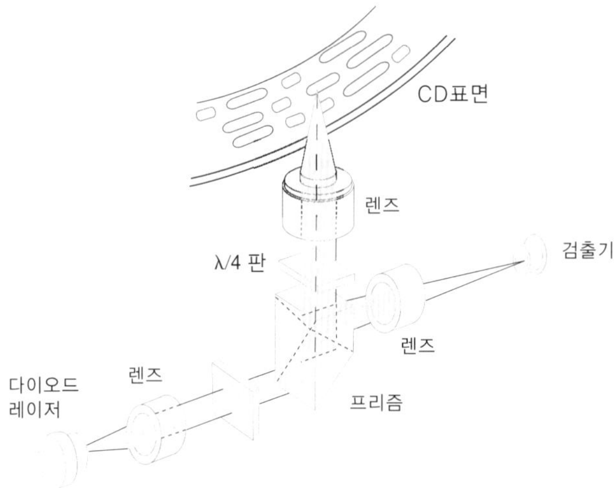

[그림 7-18] CD 리더의 동작 원리

7-3 광검출기

(1) 열검출기

열검출기에는 흡수체가 빛을 흡수하여 저항 값이 증가하는 성질을 이용한 볼로미터(bolometer), 저항 값이 감소하는 성질을 이용한 서미스터(thermister), 두 도체를 접합하였을 때 광을 흡수하면 온도차가 발생하며 그에 따라 기전력이 발생하는 것을 측정하는 열전대(thermocouple), 온도에 따라 강유전체의 표면에 유도된 전하를 측정하는 열편극 검출기(pyroelectric detector)가 있다. 이들의 장점은 자외선에서 적외선까지 매우 넓은 감응 파장 범위를 가지고 있으나, 감응 시간 즉 반응 시간이 매우 느리다는 단점을 가지고 있다. 그러나, 열편극 검출기는 반응 시간이 수 nsec에 이르는 빠른 검출기이다.

(2) 광센서

광센서란 빛을 전기 신호로 출력하는 센서이다. [표 7-1]은 광센서의 종류를 나타낸 것이다. 광센서의 원리는 광도전 효과, 광기전력 효과, 광전자 방출 효과 등을 이용한 것이다.

[표 7-1] 광센서의 종류

분류	센서의 종류	특징	주요 용도
광도전 효과형 광센서	광도전 셀	소형, 고감도, 저가	카메라 노출계, 포토릴레이, 광제어
광기전력 효과형 광센서	포토다이오드 포토트랜지스터 광사이리스터	소형, 저가, 전원 불필요, 대출력, 대전류 제어	카메라 EE 시스템, 스트로보, 광전 스위치, 바코드 리더, 카드리더, 화상 판독, 조광 시스템, 레벨 제어
광전자 방출형 광센서	광전자 증배관 광전관	초고감도, 빠른 응답 속도, 펄스 계측, 미약광 검출, 펄스 카운터	정밀 광계측 기기, 초고속 극미약광 검출
자외선 센서	Si 자외선 포토다이오드 UV트론	소형, 전원 불필요, 고감도	의료용 기기, 분석 기기

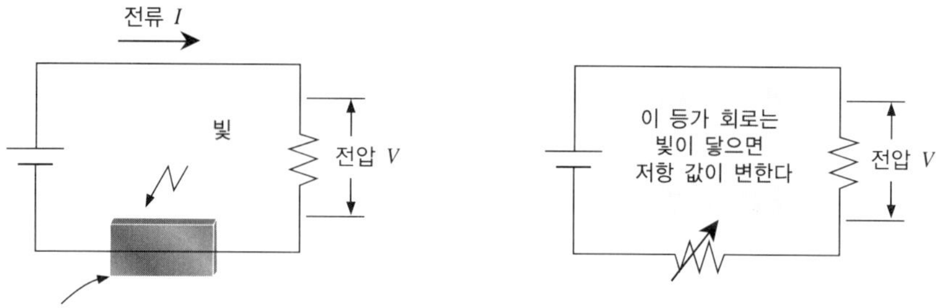

[그림 7-19] 광전 효과

1) 광도전 효과형 광센서

[그림 7-19]와 같이 반도체에 빛이 닿으면 자유 전자와 정공이 증가하고 빛의 세기에 따라 전류의 세기가 변한다. 이러한 현상을 광도전 효과라고 한다.

CdS 광도전 셀은 가장 대표적인 광도전형 센서로 가로등 자동 점멸기나 카메라 노출계 등에 널리 사용되고 있으나 응답 속도가 느리다는 단점이 있다. CdS 셀은 CdS 분말을 세라믹 기판에 $CdCl_2$, $CuCl_2$와 함께 도포하여 열처리하여 소결시킨 것이다. [그림 7-20]은 CdS 셀의 구조를 나타낸 것이다.

2) 광기전력 효과형 광센서

광기전력 효과형 센서란 [그림 7-21]과 같이 광조사에 의해 기전력이 발생하는 포토다이오드나 포토트랜지스터 등을 말한다. 광기전력 효과형 센서는 대개 가시광선 파장 영역의 빛에 감도가 있으며 응답 시간도 빠르다.

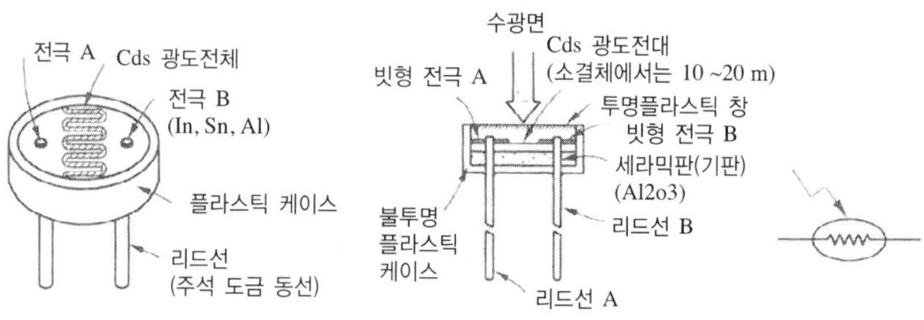

(a) Cds 셀의 외관 모양 (b) Cds 셀의 단면 구조 (플라스틱 케이스형) (c) 기호

[그림 7-20] CdS 셀

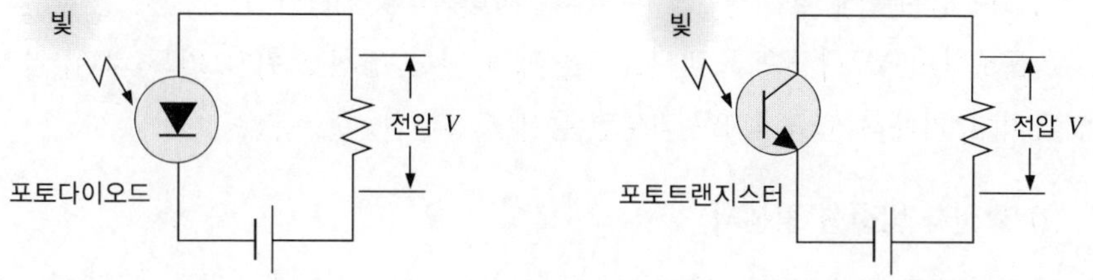

[그림 7-21] 광기전력 효과

포토다이오드는 n형 기판 위에 p형층을 형성시킨 pn 접합부에 발생하는 광기전력 효과를 이용한 소자로 Si, Ge, GaAs, InGaAs 등을 사용하여 만든다. [그림 7-22]는 포토다이오드의 구조이다. 빛을 쪼이면 반도체의 공핍층 전개에 의해서 정공은 p형으로, 전자는 n형으로 이동해 분리되어 양단에 기전력이 생겨 이 양단을 연결하면 전류가 흐른다. 포토다이오드는 입사광에 대한 광전류 출력의 직선성이 우수하다는 장점이 있다.

한편 포토트랜지스터는 현재 가장 많이 사용되는 수광 소자로 포토다이오드에 비해 출력되는 광전류가 크며 소자 내에서 증폭되므로 전기적 노이즈가

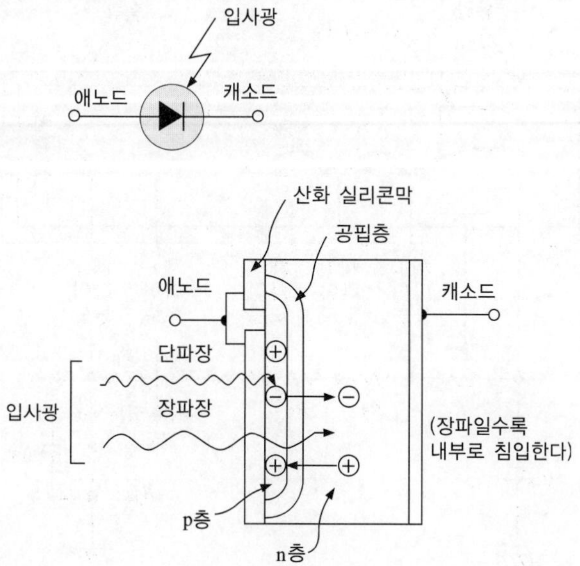

[그림 7-22] 광다이오드

적으나 입사광에 대한 광전류 출력의 직선성이 좋지 않다.

포토다이오드나 포토트랜지스터는 태양 전지, 광전 스위치, 카드 리더, 연기 감지기, 카메라 노출계, TV 리모컨 등에 사용된다.

3) 광전자 방출형 광센서

광전자 방출형 광센서란 한계 진동수 이상의 빛을 금속에 조사할 때 금속으로부터 전자가 방출되는 광전자 방출 효과를 이용한 센서를 말하며, 그 종류로는 광전관, 광전자 증배관 등이 있다.

광전관은 광전자를 방출하는 음극과 방출된 전자를 흡수하는 양극의 2극관 구조이다.

[그림 7-23]과 같이 광전자 증배관은 2극 진공관의 구성을 기본으로, 빛이 광전 음극에 입사하면 광전 음극에서는 전자가 방출되며, 이 전자는 다이노드에 의해 증배되어 최후로 양극에 도달하는 사이에 10^5배 이상 증가한다. 광전자 증배관은 매우 고감도이므로 저조도광의 검지용으로 분석 기기, 의료용 기기, 방사선 계측기, 정보통신기기 등에 널리 사용된다.

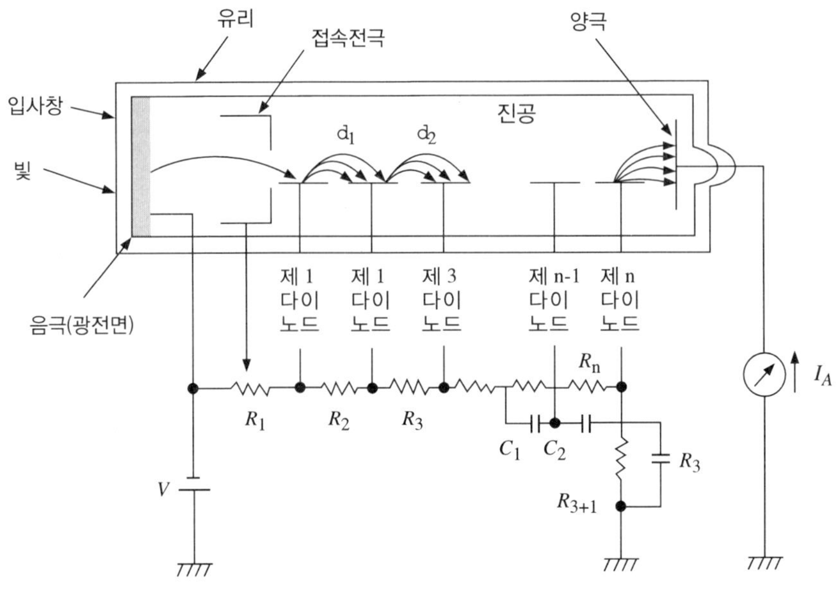

[그림 7 – 23] 광전자 증배관

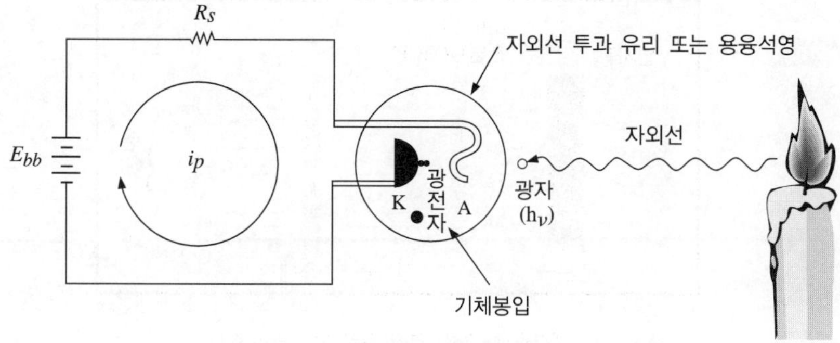

[그림 7-24] 자외선 센서의 원리도

4) 자외선 센서

[그림 7-24]는 자외선 센서의 원리도로, 기체를 봉입한 자외선을 투과하는 용기 속에 2개의 전극을 설치하고, 음극 K에 자외선을 비추면 광전자가 방출하여 방전이 일어난다. 자외선 센서는 단일 센서보다는 많은 수를 함께 사용하여 상을 관측하는 용도가 많고 촬상관이나 이미지관 등 2차원화된 이미지 센서로 사용된다.

(3) 야시경(광전효과)

[그림 7-25]와 같은 측정 장치는 밤과 같은 어두운 곳에서 아주 미약한 신호를 증폭하여 상을 볼 수 있도록 하는 데 사용된다. 야시경 영상관은 대물 렌즈(objective lens)로 주위의 빛을 모아서 광자를 전자로 변환시키는 광전면(photocathode)을 통과시키면, 이 전자는 다시 영상관 내부에 있는 진공 간극(vacuum gap)을 지나간다. 간극을 통과한 전자는 다시 MCP(multi-channel

[그림 7-25] 영상 증폭관의 모습

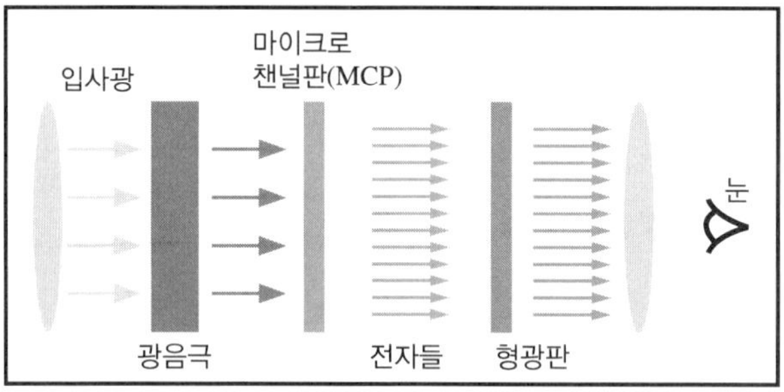

[그림 7-26] 영상 증폭관의 원리

plate)로 진행한다. 이때 전자는 직경 5 μm내지 12 μm 크기 정도의 많은 관으로 이루어진 MCP벽의 다중 전자 형성 충돌(multiple electron forming collisions)을 통하여 5만~10만 배까지 증폭된다. 이온 장벽막(ion barrier film)과 2번째 진공 공간을 거치면서 증폭된 전자는 인광면(phosphor screen)에 도달하게 되며, 여기서 집속되기 이전인 단색 빛의 광자로 변환되어 접안 렌즈(eyepiece lens)에 의해 밝은 영상을 볼 수 있게 된다.

[그림 7-26]은 영상 증폭관의 내부 구조를 보여준다.

7-4 전자 현미경

"전자 현미경"은 일반 광학 현미경의 광선 대신에 전자빔, 광학 렌즈 대신에 전자 렌즈를 사용하여 형광면 위에 물체의 확대상을 관찰하는 현미경이다. 광학 현미경의 분해능이 빛의 파장에 의해 제한되는 데 대해, 전자빔을 물질파로 생각할 때 물질파의 파장이 매우 짧아서 광학 현미경으로는 관찰할 수 없었던 작은 것도 선명하게 관찰할 수 있다. 최근의 전자 현미경은 수백만 배까지 상을 확대해서 관찰할 수 있고, 결정 내의 원자 배열까지 판별할 수 있게 되어 생물학, 의 · 공학 등 넓은 분야에 걸쳐 이용되고 있다.

전자 현미경에는 투과 전자 현미경(TEM : Transmission Electron Microscope)과 주사 전자 현미경(SEM: Scanning Electron Microscope) 두 가지 방

식이 있다. 투과 전자 현미경은 주로 시료의 내부 구조나 단면을 관찰하는 데 쓰이고 있다. [그림 7-27]은 투과형 전자 현미경의 내부 구조로 광학 현미경과 비슷하다. 전자 현미경에서의 광원은 높은 진공 상태(1×10^{-4} 이상)에서 고속으로 가속되고 자기장을 이용하여 전자빔을 평행하게 만든다. 이 전자빔이 시료를 투과하여 자기장을 이용하여 대물 렌즈와 같은 역할을 하도록 하여 중간상을 만들고 투사 렌즈를 이용하여 최종적인 상이 형광판이나 사진 필름에 형성되도록 한다. 이 전자의 물질파 파장은 가속 전압에 따라 다르며 흔히 사용되는 전압(100 KV)에서의 전자파장은 0.004 nm로 전자 현미경의 이론적 분해능(해상력)이 파장에 의해서 결정되나 일반적으로 생물학적 표본에서 요구되는 분해능은 약 0.14~0.20 nm이므로 이 정도 전압으로 가속하면 충분하다는 것을 알 수 있다.

주사 전자 현미경은 주로 시료의 표면을 관찰하는 데 쓰인다. 원리는 투과 전자 현미경과는 다소 다르다. 주사 전자 현미경은 전자가 표본을 통과하는 것

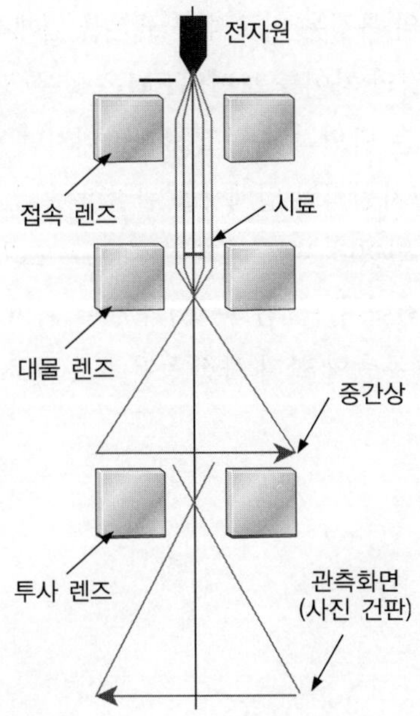

[그림 7-27] 투과 전자 현미경의 구조

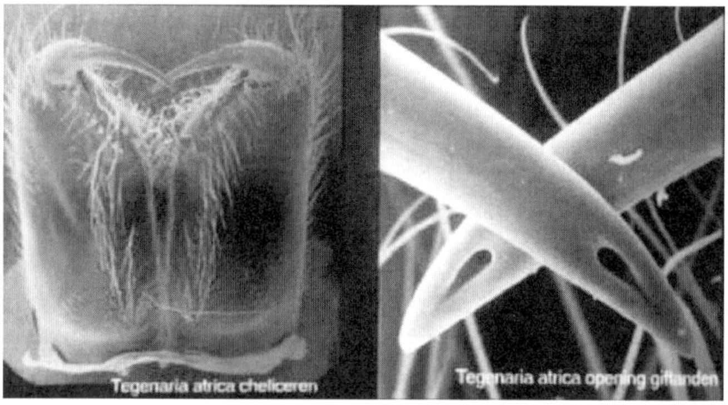

[그림 7 - 28] 전자 현미경으로 관찰한 거미 입

이 아니라, 초점이 잘 맞추어진 전자선(electron beam)을 표본의 표면에 주사한다. 주사된 전자선이 표본의 한 점에 집중되면 일차전자만 굴절되고 표면에서 발생된 이차전자는 검출기(detector)에 의해 수집되어 그 결과 생긴 신호들이 여러 점으로부터 모여들어 음극선관(cathod ray tube)에 상을 형성하게 된다. 주사 전자 현미경의 특징은 비교적 큰 표본을 입체적으로 관찰할 수 있다.

두 가지 전자 현미경의 차이를 보면, TEM은 얇은 시편을 빔이 투과하여 관찰하므로 2차적인 또는 단면적인 구조를 나타내지만 SEM은 시료 위를 주사된 상을 관찰하므로 3차원적인 입체상을 관찰할 수 있다. 쉬운 예로 중고등학교 생물책에서 볼 수 있었던 세포 내의 핵, 미토콘드리아, 엽록소 등의 사진은 TEM으로 관찰된 사진이며, [그림 7-28]과 같이 거미 입과 같은 생물체의 입체적인 영상이나 미세곤충의 확대 사진 등은 모두 SEM으로 관찰된 것이다.

찾아보기

ㄱ

ㄷ

ㅎ

기타

참고문헌

1. 조재흥, 장수, 황보창권, 조두진, "광학", 두양사, 2002.
2. 고려대학교, 서강대학교 물리학과 공역, 일반물리학, 1995.
3. 엄정인, 김인묵, 박홍이, 정광호, "수학없는 물리", 홍릉출판사, 2003.
4. K. Cummings, P. Laws, E. Redish, and P. Cooney, "Understanding physics", Jhon Wiley & Sons, Inc. 2004.
5. L. C. Mcdermott, P. S. Shaffer, "Tutorials in Introductory Physics", Prentice Hall, 2003.
6. 이 책의 일부 사진들은 인터넷에서 인용하였습니다. 모든 출처를 밝히지 못한 점 사과드립니다.

저자 약력

■ **김중복**

- 고려대학교 이학사
- 한국과학기술원 이학석박사
- 원자력 연구소 선임연구원
- 한국교원대학교 교수

■ **김현아**

- 한국교원대학교 교육학사, 교육학석사, 교육학 박사

■ **김수경**

- 한국교원대학교 교육학사, 교육학석사, 교육학 박사

과학교사를 위한 **빛과 파동**

2006년 3월 4일 초 판 발행
2007년 2월 10일 수정판 발행

저 자 : 김중복 · 김현아 · 김수경
발행자 : 우명찬 · 송 준
발행처 : 홍릉과학출판사
주 소 : 서울시 강북구 수유5동 455-60
142-885
등 록 : 1976년 10월 21일 제5-66호
전 화 : 999-2274~5, 903-7037, 996-8341
팩 스 : 905-6729
hongpub@hongpub.co.kr
www.hongpub.co.kr

저자와의 협의하에 인지생략

정가 20,000**원**